煤 矿 灾 害 防 控 新 技 术 丛 书

煤矿采动区瓦斯地面井抽采技术

孙海涛　文光才　孙东玲　著

煤 炭 工 业 出 版 社

·北 京·

内 容 提 要

本书系统论述了煤矿采动区瓦斯地面井抽采的技术原理、采动活跃区地面井套管破坏力学机理、井型结构设计技术、布井位置优选技术、采动稳定区(封闭老采空区)瓦斯资源评估方法、地面井抽采条件下的瓦斯储运规律以及地面井的钻完井工艺和安全抽采保障技术,并对国内典型采动区地面井抽采案例进行了系统分析。全书共分6章,内容包括绪论、地面井抽采煤矿采动活跃区瓦斯技术、地面井抽采煤矿采动稳定区瓦斯技术、煤矿采动区地面井钻完井工艺、煤矿采动区瓦斯地面抽采系统及安全保障、工程实践案例分析。

本书可供高等院校采矿工程、瓦斯灾害防治工程、煤层气开发工程、安全技术及工程等专业的师生及从事煤矿安全和煤层气开发相关领域的科研、设计和工程技术人员参考使用。

前　　言

在未来较长一段时期内，煤炭仍将是我国的主体能源，在能源消费结构中的占比达 60% 以上。随着国内煤矿开采深度的增加和开采强度的增大，煤矿采掘接替紧张问题凸显，矿井瓦斯涌出量增大，瓦斯超限、突出事故风险增大，"安全矿山、绿色开采"的发展理念对当下煤矿瓦斯治理能力提出了更高的要求。

瓦斯抽采是煤矿治理瓦斯灾害的根本措施，是实现矿井安全生产的重要保证。我国的井下瓦斯抽采技术经过半个多世纪的研究实践，已经形成了相对完整的技术体系，在国内的煤矿安全生产建设中发挥了重要作用。井下瓦斯抽采技术工序多、采掘配套时间长，随着现代矿井机械化程度的提高，井下采掘生产能力不断增强，传统的井下抽采技术在煤矿瓦斯治理方面已捉襟见肘，限制了产能的充分释放。探索瓦斯抽采新技术、构建瓦斯治理新模式是高效治理煤矿瓦斯灾害、建立安全矿井的必由之路。其中，进行煤矿瓦斯地面井抽采技术研究，建立井上下空间立体式联合抽采瓦斯技术体系是一个可行的发展方向。

我国煤层普遍松软、低渗透性的特点决定了采用常规地面井技术进行煤矿瓦斯抽采面临压裂影响范围小、排采困难等诸多难题。煤矿井下开采会产生剧烈的岩层扰动，造成煤岩层的应力调整等采动影响，这将大大增加其邻近煤层的透气性，提高瓦斯的解吸效应。采动区瓦斯地面井抽采能够充分利用采动卸压的影响效应，高效率抽采工作面及邻近层涌出的卸压瓦斯，同时可以进行后续老采空区瓦斯抽采。但是，采动影响下采场上覆岩层的剧烈运动，造成施工于地层中的地面井受到严重地剪切、挤压和拉伸等影响，往往导致工作面推过地面井位置后井身迅速破断、堵塞，无法实现长期抽采；进行老采空区瓦斯抽采需要对其内部的瓦斯可采资源量进行评估，对地面井进行合理化的部署才能达到高效抽采的目的；采动区地面井特有的结构设计和防护工艺对地面井钻完井技术提出了新的要求，常规的地面钻井、完井技术无法直接移植套用；而且，采动区瓦斯抽采的特点决定了需要在避免地面抽采诱发井下发火等安全抽采方面进行重点考虑。因此，对煤矿采动区地面井的结构、布井、瓦斯资源评估、抽采控制、高效钻完井等理论和技术进行研究，突破采动区瓦斯地面井抽采的关键技术难题，成为一项亟待解决的行业难题。

本书的主要内容是以作者为带头人的团队长期研究取得的成果，参与编写的人员还有李日富、林府进、付军辉、武文宾、陈金华、王然、曹偈等一批以基础研究、技术攻关、产品研发为主的学术和技术骨干。项目的研究工作得到了鲜学福、郑颖人、卢鉴章、胡千庭等院士和教授的指导，并得到了中华人民共和国科学技术部、国家安全生产监督管理总局、国家煤矿安全监察局、国家自然科学基金委、重庆大学、中国人民解放军陆军勤务学院、山西晋城无烟煤矿业集团有限责任公司、淮南矿业（集团）有限责任公司、重庆松藻煤电有限责任公司等单位的大力支持和帮助，在此一并表示衷心的感谢！本书在撰写和出版过程中得到了中煤科工集团重庆研究院有限公司和煤炭工业出版社相关人员的热情帮助和大力支持。借本书出版之际，作者谨向给予本书出版支持和帮助的单位领导、老师、专家学者、参考文献作者和广大同仁表示衷心的感谢！本书出版得到了"大型油气田及煤层气开发国家科技重大专项（2008ZX05041 - 006、2011ZX05040 - 004、2016ZX05045 - 001）"、"国家重点基础研究发展计划（973）（2011CB201203）"、"国家自然科学基金（50904034、51374236）"等项目资助。

由于作者水平有限，书中难免有不当之处，敬请广大读者给予批评指正。书中的一些观点还不成熟，缺乏进一步的规模化推广应用检验，克服这些不足也必将成为我们未来努力的方向。

著 者

2017 年 5 月

目　　次

1　绪　　论

1.1　概述

我国是世界上最大的煤炭生产国和消费国，2016 年我国生产原煤约 34.1×10^8 t，约占世界煤炭产量的 45.7%；消费标准煤约 27×10^8 t，占世界煤炭消费量的 50%；煤炭在我国能源消费结构的比重达到 62%，远高于 30% 的世界平均水平。煤炭行业是关系我国经济命脉的重要基础产业，近年来随着核电、水电、风电等新能源的兴起，煤炭在能源消费量中的比重有所下降，但今后相当长一段时间内仍将保持在 60% 以上水平，预计 2020 年全国煤炭消费量为 $(48 \sim 53) \times 10^8$ t。煤炭行业又是我国安全生产形势最为严峻的行业之一，我国也是世界上煤矿灾害最为严重、事故量最多的国家。在我国煤矿灾害事故中，尤以瓦斯事故为重（图 1 - 1）。我国井工煤矿数量约占 97%，在 887 对国有重点煤矿中，属于高瓦斯和突出的矿井占 39.2%，这些矿井的煤层自然赋存条件都是易于发生瓦斯灾害事故的。随着我国煤炭工业的迅速发展，煤矿开采深度的增加和开采规模的扩大，煤层瓦斯压力、瓦斯含量显著增加，矿井瓦斯涌出量增大，瓦斯的危害也日趋严重。2016 年，我国煤矿发生的较大以上事故中，瓦斯事故死亡人数所占比例达 57%（图 1 - 2），煤矿瓦斯灾害重大事故的形势非常严峻。

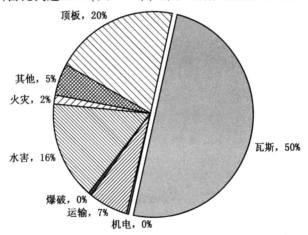

图 1 - 1　2006 年以来煤矿较大以上事故起数比例分布

煤矿瓦斯灾害事故以煤与瓦斯突出和瓦斯爆炸为最主要的表现形式，煤层瓦斯含量越高、突出危险性越大，矿井瓦斯涌出量越高、回采空间瓦斯浓度越高，瓦斯超限风险越高、发生瓦斯爆炸的概率越大。瓦斯抽采是煤矿治理瓦斯的根本措施，煤层及采空区瓦斯抽采可以大幅降低煤层瓦斯含量、显著减少矿井瓦斯涌出量，进而消除煤与瓦斯突出危险、杜绝瓦斯爆炸危险，是实现高瓦斯、突出矿井安全生产的重要保证。2006 年全国重点煤矿抽采瓦斯矿井数量达 267 对，全国瓦斯抽采总量达 26×10^8 m³，成为世界上抽采瓦斯矿井数和抽采瓦斯量最多的国家；2016 年全国进行瓦斯抽采的矿井达 2000 多对，抽采瓦

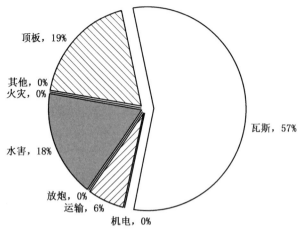

图 1 - 2　2016 年煤矿较大以上事故死亡人数比例分布

斯量 $155.55 \times 10^8 \, \mathrm{m}^3$（其中井下抽采 $125.75 \times 10^8 \, \mathrm{m}^3$，地面抽采 $29.8 \times 10^8 \, \mathrm{m}^3$）。随着我国煤矿瓦斯抽采量的增加，煤矿瓦斯事故起数和死亡人数迅速下降，如图 1 - 3 所示。

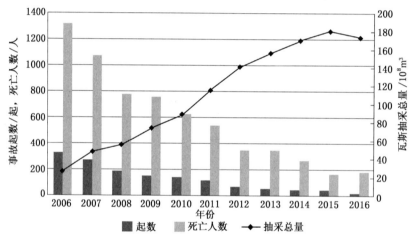

图 1 - 3　2006 年以来我国煤矿瓦斯抽采量与瓦斯事故数量的变化规律

　　煤矿瓦斯（又称煤层气）又是一种清洁的新能源，主要成分是甲烷（一般占 95% ~ 98%），是近 20 年来发现的优质洁净新能源之一。我国瓦斯资源极为丰富，根据煤炭资源勘探成果和煤层含气量实测资料，其资源量约为 $43 \times 10^{12} \, \mathrm{m}^3$，与天然气的资源量相当。其中，含气量 4 m^3/t 以上、埋深 2000 m 以浅的瓦斯资源总量为 $14.34 \times 10^{12} \, \mathrm{m}^3$，开发利用潜力巨大。随着我国经济的快速发展，能源短缺问题进一步加剧，瓦斯作为一种优质的非常规天然气资源日益受到重视。《国家中长期科学和技术发展规划纲要（2006—2020 年）》已经将"复杂地质油气资源勘探开发利用"列为优先支持主题。2008 年，"大型油气田及煤层气开发"国家科技重大专项正式立项，对油气、煤层气开发利用等重大技术及装备实施"十一五"至"十三五"连续三个五年规划的连续推动和科技攻关。2015 年 3 月，国家能源局发布《关于印发煤层气勘探开发行动计划的通知》，落实《能源发展战略行动计划（2014—2020 年)》，加快培育和发展煤层气产业。这些政策和举措推动了国内煤矿瓦斯开发利用技术的迅速发展，煤矿采动区瓦斯地面井抽采理论与技术的研究同样获得了长足发展，取得了一系列技术成果，并在部分矿区推广应用，治理瓦斯灾害和开发煤层气资源效果显著。

1.2　煤矿瓦斯抽采技术体系

经过几十年的发展，煤矿瓦斯抽采已经形成了包括井下抽采和地面抽采等多种方式的技术模式，其中地面抽采又可以分为采前地面井预抽采原始煤层瓦斯和采动区地面井抽采卸压涌出瓦斯。

井下抽采主要是通过在井下煤岩层中施工钻孔对煤层、顶板裂隙带及采空区内的瓦斯进行抽采。长期以来，这是我国进行煤矿瓦斯治理的主要方式，主要包括穿层钻孔抽采、顺层钻孔抽采、顶板钻孔抽采和采空区埋管抽采等多种方式，已经形成了相对完整的技术体系。但是井下抽采需要与煤矿井下的煤炭生产相协调，抽、掘、采等井下安全生产工序需要统一调配，大规模的井下抽采时间长、工序多，对生产进度会产生一定的影响。

采前地面井预抽采原始煤层瓦斯主要是利用排水降压解吸采气的原理对原始煤层的瓦斯进行抽采。20 世纪 90 年代以来，该方式在我国发展迅速，是煤层回采前降低煤层瓦斯含量的主要方式，可以有效降低煤层回采期间的瓦斯涌出量和煤层的突出危险性，主要包括地面直井压裂抽采、地面井煤层内水平分段压裂井抽采、煤层顶（或底）板 "梳" 状水平井抽采、本煤层水平对接井抽采、定向丛式井抽采和定向羽状分支水平井抽采等。受成煤历史、地质构造影响，我国煤层赋存条件一般都比较复杂、煤层松软，"三低一高"（低饱和度、低渗透性、低储层压力、高变质程度）特点非常显著，这使得在我国进行采前地面井预抽采原始煤层瓦斯普遍存在地面井压裂半径较小、支撑剂的支撑效果较差、排采的高峰期较短、单井产量低等难题，完全依靠采前地面井预抽采原始煤层瓦斯来解决煤矿瓦斯涌出和突出危险问题经济成本高。

采动区地面井抽采卸压涌出瓦斯主要是充分利用煤层回采过程中的采动卸压效应，大量抽采涌出瓦斯，降低回采空间及后续采空区瓦斯超限风险，是近十年来逐渐发展起来的一种新型瓦斯治理方式。采动区瓦斯地面井抽采包括采动活跃区地面井抽采和采动稳定区地面井抽采。采动活跃区指煤炭开采过程中，岩层剧烈运动和应力扰动的区域，该区域对应地表沉降速度大于或等于 1.7 mm/d；采动稳定区指煤炭采后岩层运动基本停止的区域，对应地表沉降速度小于 1.7 mm/d，包括老采空区和废弃矿井。采动活跃区地面井在煤层回采前完成施工，进入采动影响区域后开始抽采涌出瓦斯，不影响井下生产，而且充分利用了采动卸压增透作用，后续对老采空区的抽采也可以进一步降低矿井瓦斯涌出量，主要包括采动活跃区地面直井（图 1-4）抽采、采动活跃区地面 "L" 型顶板水平井（图 1-

图 1-4　采动活跃区地面直井

5）抽采等方式。采动稳定区地面井在矿井封闭废弃后或者老采空区长期封闭后进行施工，根据矿井采区分布和瓦斯富集情况进行布井抽采，可以在有效降低矿井瓦斯涌出量的同时获得宝贵的清洁煤层气资源，主要井型为地面直井（图1-6）结构。

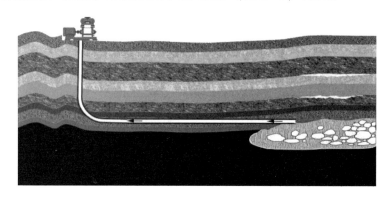

图1-5　采动活跃区地面"L"型顶板水平井

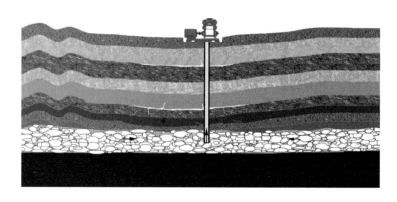

图1-6　采动稳定区地面直井

1.3　煤矿采动区瓦斯地面井抽采技术原理

1.3.1　采动裂隙场分布及瓦斯赋存演化特征

采场覆岩裂隙场是采动区地面井的气源聚集区和产气导流通道，煤层回采的不同阶段裂隙场的发育程度不同，瓦斯涌出的来源及涌出规律也有很大区别。充分利用这一变化规律对采动区地面井抽采工程的成功非常重要。

1. 围岩采动裂隙场的形成

围岩采动裂隙场的形成是一个随开采空间的增大逐渐发展的动态变化过程。该过程可以简单描述如下：随着工作面的推进，在围岩应力场作用下，采空区顶板发生分层运动的区域逐渐向周围扩大，在扩大到顶板关键岩层之前在空间上形成一个高帽形态的采动裂隙场，裂隙场的空间外形如图1-7a所示；当分层运动区域发展到第一亚关键层时，裂隙场向上的发展速度受到限制，主要表现为向四周的扩展，并逐渐在空间上形成一个马鞍形态的采动裂隙场（图1-7b）；当第一亚关键层垮落后，顶板覆岩的分层运动影响区域又表现为向周围扩展，并逐渐形成一个空间高帽形态的采动裂隙场，直至遇到第二亚关键层，覆岩裂隙场再次转变为向四周扩展的特点（图1-7c）；如此反复，直到最终分层运动影响区域发展到主关键层，采动裂隙带将持续表现为随工作面的推进向四周扩展的特点，直至整个采区停采收作，并最终在采空区覆岩内形成一个马鞍形态的采动裂隙场。裂隙场最终空间形态如图1-7d所示。

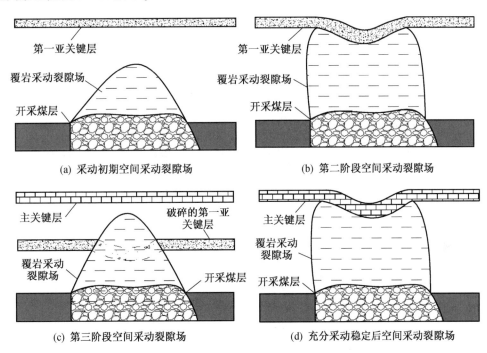

(a) 采动初期空间采动裂隙场

(b) 第二阶段空间采动裂隙场

(c) 第三阶段空间采动裂隙场

(d) 充分采动稳定后空间采动裂隙场

图1-7 采动覆岩裂隙场不同阶段空间形态示意图

在充分采动条件下，采动裂隙场的范围呈明显的马鞍形，造成这种现象的原因是：开切眼和终采线处为采场永久开采边界，其顶板垮落充分发生的时间大大落后于采空区中央，而且垮落充分的程度也低于采空区中央，故开切眼和终采线处煤岩本身容易产生垮落过高现象。采场底板岩层内部应力场在采动影响下的变化规律和顶板相似，只不过在表现形式上，底板岩层一般为挤压鼓起而非垮落，而且由于顶板垮落岩块的堆压，采空区中部底板岩层的卸压程度和范围相对煤层顶板要小很多，因此其内部的裂隙场空间范围也要比顶板内部的小很多。

另外，采场离层裂隙主要存在于一些厚硬岩层的底部，而离层量的大小、最大离层位置在工作面推进过程中是不断变化的。离层裂隙场的范围及高度均随工作面推进不断增加，其与工作面之间近似呈线性关系，若岩性较软，离层裂隙发育高度大；若岩性较硬，离层裂隙发育高度较小。

2. 采动区瓦斯赋存分布的演化特征

煤层回采的不同阶段，采动区内的瓦斯来源、赋存状态、运移规律是不同的，总体上可以分为五个阶段，如图1-8所示。

第Ⅰ阶段，瓦斯以采动影响煤层内的吸附状态为主，在采动卸压影响下正逐渐经历解吸过程，向游离态转化。

第Ⅱ阶段，瓦斯以新鲜落煤、煤壁的涌出为主，主要是游离态，聚集在回采工作面的

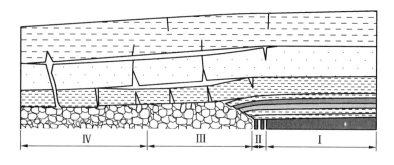

图 1-8 煤层回采的不同阶段

狭小空间内，并随回风流进入回风巷及第Ⅲ阶段新采空区的裂隙空间。

第Ⅲ、Ⅳ阶段，瓦斯以回采工作面的涌入瓦斯、采空区落煤解吸瓦斯及煤壁解吸瓦斯为主，以游离态存在并迅速向采场上方的裂隙场空间汇集、运移。

第Ⅴ阶段，垮落带处于基本压实状态，遗煤、煤柱等的瓦斯解吸趋于平衡，采场垮落带内的瓦斯大部分运移至采场裂隙带内的 O 型圈空间聚集区，如图 1-9 所示。

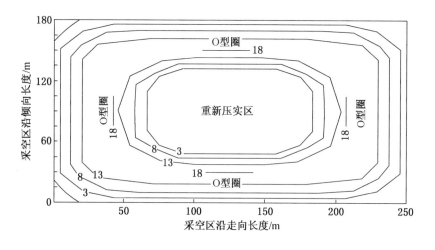

图 1-9 采动裂隙分布的 O 型圈

煤层回采的第Ⅱ、Ⅲ和Ⅳ阶段总体上属于采动活跃区，该阶段内涌出的瓦斯是采动活跃区地面井抽采的重点；煤层回采的第Ⅴ阶段总体上属于采动稳定区，该阶段内赋存的瓦斯是采动稳定区地面井抽采的重点。

3. 采动区瓦斯地面井抽采基本原理

采动区瓦斯地面井抽采主要是利用煤层开采的卸压增透效应提高瓦斯的解吸效率，利用采动裂隙场的导流作用进行涌出瓦斯的高效抽采，利用地面井地面施工、可连续抽采的特点进行采动活跃区和后续采动稳定区涌出瓦斯的持续抽采。

由压力拱理论可知，煤层开采过程是一个逐步引起周围岩层垮落、移动、旋转、变形，形成拱形的卸压区域的过程。煤层开采后，在回采空间周围一定范围内地应力进行重新分布，形成较大范围的卸压区域。在该区域内岩层发生离层，开采煤层及下部岩层承压状态由原来承受整个上覆岩层压力变为仅承受开采卸压区域内地层的压力，应力水平大大降低，煤岩层在一定范围内产生不同程度的膨胀变形，煤层孔隙和裂隙增加，煤层瓦斯在环境应力降低和煤层渗透性增加的条件下快速解吸，向回采工作面等自由空间涌出，这就是煤层开采"卸压增透效应"。而在卸压区的外围形成一个支撑压力区，即集中应力区，集中应力区之外则是原始应力区及应力恢复区。采场围岩应力状态分布如图1-10所示。

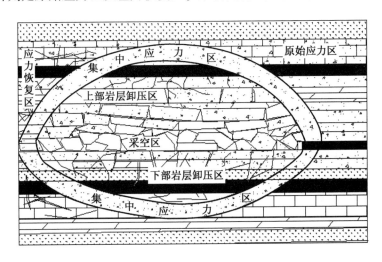

图1-10　采场围岩不同应力状态分布示意图

伴随煤层开采后顶板岩层的垮落，采场覆岩的离层裂隙和断裂裂隙逐渐向上发展并形成采动裂隙场，是瓦斯流动的优良通道。煤层回采前在地表施工地面井至将形成采动裂隙场的中部区域（采动活跃区地面井）或者在采动裂隙场形成并趋于稳定后，施工地面井至采动裂隙场中部区域（采动稳定区地面井）进行负压抽采，井下回采空间或采空区内的卸压涌出瓦斯在地面井井底负压作用下经采动裂隙通道进入地面井，被迅速抽采到地面，如图1-11所示。

地面井在地面施工，集输管道在地面部署，具有不受井下空间限制、施工方便、不影响井下生产等优势。这使得地面井随回采工作面的推进进入采空区区域后仍然可以继续抽采采空区涌出瓦斯，有效降低采空区瓦斯涌出量。

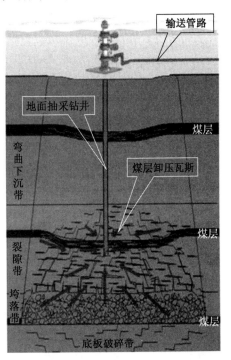

图1-11　地面井抽采采动区瓦斯原理

1.3.2　采动活跃区瓦斯地面井抽采技术

采动活跃区地面井主要用来抽采煤层回采期间工作面及后续采空区内的涌出瓦斯。该类地面井采前在地面施工，回采工作面推进到地面井位置附近时开始进行抽采，回采工作面推过后继续抽采采空区的涌出瓦斯，从而最大限度地降低工作面区域瓦斯超限风险。由于采动活跃区地面井从地表至开采煤层贯穿了整个覆岩区域，采动影响下采场覆岩的剧烈岩层运动对地面井的井身结构会产生严重影响，地面井切断、堵塞的事故频繁发生，严重影响了地面井的有效抽采时间和井下瓦斯的治理效果。完善地面井井身结构，提高地面井的井身抗破坏能力；优化地面井的布井位置，在回避采动影响严重区域的同时兼顾抽采效果较佳区域，解决地面井受采动影响损坏的难题是采动活跃区地面井有效抽采面临的主要问题。

进行采动活跃区瓦斯地面井抽采必须对地面井各级井身套管的管径、壁厚的水泥环参数等进行逐级优化设计，对布井位置进行优选，主要涉及以下四个方面的技术问题：

（1）布井位置优选：煤矿采动活跃区地面井由于要经历煤层回采的过程，受采动影响下的采场上覆岩层剧烈运动影响严重，因此地面井的布井位置应选择采场上覆岩层移动对地面井影响最小的区域；而且由于通常要连续进行采动稳定区抽采，需要特别考虑井下工作面推进及工作面通风的影响，以提高抽采效果。

（2）钻井及井身结构优化：煤矿采动活跃区地面井井身结构优化的根本目的是保证地面井在采动影响下保持贯通，进而提高抽采效果。该井各井段的分级深度对地面井的抽采效果及结构稳定性有重要影响。套管的管径、壁厚和钢级等决定了套管的抗拉剪破坏能力。水泥环的厚度及配比参数决定了水泥环对岩层挤压应力的缓解效果。固井工艺的不同会使得地面井不同井身位置受到的岩层运动影响程度不同。

（3）地面井高危险破坏位置安全防护：在采场进行地面井的最优布井区域选择可以回避多数地面井的高危险破坏位置，但岩层移动分布受岩层特性影响具有一定的区域分布性，布置在采场最优布井区域的地面井仍然存在少部分井身位置处于岩层移动的高危险影响区。这些高危险破坏位置采取区域优化布井措施不能完全规避，需要施加特殊防护措施才能保证钻井结构的安全畅通。

（4）安全抽采工艺：采动活跃区地面井抽采的瓦斯浓度一般变化较大，涉及防火、防爆、防冻、排水等安全抽采难题，为保证抽采安全可靠，需要依据国家及行业相关规定建设地面井安全抽采系统，并实现标准化运行管理。

为了充分发挥每一口地面井的抽采效能，"一井三用"技术正越来越引起人们的重视。该技术主要是在煤层处于远景规划区时即按一定的部署施工地面预抽井，进行采前地面井预抽煤层瓦斯；待煤层进入矿井开拓区后，对采前预抽地面井进行技术改造，扩大射孔段的射孔密度，形成适用的筛孔结构，同时对套管内的排采设施进行移除和井身清洗；待煤层进入回采阶段后，利用改造后的地面井进行采动活跃区卸压涌出瓦斯抽采；待煤层回采完毕，采空区封闭后，继续利用该地面井进行后续采动稳定区瓦斯抽采，减少矿井瓦斯涌出量。由于采前预抽瓦斯地面井和采动区地面井的采气原理不同，其对地面井的布井区域、井身结构、完井工艺和采气工艺的要求区别很大，必须在地面井设计之初对多种因素进行综合考虑，才能实现煤层瓦斯的"一井三用"地面井连续抽采。

1.3.3 采动稳定区瓦斯地面井抽采技术

采动稳定区地面井主要用来抽采封闭采空区及废弃矿井涌出的瓦斯。该类地面井一般是沿用原区域进行采动活跃区瓦斯抽采的地面井或者在封闭采空区所在的采动稳定区域直接施工地面井，穿透采动破裂岩层区域进入采动裂隙场，抽采积聚的涌出瓦斯，从而降低矿井瓦斯涌出量，同时获取优质的煤层气资源。由于回采工艺、抽采条件的差异，可抽采瓦斯量的赋存具有很大的差异性，在不同区域布置的采动稳定区地面井抽采效果也不尽相同，而且采动稳定区破碎的煤岩体在地面井负压抽采过程中极易形成漏气自循环的抽采状态，影响抽采效果。建立适用的可抽采瓦斯量评价方法、选择最佳的地面井布井区域和设计适用的地面井井身结构，解决地面井抽采过程中面临的可抽采瓦斯量不清、抽采效果不稳定的难题是进行采动稳定区地面井抽采面临的主要问题。

进行采动稳定区瓦斯地面井抽采必须对区域可抽采瓦斯量进行准确评估，对瓦斯富集区进行优选，对地面井的井身结构进行合理化设计，主要涉及以下四个方面的技术问题：

（1）可抽采瓦斯量评估：对目标区域瓦斯量进行评估是采动稳定区瓦斯抽采首先要完成的工作。评估过程中，首先对采场卸压范围进行分析，划定评估范围；然后确定采场瓦斯来源种类，选择合理的资源量评估模型；最后确定遗留煤炭资源量、遗煤残余瓦斯含量、孔隙体积等模型参数的合理取值，进行采动稳定区瓦斯量的合理评估。

（2）布井位置优选：地面井布井位置选择主要考虑采动稳定区瓦斯储集空间分布及地面井抽采控制范围等方面。

（3）井身结构优化：地面井井身结构设计需要考虑钻井施工的经济合理性、固井质量的密闭可靠性和钻井终孔位置的合理性等方面。

（4）钻完井工艺优化：为保证地面井抽采效果，采动稳定区地面井钻进施工应以减少对采动裂隙场导气通道的破坏和污染为第一原则。

2　地面井抽采煤矿采动活跃区瓦斯技术

2.1　采动活跃区地面井"层面拉剪"变形破坏力学作用规律

2.1.1　采动影响下煤矿采场覆岩移动规律与量化计算

2.1.1.1　采动影响下采场上覆岩层的移动与破坏规律

　　1. 地下开采引起的岩层与地表移动

　　当地下煤层被采出后，采空区直接顶板岩层在自重力及其上覆岩层的作用下，产生向下的移动和弯曲。当其内部拉应力超过岩层的抗拉强度极限时，直接顶板首先断裂、破碎、相继垮落，而基本顶则以梁弯曲的形式沿层理面法线方向移动、弯曲，进而产生断裂、离层。随着工作面向前推进，受采动影响的岩层范围不断扩大，当开采范围足够大时，岩层移动发展到地表，在地表形成一个比采空区大得多的下沉盆地，如图 2 - 1所示。

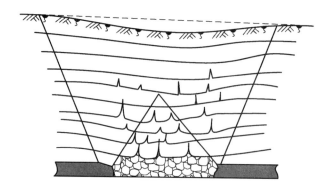

图 2 - 1　采空区上覆岩层移动示意图

　　由于岩层移动，致使顶板岩层悬空及其部分重量传递到周围未直接采动的岩体上，从而引起采场周围岩体内的应力重新分布，形成增压区（支承压力区）和减压区（卸载压力区）。在采区边界煤柱及其上下方的煤层内形成支承压力区，在这个区域煤柱和岩层被压缩，有时被压碎、挤向采空区。由于增压的结果，使煤柱部分被压碎，承受载荷的能力减小，于是支承压力区向远离采空区的方向转移。在回采工作面的顶、底板岩层内形成减压区，其压力小于开采前的正常压力。由于减压和岩层沉降，岩层发生膨胀、层间滑移和离层；而底板除受减压影响外，还受水平方向的压缩，因此可能出现采空区底板向上隆起的现象。

　　根据岩层移动和变形特征及应力分布情况，在移动过程终止后的岩层可大致分为三个移动特征区：Ⅰ—充分采动区（减压区）；Ⅱ、Ⅱ′—最大弯曲区；Ⅲ、Ⅲ′—岩石压缩区（支承压力区），如图 2 - 2 所示。

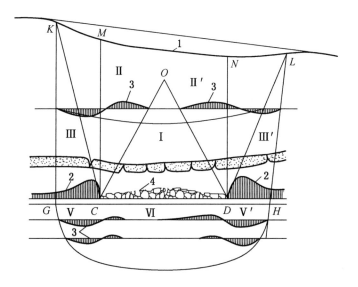

1—地表下沉曲线；2—支撑压力区内的正应力图；3—沿层面法向岩石变形曲线；4—垮落带

图2-2 采空区影响范围内的影响带划分示意图

充分采动区 *COD* 位于采空区中部的上方，其移动特征是：煤层顶板处于受拉状态，先向采空区方向弯曲，然后破碎成大小不一的岩块向下垮落而充填采空区；此后，岩层成层状向下弯曲，同时伴随有离层、断裂等现象。成层状弯曲岩层的下沉，使垮落破碎的岩块逐渐被压实。移动过程结束后，此区内下沉的岩层仍平行于它的原始层位，层内各点的移动向量与煤层法线方向一致，在同一层内的移动向量彼此相等。

岩石压缩区（支承压力区）位于采空区边界煤柱上方 *GKMC* 和 *HLND* 范围内。支承压力区之上的岩层内，不仅有沿层面法线方向的拉伸变形，而且还出现了沿层面法线方向的压缩变形。

在充分采动区Ⅰ和支承压力区Ⅲ、Ⅲ′之间是最大弯曲区Ⅱ、Ⅱ′，在此范围内岩层向下弯曲的程度最大。由于岩层弯曲的原因，在层内产生沿层面方向的拉伸变形和压缩变形。

在煤层底板岩层内，应力也发生了相应的变化，形成了压缩区Ⅴ、Ⅴ′及隆起区Ⅵ。

采场开采全部结束以后，在采场顶、底板岩层及所采煤层内部，附加应力、整体移动和开裂垮落的范围以及采空区内处于最终稳定状态的垮落带、裂隙带、弯曲下沉带在垂直及水平剖面上的空间–时间关系如图2-3所示。

2. 岩层与地表移动预测方法

在岩层与地表移动预测方法中应用较多的有概率积分法、典型曲线法、剖面函数法等。其中，由刘宝琛、廖国华等基于随机介质理论发展起来的概率积分法经我国开采沉陷工作者20多年的研究，目前已经成为我国较成熟的、应用最为广泛的预测方法之一。

波兰学者李特威尼申等应用非连续介质力学中的颗粒体介质力学来研究岩层及地表移动问题，认为开采引起的岩层与地表移动的规律与作为随机介质的颗粒体介质模型所描述的规律具有宏观上的相似性。在此基础上发展起来的概率积分法所预测的岩层及地表移动规律与利用实测获得的地表沉陷资料获得的拟合规律具有相当的近似性。

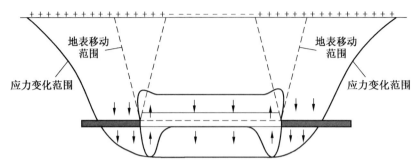

+—拉伸应力或变形;　-—压缩应力或变形;
向下箭头表示垂直方向压缩应力区;　向上箭头表示垂直方向拉伸应力区

图 2-3　采场全部采完阶段采动影响的空间 - 时间关系示意图

应用概率积分法,半无限开采时,地表移动盆地走向主断面内挠度方程为

$$w(x) = w_0 \int_0^\infty \frac{1}{r} e^{-\pi \frac{(x-s)^2}{r^2}} ds$$

式中　　$w(x)$——$s = 0 \sim \infty$ 范围内各开挖单元开采引起的下沉值总和,如图 2-4 所示的 soz 坐标系,m;

w_0——所研究平面的最大沉降位移,在此指地表最大沉降位移,有 $w_0 = m\eta\cos\alpha$,m;

m——煤层厚度,m;

η——下沉系数,经验值见表 2-1;

α——煤层倾角,(°);

r——地表采动影响半径,$r = \dfrac{H}{\tan\beta}$,m;

H——回采煤层埋藏深度,m;

β——主要影响角,(°)。

由实际观测经验资料可知,在半无限开采时,主要的地表移动和变形值发生在 $x = -r \sim +r$ 范围内,故称 r 为采动影响半径。将 $x = \pm r$ 的地表点与煤壁相连,其连线与水平线之间所夹的锐角 β 称为主要影响角,主要影响角正切值不随采深 H 的变化而改变,如图 2-4 所示,不同覆岩条件下的经验值见表 2-1。

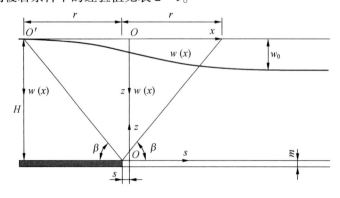

图 2-4　半无限开采时地表下沉示意图

将上覆岩层坐标 xOz 原点向左偏移，选在采动影响范围边界处，而回采煤层坐标 sOz 不变时，可得

$$w(x) = w_0 \int_0^\infty \frac{1}{r} e^{-\pi \frac{(x-r-s)^2}{r^2}} ds \qquad (2-1)$$

由于有限开采时地表下沉位移可以视为半无限采动情况下的采动影响减去有限开采情况下未采动煤层的影响，因此有限开采时地表移动盆地走向主断面挠度方程为

$$w^\circ(x) = w(x) - w(x-l) \qquad (2-2)$$

式中　l——开采长度，m。

有限开采时地表下沉示意图如图 2 - 5 所示。

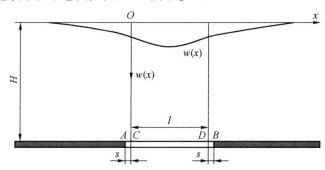

图 2 - 5　有限开采时地表下沉示意图

图 2 - 5 中 s 为下沉曲线的拐点偏移距，是考虑工作面处顶板悬臂作用对沉降曲线的影响而导致的岩层下沉曲线向采空区偏移的距离。我国煤矿区地表拐点偏移距的经验值见表 2 - 1。

表 2 - 1　覆岩性质区分的我国煤矿区地表拐点偏移距经验值

覆岩类型	覆岩性质		我国经验值		
	主要岩性	平均坚固性系数	η	$\tan\beta$	s/H
坚硬	大部分以中生代地层中硬砂岩、硬石灰岩为主，其他为砂质页岩、页岩、辉绿岩	>6	0.40 ~ 0.65	1.2 ~ 1.6	0.15 ~ 0.20
中硬	大部分以中生代地层中硬砂岩、石灰岩、砂质页岩为主，其他为软砾岩、致密泥灰岩、铁矿石	3 ~ 6	0.65 ~ 0.85	1.4 ~ 2.2	0.10 ~ 0.15
软弱	大部分为新生代地层中砂质页岩、页岩、泥灰岩及黏土、砂质黏土等松散层	<3	0.85 ~ 1.00	1.8 ~ 2.6	0.05 ~ 0.10

原则上说，岩体内部任意水平面上的移动和变形预测，可采用与地表任意点预测相同的方法和公式进行。所不同的是，要应用岩体内这个水平面上的参数进行计算。根据前人经验，有

$$r_Y = \left(\frac{H-Y}{H}\right)^{n^*} r \qquad (2-3)$$

式中　r_Y——采场覆岩内某一深度平面的采动影响半径，取岩层上表面的埋深为基准埋深，m；

　　　Y——待求平面距地表的深度，m；

n^*——经验指数,在我国一般取2。

但是,煤系地层属于沉积岩系列,因而开采煤层的上覆岩层多为泥岩和砂岩等组成的层叠板状的组合结构。各个岩层的弯曲下沉、变形具有层内一致性和层间关联突变性的特点,其随距离地表深度的分布可近似由图2-6表示。因此,对岩层的沉降应充分考虑岩层分层及其厚度的影响。

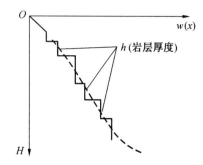

实线为岩层弯曲下沉的分布曲线;虚线为近似曲线

图2-6 岩层弯曲下沉分布示意图

2.1.1.2 等效岩梁结构挠曲变形的基本规律

1. 基本假设

煤系地层属于沉积岩系列,因而开采煤层的上覆岩层多为泥岩和砂岩组成的层叠板状组合结构。任一岩层厚度相对于煤层走向和煤层倾向的长度来说都是有限的,故当从岩层倾向上取一宽度远小于走向影响带半径 r 的微段时,该微段在走向方向影响范围内可以视为一等效岩梁进行分析;而煤层回采过程中,上覆岩层的移动和应力调整是一个动态变化的过程,覆岩应力由最初的初始应力状态逐步调整为最终的非均布状态,因而某一时刻等效岩梁承受的等效载荷是呈复杂非均布状态的,如图2-7所示。在倾向上同理。

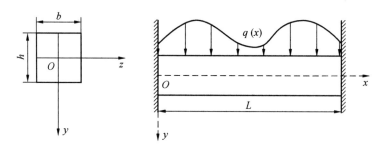

图2-7 等效岩梁模型及其载荷示意图

2. 等效岩梁结构的挠曲变形规律

根据梁的弯曲原理,度量梁变形后截面位移的两个基本量是:横截面形心(即轴线交点)在垂直于 xOz 面内 x 轴方向(即平行于 y 轴方向)的线位移 w,称为该截面的挠度;横截面对其原来位置的角位移 θ,称为该截面的转角。如图2-8所示,梁变形后的轴线是一条光滑的连续曲线 AC_1B,横截面仍与轴线保持垂直,因此横截面的转角也就是曲线在该点处的切线与 x 轴之间的夹角。

梁轴线在弯曲成曲线后,在 x 轴方向是有线位移的。但由于梁的挠度远小于跨长,梁变形后的轴线是一条平坦的曲线,截面形心沿 x 轴方向的线位移与挠度相比属于高阶微量，因此在计算过程中可暂时不予以考虑，在计算实际工程问题中再将其影响列入定性考虑范围。因此，梁变形后的轴线（即曲线 AC_1B ）可表达为

$$w = f(x)$$

式中 w ——梁变形前轴线上 x 点的挠度，m。

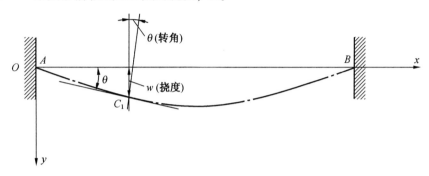

图 2 - 8 梁弯曲变形示意图

因为挠曲线是一平坦曲线，故有

$$\theta \approx \tan\theta = w' = f'(x) \tag{2-4}$$

即挠曲线上任一点处的切线斜率 w' 都可以足够精确地代表该点处横截面的转角 θ。

从几何方面看，平面曲线的曲率可以写作

$$\frac{1}{\rho(x)} = \left|\frac{\mathrm{d}\theta}{\mathrm{d}s}\right| = \frac{|w''|}{(1 + w'^2)^{3/2}} \tag{2-5}$$

由梁曲率与弯矩间的物理关系 $\dfrac{1}{\rho(x)} = \dfrac{M(x)}{EI_z}$，并考虑到 $M(x)$ 与 w'' 正负号规定相反，得

$$\frac{|w''|}{(1 + w'^2)^{3/2}} = -\frac{M(x)}{EI_z}$$

式中 $M(x)$ ——岩梁弯矩，N·m；

   E ——材料的弹性模量，Pa；

   I_z ——横截面对中性轴 z 的惯性矩，$I_z = \dfrac{bh^3}{12}$，m^4；

   b、h ——等效岩梁的宽度和高度，如图 2 - 7 所示，m。

对于工程上常用的梁，其挠曲线为一光滑平坦的曲线，因此 w' 是一个很小的量，w'^2 与 1 相比十分微小可以略去不计，故上式可以近似地写为

$$w(x)'' = -\frac{M(x)}{EI_z} \tag{2-6}$$

这即为梁挠曲线的近似微分方程。

将式（2 - 1）和式（2 - 2）代入式（2 - 6）并求导得等效岩梁的弯矩方程为

$$\begin{cases} M(x) = -\dfrac{2\pi EI_z w_0}{r_Y^3}(x - r_Y)\mathrm{e}^{-\pi\frac{(x-r_Y)^2}{r_Y^2}} & \text{（半无限开采）} \\[4mm] M^\circ(x) = -\dfrac{2\pi EI_z w_0}{r_Y^3}\left[(x - r_Y)\mathrm{e}^{-\pi\frac{(x-r_Y)^2}{r_Y^2}} - (x - r_Y - l)\mathrm{e}^{-\pi\frac{(x-r_Y-l)^2}{r_Y^2}}\right] & \text{（有限开采）} \end{cases} \tag{2-7}$$

式中 w_0——所研究平面的最大沉降位移，在此指等效岩梁所在水平的最大沉降位移，m。

3. 等效岩梁结构挠曲变形的层面剪切效应分析

根据材料力学梁的弯曲原理，在横力弯曲的情况下，梁的横截面既有弯矩又有剪力。由式（2-7）得，等效岩梁结构横截面上距中性轴距离为 y 点的正应力为

$$\begin{cases} \sigma = \dfrac{M(x)y}{I_z} = -\dfrac{2\pi E w_0}{r_Y^3} y(x - r_Y) e^{-\pi \frac{(x-r_Y)^2}{r_Y^2}} \quad （半无限开采, 0 < x < L） \\ \sigma^\circ = \dfrac{M(x)y}{I_z} = -\dfrac{2\pi E w_0}{r_Y^3} y\left[(x - r_Y) e^{-\pi \frac{(x-r_Y)^2}{r_Y^2}} - (x - r_Y - l) e^{-\pi \frac{(x-r_Y-l)^2}{r_Y^2}} \right] \quad （有限开采, 0 < x < L） \end{cases}$$

$$(2-8)$$

式中 L——岩梁长度，如图 2-7 所示，m。

由式（2-8）可知，弯曲等效岩梁横截面上的正应力呈线性变化，如图 2-9 所示。并以中性面为分界线，中性面上部分，正应力为正，是压应力；中性面下部分，正应力为负，是拉应力。

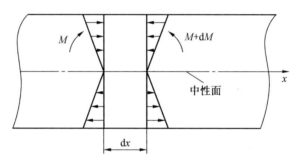

图 2-9   等效岩梁横截面上的正应力分布规律

由静力平衡条件，等效岩梁横截面上的剪力为

$$\begin{cases} Q(x) = -\dfrac{2\pi E I_z w_0}{r_Y^5} \left[r_Y^2 - 2\pi x^2 + 2\pi r_Y x \right] e^{-\pi \frac{(x-r_Y)^2}{r_Y^2}} \quad （半无限开采, 0 < x < L） \\ Q^\circ(x) = -\dfrac{2\pi E I_z w_0}{r_Y^5} \left[(r_Y^2 - 2\pi x^2 + 2\pi r_Y x) e^{-\pi \frac{(x-r_Y)^2}{r_Y^2}} - \right. \\ \qquad\qquad \left. (r_Y^2 - 2\pi x^2 + 2\pi r_Y x + 2\pi l x) e^{-\pi \frac{(x-r_Y-l)^2}{r_Y^2}} \right] \quad （有限开采, 0 < x < L） \end{cases}$$

$$(2-9)$$

因此，横截面上的剪应力为

$$\begin{cases} \tau_{纵} = \dfrac{Q(x) S_{zy}^*}{I_z b} = -\dfrac{2\pi E S_{zy}^* w_0}{b r_Y^5} \left[r_Y^2 - 2\pi x^2 + 2\pi r_Y x \right] e^{-\pi \frac{(x-r_Y)^2}{r_Y^2}} \quad （半无限开采, 0 < x < L） \\ \tau_{纵}^\circ = \dfrac{Q(x) S_{zy}^*}{I_z b} = -\dfrac{2\pi E S_{zy}^* w_0}{b r_Y^5} \left[(r_Y^2 - 2\pi x^2 + 2\pi r_Y x) e^{-\pi \frac{(x-r_Y)^2}{r_Y^2}} - \right. \\ \qquad\qquad \left. (r_Y^2 - 2\pi x^2 + 2\pi r_Y x + 2\pi l x) e^{-\pi \frac{(x-r_Y-l)^2}{r_Y^2}} \right] \quad （有限开采, 0 < x < L） \end{cases}$$

$$(2-10)$$

式中 S_{zy}^*——距中性轴为 y 的横线以外部分的横截面积对中性轴的静矩，$S_{zy}^* = \dfrac{b}{2}\left(\dfrac{h^2}{4} - y^2\right)$，$m^3$；

$Q(x)$——梁横截面上的剪力，N。

由式（2-10）可知，矩形截面梁纵截面上剪应力沿梁的高度呈抛物线规律变化，如图 2-10 所示。当 $y = \pm\dfrac{h}{2}$ 时，亦即在横截面上距中性轴最远处，剪应力 $\tau_{纵} = 0$，越靠近中性轴处 $\tau_{纵}$ 就越大；当 $y = 0$ 时，亦即在中性轴上各点处，剪应力达到最大值，即

$$
\begin{cases}
\tau_{\max} = \dfrac{Q(x)S_{zy}^*}{I_z b} = -\dfrac{2\pi E h^2 w_0}{8 r_Y^5}\big[\, r_Y^2 - 2\pi x^2 + \\[4pt]
\qquad 2\pi r_Y x\,\big]\mathrm{e}^{-\pi\frac{(x-r_Y)^2}{r_Y^2}} \quad (\text{半无限开采},\, 0 < x < L) \\[10pt]
\tau^{\circ}_{\max} = \dfrac{Q(x)S_{zy}^*}{I_z b} = -\dfrac{2\pi E h^2 w_0}{8 r_Y^5}\big[\, (r_Y^2 - 2\pi x^2 + 2\pi r_Y x)\,\mathrm{e}^{-\pi\frac{(x-r_Y)^2}{r_Y^2}} - \\[4pt]
\qquad (r_Y^2 - 2\pi x^2 + 2\pi r_Y x + 2\pi l x)\,\mathrm{e}^{-\pi\frac{(x-r_Y-l)^2}{r_Y^2}}\,\big] \quad (\text{有限开采},\, 0 < x < L)
\end{cases}
\tag{2-11}
$$

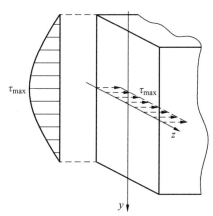

图 2-10 等效岩梁横截面上的纵向剪应力分布规律

2.1.1.3 复合等效岩梁结构挠曲变形规律

1. 层面滑移的复合等效岩梁模型

在回采煤层上覆岩层的移动中，主要影响因素是层面，岩石特性相对影响较小。岩石是弹脆性体，岩体可以看成是线弹性体 + 弱面的结构体。开采后上覆岩层的移动可以看成是由层面分割而成的多层梁弯曲，每一梁满足接触滑移状态。对于层面分割而成的复合等效岩梁，作如下假设：①梁的横截面在弯曲后保持为平面；②假定岩体为线弹性体，梁中应变为线性分布；③原岩在开采前已经产生变形，开采后的变形由附加应力所引起。由两种材料组成的复合等效岩梁，取中性面轴线为 x 轴，垂直中性面的方向为 y 轴，中性轴为 z 轴，建立局部坐标系，如图 2-11 所示。

根据梁的弯曲原理，层面发生滑移错动前有

$$
\begin{cases}
\varepsilon = \dfrac{y}{\rho} \quad (\rho \text{ 是中性层上某一微段的曲率半径}) \\[6pt]
\sigma = E\varepsilon \\[6pt]
M_z = \displaystyle\int_A \sigma y\,\mathrm{d}A = M(x)
\end{cases}
$$

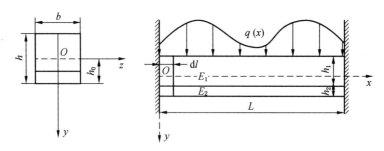

图 2 – 11 复合等效岩梁模型

得 $\dfrac{1}{\rho(x)} = \dfrac{3M(x)}{b\left[E_1 h_1\left(3h_0^2 - 6h_0 h_2 - 3h_0 h_1 + h_1^2 + 3h_1 h_2 + 3h_2^2\right) + E_2 h_2\left(3h_0^2 - 3h_0 h_2 + h_2^2\right)\right]}$

$$(2-12)$$

故有

$$
\begin{cases}
\sigma_1 = \dfrac{3M(x)E_1 y}{b\left[E_1 h_1\left(3h_0^2 - 6h_0 h_2 - 3h_0 h_1 + h_1^2 + 3h_1 h_2 + 3h_2^2\right) + E_2 h_2\left(3h_0^2 - 3h_0 h_2 + h_2^2\right)\right]} \\
\qquad (h_0 - h_1 - h_2 \leqslant y \leqslant h_0 - h_2) \\[2ex]
\sigma_2 = \dfrac{3M(x)E_2 y}{b\left[E_1 h_1\left(3h_0^2 - 6h_0 h_2 - 3h_0 h_1 + h_1^2 + 3h_1 h_2 + 3h_2^2\right) + E_2 h_2\left(3h_0^2 - 3h_0 h_2 + h_2^2\right)\right]} \\
\qquad (h_0 - h_2 \leqslant y \leqslant h_0)
\end{cases}
$$

$$(2-13)$$

式中　　σ_1——复合等效岩梁上层正应力，Pa；

　　　　σ_2——复合等效岩梁下层正应力，Pa；

　E_1、E_2——复合等效岩梁上、下层弹性模量，Pa；

　h_1、h_2——复合等效岩梁上、下层厚度，m；

　　　　h_0——复合等效岩梁中性面与岩梁底边的距离，m。

复合等效岩梁横截面上的正应力分布规律如图 2 – 12 所示，在 $\dfrac{E_2}{E_1} > \sqrt{\dfrac{h_1}{h_2}}$ 且 $E_1 > E_2$ 时，中性面相比单一岩梁向上偏移，并且在岩层交界面处出现应力突变。

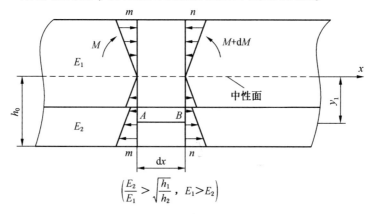

$$\left(\frac{E_2}{E_1} > \sqrt{\frac{h_1}{h_2}},\ E_1 > E_2\right)$$

图 2 – 12　复合等效岩梁横截面上的正应力分布规律

在外力作用下，梁保持平衡状态，因而在梁的任一横截面上内力保持平衡，即

$$\int_{S_1} \sigma_1 dA + \int_{S_2} \sigma_2 dA = 0 \tag{2-14}$$

将式（2-13）代入式（2-14）就可以得到中性面距底面的距离 h_0，即

$$h_0 = \frac{E_1(2h_2 + h_1)h_1 + E_2 h_2^2}{2(E_1 h_1 + E_2 h_2)} \tag{2-15}$$

同理，可求得 n 种材料组成的复合等效岩梁，中性面距底面的距离为

$$h'_0 = \frac{\sum\limits_{i=1}^{n} E_i h_i^2 + 2\sum\limits_{i=1}^{n-1} E_i h_i \sum\limits_{m=i-1}^{n} h_m}{2\sum\limits_{i=1}^{n} E_i h_i} \tag{2-16}$$

由式（2-15），令 $h_0 = h_2$，得

$$\frac{E_2}{E_1} = \sqrt{\frac{h_1}{h_2}} \tag{2-17}$$

即当式（2-17）成立时，复合等效岩梁中性面与岩梁交界面重合。

将式（2-7）和式（2-15）代入式（2-13）得复合等效岩梁横截面上的正应力为

$$\begin{cases} \sigma_1 = -\dfrac{2\pi E_1 w_0}{r_Y^3} y(x - r_Y) e^{-\pi\frac{(x-r_Y)^2}{r_Y^2}} & (\text{半无限开采}, 0 < x < L) \\[3mm] \sigma_2 = -\dfrac{2\pi E_2 w_0}{r_Y^3} y(x - r_Y) e^{-\pi\frac{(x-r_Y)^2}{r_Y^2}} & (\text{半无限开采}, 0 < x < L) \end{cases} \tag{2-18}$$

$$\begin{cases} \sigma^\circ_1 = -\dfrac{2\pi E_1 w_0}{r_Y^3} y\left[(x - r_Y) e^{-\pi\frac{(x-r_Y)^2}{r_Y^2}} - (x - r_Y - l) e^{-\pi\frac{(x-r_Y-l)^2}{r_Y^2}} \right] & (\text{有限开采}, 0 < x < L) \\[3mm] \sigma^\circ_2 = -\dfrac{2\pi E_2 w_0}{r_Y^3} y\left[(x - r_Y) e^{-\pi\frac{(x-r_Y)^2}{r_Y^2}} - (x - r_Y - l) e^{-\pi\frac{(x-r_Y-l)^2}{r_Y^2}} \right] & (\text{有限开采}, 0 < x < L) \end{cases} \tag{2-19}$$

根据静力平衡原理，从复合等效岩梁上距左端为 x 和 $x + dx$ 处用横截面 $m - m$ 和 $n - n$ 取出长为 dx 的一微段，微段的力学平衡分析如图 2-13 所示。

假设：①横截面上距中性轴等远处各点的剪应力大小相等；②各点处的剪应力方向与

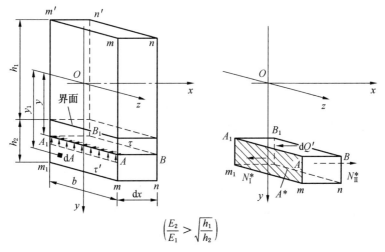

$$\left(\frac{E_2}{E_1} > \sqrt{\frac{h_1}{h_2}} \right)$$

图 2-13　复合等效岩梁微段力学平衡分析

截面侧边平行。则：当 $h_0 - h_1 - h_2 \leq y \leq h_0 - h_2$ 时，有

$$
\begin{cases}
N_{\mathrm{I}}^* = \displaystyle\int_{A*} \sigma_{\mathrm{I}} \, \mathrm{d}A \\[2mm]
N_{\mathrm{II}}^* = \displaystyle\int_{A*} \sigma_{\mathrm{II}} \, \mathrm{d}A \\[2mm]
\mathrm{d}Q' = \tau b \mathrm{d}x
\end{cases}
\tag{2-20}
$$

由平衡方程 $\sum X = 0$，得

$$
N_{\mathrm{II}}^* - N_{\mathrm{I}}^* - \mathrm{d}Q' = 0
\tag{2-21}
$$

将式（2-18）和式（2-19）代入式（2-20）和式（2-21）得

$$
\begin{cases}
\tau_1 = -\dfrac{2\pi w_0 E_2(2h_0 h_2 - h_2^2) + E_1\left[(h_0 - h_2)^2 - y^2\right]}{2r_Y^5} \\[4mm]
\qquad\quad \left[r_Y^2 - 2\pi x^2 + 2\pi r_Y x\right] \mathrm{e}^{-\pi \frac{(x - r_Y)^2}{r_Y^2}} \quad （半无限开采,0 < x < L) \\[4mm]
\tau_1^\circ = -\dfrac{2\pi w_0 E_2(2h_0 h_2 - h_2^2) + E_1\left[(h_0 - h_2)^2 - y^2\right]}{2r_Y^5}\left[(r_Y^2 - 2\pi x^2 + 2\pi r_Y x)\mathrm{e}^{-\pi \frac{(x - r_Y)^2}{r_Y^2}} - \right. \\[4mm]
\qquad\quad \left. (r_Y^2 - 2\pi x^2 + 2\pi r_Y x + 2\pi l x)\mathrm{e}^{-\pi \frac{(x - r_Y - l)^2}{r_Y^2}}\right] \quad （有限开采,0 < x < L)
\end{cases}
$$

同理，当 $h_0 - h_2 \leq y \leq h_0$ 时，有

$$
\begin{cases}
\tau_2 = -\dfrac{2\pi w_0 E_2(h_0^2 - y^2)}{2r_Y^5}\left[r_Y^2 - 2\pi x^2 + 2\pi r_Y x\right]\mathrm{e}^{-\pi \frac{(x - r_Y)^2}{r_Y^2}} \quad （半无限开采,0 < x < L) \\[4mm]
\tau_2^\circ = -\dfrac{2\pi w_0 E_2(h_0^2 - y^2)}{2r_Y^5}\left[(r_Y^2 - 2\pi x^2 + 2\pi r_Y x)\mathrm{e}^{-\pi \frac{(x - r_Y)^2}{r_Y^2}} - \right. \\[4mm]
\qquad\quad \left. (r_Y^2 - 2\pi x^2 + 2\pi r_Y x + 2\pi l x)\mathrm{e}^{-\pi \frac{(x - r_Y - l)^2}{r_Y^2}}\right] \quad （有限开采,0 < x < L)
\end{cases}
$$

交界面上的纵向剪应力为

$$
\begin{cases}
\tau_{界面} = -\dfrac{2\pi w_0 E_2(2h_0 h_2 - h_2^2)}{2r_Y^5}\left[r_Y^2 - 2\pi x^2 + 2\pi r_Y x\right]\mathrm{e}^{-\pi \frac{(x - r_Y)^2}{r_Y^2}} \quad （半无限开采,0 < x < L) \\[4mm]
\tau_{界面}^\circ = -\dfrac{2\pi w_0 E_2(2h_0 h_2 - h_2^2)}{2r_Y^5}\left[(r_Y^2 - 2\pi x^2 + 2\pi r_Y x)\mathrm{e}^{-\pi \frac{(x - r_Y)^2}{r_Y^2}} - \right. \\[4mm]
\qquad\quad \left. (r_Y^2 - 2\pi x^2 + 2\pi r_Y x + 2\pi l x)\mathrm{e}^{-\pi \frac{(x - r_Y - l)^2}{r_Y^2}}2\right] \quad （有限开采,0 < x < L)
\end{cases}
$$

纵向剪应力在横截面上的分布规律如图 2-14 所示，纵向剪应力整体呈抛物线形分布，在中性面处达到最大值，岩层界面处产生应力突变。由前述分析可知，当式（2-15）成立时，复合等效岩梁交界面即是岩梁横截面上剪力最大的面，即剪切最危险面。

设上部岩梁、下部岩梁和岩梁交界面的允许剪切应力分别为 $[\tau_1]$、$[\tau_2]$ 和 $[\tau_{界面}]$，则有

$$
\begin{cases}
当 \tau_1 < [\tau_1], \tau_2 < [\tau_2], \tau_{界面} < [\tau_{界面}] 时, 复合等效岩梁不发生剪切滑移 \\
当 \tau_1 < [\tau_1], \tau_2 < [\tau_2], \tau_{界面} > [\tau_{界面}] 时, 复合等效岩梁从交界面处发生剪切滑移 \\
当 \tau_1 > [\tau_1], \tau_2 < [\tau_2], \tau_{界面} < [\tau_{界面}] 时, 复合等效岩梁从上部岩梁发生剪切滑移 \\
当 \tau_1 < [\tau_1], \tau_2 > [\tau_2], \tau_{界面} < [\tau_{界面}] 时, 复合等效岩梁从下部岩梁发生剪切滑移
\end{cases}
$$

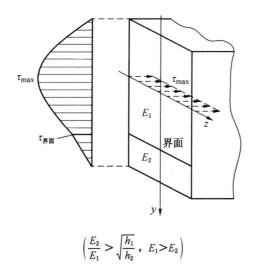

$$\left(\frac{E_2}{E_1} > \sqrt{\frac{h_1}{h_2}} ,\ E_1 > E_2\right)$$

图 2 - 14　复合等效岩梁横截面上的纵向剪应力分布规律

由于复合等效岩梁交界面处的最大允许剪应力一般远小于岩梁本身的最大允许剪应力，故岩梁的剪切失稳滑移破坏一般发生在岩梁交界面处。

综上所述，在复合等效岩梁层面发生滑移前，有：

（1）复合等效岩梁中性面的位置受岩梁弹性模量和岩梁分层厚度控制，当 $\frac{E_2}{E_1} = \sqrt{\frac{h_1}{h_2}}$ 时，中性面与岩梁交界面重合，此时横截面上岩层交界面处剪应力最大。

（2）复合等效岩梁各层内弹性模量与正应力的大小成反比。

（3）中性面处复合等效岩梁正应力为零。

（4）复合等效岩梁纵截面上的剪应力在横截面上呈分段抛物线形分布，最大剪应力位置在中性面处。

（5）复合等效岩梁交界面处纵向剪应力连续，但变化曲率有突变，变化规律由弹性模量和岩梁分层厚度决定。

2. 复合等效岩梁结构的挠曲规律分析

由式（2 - 1）和式（2 - 2）得复合等效岩梁的挠度方程为

$$\begin{cases} w(x) = w_0 \int_0^\infty \dfrac{1}{r_Y} e^{-\pi \frac{(x - r_Y - s)^2}{r_Y^2}} ds & \text{（半无限开采）} \\ w^\circ(x) = w_0 \int_0^\infty \dfrac{1}{r_Y} \left[e^{-\pi \frac{(x - r_Y - s)^2}{r_Y^2}} - e^{-\pi \frac{(x - r_Y - s - l)^2}{r_Y^2}} \right] ds & \text{（有限开采）} \end{cases} \quad (2 - 22)$$

式中　w_0——所研究平面的最大沉降位移，在此指复合等效岩梁所在水平的最大沉降位移，m。

由式（2 - 22）可知，充分采动时复合等效岩梁的挠曲曲线总体呈抛物线形，在梁两固定端附近呈上凸形，在梁中点附近呈下凹形，如图 2 - 15 所示。

在复合等效岩梁受载荷作用发生挠曲的过程中，当岩梁交界面处的剪切应力小于界面允许剪应力时，复合等效岩梁可以视为普通岩梁进行挠度分析；当岩梁交界面处的剪切应

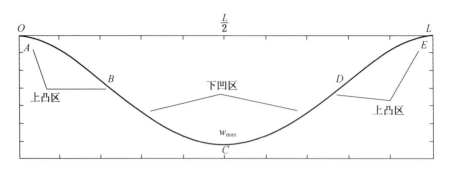

图 2-15　充分采动时复合等效岩梁的挠曲线分布图

力大于界面允许剪应力时，岩梁将发生层间滑移，其受载条件将发生变化，这时岩梁的挠曲曲率将不再一致，复合等效岩梁固定端一微段（图 2-11）在滑移状态下的位移变化如图 2-16 所示。$\mathrm{d}l$ 表示接近复合等效岩梁固定端的一个微段，在载荷（载荷作用如图 2-11 所示，本图省略）作用下复合等效岩梁发生弯曲下沉，上层岩层和下层岩层分别产生弯曲曲率角 α_1、α_2，O 点表示复合等效岩梁弯曲曲率的中心，在微段 $\mathrm{d}l$ 上曲率角差别很小，故可以近似认为上下岩层的曲率中心重合。

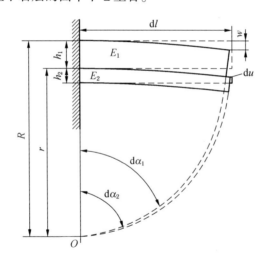

图 2-16　复合等效岩梁剪切滑移特征

首先假设复合等效岩梁交界面不发生明显离层位移。在滑移错动前，两岩梁的长度相等为 $\mathrm{d}l$，根据圆弧的弧长定理，当微段 $\mathrm{d}l$ 上下岩层分别发生微小弯曲时，由于弯曲曲率半径很大而微段对应的弯曲曲率角很小且接近一致，因此可以近似认为在弯曲错动后有

$$\mathrm{d}l = r\mathrm{d}\alpha_2 = R\mathrm{d}\alpha_1$$

而

$$R = r + h_1$$

从而可得

$$\frac{\mathrm{d}\alpha_2}{\mathrm{d}\alpha_1} = \frac{r + h_1}{r}$$

$$\frac{\mathrm{d}\alpha_2 - \mathrm{d}\alpha_1}{\mathrm{d}\alpha_1} = \frac{h_1}{r}$$

当 $dl \rightarrow 0$ 时，du 段岩梁的曲率半径与 dl 段可以认为是一致的。因此，由弧长定理可得复合岩层间的层间滑移位移，即层间最大错动量为

$$du = (d\alpha_2 - d\alpha_1)r = h_1 d\alpha_1 \qquad (2-23)$$

根据圆心角与圆切角的关系，有

$$d\alpha_1 = 2d\theta$$

由式（2-4）得，$d\theta = w(x)''$，代入上式得

$$d\alpha_1 = 2w(x)'' \qquad (2-24)$$

将式（2-24）代入式（2-23）得

$$du(x) = 2h_1 w(x)'' \qquad (2-25)$$

此式即为复合等效岩梁层间滑移位移函数的微分方程。

将式（2-22）代入式（2-25）并两边积分得

$$\begin{cases} u(x) = \dfrac{2h_1 w_0}{r_Y} e^{-\pi \frac{(x-r_Y)^2}{r_Y^2}} & \text{（半无限开采）} \\[3mm] u^\circ(x) = \dfrac{2h_1 w_0}{r_Y} \left[e^{-\pi \frac{(x-r_Y)^2}{r_Y^2}} - e^{-\pi \frac{(x-r_Y-l)^2}{r_Y^2}} \right] & \text{（有限开采）} \end{cases} \qquad (2-26)$$

此式即为复合等效岩梁层间滑移位移函数的方程。

充分开采时，复合等效岩梁层间滑移位移沿梁中性面方向的分布如图 2-17 所示。由图 2-17 可知，复合等效岩梁层间滑移位移关于梁中点呈对称分布，从固定端开始，层间滑移位移逐渐增大，在拐点附近达到最大值，然后逐渐减小，到梁中点处位移减小到零。

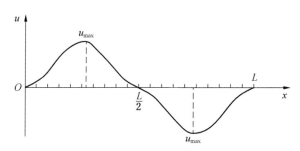

图 2-17　充分开采时复合等效岩梁层间滑移位移分布图（位移体现正负值）

参照图 2-16，复合等效岩梁离层位移对层间滑移位移的影响可以用图 2-18 表示。

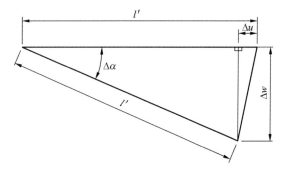

图 2-18　离层位移与层间滑移位移的关系示意图

由图 2-18 可见，离层位移的产生会在一定程度上减小层间滑移位移。但由于实际工程中，上覆岩层弯曲下沉带和一般裂隙带发生的离层位移一般只有几毫米到几十毫米，故因离层位移而对层间滑移位移产生的影响十分微小，在不考虑离层位移的情况下计算获得的层间滑移位移略微偏大，这会在一定程度上提高工程设计安全系数。但是，当有关键层、巨厚岩层等结构体存在时，离层位移会明显加大，因离层位移的发生而对钻井套管产生的大轴向拉伸变形应该予以特殊考虑。因此，钻井施工前应该通过组合关键层理论判断发生大离层位移的岩层层面，对危险位置采取有效的局部防护措施，防止因离层位移产生的变形破坏。

另外，对于岩层本身发生的变形，设岩梁结构满足线弹性关系 $\sigma = E\varepsilon$，由式（2-8）有

$$
\begin{cases}
\varepsilon = -\dfrac{2\pi w_0}{r_Y^3} y(x - r_Y)\,e^{-\pi\frac{(x-r_Y)^2}{r_Y^2}} & \text{（半无限开采）} \\[4mm]
\varepsilon^{\circ} = -\dfrac{2\pi w_0}{r_Y^3} y\Big[(x - r_Y)\,e^{-\pi\frac{(x-r_Y)^2}{r_Y^2}} - (x - r_Y - l)\,e^{-\pi\frac{(x-r_Y-l)^2}{r_Y^2}}\Big] & \text{（有限开采）}
\end{cases}
\tag{2-27}
$$

由式（2-27）可知，岩层变形分布曲线关于岩梁中点呈对称分布状态，在由拐点向梁固定端约 $0.4 r_Y$ 附近变形达到最大值。在充分开采时，岩梁结构沿中性面的变形分布曲线如图 2-19 所示。

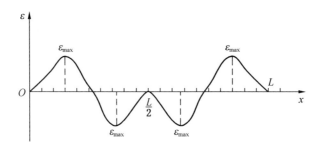

拉应变为正，压应变为负

图 2-19　充分开采时岩层变形分布曲线

综上所述：

（1）复合等效岩梁的挠曲曲线总体呈抛物线形，在梁两固定端附近呈上凸形，在梁中点附近呈下凹形。

（2）复合等效岩梁层间滑移位移关于梁中点呈对称分布，从固定端开始，层间滑移位移逐渐增大，在拐点附近达到最大值，然后逐渐减小，到梁中点处位移减小到零。

（3）当不存在关键层、厚岩层等结构体时，因离层位移而对层间滑移位移产生的影响十分微小，在不考虑离层位移的情况下计算获得的层间滑移位移略微偏大，但组合关键层、厚岩层等结构体下的岩层界面为高危险界面，需要加强防护。

（4）岩层的挤压变形近似呈正弦曲线形式，在由拐点偏向固定端约 $0.4 r_Y$ 处达到最大值，在拐点附近为零。

2.1.1.4　复合等效岩梁的离层变形规律

1. 采场覆岩离层位置的确定

由 2.1.1.2 中基本假设分析可知，采场空间等效岩梁结构分布如图2-20所示。

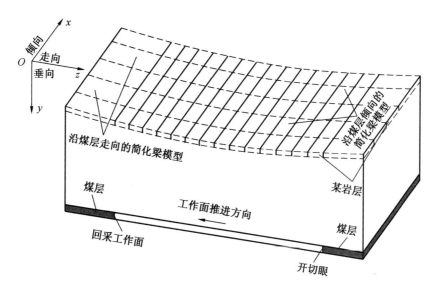

图 2 - 20　上覆岩层移动的等效岩梁模型示意图

伴随地下煤层的开采,上覆岩层发生剧烈的调整,应力进行二次分布、岩层产生滑移和离层等现象;当煤层走向和倾向上达到一定开采长度时,上覆岩层达到充分采动影响阶段,地表出现平坦的下沉盆地,并且盆地随工作面的推进而不断向前发展;在覆岩调整的过程中垮落层逐渐被压实,下沉盆地的形成过程即是垮落层逐渐被压实的过程,这一过程视覆岩的岩层物性不同一般要几个月到几年的时间。当采用垮落法控制顶板时,覆岩最终形成垮落带、裂隙带和弯曲下沉带,这一调整过程可用图 2 - 21 表示。极不充分采动、非充分采动和充分采动阶段又称有限开采阶段,超充分采动阶段又称半无限开采阶段。

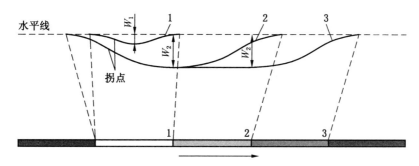

1—充分下沉前;2—充分下沉;3—超充分下沉
图 2 - 21　上覆岩层移动调整过程

当非充分开采时,岩层的弯曲下沉属于非充分挠曲阶段,此时岩层的挠度和应力、应变可以通过等效岩梁模型挠曲过程中某一时刻的状态来描述;当充分开采时,岩层的弯曲下沉属于充分挠曲阶段,此时岩层的挠度和应力、应变可以通过等效岩梁模型挠曲过程的最终状态来描述;当超充分开采时,岩层将出现下沉盆地 L' 段,盆地内的岩层移动基本停止,处于稳定状态,此时随回采工作面的推进岩层移动变化剧烈的回采工作面与下沉盆地边缘之间的岩层 L 段可以由半段岩梁的挠曲状态进行分析,此时 $L = 2r_z$,如图 2 - 22 所示。

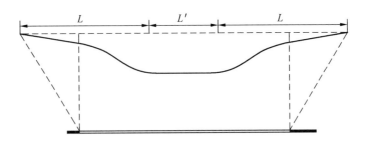

图 2 – 22　超充分开采阶段的等效岩梁模型示意图

采场顶板是由岩性、强度和厚度各异的岩层，按一定顺序组合在一起形成的多个不同的岩层组合。在每一个岩层组合中，位于最下层的岩层是关键层，它的破坏和移动控制着整个岩层组合的活动。在相邻的两个岩层组合之间，由于变形不协调，将产生层间动态离层；而岩层组合内，由于变形的协调性，将只发生岩层的层间滑移和岩层内的挤压效应，没有离层位移的产生。因此，采场上覆岩层的离层可以视为多个岩层组合之间非协调变形产生的。

煤层回采过程中，上覆岩层的移动和应力调整是一个动态变化的过程，覆岩应力由初始均布应力状态逐步调整为最终的非均布状态。因而，可以将采场各层岩梁的载荷简化为最初的均布应力，以对岩层组合及离层位置进行分析，如图 2 – 23 所示。

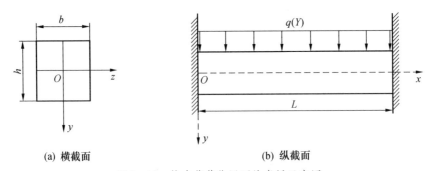

(a) 横截面　　　　　　　　　(b) 纵截面

图 2 – 23　均布载荷作用下的岩梁示意图

根据组合岩梁原理，组合梁每一截面上的剪力 Q 和弯矩 M 都由 n 层各层的小截面来负担。其关系为

$$Q = Q_1 + Q_2 + \cdots + Q_n$$
$$M = M_1 + M_2 + \cdots + M_n$$

根据材料力学，曲率 $k_i = \dfrac{1}{R_i}$（R 为曲率半径），它与弯矩 $(M_i)_x$ 的关系为

$$k_i = \frac{1}{R_i} = \frac{(M_i)_x}{E_i J_i}$$

此处由于各层岩层组合在一起，上下岩层的曲率（由于岩层曲率半径较大）必然趋于一致，从而导致各层岩层弯矩形成上述的重新分配。

因此，形成了如下关系：

$$\frac{M_1}{E_1 J_1} = \frac{M_2}{E_2 J_2} = \cdots = \frac{M_n}{E_n J_n}$$

即

$$\frac{(M_1)_x}{(M_2)_x} = \frac{E_1 J_1}{E_2 J_2}; \frac{(M_1)_x}{(M_3)_x} = \frac{E_1 J_1}{E_3 J_3}; \cdots; \frac{(M_1)_x}{(M_n)_x} = \frac{E_1 J_1}{E_n J_n}$$

而

$$M_x = (M_1)_x + (M_2)_x + \cdots + (M_n)_x$$

$$M_x = (M_1)_x \left(1 + \frac{E_2 J_2 + E_3 J_3 + \cdots + E_n J_n}{E_1 J_1} \right)$$

$$(M_1)_x = \frac{E_1 J_1 \cdot M_x}{E_1 J_1 + E_2 J_2 + \cdots + E_n J_n}$$

由于

$$\frac{\mathrm{d}M}{\mathrm{d}x} = Q$$

$$(Q_1)_x = \frac{E_1 J_1}{E_1 J_1 + E_2 J_2 + \cdots + E_n J_n} \cdot Q_x$$

故

$$\frac{\mathrm{d}Q}{\mathrm{d}x} = q$$

因此，考虑 n 层对第 1 层影响时形成的载荷为

$$(q_1)_x = \frac{E_1 J_1}{E_1 J_1 + E_2 J_2 + \cdots + E_n J_n} \cdot q_x$$

式中

$$q_x = \gamma_1 h_1 + \gamma_2 h_2 + \cdots + \gamma_n h_n$$

$$J_1 = \frac{b h_1^3}{12}; J_2 = \frac{b h_2^3}{12}; \cdots; J_n = \frac{b h_n^3}{12}$$

由此可得 $(q_n)_1$ 为

$$(q_n)_1 = \frac{E_1 h_1^3 (\gamma_1 h_1 + \gamma_2 h_2 + \cdots + \gamma_n h_n)}{E_1 h_1^3 + E_2 h_2^3 + \cdots + E_n h_n^3} \qquad (2-28)$$

根据关键层的定义和变形特征，如有 n 层岩层同步协调变形，则其最下部的岩层为关键层，再由关键层的支承特征可得

$$(q_n)_1 > (q_n)_i \quad (i = 2, 3, \cdots, n)$$

式中 $(q_n)_i$——第 i 层岩层到第 n 层岩层对第 i 层岩层的载荷，Pa。

若第 $n+1$ 层岩层的变形小于第 n 层岩层的变形，则第 $n+1$ 层岩层已不再需要其下部的岩层去承担它所承受的任何载荷（包括第 $n+1$ 层岩层本身的自重），因此必定有

$$(q_{n+1})_1 < (q_n)_1 \qquad (2-29)$$

式中 $(q_{n+1})_1$、$(q_n)_1$——分别根据式（2-28）计算，Pa。

由此，计算上覆岩层对第 1 层岩层的载荷，当计算到 $(q_{n+1})_1 < (q_n)_1$ 时，则以 $(q_n)_1$ 作为作用于第 1 层岩层单位面积上的载荷；并确定第 1 层岩层到第 n 层岩层为一个岩层组合，第 1 层岩层为关键层。依照此法，计算上层岩层对第 $n+1$ 层岩层的载荷，确定第 $n+1$ 层岩层到某一岩层为一个岩层组合，第 $n+1$ 层岩层为关键层。由此，可以确定第 n 层和第 $n+1$ 层之间将产生离层裂缝。

从变形机制上讲，离层就是岩层接触面上的黏聚力与岩体的自重及作用在层面上的剪力相比较是很小量的结果。在垮落带岩层垮落前，该模型适用于顶板各层岩层；当垮落带

岩层充分垮落后，该模型仍适用于垮落带以上的岩层。

2. 采场覆岩离层位移量的确定

采动影响下，由于采场上覆岩层相邻的岩层组合之间的挠度不同，势必在相邻的岩层组合之间产生离层。在基本顶周期断裂过程中，各个岩层组合之间不协调的变形也将导致岩层组合之间产生层间离层裂隙。离层是层状岩体在采动影响下各个岩层组合之间不同步挠曲的结果。由于各岩层发生挠曲沉降的机理是相同的，即在地下煤层回采形成采空区的卸荷效应下，各层岩层在初始应力作用下发生沉降位移，所以各层岩层挠曲沉降位移的分布规律是相同的，区别仅在于沉降量和影响范围的大小。当把表土层视为采场上覆岩层最上部岩层组合的一层时，地表沉陷的分布规律也就代表了采场上覆各岩层沉降位移的分布规律。

在非充分采动情况下，地表最大下沉位移可通过 P 系数法求解，P 系数法的求解步骤如下：①计算覆岩综合评价系数；②计算充分采动情况下的地表下沉系数；③计算主要影响角正切及采动影响半径；④计算拐点偏移距；⑤计算采场充分开采空间距离，验证采场倾向和走向方向的开采充分度；⑥计算本采区实际地表下沉系数；⑦计算地表最大下沉值。

由式（2-1）可得地表主断面上下沉位移函数的表达式：

$$w(x)_i = w_{\max}^0 \int_0^\infty \frac{1}{r_Y} e^{-\pi \frac{(x-r_Y-s)^2}{r_Y^2}} ds$$

根据前述对组合岩梁理论的进一步分析，采场上覆岩层沉降将以组合岩层为单位发生，组合岩层内各岩层协调变形，离层将只发生在组合岩层之间的界面位置。在垮落法控制采空区顶板的条件下，回采空间的沉降除了垮落带岩体和严重裂隙带岩层的碎胀性影响外，将完全由地表沉降和组合岩层之间的离层位移组成。

由于开采条件、地质条件等的一致性，地表沉降的分布规律与采场上覆岩层中各组合岩层的沉降分布规律是相似的，只是最大沉降位移和分布范围的区别。因此，采场上覆岩层中任一组合岩层的沉降位移同样可以运用 P 系数法求解，只是煤层的埋藏深度等参数将只考虑组合岩层及其以下岩层的组合和受力情况。

设由 P 系数法计算的相邻两组合岩层的沉降位移分别为 $w_{\max}^n$ 和 $w_{\max}^{n+1}$，则此两组合岩层界面位置处的主断面上离层位移函数表达式为

$$\Delta w(x) = (w_{\max}^n - w_{\max}^{n+1}) \int_0^\infty \frac{1}{r_Y} e^{-\pi \frac{(x-r_Y-s)^2}{r_Y^2}} ds \qquad (2-30)$$

通过式（2-30），可以求得采场上覆岩层任一离层位置主断面的离层位移。

2.1.1.5 采场覆岩变形的时空演化规律

1. 采场覆岩任意点岩层层面的剪切滑移变形

在回采过程中，从采场上覆岩层受采动影响到形成较为稳定的下沉盆地，这是一个逐步发展变化的过程。由前述讨论可知，岩层下沉的任意时刻均满足式（2-22），只是复合等效岩梁的最大下沉量 w_0 在这一过程中逐渐变化，不断增加。

通过任意点 A 作岩层剖面线 $\text{II}—\text{II}$，平行于主剖面线 $\text{III}—\text{III}$，与 x 方向的主剖面线 $\text{I}—\text{I}$ 交于 a_z，如图 2-24 所示。

在剖面线 $\text{II}—\text{II}$ 上 a_z 处，复合等效岩梁的最大下沉值为

$$w_{\max(\text{II}-\text{II})} = w_{az} = w_0 \frac{1}{r_Y} \int_{x_1}^{x_2} e^{-\pi \left(\frac{x-r_Y-s_x}{r_Y} \right)^2} ds_x$$

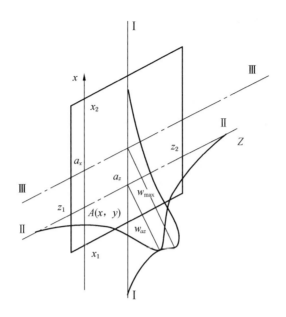

图 2 – 24 复合岩层任意点的下沉

即 Ⅱ—Ⅱ 剖面的最大下沉值等于 x 方向主剖面 Ⅰ—Ⅰ 上 a_z 点的下沉值 w_{az}，代入式（2 – 22）得

$$w(x,z) = w_0 \left[\frac{1}{r_Y} \int_{x_1}^{x_2} e^{-\pi \left(\frac{x-r_Y-s_x}{r_Y} \right)^2} \mathrm{d}s_x \right] \left[\frac{1}{r_Y} \int_{z_1}^{z_2} e^{-\pi \left(\frac{z-r_Y-s_z}{r_Y} \right)^2} \mathrm{d}s_z \right] \tag{2 – 31}$$

这即为复合等效岩梁所在平面任意一点的沉降函数。对式（2 – 31）进行变形得

$$w(x,z) = w_{max} \left[\frac{1}{r_Y} \int_{x_1}^{x_2} e^{-\pi \left(\frac{x-r_Y-s_x}{r_Y} \right)^2} \mathrm{d}s_x \right] \left[\frac{1}{r_Y} \int_{z_1}^{z_2} e^{-\pi \left(\frac{z-r_Y-s_z}{r_Y} \right)^2} \mathrm{d}s_z \right] \tag{2 – 32}$$

式（2 – 32）右端第一个括号内的函数式，为当 x 方向为非充分采动时，A 点在 z 方向主剖面 Ⅲ—Ⅲ 上投影点 a_x 的下沉值与充分采动的最大下沉值之比 $\dfrac{w_{ax}}{w_{max}}$，记为 C_x；第二个括号内的函数式，为当 z 方向为非充分采动时，A 点在 x 方向主剖面 Ⅰ—Ⅰ 上投影点 a_z 的下沉值与充分采动的最大下沉值之比 $\dfrac{w_{az}}{w_{max}}$，记为 C_z。将 C_x、C_z 代入式（2 – 32）得

$$w_{A(x,z)} = w_{max} C_x C_z = w_{max} \frac{w_{ax}}{w_{max}} \frac{w_{az}}{w_{max}} = w_{ax} C_z = w_{az} C_x \tag{2 – 33}$$

当 x 方向（或 z 方向）为半无限开采（或有限开采）时，C_x（或 C_z）可按下式求解：

$$\begin{cases} C_x = \int_0^{\infty} \dfrac{1}{r_Y} e^{-\pi \frac{(x-r_Y-s)^2}{r_Y^2}} \mathrm{d}s & （半无限开采） \\[3mm] C^{\circ}_x = \int_0^{\infty} \dfrac{1}{r_Y} \left[e^{-\pi \frac{(x-r_Y-s)^2}{r_Y^2}} - e^{-\pi \frac{(x-r_Y-s-l)^2}{r_Y^2}} \right] \mathrm{d}s & （有限开采） \end{cases}$$

由式（2 – 33）可知，任意点 A 的下沉值等于该点在一个主剖面上投影点 a_x（或 a_z）的下沉值与在另一主剖面上投影点 a_z（或 a_x）的下沉值与最大下沉值之比的乘积。

当 A 点沿 x 方向处于充分采动位置时，即 $s_x \to \infty$，$C_x = 1$，则式（2 – 33）可写为

$$w_{A(x,z)} = w_{az} = w_z \tag{2 – 34}$$

式（2-34）为沿倾向（x）充分采动，走向方向（z）非充分采动时主剖面上 A 点的下沉表达式。

同理，当 A 点沿 z 方向处于充分采动位置时，即 $s_z \to \infty$，$C_z = 1$，则式（2-33）可写为

$$w_{A(x,z)} = w_{ax} = w_x \tag{2-35}$$

式（2-35）为沿走向（z）充分采动，倾向（x）非充分采动时主剖面上 A 点的下沉表达式。

当 A 点位于走向（z）的某一点时，A 点倾向（x）的复合等效岩梁的挠曲下沉表达式为

$$w(x,z) = A \left[\frac{1}{r_Y} \int_{x_1}^{x_2} e^{-\pi \left(\frac{x - r_Y - s_x}{r_Y} \right)^2} ds_x \right]$$

式中　A——走向坐标 z 处定值，有 $A = w_0 \left[\frac{1}{r_Y} \int_{z_1}^{z_2} e^{-\pi \left(\frac{z - r_Y - s_z}{r_Y} \right)^2} ds_z \right]$。

A 可按下式求解：

$$\begin{cases} A = \dfrac{w_0}{r_Y} \displaystyle\int_0^\infty \dfrac{1}{r_Y} e^{-\pi \frac{(z - r_Y - s_z)^2}{r_Y^2}} ds & \text{（半无限开采）} \\[3mm] A^\circ = \dfrac{w_0}{r_Y} \displaystyle\int_0^\infty \dfrac{1}{r_Y} \left[e^{-\pi \frac{(z - r_Y - s_z)^2}{r_Y^2}} - e^{-\pi \frac{(z - r_Y - s_z - l)^2}{r_Y^2}} \right] ds & \text{（有限开采）} \end{cases}$$

由式（2-26）得，此时 A 点处煤层倾向复合等效岩梁的层间滑移位移为

$$\begin{cases} u(x) = \dfrac{2h_1 A}{r_Y} e^{-\pi \frac{(x - r_Y)^2}{r_Y^2}} & \text{（半无限开采）} \\[3mm] u^\circ(x) = \dfrac{2h_1 A}{r_Y} \left[e^{-\pi \frac{(x - r_Y)^2}{r_Y^2}} - e^{-\pi \frac{(x - r_Y - l)^2}{r_Y^2}} \right] & \text{（有限开采）} \end{cases} \tag{2-36}$$

由式（2-36）可以看出，随着走向位置的变化，倾向复合等效岩梁层间滑移位移的大小发生变化，但整体分布规律保持不变。

同理，当 A 点位于倾向（x）的某一点时，A 点走向（z）的复合等效岩梁的挠曲下沉表达式为

$$w(x,z) = B \left[\frac{1}{r_Y} \int_{z_1}^{z_2} e^{-\pi \left(\frac{z - r_Y - s_z}{r_Y} \right)^2} ds_z \right]$$

式中　B——倾向坐标 x 处定值，有 $B = w_0 \left[\frac{1}{r_Y} \int_{x_1}^{x_2} e^{-\pi \left(\frac{x - r_Y - s_x}{r_Y} \right)^2} ds_x \right]$。

B 可按下式求解：

$$\begin{cases} B = \dfrac{w_0}{r_Y} \displaystyle\int_0^\infty \dfrac{1}{r_Y} e^{-\pi \frac{(x - r_Y - s_x)^2}{r_Y^2}} ds & \text{（半无限开采）} \\[3mm] B^\circ = \dfrac{w_0}{r_Y} \displaystyle\int_0^\infty \dfrac{1}{r_Y} \left[e^{-\pi \frac{(x - r_Y - s_x)^2}{r_Y^2}} - e^{-\pi \frac{(x - r_Y - s_x - l)^2}{r_Y^2}} \right] ds & \text{（有限开采）} \end{cases}$$

因此，此时 A 点处煤层走向复合等效岩梁的层间剪切滑移位移为

$$\begin{cases} u(z) = \dfrac{2h_1 B}{r_Y} e^{-\pi \frac{(z - r_Y)^2}{r_Y^2}} & \text{（半无限开采）} \\[3mm] u^\circ(z) = \dfrac{2h_1 B}{r_Y} \left[e^{-\pi \frac{(z - r_Y)^2}{r_Y^2}} - e^{-\pi \frac{(z - r_Y - l)^2}{r_Y^2}} \right] & \text{（有限开采）} \end{cases} \tag{2-37}$$

由式（2–37）可以看出，随着倾向位置的变化，走向复合等效岩梁层间滑移位移的大小发生变化，但整体分布规律保持不变。

将式（2–36）和式（2–37）联立得采场上覆岩层任一点的层间剪切滑移位移为

$$u_p = \left[u^2(x)\cos^2\theta + u^2(z) \right]^{\frac{1}{2}} \tag{2-38}$$

式中　　　　　u_p——岩层界面某位置的剪切组合位移，m；

　　$u(x)$、$u(z)$——分别由式（2–36）和式（2–37）确定，m；

　　　　$\cos\theta$——采场上覆岩层 (x, z) 点处倾向复合等效岩梁发生层间滑移后相对

　　　　　　初始位置的倾角余弦值，$\cos^2\theta = \dfrac{1}{1 + \tan^2\theta} = \dfrac{1}{1 + w^2(x)'}$；

　　　$w(x)'$——由式（2–32）求导获得。

因此，采场上覆岩层任一点剪切位移为 u_p，其关于复合等效岩梁的中点对称分布，在岩梁中点达到局部极小值，由岩梁中点向两端位移逐渐增大，在拐点偏向中心附近达到最大值，之后逐渐减小，在岩梁端点减小为零，位移绝对值随岩梁的变化如图2–25所示。

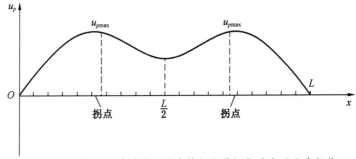

图2–25　充分采动时地面井套管径向剪切位移水平分布规律

2. 采场覆岩任意点岩层的挤压变形

根据式（2–27），当 A 点位于走向 (z) 的某一点时，A 点倾向 (x) 的复合等效岩梁的挤压形为

$$\begin{cases} \varepsilon(x) = -\dfrac{2\pi A}{r_Y^3}y(x - r_Y)\mathrm{e}^{-\pi\frac{(x-r_Y)^2}{r_Y^2}} & \text{（半无限开采）} \\[3mm] \varepsilon^\circ(x) = -\dfrac{2\pi A}{r_Y^3}y\left[(x - r_Y)\mathrm{e}^{-\pi\frac{(x-r_Y)^2}{r_Y^2}} - (x - r_Y - l)\mathrm{e}^{-\pi\frac{(x-r_Y-l)^2}{r_Y^2}}\right] & \text{（有限开采）} \end{cases} \tag{2-39}$$

同理，当 A 点位于倾向 (x) 的某一点时，A 点走向 (z) 的复合等效岩梁的挤压变形为

$$\begin{cases} \varepsilon(z) = -\dfrac{2\pi B}{r_Y^3}y(z - r_Y)\mathrm{e}^{-\pi\frac{(z-r_Y)^2}{r_Y^2}} & \text{（半无限开采）} \\[3mm] \varepsilon^\circ(z) = -\dfrac{2\pi B}{r_Y^3}y\left[(z - r_Y)\mathrm{e}^{-\pi\frac{(z-r_Y)^2}{r_Y^2}} - (z - r_Y - l)\mathrm{e}^{-\pi\frac{(z-r_Y-l)^2}{r_Y^2}}\right] & \text{（有限开采）} \end{cases} \tag{2-40}$$

当 A 点位于走向 (z) 的某一点时，A 点倾向 (x) 的复合等效岩梁的挤压位移为

$$\begin{cases} u_r(x) = -\dfrac{A}{r_Y}y\left[\mathrm{e}^{-\pi\frac{(x+r_p-r_Y)^2}{r_Y^2}} - \mathrm{e}^{-\pi\frac{(x-r_Y)^2}{r_Y^2}}\right] & \text{（半无限开采）} \\[3mm] u^\circ_r(x) = -\dfrac{A}{r_Y}y\left[\mathrm{e}^{-\pi\frac{(x+r_p-r_Y)^2}{r_Y^2}} - \mathrm{e}^{-\pi\frac{(x-r_Y)^2}{r_Y^2}} - \mathrm{e}^{-\pi\frac{(x+r_p-r_Y-l)^2}{r_Y^2}} + \mathrm{e}^{-\pi\frac{(x-r_Y-l)^2}{r_Y^2}}\right] & \text{（有限开采）} \end{cases} \tag{2-41}$$

同理，当 A 点位于倾向（x）的某一点时，A 点走向（z）的复合等效岩梁的挤压位移为

$$\begin{cases} u_r(z) = -\dfrac{B}{r_Y}y\left[e^{-\pi\frac{(z+r_p-r_Y)^2}{r_Y^2}} - e^{-\pi\frac{(z-r_Y)^2}{r_Y^2}}\right] & \text{（半无限开采）} \\ u^{\circ}_r(z) = -\dfrac{B}{r_Y}y\left[e^{-\pi\frac{(z+r_p-r_Y)^2}{r_Y^2}} - e^{-\pi\frac{(z-r_Y)^2}{r_Y^2}} - e^{-\pi\frac{(z+r_p-r_Y-l)^2}{r_Y^2}} + e^{-\pi\frac{(z-r_Y-l)^2}{r_Y^2}}\right] & \text{（有限开采）} \end{cases} \tag{2-42}$$

因此，在上覆岩层发生沉降的不同阶段，复合等效岩梁的挤压变形及其位移值不同，同一点的挤压变形随沉降量的增大而增大，但其沿梁的分布规律不发生变化。

因此，采场上覆岩层任一点的挤压位移函数为

$$u_r = \left[u_r(x)^2\cos^2\theta + u_r(z)^2\right]^{\frac{1}{2}} \tag{2-43}$$

式中　　　　　u_r——岩层内某位置的挤压组合位移，m；

　　　$u_r(x)$、$u_r(z)$——煤层倾向和煤层走向岩层变形产生的采场覆岩任一点径向挤压位移，由式（2-41）和式（2-42）确定，m；

　　　　　$\cos\theta$——采场上覆岩层（x，z）点处倾向复合等效岩梁发生挤压后相对初始位置的倾角余弦值，$\cos^2\theta = \dfrac{1}{1+\tan^2\theta} = \dfrac{1}{1+w^2(x)'}$；

　　　　　$w(x)'$——由式（2-32）求导获得。

3. 采场覆岩任意点岩层层面的离层变形

由式（2-30）和式（2-32）可得第 $n+1$ 层岩层与第 n 层岩层间任意点的离层位移为

$$\Delta w(x,z) = (w^n_{max} - w^{n+1}_{max})\left[\frac{1}{r_Y}\int_{x_1}^{x_2}e^{-\pi\left(\frac{x-r_Y-s_x}{r_Y}\right)^2}ds_x\right]\left[\frac{1}{r_Y}\int_{z_1}^{z_2}e^{-\pi\left(\frac{z-r_Y-s_z}{r_Y}\right)^2}ds_z\right] \tag{2-44}$$

因此，充分采动时采场覆岩主剖面上离层处的离层位移总体呈抛物线形，在梁两固定端附近呈上凸形，在梁中点附近呈下凹形，分布规律如图 2-26 所示。

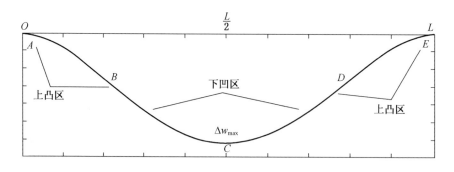

图 2-26　覆岩离层位移分布示意图

2.1.2　采动活跃区地面井变形破坏规律试验分析

采场上覆岩层移动是地面井变形破坏的根本原因，为了分析采场覆岩应力、变形对地面井变形破坏的影响，通过相似材料模拟试验构建理想平面相似模型和数值分析试验构建三维空间模型，对采场上覆岩层受采动影响产生的走向上的层间滑移位移、岩层挤压变形、离层变形以及岩层应力进行模拟分析；同时通过竖向位移监测线模拟地面井受采动影响的层间滑移情况，并对关键层和厚基岩层的影响效应进行分析。

2.1.2.1 地面井变形破坏规律的相似材料二维模拟试验分析

1. 模型的构建

模型以 $z \times y$（长 × 高）方向 400 m × 240 m 作为基本模拟范围，煤层底板厚度取 20 m，煤层厚度取 10 m，覆岩厚度取 155 m，表土层厚度取 55 m，覆岩岩层的平均厚度为 5 m，采场长度取 200 m，其中距离开切眼 100 m 的煤层已经回采，模型如图 2 - 27 所示。

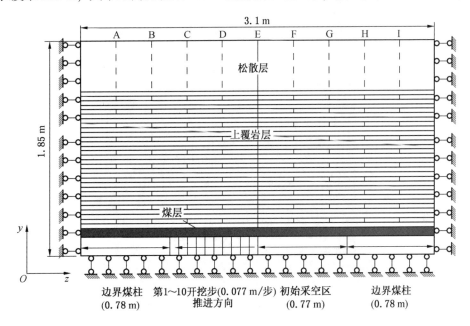

图 2 - 27　相似模拟基本模型原理图

为了分析岩层移动的基本规律以及岩层厚度和关键层的影响效应，构建 1、2、3 三个模型，模型 1 为基本模型，主要用来检验岩层移动分布的基本规律及岩层内挤压应力和变形的分布情况，物理模型如图 2 - 28 所示；模型 2 主要是距离煤层顶板 75 m 和 115 m 水平

图 2 - 28　相似模拟基本物理模型（模型 1）

上分别有一5 m厚的关键层（弹性模量增强），其中75 m高度处为次关键层（弹性模量增强为基本模型处1.5倍），115 m高度处为主关键层（弹性模量增强为基本模型处2倍），用来检验关键层的影响效应，物理模型如图2-29所示；模型3主要是距离煤层顶板140 m水平上有一10 m厚的厚层岩层，用来检验厚基岩层的影响效应，物理模型如图2-30所示。

图2-29　含有关键层的物理模型（模型2）

图2-30　含有厚基岩层的物理模型（模型3）

根据试验条件的需要，各模型中基本模型（大模型）采用 1:130 的比例，关键层模型和厚基岩层模型（小模型）采用 1:200 的比例。

根据相似模拟原理，对于 1:130 几何比例的基本模型，模型的相似条件为：

（1）几何相似：几何相似是指模型与原型相对应的空间尺寸成一定的比例，它是相似模拟试验的基本相似条件之一。设原型三个相互垂直方向的尺寸为 X_P、Y_P、Z_P，模型的相应尺寸为 X_m、Y_m、Z_m，取长度相似系数 $C_l = X_m/X_P = Y_m/Y_P = Z_m/Z_P = 1/130$。

（2）时间相似：取时间相似系数 $C_t = T_m/T_P = \sqrt{C_l} = \sqrt{1/130}$。

（3）容重相似：设原型中第 i 层岩层的容重为 γ_{pi}，相应的模型中该岩层的容重为 γ_{mi}，取容重相似系数 $C_\gamma = \gamma_{mi}/\gamma_{pi} = 1/1.5$，则模型中各岩层的容重 $\gamma_{mi} = \gamma_{pi}/1.5$。

（4）弹模相似：设原型材料的弹性模量为 E_{pi}，模型材料的弹性模量为 E_{mi}，则各分层的弹性模量相似系数 $C_E = E_{mi}/E_{pi} = C_l \cdot C_\gamma = 1/195$。

（5）强度相似和应力相似：设原型材料的单向抗压强度为 σ_{cpi}，相应的模型材料的单向抗压强度为 σ_{cmi}，则各层材料的单向抗压强度和应力相似系数为 $C_{\sigma e}$，则 $C_{\sigma c} = C_l \cdot C_\gamma = 1/195$。模型中各层材料的单向抗压强度 $\sigma_{cmi} = \sigma_{cpi}/195$。

对于 1:200 几何比例的模型，计算方法类似。

2. 物理力学参数的选取

岩层材料由沙子、碳酸钙、石膏、水按一定比例组合而成，材料比例及岩层厚度见表 2-2。

表 2-2　相似模型各岩层材料参数

岩　层	容重/($g \cdot cm^{-3}$)	材料用量比例				分层厚度/cm 大模型/小模型	模拟岩性
		沙子	碳酸钙	水	石膏		
松散层	1.5	9	3	7	1	—	泥岩
基岩层	1.6	6	7	3	7	3.8/2.5	砂岩
厚基岩层	1.6	6	7	3	7	5（小模型）	砂岩
主关键层	1.6	5	7	3	6	2.5（小模型）	砂岩
次关键层	1.6	5	6	4	6	2.5（小模型）	砂岩
煤层	1.35	8	8	2	9	3.8/2.5	煤
底板	1.6	6	7	3	7	3.8/2.5	砂岩

由于本模拟为规律验证性的理想模型模拟，故岩层交界面采取铺设云母粉并自然压实处理来自然生成岩层交界面。

根据确定的材料比例，按下式计算模型各分层材料的总量：

$$Q_m = \gamma \cdot l' \cdot b' \cdot h' \cdot k'$$

式中　Q_m——模型各分层材料重量，kg；

　　　γ——材料的容重，kg/m³；

　　　l'——模型长度，m；

　　　b'——模型宽度，m；

　　　h'——模型分层厚度，m；

　　k'——材料损失系数。

3. 相似模拟试验方法及过程

　　试验台由框架系统、加载系统和测试系统三部分组成。其中框架的规格有 3 m×0.4 m× 2 m 和 2 m×0.2 m×2 m 两种，有效高度为 1.8 m。应力测试采用 DH3815 应力、应变测试系统，可实现对应力、应变的全程监测，如图 2 - 31 所示。位移量测采用瑞士 Leica Axyz 工业测量系统，由高精度经纬仪、数据处理计算机、多通道接口器及联机电缆、基准尺和高稳定度脚架等组成，测量精度为 0.02 mm，如图 2 - 32 所示。

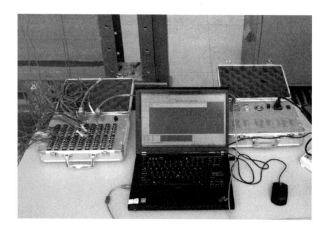

图 2 - 31　应力、应变测试系统

图 2 - 32　位移量测系统

　　由于地面井的直径一般为 10 ~ 30 cm，这一尺寸相对于采场上覆岩层采动影响范围的几千米来说是非常小的。因此，在半平面无限体中，可以将地面井套管视为一条竖向测线，而在平面模型中同样可以通过从模型顶端到底部的竖向测线对地面井套管的变形情况进行模拟分析。

　　在模型上作 A、B、C、D、E、F、G、H、I 9 条垂直方向上的监测线，对监测线上岩层界面上的位移进行监测，以获得地面井的变形分布情况。监测线距离左边界的距离依次为 40 m、80 m、120 m、160 m、200 m、240 m、280 m、320 m、360 m，如图 2 - 27 所示。同时在模型 115 m 高度处平铺应力传感器，水平均匀铺设 8 只，量测覆岩压力分布规律；在 165 m 高度处竖向安设传感器，水平均匀铺设 8 只，量测岩层挤压应力分布规律。

为了获得上覆岩层随回采工作面推进的变化规律，三个模型均采取分步开挖，每开挖步开挖 10 m 的开挖模拟方式，同时对上覆岩层的应力、位移进行监测。

4. 相似模拟试验的结果分析

随着煤层的开挖，模型 1 各开挖步下岩层移动的直观图如图 2 - 33 所示。

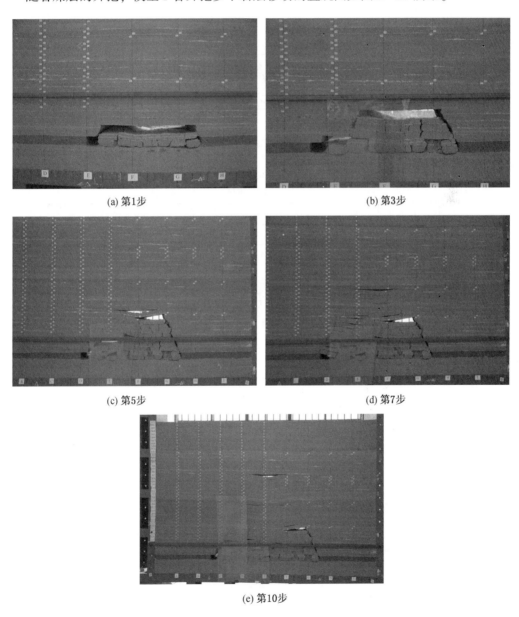

(a) 第1步　　　　　　　　　　　　(b) 第3步

(c) 第5步　　　　　　　　　　　　(d) 第7步

(e) 第10步

图 2 - 33　模型 1 岩层随开挖的移动过程

由图 2 - 33 可知，随着煤层的开挖，直接顶发生垮落，并向上覆岩层传递，基本顶周期来压步距为 20 ~ 30 m。随着开挖工作面向前推进，上覆岩层受采动影响范围逐渐扩大，影响范围近似呈梯形分布。在岩层移动过程中，间或有离层出现，但随工作面的推移，离层发生由小变大再逐渐闭合的过程。通过对 9 条竖向测线的观察可知，层间错动在采动影响大的区域非常明显，并且也有由小变大再变小的演化过程。

模型 1 中，在模型开挖的最终阶段，各监测线上岩层层间滑移位移沿监测线的分布如图 2 - 34 所示。

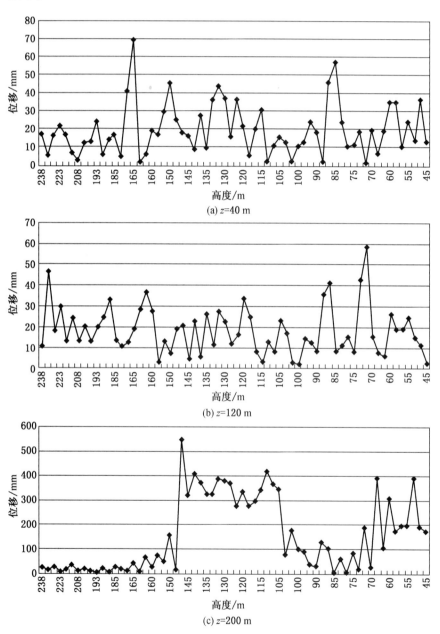

(a) $z=40$ m

(b) $z=120$ m

(c) $z=200$ m

图 2 - 34　模型 1 各监测线上岩层相对滑移位移分布规律

由图 2 - 34 可知，各监测线上岩层相对滑移位移呈现振荡型交互分布，这与岩层的层间错动突变性、层内滑移位移的相对一致性的移动规律是一致的，岩层层间滑移错动的局部放大图如图 2-35 所示，并且 $z = 40$ m 监测线上 180 m 高度处的松散层和基岩层交界面附近，层间滑移位移出现较大的突变，这与厚松散层对滑移的影响效应是分不开的。180 m 高度以上的松散层也有一定的突变错动位移，这是由相似模型构建工艺中对松散层采用多层假分层进行模型构筑的方式影响而产生的。由 $z = 200$ m 监测线上岩层层间滑移位移可以看到 150 m 高度附近出现位移的突变，通过对比可知，该高度正好处于覆岩离层的最大位置。因此，离层位移巨大的位置同样是岩层滑移的高危险位置。而 $z = 120$ m 监测线上 75 m 高度附近的滑移位移量同样有小幅突变，通过与图 2-33 对比不难发现，这里已经处于明显的断裂和垮落带内了。

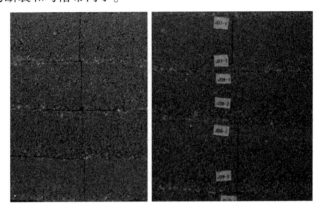

图 2-35　上覆岩层层间滑移错动的局部放大图

模型 1 中，相似模型 100 m、140 m、185 m 高度处的岩层层间滑移位移在开挖最终阶段沿水平方向（z 方向）的分布如图 2-36 所示。

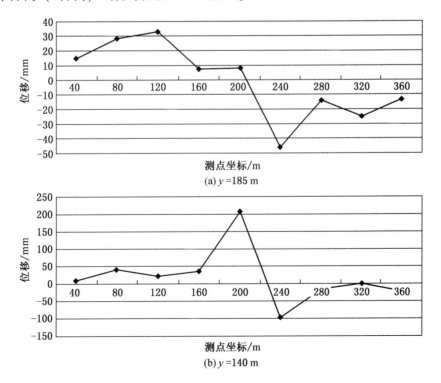

(a) $y = 185$ m

(b) $y = 140$ m

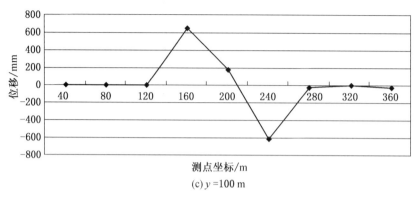

(c) $y = 100$ m

图 2 – 36 岩层相对滑移位移沿水平方向的分布规律

由图 2 – 36 可知，水平方向上层间滑移位移的分布近似呈正弦形对称分布，在 185 m 高度处的分布与理论分析获得的分布规律拟合性较好，而 140 m 和 100 m 高度处的分布规律有较大区别，通过与图 2 – 33 对比可知，140 m 和 100 m 高度处为一较明显离层位移发生的位置，模型中间位置处的位移明显增大，因而也影响了正弦分布的形态，但从总体上仍可以看出其是呈对称分布的。

模型 1 中，$y = 115$ m 和 $y = 165$ m 高度上两岩层内应变沿水平方向的分布规律如图 2 – 37 所示。

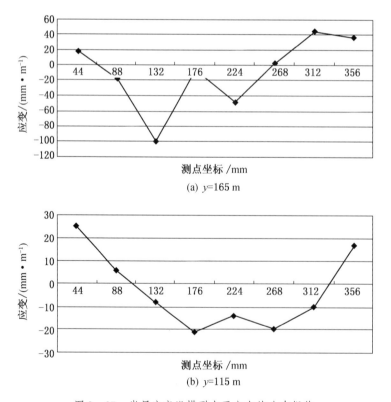

(a) $y = 165$ m

(b) $y = 115$ m

图 2 – 37 岩层应变沿模型水平方向的分布规律

根据 $\sigma = E\varepsilon$ 可知，应力和应变的变化分布规律是一致的，只是量值上的差别，因此由图 2-37 可知，在 $y=115$ m 高度处平铺安设的应力、应变传感器监测到的模型应变呈两侧高正应变、中部低负应变的规律，这与覆岩在采动影响下应力进行二次分布后的应变分布规律是一致的。在 $y=165$ m 高度处竖向安设的应力、应变传感器监测到的应变在模型中部达到最小值，中部两端近似呈正弦形分布，由于模型及应力传感器数量限制，模型两边界处应变无法量测，根据矿压理论分析可知，越靠近边界，岩层受采动影响越小，应变应该越小。

模型 2 中，$z=40$ m、$z=120$ m 处监测线上岩层水平滑移位移在垂直方向上的分布如图 2-38 所示。

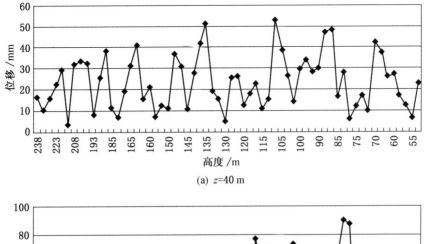

(a) $z=40$ m

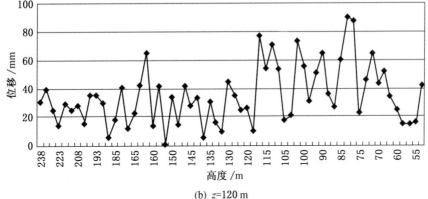

(b) $z=120$ m

图 2-38　关键层作用下岩层的层间滑移位移垂向分布

由图 2-38 可知，在 $z=40$ m 处监测线上，受关键层的影响，115 m 主关键层高度处有明显的滑移位移突变产生，而 75 m 处也产生了较大的滑移位移。在 $z=120$ m 处监测线上，由于接近开挖中心区，主关键层和次关键层均已明显沉降，同时本相似模拟中关键层厚度与普通基岩层厚度一致，这使得滑移位移的变化不是很明显。另外，与图 2-34 相应测线位移分布规律进行对比同样可知，关键层处是滑移位移突变的危险位置。

模型 3 中，$z=80$ m、$z=160$ m 处监测线上各岩层界面上层间滑移位移在垂直方向上的分布如图 2-39 所示。

由图 2-39 可知，厚基岩层下覆岩层的层间滑移位移有较大的变化，其中 $z=80$ m 处监测线上较为明显，而 $z=160$ m 处监测线上在 125 m 高度以下层间滑移位移明显较大，这

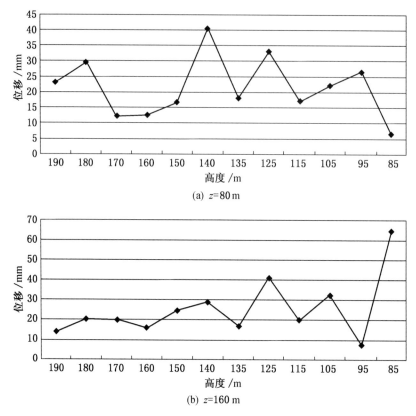

(a) $z=80\,\text{m}$

(b) $z=160\,\text{m}$

图 2-39 厚层岩层作用下岩层的层间滑移位移垂向分布

与该段处于裂隙垮落带内是密不可分的。通过与图 2-34 的对比可以看出，厚基岩层处同样是层间滑移位移突变的高危险位置。

2.1.2.2 采场上覆岩层离层变形规律的二维离散元数值分析

为了对离层位移的分布规律进行分析，根据晋城煤业集团成庄矿 4308 回采工作面的实际情况，进行适当化简后构建了离散元数值模型进行模拟分析，模型如图 2-40 所示。

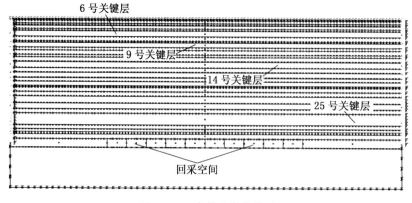

图 2-40 离散元数值模型

模型只构建了煤层顶部 125 m 的高度范围，125 m 以上范围的岩层应力通过施加应力载荷边界条件来模拟，煤层埋深 378 m；模型中岩层共计 31 层，包含 6 号、9 号、14 号、25 号四个关键层，31 层岩层的岩石力学参数以现场取芯岩样的岩石力学试验结果为准，见表 2-3。本模型采用分步开挖推进的模拟方式模拟煤层的回采，开挖分步如图 2-40 所示。

表 2-3　各岩层力学参数

序号	岩石	厚度 h/m	密度 ρ/ (kg·m^{-3})	弹性模量 E/GPa	泊松比	黏结力/ MPa	内摩擦角/(°)	备注
1	粉砂岩	0.78	2697	22.68	0.33	13.4	29	
2	泥岩	1.88	2645	10.69	0.27	23.32	17.5	
3	泥岩	1.75	2609	9.79	0.27	23.32	17.5	
4	砂质泥岩	2.36	2656	13	0.23	7.08	41.3	
5	泥岩	1.33	2559	9.79	0.29	23.32	17.5	
6	泥岩	4.3	2651	6.97	0.23	23.32	17.5	6 号关键层
7	砂质泥岩	3.35	2653	4.68	0.26	26.73	7.2	
8	粉砂岩	1.08	2603	13.32	0.29	20.83	30.6	
9	细粒砂岩	3.7	2719	15.98	0.28	22.66	37.5	9 号关键层
10	粉砂岩	2.35	2923	12.01	0.26	20.83	30.6	
11	细粒砂岩	3.2	2667	18.35	0.27	14.86	38	
12	砂质泥岩	1.8	2612	12.47	0.32	7.84	30.7	
13	粉砂岩	3.51	2679	17.8	0.34	52.43	4.7	
14	细粒砂岩	4.49	2677	22.95	0.26	19.54	36.7	14 号关键层
15	粗粒砂岩	3.49	2573	23.43	0.28	25.34	37.7	
16	泥岩	4	2581	4.13	0.27	23.32	17.5	
17	细粒砂岩	2.7	2743	8.46	0.36	15.84	28.7	
18	砂质泥岩	3.42	2661	12.47	0.32	7.84	30.7	
19	泥岩	1.19	2614	7.94	0.26	23.32	17.5	
20	细粒砂岩	3.23	2757	16.99	0.35	19.82	27.4	
21	中粒砂岩	3	2715	32.09	0.31	42.36	28.3	
22	粉砂岩	5.11	2662	17.02	0.32	18.99	32.7	
23	砂质泥岩	4.49	2752	6.14	0.38	7.84	30.7	
24	细粒砂岩	3.1	2654	21.1	0.32	13.96	33.2	
25	泥岩	8.91	2706	12.34	0.24	9.48	36.3	25 号关键层
26	砂质泥岩	2.9	2756	8.52	0.36	7.95	38.2	
27	细粒砂岩	1.89	2695	16.43	0.32	13.96	33.2	
28	砂质泥岩	1.62	2662	14.69	0.23	27.48	21.8	
29	中粒砂岩	3.63	2744	27.69	0.31	32.92	30.5	
30	煤层	6.44	1450	3.86	0.29	15	30	煤层
31	底板	30	2695	16.43	0.28	13.96	33.2	

对煤层 150 m 回采空间采用分 10 步开挖求解稳定后，采场各岩层的离层状态分布如图 2-41 所示。从图 2-41 中可以看出，采场岩层垮落、离层裂隙发展的动态过程为：在煤层回采后，采场上覆各岩层将发生剧烈的岩层移动，离层裂隙大量产生，距离煤层顶板 10 m 的 25 号关键层将发生垮落，并且垮落带将向采场上方逐渐发展，直至 14 号关键层；14 号关键层的存在阻止了垮落带的进一步向上发展，其下部位置离层发育非常明显，其

上岩层沉降位移明显减小，离层的发育也明显减弱，但在岩层的沉降拐点附近，由于岩层层间错动的发生，其间具有微弱的离层发育趋势。采场上覆各岩层组合的离层裂隙发育情况为（根据采场岩层沉降、垮落规律并受数值分析软件本身计算方法的制约，图2－41中下方框区内为岩层垮落区，垮落区之上区域的岩层离层分布情况为模拟分析的主要分析区域；受采场回采边界支撑效应的影响在采场沉降拐点区域总是要发生一定的微小离层效应的，如图2－41中圆环区域所示；采场岩层组合的分布及离层规律将主要体现在采场两端沉降拐点之间的区域，如图2－41中上方框所示区域，此区域也是模拟分析的重点分析与观察区域）：不同的岩层组合之间具有明显的变形不协调性（横线的存在说明了离层位移的发生，而空白带的存在代表了没有发生离层现象），如"离层裂隙"所指示的6号、9号、14号关键层下具有明显的离层裂隙；而在同一岩层组合内，采场中部基本上没有离层发生，这与"两组合岩层之间为离层位移主要发生位置"的论述是相一致的。

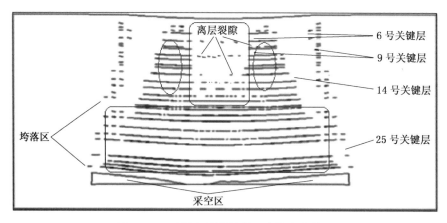

图2－41　采场上覆岩层界面离层分布情况

对表2－3中各岩层界面离层情况进行监测发现，组合岩层内界面的离层位移量非常微小且接近于零，可以忽略不计；6号、9号、14号、25号四个关键层下岩层界面的岩层沉降、离层位移分布规律如图2－42所示，14号关键层下岩层界面的离层模拟状态如图2－43所示。

图2－42中所示为岩层沉降位移的绝对值，因此显示结果与工程实践中的岩层沉降方向正好相反：沉降前岩层界面的上下边界面处于同一位置，相互之间没有位移差；随着煤层的开采，采场各岩层均发生了不同程度的沉降位移（见图2－42中标示），受岩层岩性、厚度等因素的影响，各关键层下界面的上下岩层沉降位移存在不协调性，当煤层回采完毕，各关键层下界面的上下岩层出现了沉降位移差，也即岩层的离层位移（见图2－42中标示），最大沉降位移一般出现在采场中部位置。图2－43所示为14号关键层下岩层界面的离层位移直观图，是对离层位移的直观表现（该直观效果是在数值分析软件中通过挖空横向单元网格、调整网格单元坐标、构建重叠模型界面、形成模拟的实际岩层界面，并根据岩层界面的经验力学参进行数模拟分析后获得的直观结果）。

2.1.2.3　地面井变形破坏规律的三维数值试验分析

为了获得地面井变形破坏的直观规律，通过3DEC数值模拟软件构建了地面井变形破坏的三维模型，通过此模型对地面井破坏模型、时空效应及其影响因素进行分析。

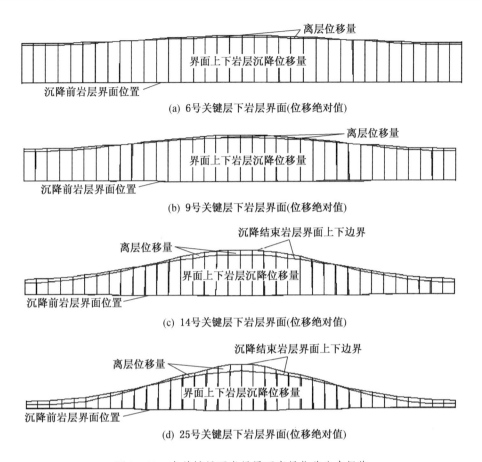

图 2-42 各关键层下岩层界面离层位移分布规律

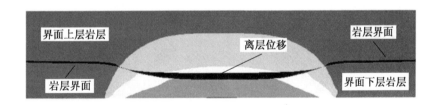

图 2-43 14 号关键层下岩层界面的离层模拟状态

1. 模型的构建

根据模拟需要，构建了模型 1、模型 2、模型 3 和模型 4 四个数值模型。模型 1 为基本模型，建立了厚表土层下的等厚覆岩结构，并根据工程地质经验估算了垮落带、裂隙带和弯曲下沉带的发育高度，用来对地面井变形破坏的基本规律进行模拟分析，基本模型透视图如图 2-44 所示；模型 2 为在模型 1 基础上的改进模型，主要是将模型 1 中距离煤层顶板 130 m 高度处的一岩层弹性模量增强为模型 1 时的 2 倍，用来模拟关键层的影响以及岩层性质的相对变化对层间滑移和岩层挤压位移的影响；模型 3 基于模型 1，主要是将模型 1 中距离煤层顶板 130 m 高度处的一层岩层厚度增加为模型 1 时的 2 倍，用来模拟岩层厚度对层间滑移和岩层挤压位移的影响；模型 4 基于模型 1，将表土层厚度增加为模型 1 的

1.5 倍，用来模拟厚表土层对层间滑移和岩层挤压位移的影响。

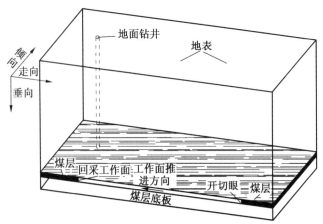

图 2 - 44　地面井变形破坏基本模型透视图

　　为了减小模型的尺度影响，模型以 $x \times y \times z$ 方向 360 m × 300 m × 400 m 的空间长方体为基础构建，以模型的左下角点为坐标原点，x 方向为采场倾向，y 方向为煤层深度方向，z 方向为采场走向，坐标系如图 2 - 44 所示。基本模型回采工作面的长度设定为 160 m，采场长度取 200 m，其中距离开切眼 90 m 的煤层已经回采，底板厚度取 24 m，煤层厚度取 6 m，设垮落带岩层厚度为 5 m，垮落带发育高度距煤层顶板 50 m（约 9 倍煤层厚度），裂隙带和弯曲下沉带岩层厚度取 10 m，总厚度取 160 m，表土层厚度取 60 m。模型 1 ~ 4 的数值模拟模型如图 2 - 45 所示。

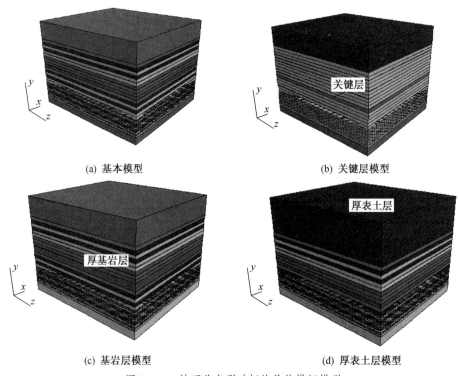

(a) 基本模型　　　　　　　　　　　　　(b) 关键层模型

(c) 基岩层模型　　　　　　　　　　　　(d) 厚表土层模型

图 2 - 45　地面井变形破坏的数值模拟模型

为了如实反映地面井变形破坏过程中岩层位移、应力及套管状态的变化规律，选取 Mohr - Coulomb 模型作为覆岩和煤体的本构模型，各参数见表 2-4。模型中所有节理材料采用面接触的 Coulomb 滑动模型，各节理的物理力学参数见表 2-5。套管根据工程实践选取热轧无缝钢管（GB/T 8163—2008）作为瓦斯抽采套管，其物理力学参数见表 2-6。

表 2-4　各岩层的物理力学参数

岩层	体积模量 K/GPa	剪切模量 G/GPa	内摩擦角 φ/(°)	黏聚力 c/MPa	抗拉强度 σ_t/MPa	密度 ρ/(kg·m^{-3})
松散层	0.5	0.3	15	1	0	2000
基岩层	7	4	40	20	5	2500
煤层	3	1.5	30	15	3	1300
煤层底板	15	8	50	40	10	2500

表 2-5　节理物理力学参数

节理	法向刚度 K_n/MPa	切向刚度 K_s/MPa	内摩擦角 φ/(°)	黏聚力 c/MPa	抗拉强度 σ_t/MPa
底板/煤层间水平节理	300	100	30	0.1	0
煤层/顶板间节理	100	50	20	0	0
基岩岩层间水平节理	250	60	30	0	0
基岩/松散层水平节理	50	20	20	0	0
基岩裂隙发育区垂直节理	200	60	30	0	0
钻井壁与岩体间界面	250	70	30	0	0

表 2-6　钻井套管的物理力学参数

套管	弹性模量 E/GPa	泊松比 μ	抗拉强度 σ_t/MPa	密度 ρ/(kg·m^{-3})	壁厚/m	内直径/m
热轧无缝钢管	150	0.2	100	5700	0.008	0.2

2. 数值分析的过程

数值模拟采用分步开挖的方式，假定已有采空区的倾向长度为 160 m（x 方向）、走向长度为 90 m（z 方向），且此采空区采取一次性开挖方式来模拟已经存在的覆岩移动和地表沉陷；沿煤层走向（z 方向）采取每次开挖 10 m、共计 11 步的开挖方式来模拟回采工作面在 11 天内的推进情况，顶板采用垮落法进行管理。回采煤层采空区及开挖分步的布置如图 2-46 所示。

为了获得地面井的变形沿采场的空间分布情况，将地面井布置在走向 $z = 165$ m，倾向位于 $x = 35$ m、65 m、95 m、125 m、155 m、180 m、205 m、235 m、265 m、295 m、325 m 处的方案分别定为方案 1~11，进行对比分析，地面井布置分布如图 2-47 所示。

为了获得地面井变形随回采工作面推进的变化规律，将地面井布置在倾向 $x = 180$ m，走向分别位于 $z = 115$ m、165 m 处的方案定为方案 12 和方案 6，进行分析研究，地面井布置分布如图 2-47 所示。

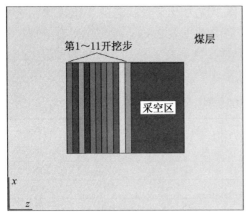

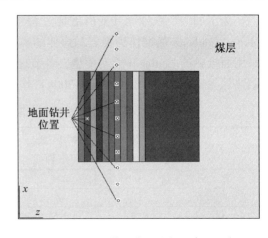

图 2-46　回采煤层分步开挖示意图　　　　　图 2-47　回采煤层地面井位置布置示意图

3. 数值分析结果

1）基本特征

在模拟过程中，从采空区开挖到 10 步开挖分步的完成采场上覆岩层的主应力分布变化情况如图 2-48 所示，覆岩位移量的变化情况如图 2-49 所示。

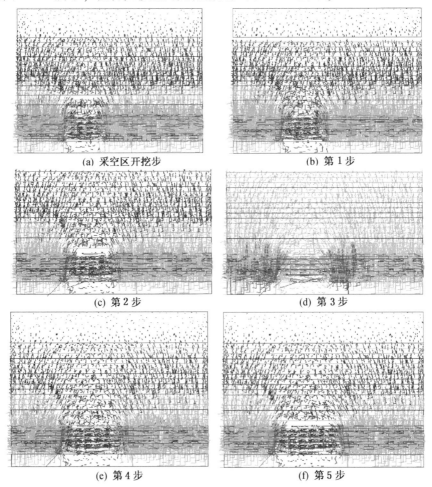

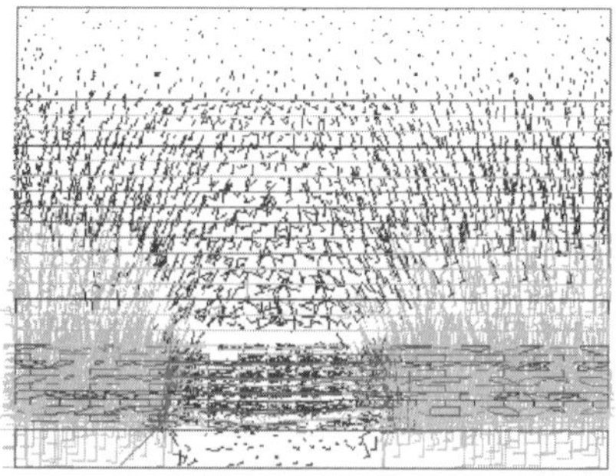

(g) 第 6 步

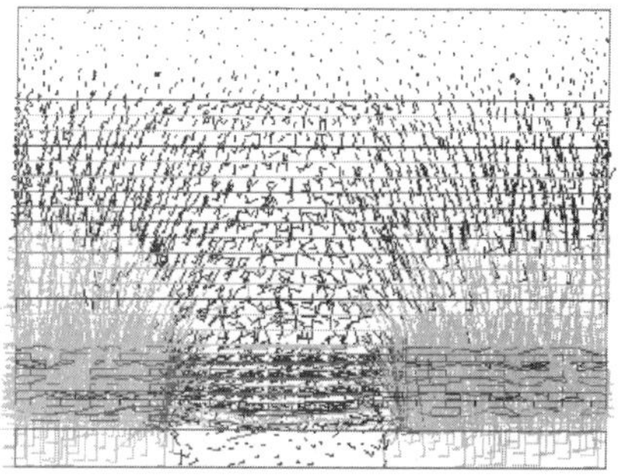

(h) 第 7 步

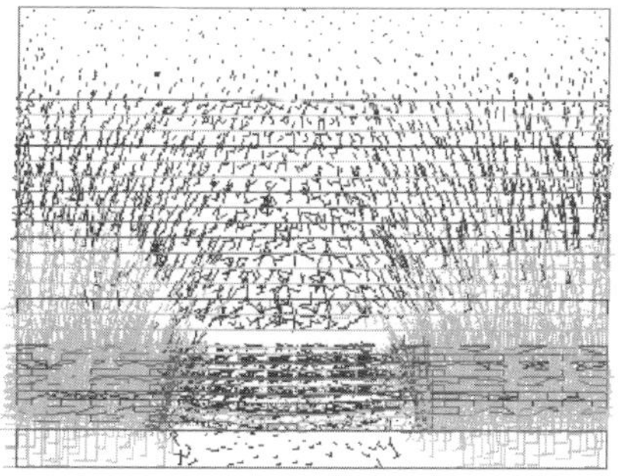

(i) 第 8 步

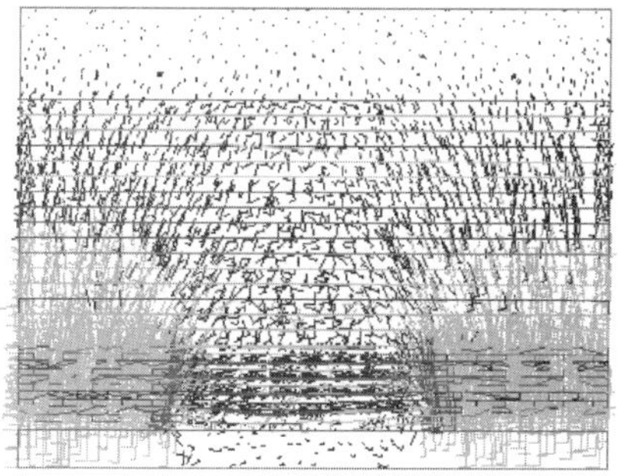

(j) 第 9 步

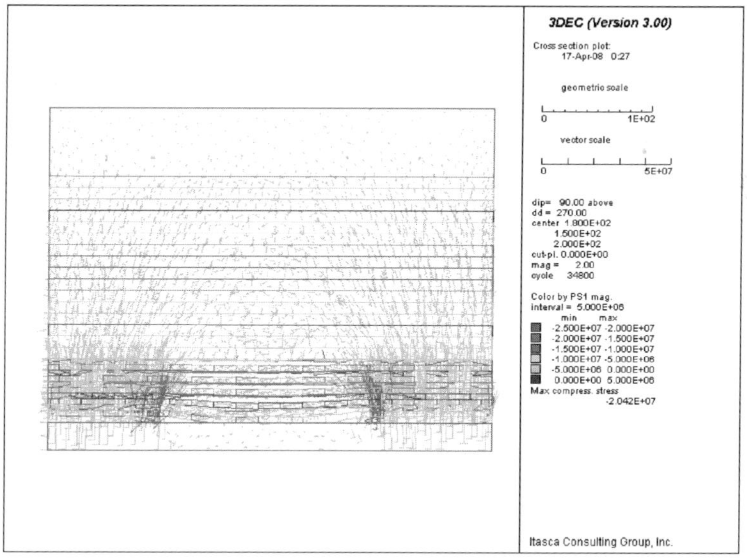

(k) 第 10 步

图 2 - 48　煤层回采过程中覆岩主应力变化情况 (走向剖面)

　　由图 2 - 48 可知，在开切眼和回采工作面附近出现了明显的应力集中现象，采空区上方受卸荷影响应力降低，并且随着回采工作面的不断向前推进，应力集中区逐渐向前移动，采场上覆岩层的应力也在不断变化。这一变化规律与工程实践中的经验认识是一致的。由图 2 - 49 可知，采空区上覆岩层位移呈弧形分布，由煤层顶板向上逐渐减小，并且随着回采工作面的推进，覆岩位移逐渐向前和向上发展，影响范围逐步扩大，这一分布规律与工程实践中的监测结果是一致的。

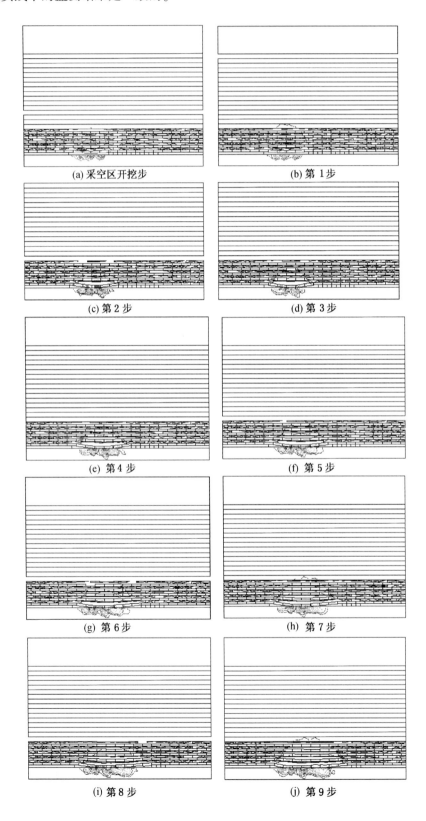

(a) 采空区开挖步

(b) 第 1 步

(c) 第 2 步

(d) 第 3 步

(e) 第 4 步

(f) 第 5 步

(g) 第 6 步

(h) 第 7 步

(i) 第 8 步

(j) 第 9 步

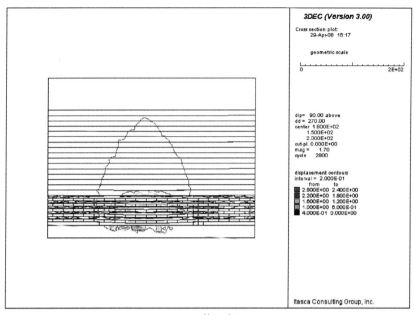

(k) 第10步

图 2-49　煤层回采过程中覆岩位移变化情况（走向剖面）

对于模型1，在布置地面井套管之前，先对采空区部分进行开挖并求解，获得采场上覆岩层的岩层移动规律如下：

在倾向上，分别选取 $z = 175$ m，$y = 150$ m、190 m 两倾向直线为监测线，开挖终了时岩层交界面处岩层的层间滑移位移的分布如图 2-50 所示，位移等值线分布如图 2-51 所

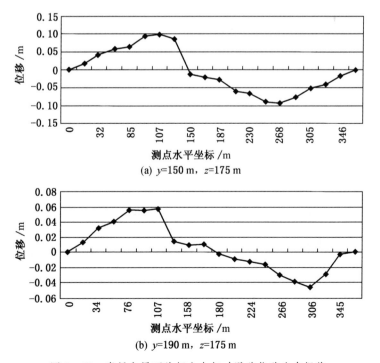

(a) $y=150$ m，$z=175$ m

(b) $y=190$ m，$z=175$ m

图 2-50　岩层交界面处倾向上相对滑移位移分布规律

示。采场上覆岩层的倾向层间剪切滑移位移关于采场中心近似呈对称分布，在采场两帮偏向采空区的岩层沉降拐点附近达到最大值，并且界面距离煤层顶板越近，滑移位移越大，这与岩层沉降位移随埋藏深度的增加而增加，从而导致层间滑移位移逐渐增大的规律是一致的。

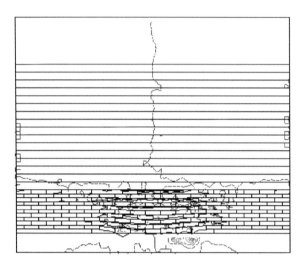

图 2-51 岩层倾向滑移位移等值线分布

在走向上，分别选取 $x=180\text{ m}$，$y=150\text{ m}$、190 m 两走向直线为监测线，开挖终了时岩层交界面处岩层的层间滑移位移的分布如图 2-52 所示，位移等值线分布如图 2-53 所

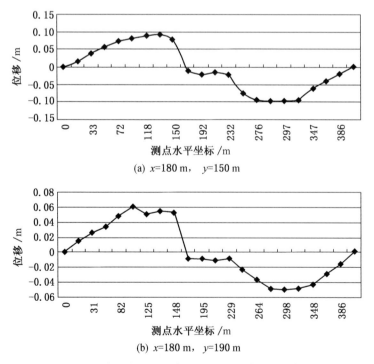

图 2-52 岩层交界面处走向上滑移相对位移分布规律

示。在采场走向上，采场上覆岩层层间滑移位移也近似呈对称分布，在回采工作面和开切眼偏向采空区中心的拐点附近达到最大值，中部接近平行处的位移变化很小，这与走向上充分采动区域的产生是有关系的。而且界面距离煤层顶板越近，滑移位移越大，这与岩层沉降位移随埋藏深度的增加而增加，从而导致层间滑移位移逐渐增大的规律是一致的。

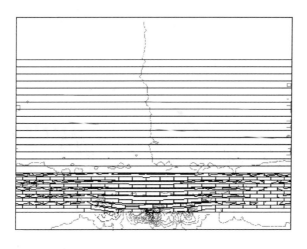

图 2-53　岩层走向滑移位移等值线分布

模型 1 模拟方案 3 和 6 中地面井套管在开挖终了时的剪应力和位移在垂直方向的分布如图 2-54、图 2-55 所示。钻井套管的剪应力和位移在垂直方向上的分布具有层内连续性和层间突变性的特点。剪应力和位移在岩层交界面处的突变性与钻井套管受岩层层面滑移发生的剪切应力集中是直接相关的，也证明了岩层层面滑移的特点。同时，岩层内套管剪应力和位移呈连续变化的分布状态，这与岩层本身强度相对于岩层界面要强的特点是密不可分的，而且岩层沉降运动的整体一致性也使得岩层内套管的剪应力和位移在发生微小连续变化的同时保持整体的一致性。另外，由于钻井套管发生的层间滑移位移是通过求取岩层间的相对位移获得，因而因岩层本身变形引起的套管挤压变形，其位移分布及变化规律与套管发生的层间剪切滑移的规律是一致的，其规律可以通过分析钻井套管发生的层间滑移规律来分析。

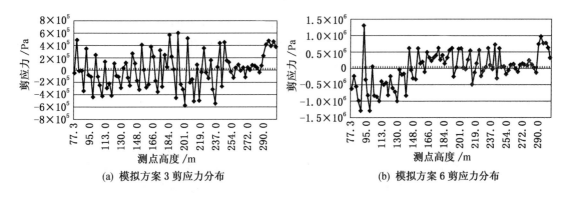

(a) 模拟方案 3 剪应力分布　　　　　　　(b) 模拟方案 6 剪应力分布

图 2-54　模型 1 中地面井套管剪应力分布

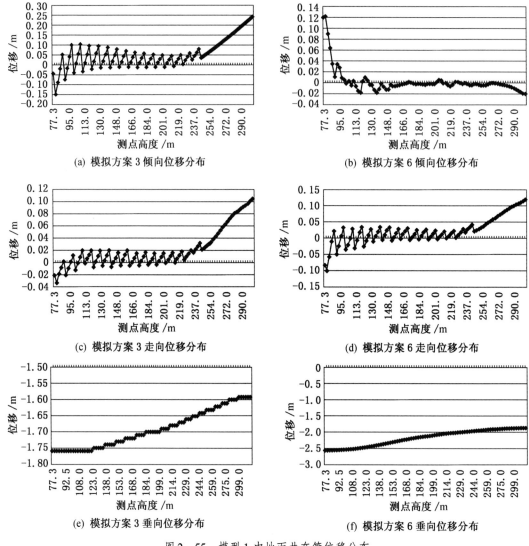

(a) 模拟方案 3 倾向位移分布　　　　　　(b) 模拟方案 6 倾向位移分布

(c) 模拟方案 3 走向位移分布　　　　　　(d) 模拟方案 6 走向位移分布

(e) 模拟方案 3 垂向位移分布　　　　　　(f) 模拟方案 6 垂向位移分布

图 2-55　模型 1 中地面井套管位移分布

2）采动影响下地面井变形破坏的时空规律

对模型 1 中地面井布置 1～11 方案分别进行数值模拟，并对 $y=140$ m、180 m、220 m 三个平面上钻井的位移值进行分析可得，在走向 $z=165$ m 处的倾向线上，地面井位移分布规律如图 2-56 所示。地面井套管发生的相对滑移位移在采场倾向上分布呈采场中间低，两帮拐点偏向采场中心附近位置达到最大值，然后向采动影响边界方向套管发生的滑移位移逐渐减小。由于钻孔布置方案及采动影响边界位置确定方面的问题，两侧最小值没有达到理论的零值。

地面井套管变形随回采工作面推进的变化规律如下：

模型 1 模拟方案 3 和方案 5 中，在 $y=150$ m、190 m 两个水平监测点的套管倾向（x 方向）位移随工作面推进变化规律如图 2-57 所示。随着回采工作面的逐步推进，地面井套管发生的层间滑移相对位移呈递增趋势。而且界面距离煤层顶板越近，发生的滑移位移越大；越靠近采场中部，发生的滑移位移越小。这与采场上覆岩层沉降曲线的分布有着紧

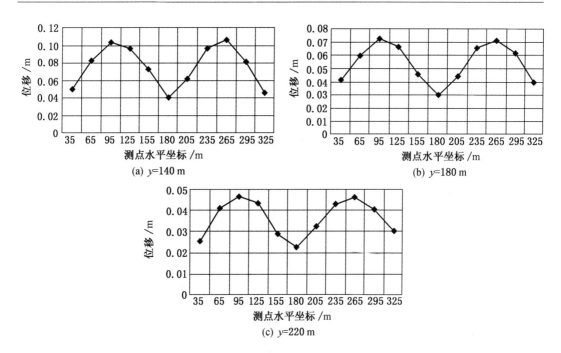

图 2-56　地面井层间滑移相对位移沿采场倾向分布规律

密的联系：方案 3 钻井位于覆岩沉降曲线的拐点附近，是岩层水平滑移最剧烈的位置，而方案 5 钻井位于接近采场中部，岩层的层间滑移已经由大变小。同时，埋藏深度越大，岩层发生的沉降位移越大，因而发生的层面滑移也越剧烈。

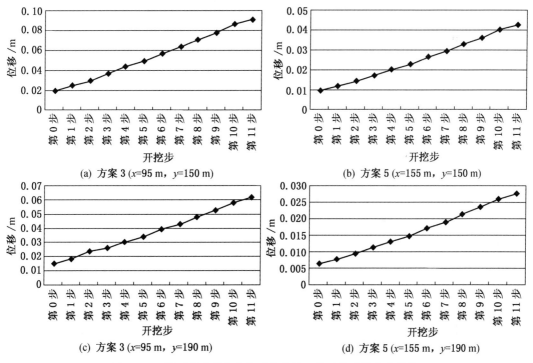

图 2-57　地面井套管倾向相对位移随工作面推进的变化规律

模型 1 模拟方案 3 和方案 5 中，在 $y = 150$ m、190 m 两个水平监测点的套管走向（z 方向）位移随工作面推进变化规律如图 2 - 58 所示。随着回采工作面的逐步推进，地面井套管在采场走向的层间滑移相对位移呈先逐步增大然后逐步减小的分布规律。而且界面距离煤层顶板越近，发生的滑移位移越大；越靠近采场中部，发生的滑移位移越大。这与采场上覆岩层的动态沉降规律是紧密相关的：埋藏深度越大，岩层发生的沉降位移越大，因而发生的层面滑移也越剧烈；同一时刻，越靠近采场中部，岩层达到的采动越充分，因而方案 5 钻井套管处走向方向的等效岩梁发生的滑移位移也相比处于同一倾向线非充分采动区的方案 3 钻井套管处的等效岩梁发生的滑移位移要大。但是，随着回采工作面的推过，采场上覆岩层各个位置先后逐步达到充分和超充分采动阶段，受沉降分布规律的影响，层间滑移位移也由大逐步减小。由此可见，在采场走向上地面井套管受到岩层移动的作用发生的层间滑移位移是先后交错的，这使得钻井套管承受着比单纯剪切与挤压更大的破坏效应，也是钻井套管破坏的一个非常重要的原因。这与采动过程中地表沉陷的规律是非常一致的，只是量值和时间上的区别。

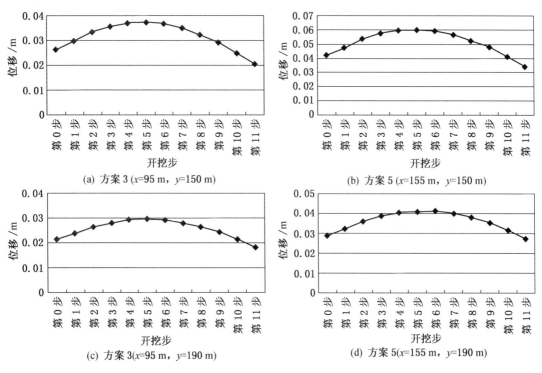

图 2 - 58　地面井套管走向相对位移随工作面推进的变化规律

模型 1 模拟方案 3 和方案 5 中，在 $y = 150$ m、190 m 两个水平监测点的套管相对滑移和位移随工作面推进变化规律如图 2 - 59 所示。随着煤层回采，地面井套管发生的层间相对滑移和位移总体呈递增趋势，当地面井位置靠近采场中部时呈先增大后减小的趋势。这与采动影响下岩层移动和沉降规律是一致的，回采工作面距离钻井位移越近，采动影响越剧烈，岩层移动对钻井的影响越大，因而发生的层间相对滑移位移越大；同一倾向线上，越靠近采场中部，同一时刻的采动影响沉降越充分，而受岩层移动先剧烈后趋缓变化规律的影响，当岩层移动逐步达到充分采动和超充分采动阶段后，钻井套管受岩层移动影响发生的相对滑移位移的变化也就相应的不再剧烈，而呈减小趋势。同时，采场中部的钻井套管受采动影响首先达到局部极大值，并逐渐增大，但同一倾向线不同位置上的钻井套管发生变形的加速度是不同的，越靠近采场中部加速度越小，越靠近边界加速度越大；当回采工作面通过地面井位置附近时，同一倾向线上的地面井套管变形接近一致，然后，靠近边界的地面井套管变形继续增大，并将超过采场中部的钻井套管变形量；而采场中部钻井套管的变形将逐渐趋缓。因此，同一倾向线上采场中部的地面井套管最先达到所在走向线上相对滑移位移的极大值，但采场中部的套管相对滑移位移最大值要小于拐点附近钻井套管的相对滑移位移最大值。

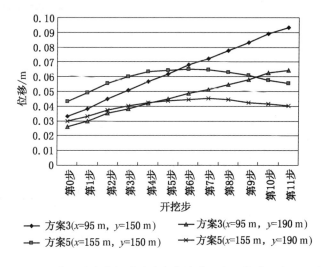

图 2-59　地面井套管相对滑移和位移随工作面推进的变化规律

3）采场覆岩结构对地面井变形破坏的影响规律

初始采空区阶段无关键层的基本模型 1 和具有关键层的模型 2 覆岩最大主应力分布如图 2-60 所示。关键层的存在使得采场上覆岩层关键层下部出现应力集中，上部出现应力相对减弱，这与关键层的支承作用是紧密相关的。

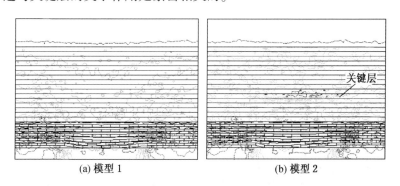

图 2-60　模型 1 和模型 2 覆岩主应力分布（走向剖面）

模型 1 和模型 2 模拟方案 3 和方案 5 中地面井套管层间相对滑移位移在垂直方向上的分布规律如图 2-61 所示。与基本模型 1 相比，关键层模型 2 在关键层处发生了明显的层间滑移位移突变，在关键层下方，层间滑移相对位移明显增大，而关键层之上，层间滑移相对位移有不同程度的减小，这是因为关键层的支承作用减弱了其上岩层的沉降位移，因而减弱了层间滑移相对位移量。同时，关键层的下方离层趋势更加明显，加之沉降产生的滑移位移，因而产生了明显的位移突变，是钻井套管发生剪切破坏的危险区域。

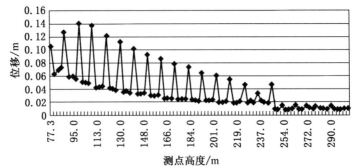

(a) 模型1，方案3(x=95 m，z=175 m)

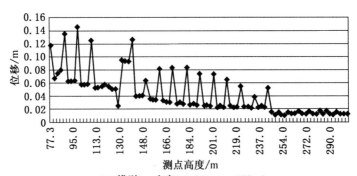

(b) 模型2，方案3(x=95 m，z=175 m)

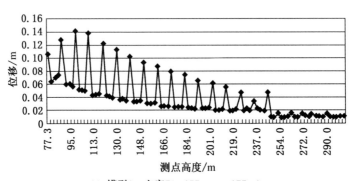

(c) 模型1，方案5(x=155 m，z=175 m)

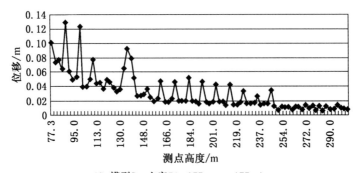

(d) 模型2，方案5(x=155 m，z=175 m)

图2-61 关键层对地面井套管层间滑移位移分布的影响

基本模型 1 和具有厚基岩层的模型 3 覆岩主应力分布如图 2-62 所示。厚基岩层处有覆岩应力增加的现象，在这里厚基岩层在增强自身承载能力的同时起到了类似关键层的作用，因此其有着与关键层相似的影响效应。

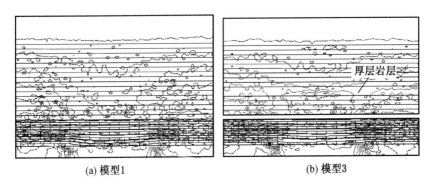

(a) 模型1   (b) 模型3

图 2-62　模型 1 和模型 3 覆岩主应力分布（走向剖面）

模型 1 和模型 3 模拟方案 3 和方案 5 中地面井套管层间相对滑移位移在垂直方向上的分布规律如图 2-63 所示。在具有均一厚度的基本模型 1 中，套管各监测点相对滑移位移随埋藏深度的增加而呈逐渐增加的趋势，在岩层交界面处有着明显的突变，岩层内相对很小。在厚基岩层下，岩层层间滑移发生了更为明显的突变，且比基本模型 1 相应位置处的位移明显增加，这也说明岩层越厚其下界面发生大层间滑移位移的概率越大，该处地面抽采钻井套管发生破坏的危险性也越高。

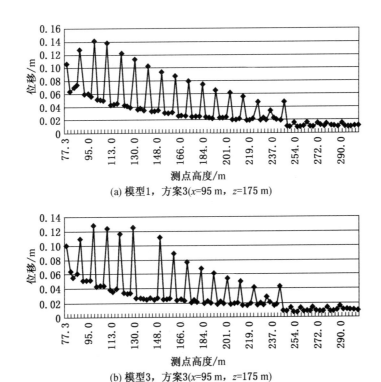

(a) 模型1，方案3($x=95$ m，$z=175$ m)

(b) 模型3，方案3($x=95$ m，$z=175$ m)

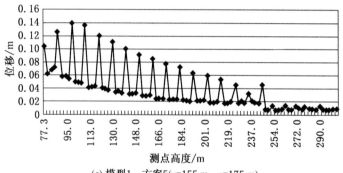

(c) 模型1，方案5(x=155 m，z=175 m)

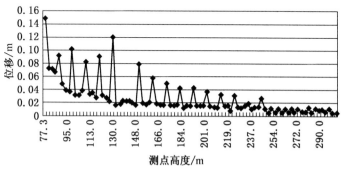

(d) 模型3，方案5(x=155 m，z=175 m)

图2-63 厚基岩层对地面井套管层间滑移位移分布的影响

基本模型1和具有厚表土层的模型4覆岩主应力分布如图2-64所示。厚表土层对覆岩应力分布的影响不大，这是因为表土层松散介质的性质决定了其提供了均布的垂向压力，当厚度增加时，改变的只是同一高度上的应力值大小，而对分布状态影响不大。

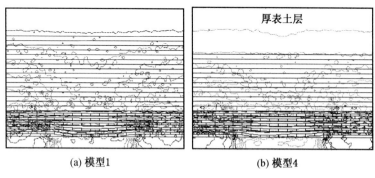

(a) 模型1　　　　　　　　　　(b) 模型4

图2-64 模型1和模型4覆岩主应力分布（走向剖面）

模型1和模型4模拟方案3和方案5中地面井套管层间相对滑移位移在垂直方向上的分布规律如图2-65所示。表土层的厚度对表土层与基岩层界面处层间滑移位移的影响非常明显，厚表土层下界面滑移位移明显增加。这一方面与表土层、基岩层交界面埋藏深度的增加有关，另一方面是由于表土层的厚度增大了滑移量。

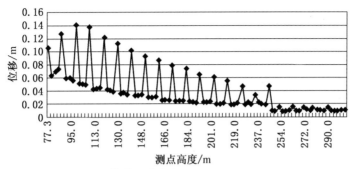

(a) 模型1，方案3($x=95$ m，$z=175$ m)

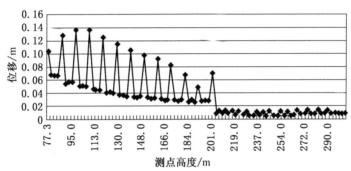

(b) 模型4，方案3($x=95$ m，$z=175$ m)

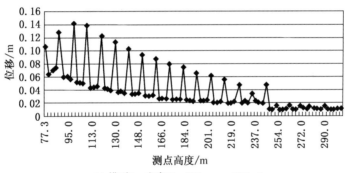

(c) 模型1，方案5($x=155$ m，$z=175$ m)

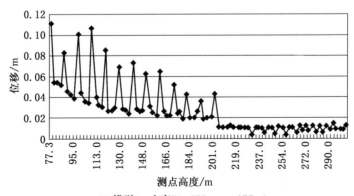

(d) 模型4，方案5($x=155$ m，$z=175$ m)

图 2-65　厚表土层对地面井套管层间滑移位移分布的影响

2.1.3　采动影响下的地面井变形破坏模式

2.1.3.1　地面井套管的变形形式分析

变形破坏是套管破坏的一种表现形式，在石油天然气工业领域，国家标准《石油天然气工业油气井套管或油管用钢管》（GB/T 19830—2011）和《石油天然气工业套管、油管、钻杆和用作套管或油管的管线管性能公式及计算》（GB/T 20657—2011）中均对石油套管的拉伸试验和许用拉伸率做了详细规定。煤矿采动活跃区地面井套管的变形主要受因采动影响而产生的上覆岩层的滑移和离层的作用而产生。

1. 地面井层间剪切滑移变形

采场上覆岩层在进行剧烈调整过程中，岩层沿界面产生滑移是普遍存在的，因而剪切变形是钻井套管最容易发生的变形之一，其受力变形如图 2 - 66 所示。

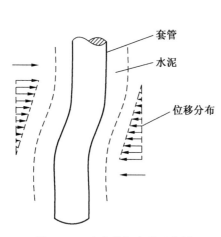

图 2 - 66　套管剪切变形示意图

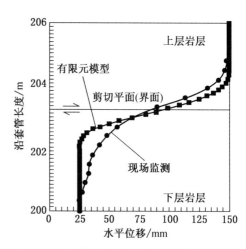

图 2 - 67　套管剪切变形位移沿套管变化规律

根据数值模拟和实践测量的对比结果，套管剪切变形位移沿套管长度的分布如图 2 - 67 所示。在发生剪切变形过程中，套管在剪切区域内被沿轴向拉长。因此，可以将套管剪切变形假设为 "S" 形式，如图 2 - 68 所示。故套管的剪切变形可以近似用正弦函数来表示，即

$$u(y) = A_0 \sin\left(\frac{2\pi y}{a}\right) \quad \left(0 < y < \frac{a}{2}\right) \tag{2 - 45}$$

式中　$u(y)$——y 点套管的垂直位移，m；

　　　　y——剪切区域内沿套管的长度坐标，m；

　　　　A_0——位移函数的振幅，m；

　　　　a——位移函数的波长，为剪切区域宽度的 2 倍，与岩层物理力学性质和应力环境有关，m。

套管发生剪切变形时的变形关系可由图 2 - 69 表示。故套管轴向应变为

$$\varepsilon(y) = \frac{\delta l - \delta y}{\delta y} = \frac{\delta l}{\delta y} - 1 \tag{2 - 46}$$

$$\delta l = \sqrt{\delta u(y)^2 + \delta y^2} \tag{2 - 47}$$

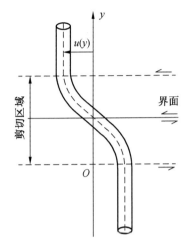

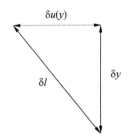

图 2-68　套管剪切变形的"S"形模型　　　　图 2-69　套管剪切变形应变示意图

当 $\delta y \to 0$ 时，将式（2-45）和式（2-47）代入式（2-46）有

$$\varepsilon(y) = \frac{\mathrm{d}\left[A_0^2\sin^2\left(\dfrac{2\pi y}{a}\right) + y^2\right]^{0.5}}{\mathrm{d}y} - 1 = \frac{\dfrac{\pi A_0^2}{a}\sin\left(\dfrac{4\pi y}{a}\right) + y}{\sqrt{0.5A_0^2\left[1 - \cos\left(\dfrac{4\pi y}{a}\right)\right] + y^2}} - 1 \quad \left(0 < y < \dfrac{a}{2}\right)$$

$$(2-48)$$

式中　　A_0——位移函数的振幅，$A_0 = \dfrac{u_{r\max}}{2}$，m。

　　　　$u_{r\max}$——套管最大径向位移值，m。

　　因此，套管的剪切变形临界条件为

$$\varepsilon(y) = [\varepsilon_{轴}]$$

式中　　$[\varepsilon_{轴}]$——抽采效能最大允许轴向拉伸应变，其由地面井抽采有效率决定，m/m。

　　2. 地面井径向挤压变形

　　套管在外力作用下一方面会达到强度条件，发生屈服破坏；另一方面会达到刚度临界条件，发生变形失稳破坏，无法满足工程需要。而除少数小直径和厚壁的套管外，多数套管主要是变形失稳破坏。套管在挤压载荷下的变形如图 2-70 和图 2-71 所示。

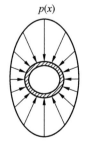

图 2-70　套管在非均布载荷
作用下的示意图

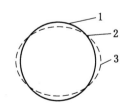

1—原始截面；2—交替平衡位置；
3—继续变形后期压曲特性

图 2-71　套管受载荷前后的变形图

鉴于地下工程领域柔性防护的理念，套管刚度适当减小，可以在一定程度上减缓岩层的径向挤压力，而当刚度太小时，套管变形过大，其无法满足抽采瓦斯的需要，因此对于套管刚度应根据工程需要进行严格限制。

因此，可以假设套管在非均布载荷的作用下变形为一椭圆形，设 r_a 为椭圆内径短边的长度、r_p 为变形前套管的内径，则临界刚度条件可以表示为

$$\zeta = \frac{r_p - r_a}{r_p} = \frac{u_{r\max}}{r_p} = [\zeta] \qquad (2-49)$$

式中　　r_p——变形前套管的内径，m；

　　　　r_a——变形后椭圆内径短边的长度，其值由套管所受的非均布载荷决定，此处可用套管最大径向位移值表示为 $c = r_p - u_{r\max}$，m；

　　　　$[\zeta]$——抽采效能最大允许径向变形率，其由地面井抽采有效率决定，m/m。

3. 地面井层间离层拉伸变形

由采场上覆岩层的移动规律可知，随着煤层回采，采场上覆岩层中关键层（或组合关键层）下往往会发生明显的离层位移，如图 2-72 所示。因此，受离层拉伸作用，地面井套管在该位置处将发生明显的拉伸变形，进而发生颈缩变形破坏。由离层拉伸变形的受力特点可知，地面井套管"颈缩"型离层拉伸变形形式如图 2-73 所示。

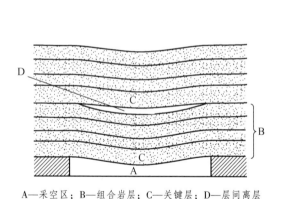

A—采空区；B—组合岩层；C—关键层；D—层间离层

图 2-72　采场覆岩离层模型

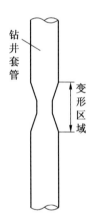

图 2-73　地面井套管离层拉伸变形形式

设发生的离层位移为 u_s、发生离层拉伸的套管区域长度为 d，则套管发生层间离层拉伸的临界变形条件可以表示为

$$\xi' = \frac{u_s}{d} = [\varepsilon_{轴}] \qquad (2-50)$$

式中　ξ'——离层拉伸变形，m/m。

为了对地面井套管离层拉伸状态下的岩层界面关键部位应力应变状态进行分析，运用 FLAC3D 构建了三维数值模型进行模拟分析。模型设立一个离层界面，界面上部的实体完全约束，下部实体四周边界进行横向约束，同时在下部实体上施加垂向均布体应力，进行卸压效应的模拟，模型如图 2-74 所示，运行稳定后钻井套管的最大主应力分布如图 2-75 所示。

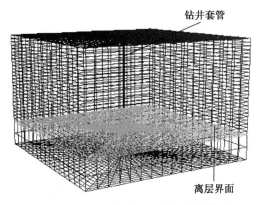

图 2 - 74 钻井套管离层拉伸数值模型

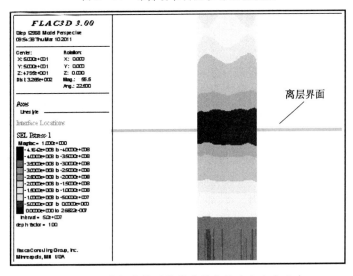

图 2 - 75 离层拉伸后钻井套管的最大主应力分布

从图 2 - 75 中可以看出，离层界面位置处的最大主应力是最大的，由离层界面向界面上下两端应力逐渐减小并迅速减小到零。

因此，采场上覆岩层离层拉伸作用下地面井套管的变形主要由离层位移量和套管变形区域的大小决定。

2.1.3.2 地面井套管受力破坏准则

1. 地面井套管

在平面半无限体内，地面井套管受 σ_x、σ_y、σ_z、τ_{xy}、τ_{yz}、τ_{zx} 空间应力的作用，其屈服破坏受空间各应力分量的共同影响。在采动影响下，套管破坏主要有剪切破坏、轴向拉伸破坏、径向挤压破坏及其几种破坏形式的组合破坏。

由于地面井套管一般选用石油套管等金属管材，而金属管材的破坏以剪切破坏为主，故本书选用基于剪切破坏机理的 Von Mises 准则，即

$$f(J_2) = J_2 - \eta_s^2 = 0 \qquad (2-51)$$

式中 J_2——偏应力张量的第二不变量，$J_2 = \dfrac{1}{6} \left[(\sigma_x - \sigma_y)^2 + (\sigma_y - \sigma_z)^2 + (\sigma_z - \sigma_x)^2 \right] +$

         $\tau_{xy}^2 + \tau_{yz}^2 + \tau_{zx}^2$，$Pa^2$；

η_s——材料常数，代表纯剪试验中的屈服应力，Pa。

根据工程实际需要，认为材料达到屈服状态即发生破坏，因此满足式（2－51）的应力条件即是达到钻井套管强度临界值并发生屈服破坏的条件。

2. 地面井壁

对于岩土体，其弹塑性应力－应变具有复杂的非线性关系，根据前人研究成果，中间应力对于钻井壁的稳定具有较大的影响作用。因此，本书选取 Drucker－Prager 准则作为岩土体的屈服破坏准则，即

$$f(I_1, J_2) = \alpha' I_1 + \sqrt{J_2} - \eta' = 0 \qquad (2-52)$$

式中　　　　I_1——主应力第一不变量，$I_1 = \sigma_1 + \sigma_2 + \sigma_3$，N；

　　α'、η'——材料常数，$\alpha' = \dfrac{2\sin\varphi}{\sqrt{3}\ (3 - \sin\varphi)}$，$\eta' = \dfrac{6c\cos\varphi}{\sqrt{3}\ (3 - \sin\varphi)}$；

　　c——黏聚力，kPa；

　　φ——内摩擦角，rad。

因此，当岩土体中的应力满足式（2－52）时，岩土体进入塑性屈服状态。根据文献 [21] 和 [23] 的研究，岩土体塑性变形的产生对套管径向位移有一定的缓解作用，一般套管的径向位移为岩层径向位移的 60% ～70%。

由于地面井的变形和应力是受采场上覆岩层移动的影响产生的，因此，地面井套管变形破坏的规律根本上是岩层移动的层间滑移、挤压变形及离层拉伸变形的规律。

2.1.3.3　采动影响下地面井变形模型的构建

由于瓦斯抽采工程中，地面井一般都要安置套管对钻孔进行保护，因此地面井的破坏关键在于钻井套管的破坏。根据覆岩移动的规律，在地表建立空间直角坐标系，取倾向为 x 轴、垂直向下方向为 y 轴、走向为 z 轴，坐标原点在地表影响边界处，如图 2－20 所示。为了求解问题方便，设：①同一水平岩层的相对水平滑移很小；②岩层位移以沉降为主。

采动影响下，采场上覆岩层发生离层、挤压和层间滑移，使得地面瓦斯抽采钻井在岩层移动的影响下发生变形甚至破坏。但是，由于岩层移动条件的复杂性，采场上部将形成一定数量的组合岩层，在组合岩层内部的岩层界面处将只发生岩层的层间滑移，在组合岩层内的单一岩层内将只发生岩层的挤压变形，在两个组合岩层交界面上，将同时发生离层和岩层层间滑移。

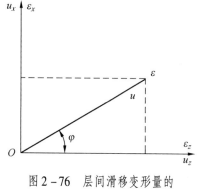

图 2－76　层间滑移变形量的空间关系示意图

因此，受采场上覆岩层移动影响，采动影响下地面井的综合变形破坏模型有以下三种。

1. 组合岩层内的岩层界面处，地面井层间剪切滑移变形破坏模型

在覆岩移动过程中，走向复合等效岩梁和倾向复合等效岩梁同时发生沉降和层间滑移变形。因此，地面井套管的破坏是走向复合等效岩梁和倾向复合等效岩梁综合作用的结果，滑移面层间滑移变形量的空间关系如图 2－76 所示。

由式（2－38）和式（2－45）可知，$u_p = 2A_0$，故由式（2－48）得

$$\varepsilon_p = \eta^* \left\{ \frac{\dfrac{\pi A_0^2}{a}\sin\left(\dfrac{4\pi y}{a}\right) + y}{\sqrt{0.5A_0^2\left[1 - \cos\left(\dfrac{4\pi y}{a}\right)\right] + y^2}} - 1 \right\} =$$

$$\eta^* \left\{ \frac{\dfrac{\pi u_p^2}{4a}\sin\left(\dfrac{4\pi y}{a}\right) + y}{\sqrt{0.125u_p^2\left[1 - \cos\left(\dfrac{4\pi y}{a}\right)\right] + y^2}} - 1 \right\} \quad \left(0 < y < \frac{a}{2}\right) \tag{2-53}$$

式中 η^*——考虑套管周围岩体塑性变形产生的对套管变形的缓解作用系数，一般有 $\eta^* = 60\% \sim 70\%$。

这即是地面井套管在岩层移动影响下的剪切变形破坏模型基本函数，当满足 $\varepsilon_p > [\varepsilon_{轴}]$ 时，套管会发生剪切破坏。同样，最大剪切变形和煤层走向的夹角与最大位移和煤层走向的夹角相等，由式（2-38）确定。

地面井的剪切变形随 u_p 的增加呈非线性增加趋势，如图 2-77 所示。

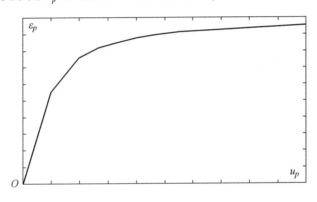

图 2-77　地面井剪切变形随径向剪切位移的变化规律

2. 组合岩层内的单一岩层内，地面井挤压变形破坏模型

由于覆岩应力重分布造成覆岩岩层的拉伸和压缩变形，地面井套管受岩层变形的影响，发生非对称径向挤压变形。

由式（2-43）和式（2-49）得

$$\zeta = \frac{u_{r\max}}{r_p} = \frac{u_r}{r_p} \tag{2-54}$$

这即为地面井套管发生岩层挤压变形的破坏模型基本函数，当满足 $\zeta > [\zeta]$ 时，套管会发生挤压破坏。

地面井的剪切变形随 u_r 的增加呈线性增加趋势，如图 2-78 所示。

3. 两个组合岩层交界面处，地面井拉剪综合变形破坏模型

由式（2-50）和式（2-44），令 $u_s = \Delta w(x, z)$，得地面井离层拉伸的变形破坏模型为

$$\xi = \frac{u_s}{d} = \frac{1}{d}\left(w_{\max}^n - w_{\max}^{n+1}\right)\left[\frac{1}{r_Y}\int_{x_1}^{x_2} e^{-\pi\left(\frac{x - r_Y - s_x}{r_Y}\right)^2}\mathrm{d}s_x\right]\left[\frac{1}{r_Y}\int_{z_1}^{z_2} e^{-\pi\left(\frac{z - r_Y - s_z}{r_Y}\right)^2}\mathrm{d}s_z\right] \tag{2-55}$$

式中 d——地面井套管发生拉伸变形的长度，可根据经验分析和试验获得，在数值上可以认为和钻井套管的剪切变形区域宽度相等，m。

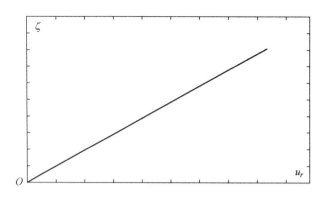

图 2-78 地面井挤压变形随径向挤压位移的变化规律

由两组合岩层交界面处变形变化过程分析可知，两组合岩层交界面处的变形可以分解为复合岩层的层间剪切滑移和离层的综合变形，如图 2-79 所示。

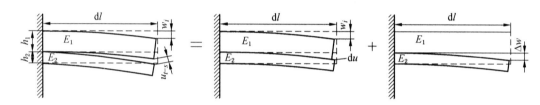

图 2-79 两组合岩层交界面处变形分解示意图

因此，采动影响下两组合岩层交界面处发生的拉剪组合位移为

$$u_{t-s}(x,z) = \left[\Delta w(x,z)^2 + u^2(x)\cos^2\theta + u^2(z) \right]^{\frac{1}{2}}$$

式中　　　　$\Delta w(x, z)$——两组合岩层间任意点的离层位移，由式（2-44）确定，m；

　　　　$u(x)$、$u(z)$、$\cos\theta$——计算取值同式（2-38）。

由式（2-55）可知，当离层位移很小时，拉剪组合位移在采场倾向上呈两端较高，中间相对较低的分布状态；当离层位移较小时，拉剪组合位移呈两端较低，中部相对较高且分布比较平缓的分布状态；当离层位移较大时，拉剪组合位移在采场倾向上呈中部最高，愈靠近采场边界位移愈低的分布规律，如图 2-80 所示。

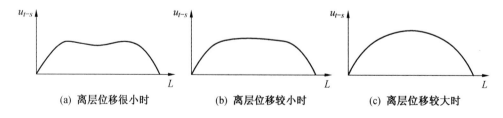

图 2-80 拉剪组合位移在采场倾向上的变化规律

通过前述分析可知，在两组合岩层交界面处，地面井套管宏观上将受到"S"形的剪切作用和轴向的拉伸作用。对于地面井在岩层拉剪组合位移作用下的应变，钻井套管的离层拉伸变形沿套管轴向分布，与拉伸区域的大小直接相关；由式（2-53）可知，钻井套

管的层间剪切滑移变形可以转化为轴向拉伸变形。

因此，地面井在采动影响下的拉剪综合应变函数为

$$\varepsilon_{t-s} = \xi + \varepsilon_p \tag{2-56}$$

式中 ξ——由式（2-55）确定，m/m；

ε_p——由式（2-53）确定，m/m。

由式（2-56）可知，采动影响下地面井的拉剪综合应变在采场倾向上的分布规律与拉剪组合位移相似，与离层位移的大小关系密切。

2.1.3.4 地面井综合变形破坏的力学作用模式

基于煤矿采动活跃区地面井前述几种变形模式，其力学作用模式主要分为强度要求和整体刚度要求两种力学作用形式。其中，基于剪切变形和拉剪综合变形的受力模式属于对地面井套管的强度要求，是地面井变形破坏的主要因素；基于挤压变形的受力模式属于对地面井套管的整体刚度要求，是地面井变形破坏的次要因素。

1. 剪切变形受力模式

从图2-68可以看出，在组合岩层内的岩层界面处，地面井套管宏观上受岩层的剪切效应，由于剪切变形的过渡效果，微观上转变为钻井套管的拉伸效应。因此，此时的套管可以视为剪切和拉伸的综合效应，但钻井套管的应力可以由钻井的拉伸应变获得。

设钻井套管的弹性模量为E_{well}，由弹性应力应变关系可得地面井套管在岩层层面剪切滑移作用下的应力为

$$\sigma_p = E_{well}\varepsilon_p \tag{2-57}$$

式中 E_{well}——地面井套管的弹性模量，Pa。

由式（2-57）可知，在宏观剪切微观拉伸应力作用下，地面井套管的受力模式如图2-81所示。

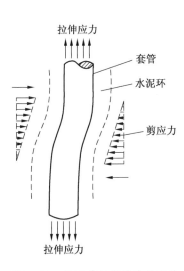

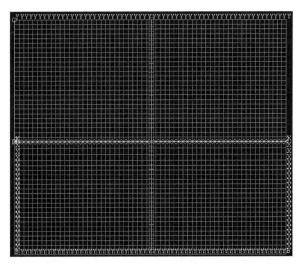

图2-81 层面剪切滑移作用下的　　　图2-82 简化的地面井剪切滑移数值模型
　　　　地面井套管受力模式

为了验证力学模式的正确性，建立了简化的地面井剪切滑移数值模型，如图2-82所示。模型由FLAC数值模拟软件构建，由具有单一剪切滑移面的上下两个接触体构成，下部

块体约束横向和竖向位移，上部块体约束竖向位移，并在上部块体的左边界施加 6.42 MPa 的水平推力，地面井初始位置在模型中部。

运行稳定后，模型上部块体在水平推力的作用下发生了水平滑移，这与岩层移动影响下的岩层剪切水平滑移是相似的。岩层滑移后的套管变形形式如图 2 – 83 所示，钻井套管的应变分布如图 2 – 84 所示。从图 2 – 83 中可以看出，剪切滑移作用下钻井套管的变形形式及受力状态与式（2 – 57）及图 2 – 81 的描述是一致的。

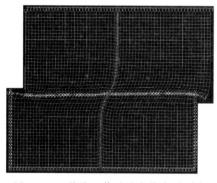
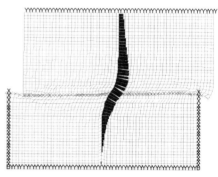

图 2 – 83　数值运算后的套管变形形式　　　　图 2 – 84　剪切情况下套管的应变分布

2. 离层拉伸变形受力模式

将式（2 – 44）获得的采场覆岩任意一点离层位移的计算函数代入地面井离层拉伸变形破坏的模型函数式（2 – 50），可得地面井套管的离层拉伸变形模型函数为

$$\xi_t = \frac{1}{d}\left(w_{\max}^n - w_{\max}^{n+1}\right)\left[\frac{1}{r_Y}\int_{x_1}^{x_2} e^{-\pi\left(\frac{x-r_Y-s_x}{r_Y}\right)^2}ds_x\right]\left[\frac{1}{r_Y}\int_{z_1}^{z_2} e^{-\pi\left(\frac{z-r_Y-s_z}{r_Y}\right)^2}ds_z\right]$$

根据胡克定律，地面井套管在离层位置处的离层拉伸应力模型函数为

$$\sigma_t = \frac{E_{\text{well}}}{d}\left(w_{\max}^n - w_{\max}^{n+1}\right)\left[\frac{1}{r_Y}\int_{x_1}^{x_2} e^{-\pi\left(\frac{x-r_Y-s_x}{r_Y}\right)^2}ds_x\right]\left[\frac{1}{r_Y}\int_{z_1}^{z_2} e^{-\pi\left(\frac{z-r_Y-s_z}{r_Y}\right)^2}ds_z\right] \qquad (2-58)$$

3. 拉剪综合变形受力模式

对于地面井套管在两组合岩层交界面处的拉剪综合变形，其受力模式与组合岩层内界面处的剪切变形受力模式是相似的（图 2 – 81），只是钻井套管的拉伸应力明显增强。其应力计算函数为

$$\sigma_{t-s} = E_{\text{well}}\varepsilon_{t-s} \qquad (2-59)$$

式中　ε_{t-s}——由式（2 – 56）确定，m/m。

4. 挤压变形受力模式

采动影响下的岩层非均布变形使得地面井套管在岩层内将受到非均布的挤压作用，从而使得钻井套管在非均布应力作用下承载能力大大降低。因此，地面井套管在整体刚度上要有较强的承载能力，其在非均布应力作用下的受力模式如图 2 – 85 所示。

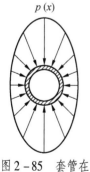

$p(x)$

图 2 – 85　套管在非均布应力作用下的受力模式

2.2　采动活跃区地面井井型结构优化

2.2.1　地面井井型结构耦合变形

采动活跃区地面井井型结构优化涉及地面井的井径、套管选型、护井水泥环的参数配

比及地面井各井段的分级尺寸等方面。从采场上覆岩层运动规律及地面井综合变形破坏模型可以发现，采场上覆岩层运动量的大小对地面井井径的选择起决定性影响。

2.2.1.1 套管几何及材料性质的影响效应分析

与石油钻井工程相比，地面井瓦斯抽采套管受力变形破坏有许多共同点，也具有适应煤系地层瓦斯抽采的不同之处。

地面瓦斯抽采钻井的变形破坏是钻井套管受到岩层与水泥环变形、错动的影响发生拉、剪、挤的作用而发生相应形式的变形，当套管变形达到承载极限时会发生变形破坏。因此，与石油套管和岩体、水泥固井材料的相互作用类似，地面瓦斯抽采钻井套管承载变形的能力与钻井的孔径、套管壁厚、套管钢级等物理、几何参数有关，这也是地面瓦斯抽采钻井套管变形破坏的主要影响因素。

但是，与石油钻井工程受岩体蠕变、热力影响等而发生挤压、剪切、拉伸效应的原因不同，地面瓦斯抽采钻井套管变形具有自身的特点：由于煤层开采的大尺度和采空区垮落效应的影响，采场上覆岩层发生沉降和岩层滑移，地层以岩层间的错动和离层拉伸为主要变形形式，挤压效应的影响相对较弱。而且，各矿业集团进行的地面井瓦斯抽采工程实践中，在离层位移发生较大的位置，地面井套管发生破坏的概率要大得多。因此，地面瓦斯抽采钻井套管的变形破坏以岩层移动造成的拉、剪变形为主，其影响因素也即是地面瓦斯抽采钻井变形破坏的主要耦合变形影响因素。

因此，下面主要对钻井套管壁厚、内径、套管材料特性等主要因素对地面瓦斯抽采钻井套管的拉、剪变形破坏的影响规律进行分析和验证，而其对挤压效应的影响可以直接参考石油钻井工程中的既有成果。

1. 剪切变形

地面井套管伴随采场上覆岩层移动的变形破坏是一个岩层、水泥环对钻井套管综合力学作用的表现。由图2-68可以看出，地面井套管的剪切滑移变形呈"S"形分布。

设定 x 轴沿梁中性面方向，由材料力学梁的弯曲变形原理可知，梁的挠曲线微分方程为

$$\frac{\mathrm{d}^2 w}{\mathrm{d}x^2} = -\frac{M}{EI} \qquad (2-60)$$

式中　　I——横截面对中性轴的惯性矩，m^4。

将式（2-45）代入式（2-60）得地面井套管剪切滑移变形状态下的弯矩方程为

$$M = \frac{4A_0 EI\pi^2}{a^2}\sin\left(\frac{2\pi y}{a}\right) \qquad \left(0 < y < \frac{a}{2}\right) \qquad (2-61)$$

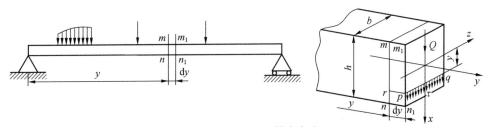

图2-86　矩形截面梁横力弯曲图

根据材料力学梁的弯曲原理，横力弯曲条件下，梁横截面上既有弯矩又有剪力。如图2-86所示，矩形截面梁任意截面上，剪力 Q 皆与截面对称轴 x 重合。关于横截面上剪应

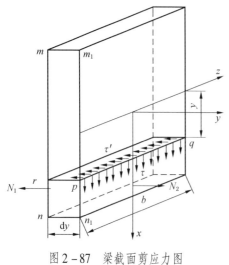

图 2 - 87 梁截面剪应力图

力的分布规律，作如下假设：横截面上各点剪应力的方向都平行于剪力 Q；剪应力沿截面宽度均匀分布。按照这个假设，在距中性轴为 x 的横线 pq 上各点的剪应力都相等，且都平行于 Q。再由剪应力互等定理可知，在由 pq 切出的平行于中性层的 pr 平面上，也必然有与 τ 相等的 τ'，而且沿宽度 b，τ' 也是均匀分布的，如图 2 - 87 所示。

以截面 $m - n$ 和 $m_1 - n_1$ 从图 2 - 86 所示梁中取出长为 $\mathrm{d}y$ 的一段（图 2 - 87），进行受力分析可知，在 y 轴方向，应满足平衡方程 $\sum Y = 0$，即

$$N_2 - N_1 - \mathrm{d}Q' = 0$$

简化后得

$$\tau' = \frac{\mathrm{d}M}{\mathrm{d}y} \cdot \frac{S_{zx}^*}{I_z b}$$

由 $\dfrac{\mathrm{d}M}{\mathrm{d}y} = Q$ 及剪应力互等原理，得

$$\tau = \tau' = \frac{QS_{zx}^*}{I_z b} \tag{2-62}$$

式中 S_{zx}^*——截面上距中性轴为 x 的横线以外部分面积对中性轴的静距，m^3。

当梁截面为环形时，根据材料力学的证明，截面边缘上各点的剪应力与圆周相切。这样，在水平弦 AB 的内外径 4 个端点上与圆周相切的剪应力作用线相交于 x 轴上的某点 p（图 2 - 88）。

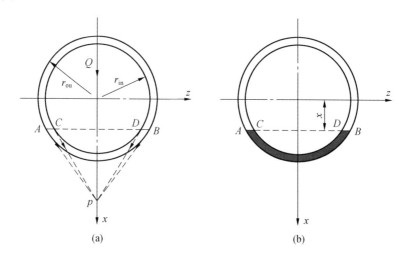

图 2 - 88 环形梁截面剪应力示意图

由此可以假设，AB 弦上各点剪应力的作用线都通过 p 点。如果再假设 AB 弦上各点剪应力的垂直分量 τ_x 是相等的，于是对 τ_x 来说，就与对矩形截面所作的假设完全相同，所以可以用式（2 - 62）来计算。只是当环形梁的壁厚与梁外径相比较小时，可以近似认为梁

受力面的宽度为 2 倍的梁壁厚。因此，环形梁的截面剪应力计算公式为

$$\tau = \frac{QS_{zx}^*}{I_z b_t} \tag{2-63}$$

式中 S_{zx}^*——截面上距中性轴为 x 的横线以外部分面积对中性轴的静距（图 2-88），

这里 $S_{zx}^* = \frac{2}{3}[(r_{ou}^2 - x^2)^{\frac{3}{2}} - (r_{in}^2 - x^2)^{\frac{3}{2}}]$，$m^3$；

  b_t——环形梁壁厚的 2 倍，这里 $b_t = 2[(r_{ou}^2 - x^2)^{\frac{1}{2}} - (r_{in}^2 - x^2)^{\frac{1}{2}}]$，$m$；

  r_{in}、r_{ou}——环形梁内、外径，m。

将式（2-61）变换后获得梁剪力 Q 的表达式并代入式（2-63）得

$$\tau = \frac{QS_{zx}^*}{I_z b_t} = \frac{8A_0 E\pi^3 [(r_{ou}^2 - x^2)^{\frac{3}{2}} - (r_{in}^2 - x^2)^{\frac{3}{2}}]}{3a^3 [(r_{ou}^2 - x^2)^{\frac{1}{2}} - (r_{in}^2 - x^2)^{\frac{1}{2}}]} \cos\left(\frac{2\pi y}{a}\right) \tag{2-64}$$

这即是地面瓦斯抽采钻井在剪切滑移状态下的剪应力分布函数。

因此，地面井套管截面最大剪应力函数为

$$\tau_{max} = \frac{8A_0 E\pi^3 (r_{ou}^2 + r_{ou}r_{in} + r_{in}^2)}{3a^3} \cos\left(\frac{2\pi y}{a}\right) = \frac{8A_0 E\pi^3 (3r_{ou}^2 - 3r_{ou}t_p + t_p^2)}{3a^3} \cos\left(\frac{2\pi y}{a}\right)$$

$$\tag{2-65}$$

式中 A_0——位移函数的振幅，此处指地面井套管发生的最大挠曲位移，m；

  r_{in}、r_{ou}——环形梁内、外径，此处指套管内径和外径，m；

  t_p——套管的壁厚，m。

由式（2-64）并对比图 2-88 可知，在地面井套管的横截面上，剪应力呈抛物线形对称性分布，在套管变形中性面上，剪应力达到最大值；由于岩层移动过程中，地面井最大受力方向即是在钻井套管弯曲变形的方向，因此最大受力方向上的套管边界位置剪应力为零，如图 2-89 所示。

由式（2-65）并结合工程实际可知，地面井套管半径往往远大于套管厚度，不可能达到最小值条件 $t_p = 1.5r_{ou}$，因此当地面井套管外径 r_{ou} 不变，套管壁厚度 t_p 逐渐增大时，套管截面最大剪应力呈逐渐减小的变化趋势，如图 2-90 所示；由于地面井套管厚度一般远小于套管半径，不可能达到最小值条件 $r_{ou} = 0.5t_p$，因此当地面井套管壁厚 t_p 不变，套管外径逐渐增大时，套管截面最大剪应力呈逐渐增大的变化趋势，如图 2-91 所示。同时可知，地面井套管截面剪应力与套管的弹性模量 E 呈正比例关系，如图 2-92 所示。

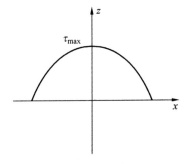

图 2-89　地面井套管截面剪应力分布状态　　图 2-90　钻井套管最大剪应力随套管壁厚的变化规律

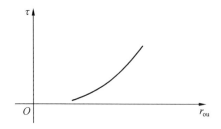 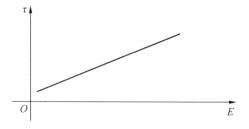

图 2－91　钻井套管最大剪应力　　　　图 2－92　钻井套管最大剪应力
　　　随套管半径的变化规律　　　　　　　随套管弹性模量的变化规律

由式（2－65）可知，随着地面井套管壁厚、内径和管材弹性模量的增大，套管的抗弯刚度增大，从而使得地面井套管的挠曲变形幅度会减小，即式（2－65）中系数 A_0 减小。但是，根据地面井套管型号的一般规律看，其因壁厚、内径和管材弹性模量的变化而导致的套管抗弯刚度的变化并不大。因此，这里可以近似认为系数 A_0 不变，从而获得图 2－90～图 2－92 所示的变化规律。在这种处理方法下获得的地面井套管应力会偏大，从而在一定程度上会增强套管设计的安全系数。

2. 拉伸变形

在地面井拉伸变形中，因岩层离层而产生的地面井套管拉伸变形是最主要的拉伸形式。在离层拉伸的情况下，由于影响离层效果的主要因素是煤层开采工艺和采场覆岩情况，因此可以近似认为套管受到的拉伸作用力是一定值。

因此，设地面井套管受到的拉伸力为 P，套管内外径和壁厚分别为 r_{in}、r_{ou}、t_p，则在离层拉伸作用下套管横截面上的拉伸应力为

$$\sigma_t = \frac{P}{\pi(r_{ou}^2 - r_{in}^2)} = \frac{P}{\pi(2r_{ou} - t_p)t_p} = \frac{P}{\pi(2r_{in} + t_p)t_p} \qquad (2-66)$$

根据胡克定律，离层拉伸条件下地面井套管横截面拉伸应力也可以表示为

$$\sigma_t = E\varepsilon_s = E[\varepsilon(y) + \Delta w/a]$$

式中　　$\varepsilon(y)$——因岩层剪切滑移而发生的套管微观拉伸变形，m/m；

　　　　Δw——套管横截面处岩层的最大离层位移，m。

由材料力学轴向拉伸和梁的横力弯曲力学分析可知，因采场上覆岩层离层拉伸作用产生的拉伸应力可以认为在地面井套管横截面上近似呈均匀分布，这是满足工程精度要求的。

由式（2－66）并结合工程实际可知，由于地面井套管壁厚往往远小于套管外径，达到最小值条件 $t_p = r_{ou}$ 的可能性很小，当套管外径 r_{ou} 不变，套管壁厚 t_p 逐渐增加时，套管截面的拉伸应力往往呈单一的非线性递减趋势，如图 2－93 所示；当套管壁厚 t_p 不变时，套管截面拉伸应力随套管外径的增加而呈非线性递减的趋势，如图 2－94 所示。

3. 数值模拟验证分析

为了验证耦合因素对地面井套管变形的影响效应，构建 100 m×100 m×100 m 的数值模型，在模型顶部施加 300 m 深度上覆岩层自重应力，以模拟 400 m 深的煤层开采；在距离煤层底板 10 m、14 m、18 m、22 m、28 m 位置处分别设置一水平岩层界面；在模型中部构建一岩层、水泥环、套管复合结构的地面井，以模拟采动情况下岩层移动对套管的影响，如图 2－95 所示。

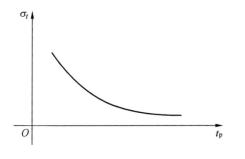

图2-93 套管截面拉伸应力
随套管壁厚的变化规律

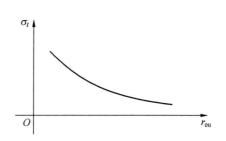

图2-94 套管截面拉伸应力
随套管半径的变化规律

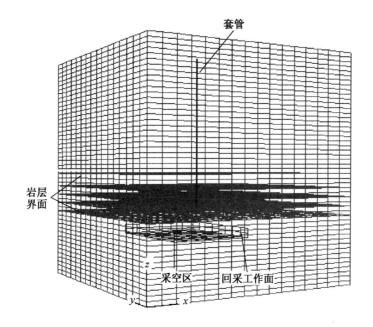

图2-95 三维数值模型

构建的数值模型岩土体、水泥环及套管的物理力学参数见表2-7，岩层界面的物理力学参数见表2-8。

表2-7 各岩层的物理力学参数

名称	体积模量 K/GPa	剪切模量 G/GPa	内摩擦角 φ/(°)	黏聚力 c/MPa	抗拉强度 σ_t/MPa	密度 ρ/(kg·m^{-3})
岩层	6.56	4.66	40	20	5	2500
煤层	3	1.5	30	15	3	1300
水泥环	4.3	2.85	24	9	2.94	2500
套管	147	81.75				

表2-8　节理物理力学参数

节　　理	法向刚度 K_n/MPa	切向刚度 K_s/MPa	内摩擦角 φ/(°)	黏聚力 c/MPa	抗拉强度 σ_t/MPa
1~5号界面	1	1	15	0	0

地面井布置在采场中部，煤层开挖采用一次开挖宽50 m、长37.5 m的开采空间，回采工作面推过地面井位置12.5 m的开挖方式，顶板采用自然沉降方式，由此获得岩层移动影响下地面井套管的应力分布规律；对于不同影响因素的影响效应，采用逐次改变参数值求解运算并进行对比分析的方法。

1）地面井套管截面上的剪应力分布规律

在求解运算稳定后获得地面井套管截面上的剪应力分布如图2-96所示，剪应力关于y轴呈对称分布，在x轴方向上剪应力随x绝对值的增大而逐渐减小，在$x=0$处的套管部位剪应力最大，在x绝对值最大处剪应力最小，这与理论分析获得的图2-89所描述的分布规律是基本一致的。

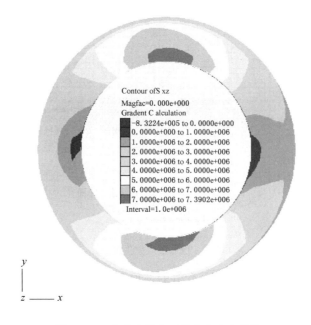

图2-96　钻井套管截面剪应力分布规律

为了获得地面井套管各参数对套管截面剪应力的影响规律，现分别对不同参数条件下的数值模型进行运算求解，以获得套管截面最大剪应力随参数的变化规律。

（1）套管壁厚的影响效应验证分析。在保持数值模型整体模拟条件一定的情况下，逐渐增大地面井套管的套管壁厚，并分别求解进行模拟运算，获得距离煤层底板28 m高度处岩层界面位置套管横截面最大剪应力随套管壁厚的变化规律，如图2-97所示。在地面井工程实践允许的取值范围内，随套管壁厚的逐渐增大，其横截面最大剪应力呈现逐渐减小的变化规律，这与图2-90理论模型分析获得的结果是基本一致的。

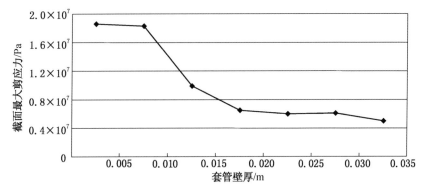

图 2-97　钻井套管横截面最大剪应力随套管壁厚的变化规律

（2）套管外径的影响效应验证分析。在保持数值模型模拟条件及套管壁厚等条件不变的情况下，逐渐增大套管直径，并分别求解进行模拟运算，获得距离煤层底板 28 m 高度处岩层界面位置套管横截面最大剪应力随套管外径的变化规律，如图 2-98 所示。在地面井工程实践允许的取值范围内，套管横截面最大剪应力的变化规律与图 2-91 理论模型所描述的规律在整体趋势上是一致的。

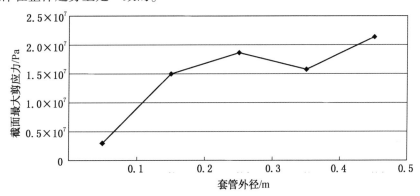

图 2-98　钻井套管横截面最大剪应力随套管外径的变化规律

（3）套管弹性模量的影响效应验证分析。在保持数值模型模拟条件及套管壁厚、直径等条件不变的情况下，逐渐增大套管弹性模量，并分别求解进行模拟运算，获得距离煤层底板 28 m 高度处岩层界面位置套管横截面最大剪应力随套管弹性模量的变化规律，如图 2-99 所示。在地面井工程实践允许的取值范围内，套管横截面最大剪应力的变化规律与图 2-92 理论模型所描述的规律是比较一致的。

综上所述，通过理论分析获得的地面井套管横截面剪应力的本构模型所描述的套管壁厚、直径及弹性模量等参数对套管横截面剪应力的影响规律与数值模型模拟分析获得的验证结果是基本一致的，因而也证明了理论模型在描述钻井套管横截面剪应力规律上是可行的。

2）地面井套管截面上的拉伸应力分布规律

在求解运算稳定后获得地面井套管横截面上的拉伸应力分布如图 2-100 所示，拉伸应力在套管同一横截面上基本上是均匀分布的，这与理论分析过程中所作的假设条件是基本一致的。

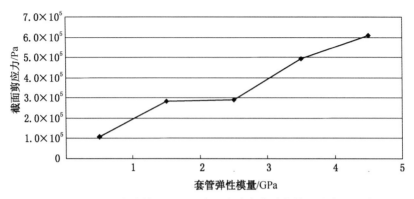

图 2 - 99　钻井套管横截面最大剪应力随套管弹性模量的变化规律

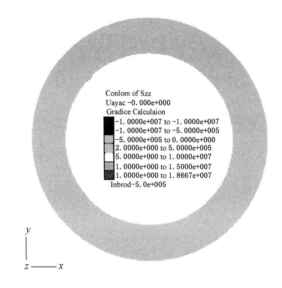

图 2 - 100　钻井套管横截面拉伸应力分布规律

（1）套管壁厚的影响效应验证分析。在保持数值模型模拟条件不变的情况下逐渐增大套管壁厚，并分别求解进行模拟运算，获得距离煤层底板 28 m 高度处岩层界面位置地面井套管横截面拉伸应力随套管壁厚的变化规律，如图 2 - 101 所示。在地面井工程实践允许的取值范围内，套管横截面拉伸应力的变化规律与图 2 - 93 理论模型所描述的规律是比较一致的。

（2）套管外径的影响效应验证分析。在保持数值模型模拟条件及套管壁厚等条件不变的情况下，逐渐增大套管直径，并分别求解进行模拟运算，获得距离煤层底板 28 m 高度处岩层界面位置地面井套管横截面拉伸应力随套管外径的变化规律，如图 2 - 102 所示。在地面井工程实践允许的取值范围内，套管横截面拉伸应力的变化规律与图 2 - 94 理论模型所描述的规律与变化趋势是基本一致的。

综上所述，通过理论分析获得的地面井套管横截面拉伸应力的本构模型所描述的套管壁厚、直径等参数对套管横截面拉伸应力的影响规律与数值模型模拟分析获得的验证结果是基本一致的，因而也证明了用理论模型来描述钻井套管横截面拉伸应力规律是可行的。

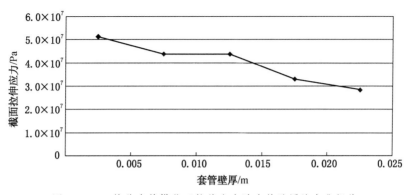

图 2-101 钻井套管横截面拉伸应力随套管壁厚的变化规律

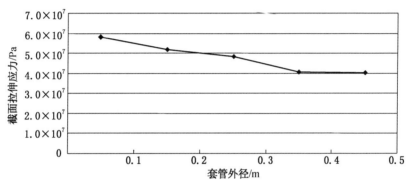

图 2-102 钻井套管横截面拉伸应力随套管外径的变化规律

2.2.1.2 固井水泥环的影响效应分析

采动影响下，施工于地层中的地面井套管与岩层及水泥环的相互作用力学模型如图 2-103所示，三区域作用模型如图 2-104 所示。在这里用指标 c 表示属于套管的量，如弹

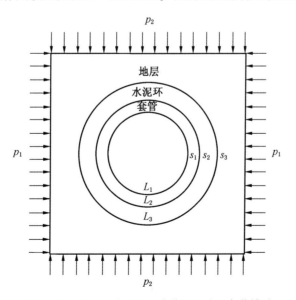

图 2-103 地层、水泥环、套管综合作用力学模型

性常数 E_c、ν_c，内外半径比 $m_c = \dfrac{a_0}{a_w}$；用下标 s 表示属于地层的量，如弹性常数 E_s、ν_s，内外

半径比 $m_s = \dfrac{a_a}{b}$；未注明下标的量是属于水泥环的量，如弹性常数 E、ν，内外半径比 $m = \dfrac{a_w}{a_1}$。

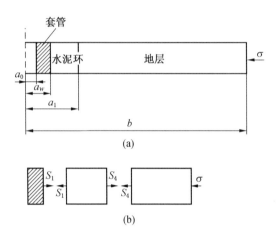

图 2 - 104　地层、水泥环、套管三区域作用模型

在石油钻井工程领域，钻井套管的外力计算方面已经拥有了非常丰富的研究成果。假设：地层、水泥环、套管均为各向同性的弹性材料；地层、水泥环、套管紧密接触，没有相对滑动。

由文献［25］的研究成果可知，在均布地应力条件下，水泥环对钻井套管的作用力为

$$S_1 = \cfrac{-2(1 - \nu_s)\sigma}{\dfrac{k_s}{mk_c}\left[\dfrac{(1 + \nu_s)E}{(1 + \nu)E_s}\dfrac{(1 - m^2)}{2(1 - \nu)} + \dfrac{(1 - 2\nu) + m^2}{2(1 - \nu)}\right] + \left[(1 - 2\nu)\dfrac{(1 + \nu)E_s}{(1 + \nu_s)E}\dfrac{(1 - m^2)}{2(1 - \nu)} + \dfrac{(1 - 2\nu)m^2 + 1}{2(1 - \nu)}\right]}$$

$$(2 - 67)$$

式中　k_c——套管刚度，$k_c = \dfrac{(1 - m_c^2)E_c}{\left[(1 - 2\nu_c) + m_c^2\right](1 + \nu_c)a_w}$，N/m；

k_s——地层刚度，$k_s = \dfrac{E_s}{(1 + \nu_s)a_1}$，N/m；

σ——均布地应力，有 $\sigma = p_1 = p_2$，Pa。

引入水泥环和地层的材料差异系数：

$$\xi^* = \dfrac{(1 + \nu_s)E}{(1 + \nu)E_s} - 1 \qquad\qquad (2 - 68)$$

ξ^*——材料差异系数。

将式（2 - 68）代入式（2 - 67）并引用记号：

$$\psi = \dfrac{(1 - m^2)}{2(1 - \nu)}\left(\dfrac{k_s}{mk_c} - \dfrac{1 - 2\nu}{1 + \xi}\right)\xi^* \qquad\qquad (2 - 69)$$

ψ——增益项。

可得

$$S_1 = \frac{-2(1-\nu_s)\sigma}{1 + \dfrac{k_s}{mk_c} + \psi} \qquad (2-70)$$

由式（2-67）可知，式（2-70）分母第二项力学含义为地层刚度与套管刚度之比，简称刚度比，记为 λ'。

式（2-68）定义的材料差异系数反映了水泥材料和地层材料弹性性质的差异程度，也即 E、ν 和 E_s、ν_s 的差异程度。如果 $E=E_s$、$\nu=\nu_s$，则 $\xi^*=0$，此时地层材料和水泥环材料无差异。实际上，地层与水泥环的泊松比相差不大，差异主要表现在弹性模量上。如果水泥环的弹性模量 E 大于地层的弹性模量 E_s，则 $\xi^*>0$；相反，如果水泥环的弹性模量 E 小于地层的弹性模量 E_s，则 $\xi^*<0$。

由式（2-69）定义的 ψ 可称为增益项。这是因为它的大小给出了水泥环对套管压力 S_1 的影响。当 $\psi=0$ 时，钻井套管受到的外力为无水泥环情况下的外力；当 $\psi>0$ 时，水泥环的存在使原来的套管压力降低了，这种情况称为正增益；当 $\psi<0$ 时，水泥环的存在使原来的套管压力增大了，这种情况称为负增益。因此，水泥环的存在可使套管压力降低，也可使之增大，这主要看增益项是正值还是负值。

水泥环与地层材料弹性性质完全相同时，差异系数 $\xi^*=0$；水泥环厚度很小时，$(1-m^2)\approx0$。在这两种情况下，增益项 $\psi=0$。因此，水泥环与地层材料的弹性常数相差不大或水泥环较薄时，增益项很小，可以不考虑水泥环对钻井套管压力的影响。在材料差异系数较大或水泥环厚度不是很小的情况下，水泥环的存在对钻井套管压力的影响主要反映在增益项 ψ 上。从式（2-69）可以看出，ψ 的大小与水泥环厚度［体现在因子 $(1-m^2)$ 上］、刚度比 $\lambda'=k_s/mk_c$ 和差异系数 ξ^* 有关。由于 $(1-m^2)$ 总是大于零，正增益（$\psi>0$）还是负增益（$\psi<0$）主要决定于刚度比的大小以及差异系数的大小和符号。刚度比的大小与地层弹性模量 E_s 和套管弹性模量 E_c 相对大小有关；差异系数与水泥环弹性模量 E 和地层弹性模量 E_s 相对大小有关。因此，增益项的大小和正负取决于 E、E_c、E_s 三者的相互关系（泊松比的差异很小，其影响可以忽略不计）。

如图 2-105 所示，图中曲线均通过原点 O，在 $\xi^*\rightarrow-1$ 和 $\xi^*\rightarrow\infty$ 时，分别有渐进线 $\xi^*=0$ 和 $\psi=\lambda'\xi^*$。刚度比 $\lambda'>1-2\nu$ 时，对于正的材料差异系数，有 $\psi>0$，而且增益项

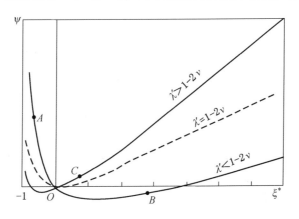

图 2-105 以刚度比 λ' 为参数的 $\psi-\xi^*$ 曲线

ψ 随 ξ^* 的增大而增大。但是对负的差异系数 ξ^*，在一定范围内有 $\psi < 0$，即为负增益。$\lambda' < 1 - 2\nu$ 时，正的差异参数却产生负增益；仅在很大的 ξ^* 值之后才又开始为正增益。因此，地层与套管刚度比的大小对水泥环对钻井套管压力的大小起重要作用。

在非均布地应力作用条件下 $(p_1 \neq p_2)$，可以转化为等效应力条件，借助"等效载荷"的概念，运用式（2-70）求解，如图 2-106 所示。

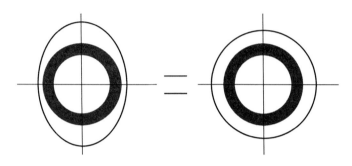

图 2-106　"等效破坏载荷"的概念示意图

均布载荷作用下，载荷图形半径为 r_σ，圆的面积 S_1 为

$$S_1 = \pi r_\sigma^2$$

非均布载荷的图形为一长轴为 r_a'、短轴为 r_b' 的椭圆，椭圆面积 S_2 为

$$S_2 = \pi r_a' r_b'$$

可以认为作用在水泥环上的各种外加载荷的图形面积相等的话，套管就会表现出相同的变形特性。显然"等效破坏载荷"的概念应该是：套管变形的多少，取决于各种外加载荷的图形面积的大小。由此可定义"等效破坏载荷" p_c 为

$$p_c = \sqrt{\frac{S_2}{\pi}} = \sqrt{r_a' r_b'} \tag{2-71}$$

式中　r_a'、r_b'——非均布应力条件下的最大和最小主应力，即 $r_a' = p_1$，$r_b' = p_2$，Pa。

因此，将式（2-71）中的等效应力 p_c 代替式（2-70）中的 σ，得非均布应力作用下水泥环对钻井套管的作用力表达式为

$$S_1 = \frac{-2(1-\nu_s)p_c}{1 + \dfrac{k_s}{mk_c} + \psi} = \frac{-2(1-\nu_s)\sqrt{p_1 p_2}}{1 + \dfrac{k_s}{mk_c} + \psi}$$

即非均布应力作用下水泥环对钻井套管的作用力是由最大主应力与最小主应力乘积的平方根决定的，其变化规律及临界条件的判别与均布应力条件下的情况是相同。

同理，地面井水泥环外侧所受压力为

$$\frac{S_4}{S_1} = m^2 \left[\frac{1-2\nu}{2(1-\nu)} - \frac{E}{E_c} \frac{(1+\nu_c)(1-2\nu_c+m_c^2)}{2(1-\nu^2)(1-m_c^2)} \right] + \left[\frac{1}{2(1-\nu)} + \frac{E}{E_c} \frac{(1+\nu_c)(1-2\nu_c+m_c^2)}{2(1-\nu^2)(1-m_c^2)} \right]$$

由于式中 E/E_c 是一个很小的数，m^2 系数为正，S_4/S_1 是 m 的单调上升函数。而当 $m=1$（即水泥环厚度为零）时，有最大值 $S_4/S_1 = 1$，因此总有 $S_4 \leqslant S_1$，即地面井套管所承受的径向压力总是大于水泥环承受的径向压力。

2.2.1.3　钻井壁岩土体性质的影响效应分析

由地面井的施工工艺可知，地面钻机在采场上覆岩层的原始地层中施工完成裸眼钻井

后，将根据钻井结构的设计安排逐次安设套管并进行水泥灌浆固井。地面井的这一施工工艺决定了地面井岩壁的塑性区发展规律：在地面井裸眼施工完成到灌浆固井这一过程中，钻井附近的原岩应力受到扰动将进行应力重分布，受原岩应力和钻井卸压的影响，钻井附近在进行应力调整过程中将逐渐发生弹性变形、塑性变形，并进一步产生塑性位移，该塑性位移的产生使得钻井周围的岩层中产生了一定范围的松动圈，岩层的可压缩性增强，也为地面井套管在岩层移动影响下的变形产生了一定的缓冲空间。

1. 塑性区的影响效应

由于塑性区内塑性变形、塑性位移较大，在地面井套管抗力作用下，塑性区的产生会对套管变形产生一定的缓解效应。

2. 塑性区的分布范围

地面井施工完成后，在井壁周围形成一定的应力释放圈。受岩层移动影响，套管抗力随变形的增大逐渐增强，从而使得井壁应力释放圈的部分区域释放效应较小，塑性影响范围减小。由于回采过程中套管某一位置主挠度方向是不断变化的，塑性区的分布也受这一变化的影响而不断变化。由于套管主挠度方向套管抗力最大，相对应的区域应力减小也最大，从而导致地面井围岩塑性松动圈的减小也是最大的。因此，最终的塑性圈应该是一个套管周围的偏心圆形分布形式，如图 2 – 107 所示。

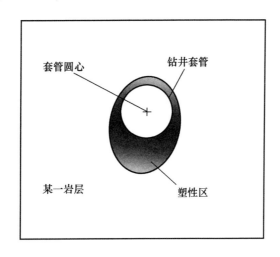

图 2 – 107　钻井套管周围岩体塑性圈分布形式

3. 塑性区的影响因素

由地面井套管在岩层移动过程中的变形破坏过程可知，地面井套管的变形破坏可视为地面井围岩的应力释放与套管抗力的逐步增强并趋向平衡稳定（或者极限破坏）的过程，可以用图 2 – 108 所示的隧道围岩的柔性支护过程来表示。图中曲线①为岩层移动和岩层钻孔应力释放作用下地面井岩壁的应力 – 位移曲线，曲线②、③、④为不同型号地面井套管在岩壁影响下发生弹塑性变形且抗力逐渐增强的过程。从图中可以看出，自地面井施工完成开始，在岩层移动和岩层钻孔应力释放作用下井壁径向塑性位移逐渐增大，同时伴随地面井套管变形的逐渐增强套管抗力也逐渐增强，直至达到塑性失稳破坏（如曲线④）或者达到应力平衡（如曲线②A 点和曲线③B 点）。

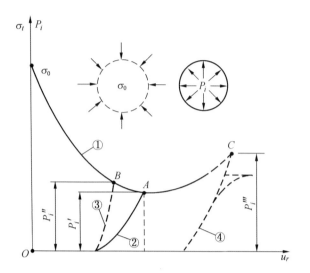

图 2 – 108　隧道柔性支护的"收敛 – 约束法"原理图

在这一动态过程中，岩壁塑性区的产生对于整个应力的平衡时间和套管最后的变形量具有重要影响，这可以通过轴对称圆形孔洞的弹塑性分析来获得。

设地面井穿越的采场任一单一岩层为均质、各向同性、理想弹塑性体，原岩应力各向等压，则井壁岩土体性质的影响效应可以通过轴对称圆巷的弹塑性力学分析来进行，如图 2 – 109 所示。

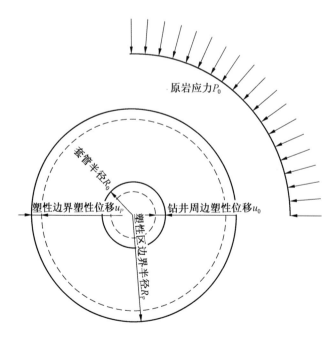

图 2 – 109　钻井岩壁塑性体积位移示意图

由卡斯特纳（H. Kastner, 1951）方程可知，地面井周边的塑性区半径可以表示为

$$R_P = R_0 \left[\frac{(P_0 + c\cot\varphi)(1 - \sin\varphi)}{(P_1 + c\cot\varphi)} \right]^{\frac{1 - \sin\varphi}{2\sin\varphi}} \tag{2-72}$$

式中　R_P——塑性区半径，m；

　　　R_0——地面井外径，m；

　　　P_0——原岩应力，Pa；

　　　P_1——套管变形中对钻井壁的反力，Pa。

根据塑性区体积不变假设（图 2 – 109），可以得到井壁周边的位移公式：

$$u_0 = \frac{\sin\varphi}{2KR_0}(P_0 + c\cot\varphi)R_P^2 \tag{2-73}$$

式中　K——体积模量，$K = \dfrac{E}{2(1-\mu)}$，Pa；

　　　μ——泊松比。

由式（2 – 72）、式（2 – 73）可知，塑性区半径 R_P 与地面井直径 R_0 成正比关系，与原岩应力 P_0 成正比关系，与岩石力学参数 c、φ 和套管反力 P_1 成反比关系；井壁周边位移与岩石弹性模量 E 成反比关系，与岩石泊松比、原岩应力 P_0 成正比关系。

因此，地面井岩壁塑性圈的缓解作用主要与岩性和地应力有关，岩层硬度越高，塑性缓解作用越小，地应力越高、岩层泊松比越大，塑性缓解作用越强，但这一减缓过程是伴随煤层回采工作面的推进动态变化的。

4. 数值分析验证

对图 2 – 95 所示数值模型中距离煤层底板 16 m 位置处的地面井套管围岩塑性区的最终分布范围进行分析，可得图 2 – 110 所示地面井岩壁塑性区分布。从图中可以看出，塑性区的最终分布与图 2 – 107 理论分析获得的分布区域是相似的，从而也证明了理论分析的正确性。

考虑地面井岩壁岩性对钻井变形破坏过程中岩壁塑性圈分布范围的影响效应，将距离煤层底板 14 ~ 18 m 范围内岩层的弹性模量分别设定为 10 GPa、5 GPa、1 GPa、0.8 GPa，数值模型其他参量和物理力学条件保持不变，分别进行模拟运算。数值求解运算后距离煤层底板 15 m 高度处地面井岩壁塑性圈的分布如图 2 – 111 所示。从图中可以看出，随着岩层弹性模量逐渐减小，同一位置处岩壁的塑性圈逐渐增大，这与式（2 – 72）和式（2 – 73）的理论分析结果是一致的，从而也证明了前述理论分析成果的正确。

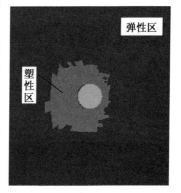

图 2 – 110　地面井岩壁
塑性区分布

2.2.1.4　采动活跃区地面井井型结构优化设计基本方法

煤矿采动区地面井破坏的根本原因在于地面井在岩层移动影响下的迅速切断、拉断、堵塞破坏，造成地面井失去抽采工作面及后续采空区瓦斯的功能，无法有效缓解回采工作面瓦斯超限的压力。因此，进行煤矿采动区地面井井型结构优化的根本目的是保证地面井在采动影响下的贯通，进而提高抽采效果。

从采动区地面井变形破坏模型可以发现，岩层移动的剪切滑移位移量、离层拉伸位移

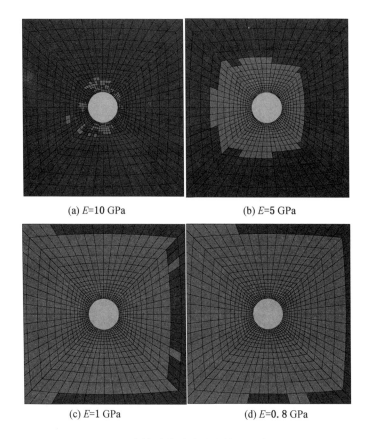

(a) E=10 GPa　　　　　　　　(b) E=5 GPa

(c) E=1 GPa　　　　　　　　(d) E=0. 8 GPa

图 2 - 111　岩性对钻井岩壁塑性区分布的影响

量是岩层运动对地面井产生影响的关键参量。因此，地面井的结构优化应在满足工程成本要求的基础上适度增大地面井各级井段的钻井直径，使得各分级段的钻井直径在岩层移动量发生后仍能够保证钻井的有效通径大于"0"。同时，应采取适用的固井技术提高地面井的有效通径，增强地面井的抗拉剪能力。

　　另外，由于瓦斯总体密度略小于空气，回采空间内的瓦斯总体上会有向采场上方运移的趋势；而采动影响下的地面井卸压抽采充分利用了采动裂隙场的导流通道作用，为了保证有更好的抽采效果，需要使采动裂隙场更多的位于地面井的生产套管段（导流筛孔套管）。

　　由基于具体采场岩层组合划分规律的采场"竖三带"分布范围计算模型可以较准确地获得不同应用矿区的采动裂隙场高度，进而在地面井井型设计中应优先保证生产套管段穿越整个裂隙场发育区。采场"竖三带"高度分布范围的计算采用经验计算与岩层组合划分综合判断的方法，"竖三带"高度分布范围的经验计算方法如下。

　　1. 垮落带

$$H_{垮} = \frac{m' - \Delta m'}{(K' - 1)\cos\alpha} \tag{2-74}$$

式中　$H_{垮}$——垮落带高度，m；

　　　　$\Delta m'$——垮落前覆岩下沉量，m；

m'——采高，m；

K'——垮落岩块的碎胀系数。

2. 裂隙带

依据《矿区水文地质工程地质勘探规范》（GB 12719—1991），当覆岩为中硬岩层条件，其导水裂隙带高度的计算公式为

$$H_{裂} = \frac{100 \times m'}{3.3 n_0 + 3.8} + 5.1 \qquad (2-75)$$

式中　$H_{裂}$——导水裂隙带高度（包括垮落带高度），m；

　　　n_0——煤分层层数，取1。

3. 弯曲下沉带

根据弯曲下沉带的定义，弯曲下沉带为裂隙带顶界到地表形成连续和整体性移动的岩层。

通过前述计算获得"竖三带"分布经验计算值后，通过计算采场上覆岩层的岩层组合分布，分别以垮落带和裂隙带高度附近的两岩层组合界面高度为计算矿区实际的垮落带高度和裂隙带高度。

因此，采动活跃区地面井井型结构优化设计可以用图2-112表示。

图2-112　采动活跃区地面井井型结构优化设计程序

2.2.2　典型井型结构及其应用优选

经过近10年的研究、实验与应用矿区试验，采动区地面井已经形成了较适用的典型井型结构，图2-113所示为晋城矿区单一开采煤层条件下的典型井型结构。

第一种井型结构——全井固井、自重完井：此种井型结构应用于成庄矿和寺河矿，其中在成庄矿2318工作面的CD-01井、4308工作面的CD-02井和4306工作面的CD-03井三口地面井一开直径311 mm、二开直径244.5 mm、三开直径146 mm，二开套管外径

177.8 mm、壁厚 8 mm；在寺河矿 3303 工作面施工的 CD - 04 地面井一开直径 425 mm、二开直径 311 mm、三开直径 216 mm，套管外径 244.5 mm、壁厚 8 mm。实际应用过程中此四口井均在工作面推过钻井 10 ~ 30 m 后迅速发生破坏，井身结构不稳定。

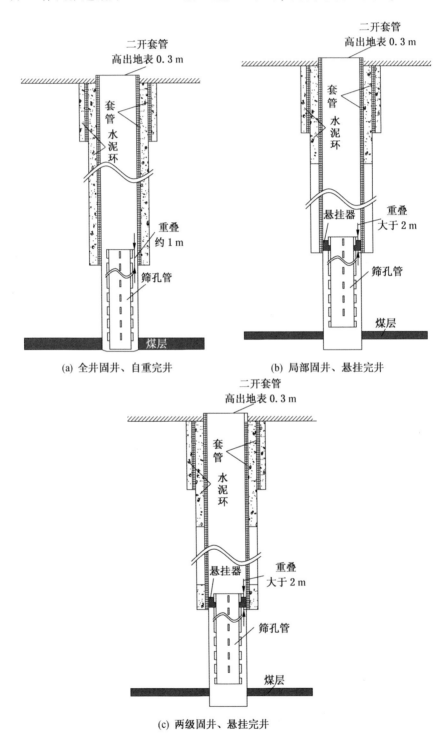

(a) 全井固井、自重完井   (b) 局部固井、悬挂完井

(c) 两级固井、悬挂完井

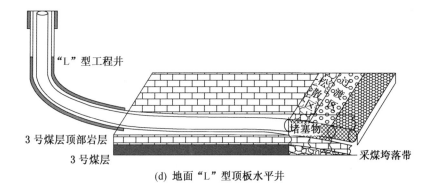

(d) 地面"L"型顶板水平井

图 2 - 113 四种典型地面井井型结构

第二种井型结构——局部固井、悬挂完井：此种井型结构应用于成庄矿 5310 工作面和寺河矿 4303 工作面、W2301 工作面。综合运用前述建立的地面井综合变形破坏模型和岩层剪切滑移、离层拉伸位移计算方法，计算获得该三个工作面地面井施工位置处弯曲下沉带各覆岩岩层界面位置的岩层层间剪切滑移位移为 11 ~ 272 mm，各离层位置的离层拉伸位移为 9 ~ 280 mm。因此，三个工作面共 9 口地面井井型结构采用了一开直径 483 mm、二开直径 311 mm、三开直径 200 mm 的钻井尺寸，地面井套管均采用了 10 mm 厚标准 API 管材。寺河矿 4303 工作面的 2012ZX - SHCD - 01 井、2012ZX - SHCD - 02 井、2013ZX - SHCD - 05 井和 W2301 工作面的 2013ZX - SHCD - 06 井、2013ZX - SHCD - 07 井以及成庄矿 5310 工作面的 2012ZX - CZCD - 01 等井均连续抽采至回采工作面后方 800 m 以远，钻井保持畅通，抽采瓦斯最高浓度达 86%，日抽采量最高 10000 m³ 以上。

第三种井型结构——两级固井、悬挂完井：此种井型结构应用于成庄矿 4311 工作面的 2012ZX - CZCD - 03 井和 4318 工作面的 2013ZX - CZCD - 04 井。该结构中的两级固井模式更适用于采动区钻井施工过程中保障套管稳定性和钻井安全的需求。4318 工作面的 2013ZX - CZCD - 04 井连续抽采至回采工作面后方 700 m 以远，抽采效果良好，最高达 11000 m³/d。

第四种井型结构——地面"L"型顶板水平井：此种井型结构主要针对地形起伏较大、施工场地选择困难的地表条件设计，煤层顶板近 1000 m 的水平段施工在裂隙带内，能够长时间抽采工作面和采空区涌出瓦斯。该井型结构应用于寺河矿 3313 工作面的 2014ZX - SHCDL - 01 井，该井抽采瓦斯浓度高达 93%、平均 80%，抽采瓦斯纯量高达 3.11 × 10⁴ m³/d、平均 2.5 × 10⁴ m³/d，累计抽采量在 160 × 10⁴ m³ 以上，在连续抽采大量优质瓦斯的同时也有效缓解了 3313 工作面的瓦斯治理压力。

在四种井型结构中，第二种和第三种井型结构中的悬挂完井设计更易于覆岩渗水、泥沙下沉，保障采动区地面井生产套管段透气筛孔的畅通，提高抽采效果；同时，避免了煤层回采过程中的采煤机碰撞、切割套管穿煤段的风险，促进了煤与瓦斯的协调共采。第四种井型结构对于大起伏崎岖地表条件和单井长时抽采具有良好效果。

2.3 采动活跃区地面井高危破坏位置判识及安全防护

2.3.1 地面井高危破坏位置判识的极限分析方法

地面瓦斯抽采工程中，地面井套管受到岩层层间剪切和离层拉伸等作用发生结构变形，在地面抽采系统抽采能力允许的条件下，地面井套管是允许一定量的变形的。但套管的破裂将使得井壁的煤、泥、水等混合物或者煤岩碎块进入钻井套管内，造成地面井完全堵塞，从而使得地面井丧失抽采功能。因此，判断地面井在岩层剪切、拉伸等不同采场覆岩运动形式下的破裂破坏的方式，对地面井套管的安全程度进行可靠评估，将是进行地面井工程设计、套管选型的重要依据。

2.3.1.1 极限分析方法的定义

极限分析方法是通过改变结构体既有物理力学参量，从而降低（或增强）结构体的力学承载能力，使得结构体在工程环境中达到力学的临界平衡状态，以对结构体的安全性进行量化评估的方法。通常极限分析方法借助安全系数对结构体的安全性进行评估。

安全系数是工程结构设计方法中用以反映结构安全程度的系数。安全系数的确定需要考虑载荷、材料的力学性能、计算模式和施工质量等各种不定性因素，还需工程的经济效益及结构破坏可能产生的后果，如生命财产和社会影响等因素。岩土工程设计中常采用强度储备安全系数和超载储备安全系数，即计算的极限载荷与实际载荷之比或计算的极限承载力与实际承载力之比。

1. 强度储备安全系数 F_{s1}

采场某一滑移面上岩土抗剪强度指标按同一比例降低为 c/F_{s1} 和 $\tan\varphi/F_{s1}$，则岩体将沿着此滑移面处达到极限平衡状态，即有

$$\tau = c' + \sigma\tan\varphi' \tag{2-76}$$

式中　c'、$\tan\varphi'$——等效系数，$c' = \dfrac{c}{F_{s1}}, \tan\varphi' = \dfrac{\tan\varphi}{F_{s1}}$。

上述定义完全符合滑移面上抗滑力与滑动力相等为极限平衡法的概念，即

$$F_{s1} = \frac{\int_0^l (c + \sigma\tan\varphi)\,\mathrm{d}l}{\int_0^l \tau\,\mathrm{d}l} \tag{2-77}$$

式中　$\mathrm{d}l$——滑移面单位长度；

　　　F_{s1}——强度储备安全系数。

将式（2-77）两边同除以 F_{s1}，则变为

$$1 = \frac{\int_0^l \left(\dfrac{c}{F_{s1}} + \sigma\dfrac{\tan\varphi}{F_{s1}}\right)\mathrm{d}l}{\int_0^l \tau\,\mathrm{d}l} = \frac{\int_0^l (c' + \sigma\tan\varphi')\,\mathrm{d}l}{\int_0^l \tau\,\mathrm{d}l}$$

该式左边为1，表明当强度折减 F_{s1} 后，采场达到极限平衡状态。

2. 超载储备安全系数 F_{s2}

超载储备安全系数是将载荷（主要是自重）增大 F_{s2} 倍后，岩体达到极限平衡状态，按此定义有

$$1 = \frac{\int_0^l (c + F_{s2}\sigma\tan\varphi)\,\mathrm{d}l}{F_{s2}\int_0^l \tau\,\mathrm{d}l} \tag{2-78}$$

式中　F_{s2}——超载储备安全系数。

该式表明当载荷增大 F_{s2} 倍后，采场达到极限平衡状态。

2.3.1.2　地面井变形破坏安全系数的解析计算方法

1. 地面井变形破坏安全系数

基于极限分析理念，设钻井套管材料的极限承载剪应力为 τ_{lim}、套管在岩层移动过程中的实际剪应力为 τ_{in}，则地面井套管剪切破坏安全系数为

$$f_s = \frac{\tau_{lim}}{\tau_{in}} \qquad (2-79)$$

将钻井套管截面最大剪应力函数式（2-65）代入上式得

$$f_s = \frac{\tau_{lim}}{\tau_{in}} = \frac{3a^3 \tau_{lim}}{8AE\pi^3 (3r_{ou}^2 - 3r_{ou}t_p + t_p^2) \cos\left(\frac{2\pi y}{a}\right)} \qquad (2-80)$$

设钻井套管材料的极限承载拉伸应力为 σ_{t-lim}、套管在岩层移动过程中的实际拉伸应力为 σ_{t-in}，则地面井套管拉伸破坏安全系数为

$$f_t = \frac{\sigma_{t-lim}}{\sigma_{t-in}} \qquad (2-81)$$

将钻井套管最大拉伸应力函数式（2-66）代入上式得

$$f_t = \frac{\sigma_{t-lim}}{\sigma_{t-in}} = \frac{\pi t_p (2r_{ou} - t_p) \sigma_{t-lim}}{p}$$

地面井的变形破坏判识可以采用解析计算分析 + 数值模拟分析的综合分析方法。

2. 安全系数的解析计算方法

对于破坏位置的判断，可以根据组合岩层划分理论计算获得采场上覆岩层中关键层位置和组合岩层的划分规律，进而对具有高危险性的关键层下岩层界面和组合岩层内的厚层岩层下的界面进行剪应力和拉伸应力的重点测算。

由于地面井套管内的剪应力呈对称分布，因此其最大剪应力将在两个套管位置同时达到，同时式（2-79）是以套管外径最大剪应力为计算标准，而由图 2-114 套管截面剪应力的分布规律可以看到：在两个最大剪应力计算点的连线上（A→D），套管内壁的剪应力高于外壁的剪应力，当剪切安全系数或套管截面最大剪应力计算点达到套管剪切极限时，由套管内壁向套管外壁的 B→A 和 C→D 线上各点均已经达到剪切极限，考虑到套管弹塑性材料的特点，当由式（2-80）根据最大剪应力计算获得的剪切安全系数小于 1 时，可以初步认为套管将发生剪切破坏。

同理，由于地面井套管拉伸应力在横截面上近似呈均匀分布（图 2-115），当由式（2-81）根据拉伸应力计算获得的拉伸安全系数小于 1 时，可以初步判定套管将发生拉伸破坏。

因此，地面井套管解析法安全系数计算判识方法可以归纳为：地面井套管剪切安全系数或拉伸安全系数小于阈值"1"时，套管发生破坏，安全系数的量值分别由式（2-79）和式（2-81）计算。

3. 安全系数的数值计算方法

地面井套管的变形破坏是施工于采场上覆岩层中的套管受采动影响下岩层的沉降、剪切、拉伸、挤压等多种形式变形作用并达到一定变形阶段后发生的破坏，其破坏规律不仅受煤层回采开挖分步的影响，还受岩壁与套管相互作用的影响。

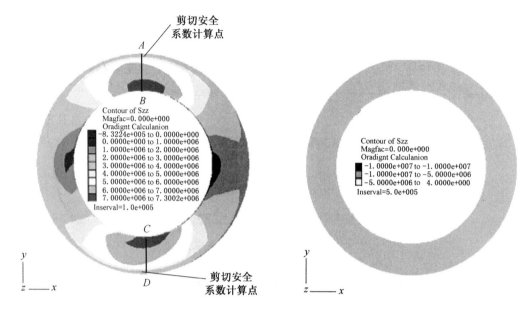

图2-114　钻井套管截面剪应力分布规律　　图2-115　钻井套管截面拉伸应力分布规律

同时，地面井套管安全系数解析计算方法的判断仅仅限于套管的弹性极限变形阶段，对于弹塑性套管材料在塑性变形阶段的应力、应变无法考虑。而通过三维数值分析可知：在煤层回采过程中，地面井套管危险部位的应力、应变是逐渐发展的，是随着回采工作面的推进，由最先破坏位置逐渐发展到最终状态，并且当最先破坏位置的应力、应变达到一定值后，整个套管截面的应力、应变分布迅速变化到最终状态。由于地面井套管的破坏是随着套管应力、应变变化的一个弹塑性过程，因此可以借助数值分析的技术手段对套管不同位置截面处的安全系数进行强度折减法直接求解分析，获得地面井套管安全性评估结果，从而结合解析方法的计算结果进行综合判断。

地面井套管强度折减安全系数求解方法为：①构建地面井工程的数值模型；②进行工程的全真数值模拟分析，使得模拟的地表沉陷达到矿区实测（或预测）沉降位移值；③进行地面井套管力学参数等效黏聚力或抗拉强度的等比例系数折减，并分别进行数值分析，直至考察的套管截面处于剪切或拉伸极限平衡状态；④运用强度折减求解获得的套管拉、剪安全系数进行地面井安全性综合评估。

因此，运用 FLAC3D 软件建立了数值分析验证模型，如图2-116所示。为了模拟套管的弹塑性变化规律，将套管采用实体建模方法构建（图2-117）并采用分步开挖煤层的方法进行模拟（图2-118）。为了便于分析套管的破坏过程，该模型对地面井尺寸进行了扩大，使得井径尺寸为2 m，套管壁厚为1 m。

套管力学参数根据 API 套管中 N80 型套管的力学参数来模拟套管材料，见表2-9，并对 D-P 准则的参数体系进行改变，使其等效于 Misess 准则。

对套管材料的等效黏聚力系数进行强度折减计算后，获得了本模型模拟条件下折减系数为35.2时的剪切极限数值分析结果。

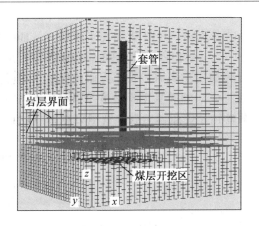

图 2 – 116 三维数值分析验证模型

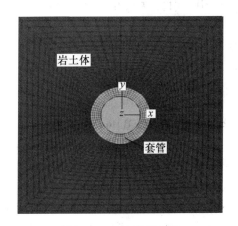

图 2 – 117 套管模型图

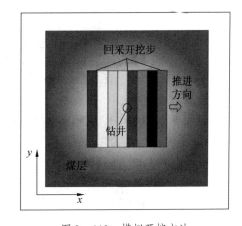

图 2 – 118 模拟开挖方法

表 2 – 9 套管材料的物理力学参数

岩层	体积模量 K/GPa	剪切模量 G/GPa	抗拉强度 σ_t/MPa	密度 ρ/(kg·m⁻³)
套管	147	81.75	689	7850

图 2 – 119 和图 2 – 120 分别为距离煤层顶板 14 m 高度处 2 号岩层界面位置上的界面法向应力和剪切应力分布云图，从中可以看到界面的离层和剪切状态。从图 2 – 119 可以看出地面井位置周围的相当区域内法向应力为零，由此可以判断该区域发生了明显的离层作用；而从图 2 – 120 可以看出，开采区域周围存在明显的应力集中区，这是采场上覆岩层沉降拐点附近剪切位移最大区域发生剪应力集中的具体表现，由此可以判断该界面上同样发生了明显的岩层剪切作用。

图 2 – 121、图 2 – 122 所示为距离煤层顶板 14 m 高度处 2 号岩层界面位置上地面井套管的塑性变形破坏过程。可以看出，随着回采工作面的推进和采场上覆岩层的沉降逐渐达到最大位移，地面井套管逐渐发生塑性变形破坏，破坏区域位于套管主挠曲的中性面位置附近，呈对称性分布，塑性区由套管内壁逐渐呈扇形发展到外壁，当模型开挖到第 6 步时，塑性区已经沟通了套管的内外壁，发生了塑性区的贯通，此时可以判定该处套管临近破坏状态，达到了破坏的必要条件。

图 2 – 119　2 号岩层界面处的法向应力分布云图

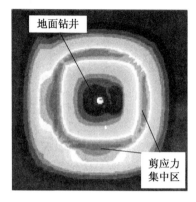

图 2 – 120　2 号岩层界面处的剪切应力分布云图

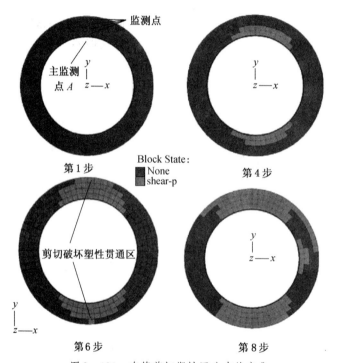

图 2 – 121　套管剪切塑性区分布的变化

从图 2 – 123 中可以看出，当地面井套管塑性区在煤层第 6 开挖步出现贯通时，随后对应监测点的径向位移呈现突变趋势并出现无限增大，而且随着煤层的继续开挖这一趋势得以保持；同时图 2 – 124 所示的套管该位置横截面的应变增量已经出现了明显的带状分布规律，在 y 轴方向上呈现出明显的扇形破坏面，因此可以判定此时钻井套管发生了破坏。

通过对地面井套管抗剪强度进行多次折减分析获得主监测点 A 的径向位移随折减系数的变化规律，如图 2 – 125 所示，可以看到：折减系数 35.2 之后，随着折减系数进一步增大到 35.5 时，主监测点 A 的径向位移迅速增大，呈现出明显的突变趋势。因此，可以判定折减系数 35.2 时的状态为该位置处地面井套管在该模拟环境下的临界状态，此时相对应的套管材料强度折减系数 35.2 即是此条件下的套管在该位置处的剪切安全系数。

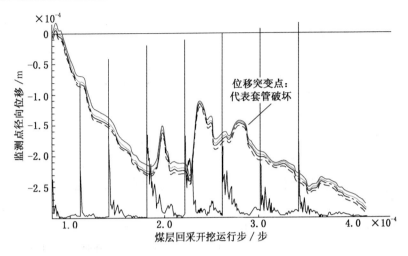

图 2-122   套管剪切监测点径向位移随开挖步的变化

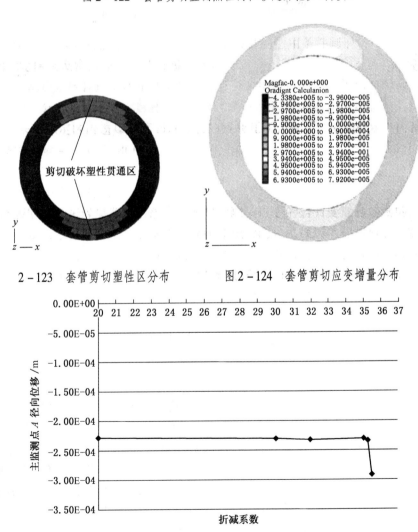

2-123   套管剪切塑性区分布   图 2-124   套管剪切应变增量分布

图 2-125   主监测点 A 位移随折减系数的变化

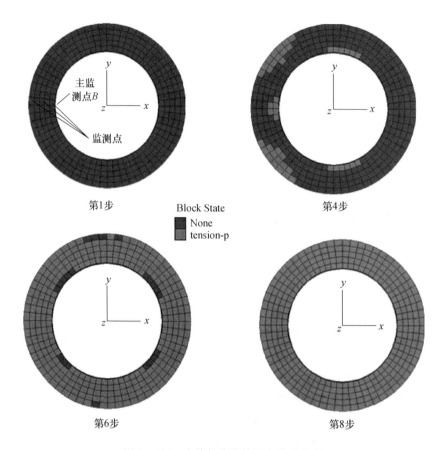

图2-126　套管拉伸塑性区分布的变化

由文献［36］可知，有限元强度折减整体失稳判据为：①结构出现塑性区贯通的滑动面；②滑动面节点位移或塑性应变发生突变；③折减系数的微小变化会造成整个系统结构的失稳破坏。

因此，借鉴上述岩土工程强度折减极限分析破坏判据的既有成果并结合地面井工程实际，地面井套管数值模拟法安全系数计算判识方法可以归纳为：①地面井套管壁塑性区贯通；②监测点径向位移发生突变；③地面井两侧走向1倍采动影响半径范围内的煤层开挖运算完毕；④模型地表沉降达到工程实际值（或预测值）。

当进行地面井套管壁等效黏聚力系数 c 的强度折减计算中同时达到上述四个条件时，可以将地面井套管壁等效黏聚力系数 c 的折减系数定为地面井的安全系数。

同理，对钻井套管的抗拉强度进行单独折减并分别进行数值分析，可以获得套管拉伸破坏过程中塑性区的变化规律，如图2-126所示；监测点径向位移变化规律如图2-127所示。可以看出，地面井套管在整个横截面上由外向里逐渐发生破坏：随着回采工作面的推进，地面井套管在走向工作面一侧首先受采动影响产生部分拉伸塑性破坏区（开挖到第4步），然后塑性区在整个横截面上迅速扩展，呈环形状态由套管外侧向内侧逐渐扩展，最终套管内外壁贯通，同时套管监测点的径向位移在煤层开挖达到第6步时发生了突变（对应套管该截面位置材料的颈缩破坏现象），综合分析可知此时套管发生了破坏。破坏时套管横截面上的应变增量分布如图 2 - 128 所示，由此可以综合判断，套管的拉伸破坏在横截面上近似于均布破坏。

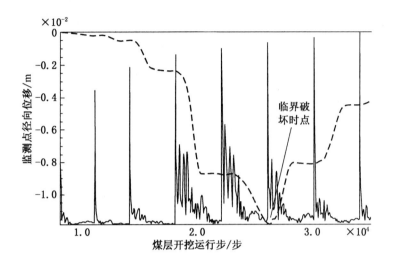

图 2 - 127　套管拉伸监测点径向位移随开挖步的变化

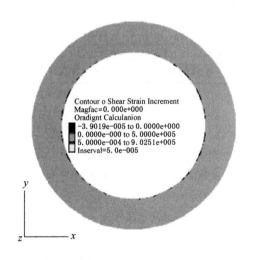

图 2 - 128　套管拉伸应变增量分布

综合运用前述数值分析方法确定上述计算条件下距离煤层顶板 14 m 高度处 2 号岩层界面位置上地面井套管拉伸破坏安全系数为 81.2。

地面井套管安全系数解析计算方法的判断仅仅限于套管的弹性极限变形阶段，对于弹塑性套管材料在塑性变形阶段的应力、应变无法考虑。数值分析方法需要建立准确的数值模型，这对模型参数体系及应力环境要求较高。因此，考虑到地面井变形破坏是一个从弹性到塑性逐渐发展的变化过程，为了保证工程的安全性应综合比较两种计算方法的评估结果，对套管的安全性进行综合分析。

2.3.1.3　采动影响下地面井高危破坏位置判识

采动影响下，采场上覆岩层发生离层、挤压和层间滑移，使得地面井在岩层移动的影响下发生变形甚至破坏，地面井的剪切、拉伸、挤压和拉剪综合等四种主要变形形式如图 2-129 所示。由于岩层移动条件的复杂性，采场上部将形成一定数量的组合岩层，在组合岩层内部的岩层界面处将只发生岩层的层间滑移，在组合岩层内的单一岩层内将只发生岩层的挤压变形，在两个组合岩层交界面上，将同时发生离层和岩层层间滑移，如图 2-130 所示。

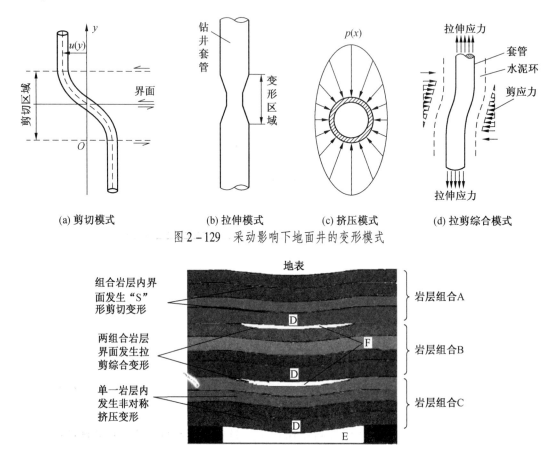

(a) 剪切模式　　　　(b) 拉伸模式　　　　(c) 挤压模式　　　　(d) 拉剪综合模式

图 2-129　采动影响下地面井的变形模式

图 2-130　不同覆岩位置地面井的变形形式

采动影响下地面井的高危破坏位置是指优选地面井布井区域位置后，在采动影响下地面井及其套管仍会发生变形、破坏，造成地面井失效的少数地面井井身位置。这些高危破坏位置一般是采取区域优化布井措施不能完全规避的。

受采动影响下地面井的拉伸、剪切、挤压变形破坏形式的影响（图 2-130），地面井的高危破坏位置一般发生在离层位移大、基岩厚度大、表土层厚度大的岩层界面位置。

根据研究获得的地面井拉剪综合变形破坏模型和地面井耦合变形破坏规律，建立采动影响下地面井的高危破坏位置判识原则如下：①采场上覆岩层发生离层位移位置；②岩层剪切位移量超过套管有效通径的位置；③套管的拉伸或剪切安全系数小于阈值"1"的位置。

以此三条判识原则为基础，对成庄矿 4308 工作面 CD-02 井施工位置的地面井高危破坏位置进行了判识分析，分析结果如图 2-131 所示。工程试验监测结果证明此分析结果基本正确。

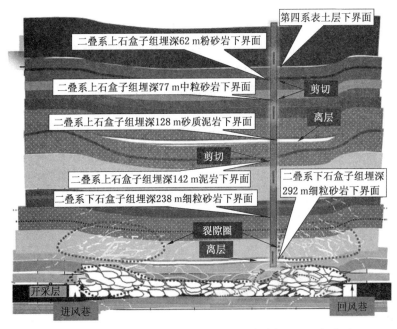

图 2-131 晋城矿区成庄矿 CD-02 井高危破坏位置分析结果

2.3.2 地面井高危破坏位置防护技术及装置

2.3.2.1 地面井局部防护技术

采动区瓦斯地面抽采井的局部防护技术综合考虑了地面井的结构性优化和局部性措施，主要原则是："在地面井逐级优化设计的基础上，对优化设计无法完全规避的高危破坏位置或区域进行专项防护。"防护技术主要包括如下几个方面。

1. 大直径钻井、套管和护井水泥环参数优化

运用地面井逐级优化设计方法，根据采场上覆岩层剪切滑移、离层拉伸位移量进行地面井钻井直径优化设计，根据岩层移动对套管的力学作用规律及应力大小对套管进行优化选型，根据采场覆岩岩层性质和套管力学参数对护井水泥环的配比参数进行优化，强化水泥环对套管的保护效果。系统性的设计程序如图 2-112 所示。

2. 局部防护装置安全防护

该项技术主要是运用地面井高危破坏位置判识方法分析获得地面井高危破坏位置后，在套管完井过程中对处于井身高危破坏位置的套管安装局部防护结构，如偏转结构、刚性结构等，从而加强地面井井身高危破坏位置的抗破坏能力。如图 2-132 所示，在地面井井身处于岩层剪切移动的两个高危破坏位置安设了专用局部防护结构。

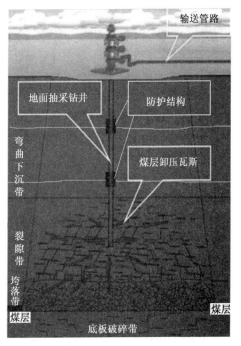

图 2-132 地面井安设局部防护结构示意图

3. 局部固井

该项技术主要是对采动区地面井井身结构采用局部井身固井、局部井身环空的综合固井方式，该固井方式可以使得地面井井身在高危变形破坏位置处具有更大的岩层拉剪移动位移容许量，进而提高地面井井身的安全防护效果。局部固井可以采用水泥砂浆局部灌注固井、封隔器固井等多种方式，局部固井原理如图 2－133 所示。

4. 悬挂完井

该技术主要是在地面井的技术套管和生产套管结合部安设专用悬挂器，从而使生产套管可以悬挂在技术套管尾部。该结构方式可以确保生产套管底部悬空，容留了足够的空间储存地面井三开段在抽采期间的泥沙、渗水，悬空方式也使得地面井内的泥沙等更容易通过生产套管与井壁间隙进入井底，同时生产套管悬挂的完井方式使得生产套管不穿越煤层，在煤层回采过程中避免了采煤机破煤切割生产套管的风险。地面井悬挂完井专用悬挂器结构如图 2－134 所示。

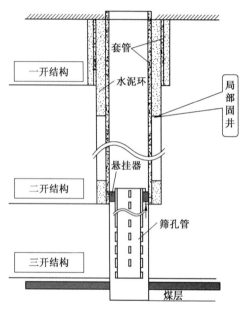

图 2－133　地面井局部固井原理

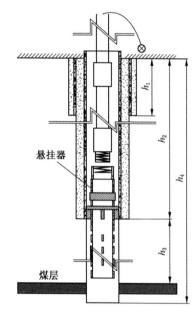

图 2－134　地面井悬挂完井专用悬挂器结构

2.3.2.2　地面井高危破坏位置局部防护装置

根据地面井在采动影响下变形破坏的特点和变形破坏的作用形式，开发了偏转防护结构、伸缩防护结构、厚壁刚性防护结构和自适应柔性防护结构等多种适用防护装置，如图 2－135 所示。

偏转防护结构的性能指标见表 2－10，伸缩防护结构的性能指标见表 2－11，厚壁刚性防护结构的性能指标见表 2－12。

表 2－10　偏转防护结构的性能指标

偏转结构 最大外径/mm	偏转结构 最大有效内径/mm	偏转结构 长度/mm	偏转最大 角度/(°)	材料类型
300	245	487	3.5	40Cr

(a) 偏转防护结构

(b) 伸缩防护结构

(c) 厚壁刚性防护结构

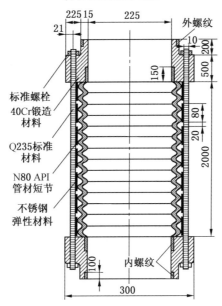

(d) 自适应柔性防护结构

图 2-135　防护结构形式

表 2-11　伸缩防护结构的性能指标

伸缩结构 最大外径/mm	伸缩结构 最大有效内径/mm	伸缩结构 长度/mm	伸缩最大 长度/mm	材料类型
300	245	1200	600	N80 钢管

表 2-12　厚壁刚性防护结构的性能指标

厚壁刚性结构 最大外径/mm	厚壁刚性 结构内径/mm	抗剪切 位移量/mm	抗拉伸 位移量/mm	材料类型
300	245	300	700	N80 钢管

成庄矿 CD-05 地面井地面海拔 779.268 m，位于 1302 工作面，距离回风巷 96 m，距离工作面开切眼 299.17 m。1302 工作面周围都为实体煤。CD-05 地面井位置落点如图 2-136 所示。

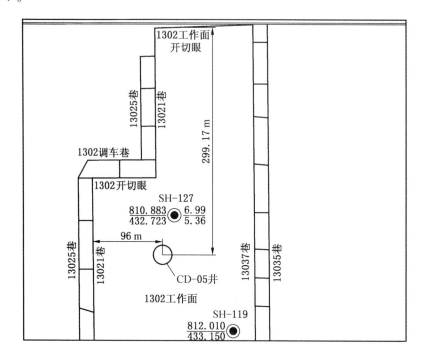

图 2-136　CD-05 地面井位置落点示意图

CD-05 地面井于 2010 年 11 月 5 日开始施工，一开钻头规格为 ϕ425 mm，完钻井深为 32.47 m，下入 ϕ377.00 mm 表层套管；二开钻头规格为 ϕ311.15 mm，完钻井深为 296.00 m，下入 ϕ244.50 mm 套管；三开钻头规格为 ϕ215.90 mm，完钻井深为 316.00 m，下入 ϕ168.30 mm 套管。表 2-13 为 CD-05 地面井实际施工参数。

表 2-13　CD-05 地面井实际施工参数

序号	钻头规格/mm	止深/m	套管外径/mm	套管钢级	套管下深/m	水泥返高
一开	ϕ425	32.47	ϕ377.00	J55	32.01	地面
二开	ϕ311.15	296.00	ϕ244.50	N80	256.24	地面
三开	ϕ215.90	316.00	ϕ168.30	N80	278.00	不固井

依据前述分析方法，根据 CD-05 地面井施工记录的岩层岩性分析，结合取芯钻孔的连续位移观测数据分析结果，累计判识了 6 个套管可能发生大变形破断损毁的关键层位，采取针对关键层位重点防护的方法，在关键层位处根据岩层移动特点分别安装了抗拉伸或抗偏转的防护结构套管。CD-05 地面井施工现场如图 2-137 所示，井身结构如图 2-138 所示。

CD-05 地面井于 2011 年 6 月 3 日 17 时开机运行，工作面顺利推过井位，地面井保持畅通抽采效果良好，纯流量在 2.3 m³/min 左右，负压 35 kPa，瓦斯浓度 28% ~29%，部分抽采数据情况如图 2-139 所示。与 CD-05 地面井结构设计、施工情况、矿区地质条件

图 2-137 CD-05 地面井施工现场

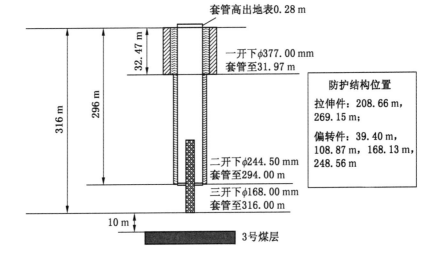

图 2-138 CD-05 地面井井身结构示意图

相似的寺河矿 3303 工作面 CD-04 地面井则在工作面经过地面井位置附近时迅速破坏，由此可以有效证实防护结构装置的有效作用。

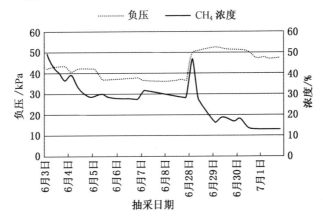

图 2-139 CD-05 地面井抽采负压、CH4 浓度与采掘进度的关系

2.4 采动活跃区地面井布井位置优化选择

2.4.1 采动活跃区地面井结构稳定性分布规律

2.4.1.1 采动影响下采动活跃区地面井变形空间变化规律

由采动影响下地面井剪切破坏模型式（2-53）可知，因岩层移动产生的地面井套管剪切变形关于采场中线对称，采场中点处于变形局部极小值点，向采场两端剪切变形缓慢增大，在下沉曲线拐点连线偏向采场中线区域达到最大值，随后剪切变形迅速减小，在采动影响边界减小为零，如图2-140所示。

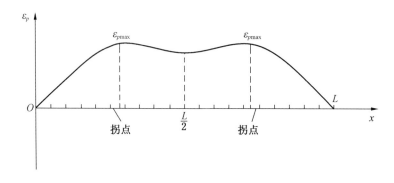

图2-140　充分采动时地面井套管剪切变形水平分布规律

由采动影响下地面井挤压破坏模型式（2-54）可知，地面井套管径向挤压位移关于采场中线呈对称分布，采场中线处于局部极小值点，由采场中线向采场两端径向挤压位移逐渐增大，在沉降曲线拐点偏向采场中线附近区域达到最大值，之后逐渐降低，在采动影响边界处降低到零，如图2-141所示。同时，受岩梁结构影响，岩梁中性面上部分为压缩变形，下部分为拉伸变形，套管同时承受岩梁不同部位拉压作用的影响。由地面井挤压变形模型可知，地面井套管径向挤压变形的分布规律与位移一致，只是量值上存在一定的变化。

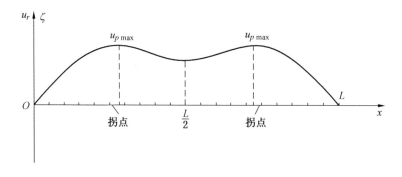

图2-141　充分采动时地面井套管挤压位移（变形）分布规律

由地面井套管的离层拉伸模型式（2-58）可知，在同一离层界面处，由于岩性相似，可以近似认为发生离层拉伸变形的套管变形区域是相同的，因此充分采动时两组合岩层划分界面位置处的离层拉伸应力在采场倾向上的分布规律与离层位移时的分布规律相同，如图2-142所示。采场中间部位离层拉伸位移最大，因而离层拉伸应力最大，由采场中部向采场两端，离层拉伸应力随着离层拉伸位移的减小而逐渐减小，在采动影响边界处减小为零；离层拉伸应力在采场中部的分布呈下凹形，在采场岩层沉降拐点附近的分布呈上凸形。

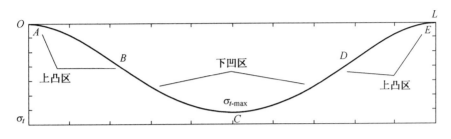

图 2 – 142 充分采动时采场倾向离层拉伸应力分布图

由式（2 – 59）可知，在采场上覆岩层的两组合岩层划分界面处地面井套管主要发生拉剪综合变形，形成由离层拉伸和宏观剪切构成的拉剪综合作用下的拉伸应力。因该位置离层拉伸产生的套管拉伸应变要远大于因套管宏观剪切造成的微观拉伸应变，从而使得在此位置处将产生以离层拉伸应变分布规律为主的拉伸应变、拉伸应力分布形式，只是由于岩层剪切滑移作用下剪切应变的产生，拉伸应力、拉伸应变的分布将发生一定的变化，但总体趋势是不会发生改变的。因此，在采场上覆岩层两组合岩层划分界面处地面井套管拉剪综合作用下的拉伸应力分布规律如图 2 – 143 所示。

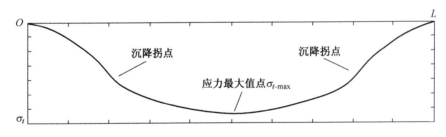

图 2 – 143 充分采动时采场倾向拉剪综合作用下拉伸应力分布图

从图 2 – 143 中可以看出，充分采动时，在采场倾向上，组合岩层划分交界面位置处的地面井拉剪综合作用下的拉伸应力在采场中部达到最大值，由采场中部向采场两端拉剪综合作用下的拉伸应力逐渐减小，通过岩层沉降拐点位置后拉剪综合作用下的拉伸应力迅速减小，在采动影响边界附近减小到零。

在采场走向上，采动影响某一时刻的地面井套管拉剪综合作用下的拉伸应力分布规律与上述采场倾向上的分布规律是相似的，只是随着回采工作面的推进，这一分布状态逐渐向前推移。

2.4.1.2 采动活跃区地面井变形破坏的主控影响因素及其影响效应

地面井的拉剪综合变形破坏模型是分析地面井拉剪综合变形破坏规律的基础和前提，煤矿开采的回采工艺和钻井位置附近的地质条件对钻井的安全性有重大影响。下面将从回采工艺和地质条件等方面分析地面拉剪综合变形破坏主控因素作用机理及其时空效应，研究各因素对地面井施工布井、工程防护的影响规律，为具体矿区的钻井设计提供参考依据。

1. 采场尺寸的影响效应

由地面井变形破坏模型可知，地面瓦斯抽采钻井的剪切、拉伸变形破坏根本上是由于采场上覆岩层受采动影响而产生的岩层层间剪切和离层拉伸作用导致的，岩层移动量的大小直接决定了地面井变形的剧烈程度和安全性的大小。

由于地面瓦斯抽采井的"三域"耦合作用机制，地表及采场上覆岩层沉降位移的大小直接决定了岩层剪切位移量和离层位移量的大小，因此当地表及采场上覆岩层沉降位移越大时，地面井的变形破坏越剧烈。

由地表沉降规律可知，当采场走向（或倾向）的尺寸由非充分开采→充分开采变化时，同样的地质条件下，地表及采场上覆岩层沉降位移逐渐增大；由地面井剪切变形模型函数可知，岩层的层间剪切位移逐渐增大，从而地面井套管的剪切变形逐渐增大；进而由套管剪切安全系数计算函数可知，套管的剪切安全系数逐渐降低。另外，随着地表及采场上覆岩层沉降位移逐渐增大，采场上覆岩层组合间界面位置的离层位移逐渐增大，从而地面井套管的离层拉伸应力逐渐增大；进而由套管拉伸安全系数计算函数可知，套管的拉伸安全系数逐渐降低。因此，在采场走向（或倾向）的尺寸由非充分开采→充分开采变化时，采场同一地面井同一离层拉剪位置的套管安全系数逐渐降低。

同样，随着采场走向（或倾向）的尺寸由充分开采→超充分开采变化时，由于采场已经达到了充分采动，地表及采场上覆岩层沉降位移将不再发生明显的增加，采场中部也将出现下沉盆地，对地面井的影响趋于平稳状态，由此导致同一布井位置的地面井变形破坏程度变化不大，安全系数也变化不大。

由地面井变形破坏的空间分布模型可得，对同一地质条件下的同一地面井位置，采场倾向尺寸非充分采动、充分采动、超充分采动三种条件下地面井安全系数分布规律对比如图 2 – 144 所示。

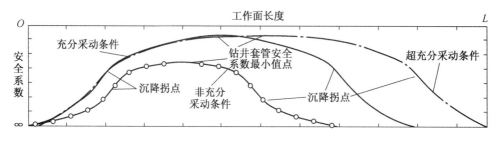

图 2 – 144　不同采场尺寸条件下的钻井安全性分布对比

2. 采深及采高的影响效应

地表移动变形与深厚比（H/m）成反比例关系，深厚比愈大，地表移动变形值愈小，移动就较慢；深厚比愈小，地表移动变形值愈大，移动就较快。一般来说，当采深 $H < 50\text{ m}$ 时，地表移动时间仅 2 ~ 3 个月，而当 $H = 500 ~ 600\text{ m}$ 时，地表移动时间可达 2 ~ 3 年之久。地表最大下沉速度与开采深度成反比，当开采深度很小时，地表移动速度大，而移动持续时间短；当开采深度较大时，地表移动速度小，移动比较缓慢、均匀，而移动时间则较长。

地面井的变形破坏与地表及岩层移动量的大小、快慢变化规律是一致的。由地表沉降

预测的 P 系数法可知，当采场上覆岩层岩性综合评价情况不变时，随着煤层采深的增加，采动影响角正切逐渐增大，采动影响半径逐渐增大，从而导致煤层充分采动的回采过程中采动影响到达采场某一地面井位置的时间更早，地面井受到的采动影响更快。而随着采深的增加，在开采煤层厚度一致的条件下，地表及采场上覆岩层沉降位移逐渐减小，由地面井剪切变形模型函数可知，岩层的层间剪切位移逐渐减小，从而地面井套管的剪切变形逐渐减小；进而由套管剪切安全系数计算函数可知，套管的剪切安全系数逐渐增加。另外，随着地表及采场上覆岩层沉降位移逐渐减小，采场上覆岩层组合岩层间界面位置的离层位移逐渐减小，从而地面井套管的离层拉伸应力 σ_t 逐渐增减小；进而由套管拉伸安全系数计算函数可知，套管的拉伸安全系数逐渐增大。因此，该位置地面井套管的安全系数逐渐增加，套管愈加安全。

由地面井变形破坏的空间分布模型可得，对于相同地质条件、相同钻井条件的地面井，当煤层埋藏深度分别为 H_1 和 H_2（$H_1 > H_2$）时，地面井同一埋深位置的钻井安全性分布规律如图 2 – 145 所示。

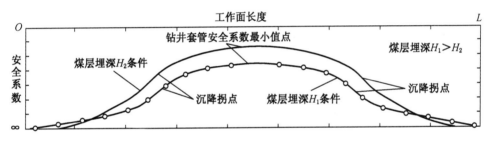

图 2 – 145　不同煤层埋深条件下的钻井安全性分布对比

当煤层采高越大时，地表及采场上覆岩层沉降位移越大，由地面井剪切变形模型函数可知，岩层的层间剪切位移越大，从而地面井套管的剪切变形越大；进而由套管剪切安全系数计算函数可知，套管的剪切安全系数越低。另外，随着地表及采场上覆岩层沉降位移逐渐增大，采场上覆岩层组合岩层间界面位置的离层位移越大，从而地面井套管的离层拉伸应力 σ_t 越大；进而由套管拉伸安全系数计算函数可知，套管的拉伸安全系数越低。因此，采高越大时，采场同一地面井同一离层拉剪位置的套管安全系数越低。

由地面井变形破坏的空间分布模型可得，对于相同地质条件、相同钻井条件的地面井，当煤层采高分别为 M_1 和 M_2（$M_1 > M_2$）时，地面井同一埋深位置的钻井安全性分布规律如图 2 – 146 所示。

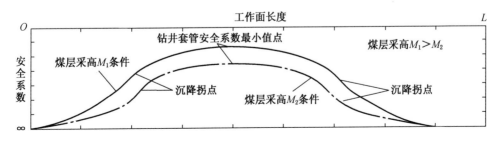

图 2 – 146　不同煤层采厚条件下的钻井安全性分布对比

3. 采场顶板控制方法的影响效应

采场上覆岩层沉降最大值为回采煤层的厚度，但由于垮落岩层的膨胀系数以及顶板控制方法的不同，岩层沉降往往要小于回采煤层厚度。不同顶板控制方法情况下上覆岩层下沉系数见表 2 - 14。

表 2 - 14　下沉系数与顶板控制方法的关系

顶板控制方法	下沉系数	顶板控制方法	下沉系数
全部垮落法	0.60 ~ 0.80	风力充填法	0.30 ~ 0.40
带状充填法（外来材料）	0.55 ~ 0.70	水砂充填法	0.06 ~ 0.20
干式全部充填法（外来材料）	0.40 ~ 0.50		

当采用的顶板控制方法使得地表及采场上覆岩层的沉降系数越大时，地表及采场上覆岩层沉降位移越大，由地面井剪切变形模型函数可知，岩层的层间剪切位移越大，从而地面井套管的剪切变形越大；进而由套管剪切安全系数计算函数可知，套管的剪切安全系数越低。另外，随着地表及采场上覆岩层沉降位移越大，采场上覆岩层组合岩层间界面位置的离层位移越大，从而地面井套管的离层拉伸应力 σ_t 越大；进而由套管拉伸安全系数计算函数可知，套管的拉伸安全系数越低。因此，对于同一条件的矿区，当采用的顶板控制方法使得地表及覆岩的沉降系数越大时，采场同一地面井同一离层拉剪位置的套管安全系数越低。

由地面井变形破坏的空间分布模型可得，对于相同地质条件、相同钻井条件的地面井，当采场顶板控制方法分别为全部垮落法、干式全部充填法、水砂充填法时，地面井同一埋深位置的钻井安全性分布规律如图 2 - 147 所示。

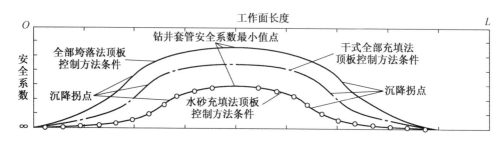

图 2 - 147　不同顶板控制方法条件下的钻井安全性分布对比

4. 多煤层重复采动的影响效应

多煤层重复采动的影响效应主要包括两个方面：

首先，受煤层多次开采的影响，采场上覆岩层将受到多次扰动，从而使得岩层的沉降、离层、剪切等岩层移动现象发生多期次变化，而地面井的变形破坏根本上是由岩层沉降产生的岩层剪切、挤压、离层拉伸导致的。因此，多煤层重复采动影响下，地面井的变形程度应该以多次采动的综合岩性评价指标和多次采动的最终沉降位移值为计算依据。

其次，由于地面井的变形破坏是一个钻井变形区域主挠度方向随煤层开采逐渐变化的动态过程，第一次煤层回采将使钻井经历一次严重的岩层剪切、挤压、离层拉伸作用，在第二次或第三次煤层回采时，钻井已经处于上次岩层移动的影响作用下，即已经发生了一定程度的剪切、挤压和离层拉伸作用。根据弹塑性力学可知,这种状态下的钻井套管将更容易发生破坏,即多煤层重复采动下的套管比一次采动达到同样岩层沉降位移状态的钻井套管的变形破坏程度要剧烈,危险性更高。在地面井套管安全系数计算时应对多次开采产生的这一叠加倍增效应进行考虑。

对于相同地质条件、相同厚度的回采煤层,当采用分层开采时,较一次采全高的煤层回采条件下,单次采动影响地表沉降、岩层移动量要小,但地表沉降累积量要增大,岩层移动的累积程度增强,由此对施工于采场上覆岩层中的地面井套管的破坏作用将会增强,使得相同位置处的钻井套管安全系数降低,更容易发生破坏。

5. 回采速度的影响效应

由于地下煤炭的回采通常采用沿煤层走向推进,煤层倾向煤柱的回采时间与走向的推进时间相比是很小的,故可视倾向等效岩梁的卸荷释放为瞬时完成的。

设回采工作面推进速度为 v,因采动影响导致的岩层沉降影响以速度 V^* 随回采工作面的推进而向前发展。根据实测数据可知,在有限开采时,随着回采空间 l 的增加,采动影响半径逐渐增大;当达到半无限开采状态时,采动影响半径基本稳定下来,为一定值。

因此,设

$$\begin{cases} V^* = v^* & \text{(半无限开采)} \\ V^* = a^* v^* & \text{(有限开采)} \end{cases} \tag{2-82}$$

式中 V^*——采动影响在采场走向的移动速度,m/d;

  v^*——回采工作面的推进速度,m/d;

  a^*——与开采速度、采场上覆岩层物性参数、采矿方法等有关的无因次参数,$a^* > 1$。

同时,采场上覆岩层的沉降并非伴随回采工作面的推进瞬间沉降到最大值,而是在回采工作面推进中以及推过后的数月甚至数年内缓慢沉降而达到最大沉降位移,即采场上覆岩层的沉降具有时间迟滞性。因此,引入岩性的时间系数 C 来描述采场上覆岩层的沉降迟滞性。则岩性的时间系数 C 可以通过如下公式获得:

$$C = \frac{t_c}{T^*} = \frac{2r}{v^* T^*} \tag{2-83}$$

式中 t_c——回采工作面以推进速度 v^* 推过 2 倍采动影响半径 $(2r)$ 所用的时间,d;

  T^*——采场某点达到沉降最大值所用的时间,本模型中近似取沉降剧烈的 6~8 个月的时间区间,d。

随着煤层回采工作面推进速度的增大,工作面推过地面井前后采动影响范围内的时间减小,从而时间迟滞系数减小,进而在 0~t_c 时间段内产生的离层拉伸位移减小,因而地面井套管的离层拉伸应力减小,地面井拉伸安全系数增大,地面井安全性增强。但在 t_c~T^* 时间段内岩层的沉降会略有增加,从而导致回采工作面推过钻井 1 倍采动影响范围后,地面井的拉伸安全系数与回采速度较小时相比会降低略快。同理,随着时间减小,在 0~t_c 时间段内产生的岩层沉降位移减小,从而决定了该时间段内岩层沉降拐点的剪切位移减小,对钻井的剪切效应减弱,地面井套管的剪切安全系数提高,因而套管的拉剪安全系数会提高;在 t_c~t 时间段内岩层沉降步调趋于一致,沉降拐点逐渐消失,岩层的剪切位移逐渐减小,套管的剪切安全系数逐渐增高,由此造成钻井套管的拉剪安全系数逐渐增高。

考虑回采工作面瓦斯超限难题和地面井套管在回采工作面推进过程中受岩层移动影响交互反方向错动的情况，较快的推进速度也使得套管发生交互反方向错动的时间缩短，更有利于套管的有效使用。因此，当回采工作面将要通过地面井位置时，可以考虑加快推进速度，以减小对地面井套管的影响。

由地面井变形破坏的空间分布模型可得，对于相同地质条件、相同钻井条件的地面井，当推进速度分别为 v_1 和 v_2（$v_1 > v_2$）时，地面井同一埋深位置的钻井安全性分布规律如图 2-148 所示。

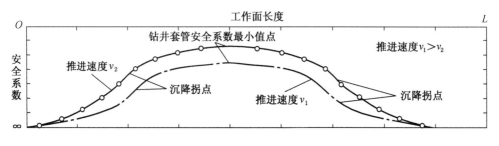

图 2-148　不同推进速度条件下的钻井安全性分布对比

但从地面井瓦斯抽采"一井三用"开发模式的角度分析，回采工作面快速通过地面井位置只是能够缓解工作面通过期间地面井的破坏程度（主要是剪切和挤压破坏的反复交错变形），采场上覆岩层的沉降位移（主要影响离层位移）最大值受到的影响不大，由此导致工作面通过后套管的离层拉伸变形的缓解程度有限。

6. 关键层的影响效应

采场覆岩中存在多个岩层时，对岩体活动全部或局部起控制作用的岩层称为关键层。由于关键层的存在，关键层及其上部数层岩层将组成一组合岩层，在这一岩层组合内，岩层间没有离层发生，只产生岩层的层间剪切和岩层挤压，而在两个岩层组合之间的界面上将产生离层拉伸。采动影响下的采场上覆岩层将形成由数个至数十个关键层控制的岩层组合构成的局面，这些岩层组合的存在及其变化也直接决定了施工于岩层中的地面井的变形破坏具有分带性和破坏形式的多样性。

在任一单一岩层内，地面井将发生套管的挤压变形；在岩层组合内的岩层界面位置，地面井将发生套管的剪切变形；在两相邻岩层组合的界面位置，地面井将发生套管的拉剪综合变形。

当关键层处于垮落带并且随着回采工作面的推进发生垮落时，其上覆岩层也会在短时间内发生剧烈沉降和岩层移动，使得岩层的层间滑移和挤压位移迅速增大，造成地面井套管在很短的时间内发生破坏。且由动力学原理可知，在动态情况下岩层移动的速度越快，其破坏作用越强，地面井套管也越容易发生破坏。

7. 岩层岩性及厚度的影响效应

由岩层受力变形的机理可知，采场上覆岩层的变形是岩层在不断变化的非线性载荷作用下的附加变形，上覆岩层层间滑移位移受复合岩层岩性的综合影响。当岩层厚度不变、下层岩层弹性模量 E_2（上层岩层弹性模量 E_1）不变时，层间滑移位移随上层岩层弹性模量 E_1（下层岩层弹性模量 E_2）的增大而逐渐减小。即任何一层岩层弹性模量的增加都会增加复合岩层的综合强度,从而会降低岩层挠度,使得层间滑移减小。同理,这也会导致岩层挤压变形减小。但是,当上层岩层的弹性模量相比下层岩层的弹性模量高时,则会出现关键层下的明显离层现象,此时该界面位置将发生钻井套管的拉剪综合变形。

复合岩层中上层岩层的厚度 (h_1) 越大,岩层的层间剪切位移越大,从而地面井套管的剪切变形越大,进而由套管剪切安全系数计算函数可知,套管的剪切安全系数越低。由此可知上层岩层厚度越大的岩层交界面处层间滑移位移量越大,套管的危险性也就越高。

厚表土层作用下的地面井变形破坏与厚基岩层的影响效应有一定的相似性,只是表土层的弹性模量明显要低于基岩层,厚度明显大于基岩层厚度,这使得表土层因地表与岩层沉降发生挤压及剪切变形时其受套管反作用发生的缓解效应要明显得多。而且表土层的强度、黏聚力明显低于基岩层,更容易发生变形,与在基岩层内相比,套管发生的相对滑移位移有更好的一致性。在保持层内一致性的同时,由于表土层厚度一般较大、弹性模量较基岩层小,在厚表土层与基岩层界面附近易发生滑移突变,并且表土层越厚,弹性模量越小,界面处的滑移位移越大。

由地面井变形破坏的空间分布模型可得,对于相同地质条件、相同钻井条件的地面井,当表土层厚度分别为 L_1 和 L_2 ($L_1 > L_2$) 时,地面井在表土层与基岩层界面位置的钻井安全性分布规律如图 2 – 149 所示。

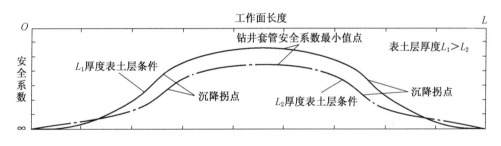

图 2 – 149　不同表土层厚度条件下的钻井安全性分布对比

8. 煤岩层倾角的影响效应

当煤岩层的倾角较大时(倾斜或急倾斜),采场上覆岩层的移动规律将与近水平(缓倾斜)煤岩层开采条件下有较大区别,地表和覆岩的沉降分布、岩层移动量都将发生变化,从而使得地面井的变形破坏判识、钻井布井规律和防护措施等方面都将进行适当的调整。

当采场倾斜煤岩层倾斜角度较大时,回采空间的计算边界(沉降拐点)会整体向下山方向偏移一定的距离,由此导致以地表沉降拐点为判断依据的地面井布井位置的选择将进行相应的调整。为了保证地面井结构的有效性和瓦斯抽采的效果,宜将地面井布置在采区上山侧的地表沉降拐点与上山侧的实际开采边界之间。同时,在相同的地质条件下,可以近似认为煤层倾角越小,地表及采场上覆岩层的沉降位移越小,从而导致相同条件下地面井套管的剪切和拉伸安全系数越大。

由地面井变形破坏的空间分布模型可得,对于相同地质条件、煤层平均埋深、工作面长度、钻井条件的地面井,当煤层倾角分别为 σ_1 和 σ_2 ($\sigma_1 > \sigma_2$) 时,地面井在表土层与基岩层界面位置的钻井安全性分布规律如图 2 – 150 所示。

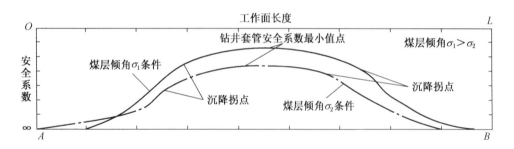

图 2 - 150　不同煤层倾角条件下的钻井安全性分布对比

受煤岩层倾角的影响，采场上覆岩层的沉降曲线分布及沉降位移量将发生变化，从而使得采场上覆岩层高危破坏位置的判识、剪切、离层位移量的大小等都应按倾斜岩层状态下的采场尺寸进行计算。

9. 断层的影响效应

地壳岩层因受力达到一定强度而发生破裂，并沿破裂面有明显相对移动的构造称为断层。在地貌上，大的断层常常形成裂谷和陡崖，断层形成的力学作用形式如图 2 - 151 所示，采动影响下的断层移动如图 2 - 152 所示。

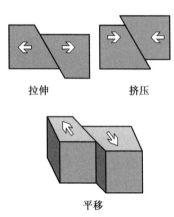

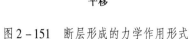

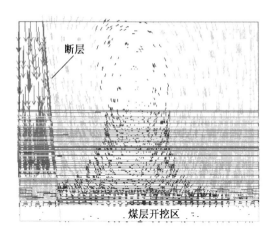

图 2 - 151　断层形成的力学作用形式　　　　图 2 - 152　采动影响下的断层移动

地质断层对地面井的安全有重要影响：首先，断层线一般贯通性良好，间或充填淤泥等物质，其对地下水、钻井施工水等具有良好的导通性，在钻井施工期间会造成大量的钻井液漏失，不利于钻井施工；其次，采动影响下断层往往会发生一定的移动，在断层线上将会产生较大的相对位移，这对穿越断层的地面井套管将产生严重的剪切、拉伸等破坏作用，造成钻井失效。

因此，地面井的施工应竭力回避断层区域，回避范围应根据断层的发育程度和其影响范围而定。

10. 陷落柱的影响效应

陷落柱是由于下伏易溶岩层经过地下水强烈腐蚀，形成大量空洞，从而引起上覆岩层失稳，向溶蚀空间冒落、塌陷所形成的桶状柱体。其形成大致经历了溶隙、溶孔、溶洞塌陷等过程，其中溶洞形成是核心和先决条件。

岩溶陷落柱在我国华北石炭二叠纪煤系地层中广为分布，陷落柱贯穿于岩溶发育的奥灰和煤系地层之中，即使陷落柱在天然条件下是不导水的，但由于开采活动对其导水性能的改造，陷落柱往往成为奥灰与煤系地层之间联系的通道，井巷或采煤工作面一旦接近或揭露陷落柱时，则可能产生突水，水量一般较大。陷落柱对煤矿开采的影响有：破坏煤层形成无煤区，破坏顶底板造成冒顶等事故，形成导水通道造成水灾事故。

由陷落柱的成因可知，陷落区域内的煤层一般均发生了较大的岩层错动，煤层出现了错层，由此造成采动影响下陷落区域煤层的卸压瓦斯与未陷落区域煤层的卸压瓦斯联通通道不畅，不利于地面井的大范围卸压瓦斯抽采；另外，陷落柱的形成必然造成陷落体与原岩体之间产生巨大的岩层裂缝，这使得此区域内地面井的施工将遇到巨大的技术难题（松散体施工困难、裂隙漏液等）。

因此，地面井施工应尽可能避开陷落柱区域。

2.4.2 采动活跃区瓦斯赋存与运移规律

瓦斯主要以两种状态赋存于煤体中：吸附状态和游离状态。在原始状态下，吸附态瓦斯主要赋存于煤中的微孔和小孔之中，以固溶体状态附在煤的孔隙表面和煤体结构内部，吸附态瓦斯含量占瓦斯总含量的 80% ~90%；游离态瓦斯主要存在于煤中孔、大孔和裂隙中，以自由气体分子状态存在于煤层孔隙空间，占瓦斯总含量的 10% ~20%。两种状态的瓦斯分子不断交换，处于动态的平衡状态。

在采动影响下，煤层应力等平衡状态遭到破坏，形成瓦斯的流动通道，瓦斯经解吸 - 扩散 - 渗流至整个采动空间，使原始动态平衡状态受到影响，逐渐发展建立新的平衡，如图 2 - 153 所示。

(a) 从煤的内表面解吸   (b) 通过基质和微孔隙扩散   (c) 在裂隙网络中流动

图 2 - 153　瓦斯解吸 - 扩散 - 渗流模式图

由于采动空间不同区域气体流动通道发育的不同，瓦斯在不同区域的流动状态也有所不同，可由 Kozeny - Carman 准则进行判别：

$$Re = \frac{\rho V_0 e^{\frac{1}{2}}}{\mu_0} = \frac{V_0 e^{\frac{1}{2}}}{v} \tag{2 - 84}$$

式中　　ρ——密度，kg/m^3；

$\quad\quad V_0$——渗流速度，m/s；

$\quad\quad \mu_0$——流体的动力黏性系数，$Pa \cdot s$；

$\quad\quad v$——流体运动黏性系数，m^2/s；

e——渗流场的当地渗透系数，$e = \dfrac{D_m^2 \overline{\varphi^2}}{180(1 - \overline{\varphi^2})}$，$\text{m}^2$；

D_m——离层断裂带内破断岩块的平均粒度，m；

$\overline{\varphi}$——当地平均孔隙率，$\overline{\varphi} = 1 - \dfrac{m - \sum h_j(K_j - 1)(e^{-\frac{x}{2L_{j+1}}} - e^{-\frac{x}{2L_j}})}{\sum h_j + h_j}$，%；

$\sum h_j$——第 j 关键层到煤层顶板的距离，m；

h_j——第 j 层关键层岩层厚度，m；

K_j——$\sum h_j$ 内岩层的残余碎胀系数；

x——走向的距离，m；

L_j——第 j 层关键层的破断距离，m。

因此，瓦斯在采动空间通道内的流态依据雷诺数大致可分为 3 个区域：层流区（$Re < 10$）、过渡区（$10 < Re < 100$）和紊流区（$Re > 100$）。由采动影响下工作面前方煤体的受力分析可知，其受支承压力作用未发生宏观破坏，煤体内气体流动符合达西定律；而煤矿巷道与工作面通风可视为管道流动；采空区内由于垮落矸石间存在大量孔隙以及上覆岩层移动产生的采动裂隙，气体流动规律介于达西渗流与管道流动之间的过渡流动状态。

2.4.2.1 采空区裂隙空间瓦斯运移数学模型

采空区裂隙空间内的气体可视为瓦斯和空气混合的理想混合气体，其流动主要由压力梯度和浓度梯度造成的非达西渗流与分子扩散运移，且遵循混合气体状态方程、连续性方程、动量方程等。

理想混合气体的状态方程：

$$P'V' = \frac{m_0}{M_0}R_0'T \tag{2-85}$$

连续性方程：

$$\frac{\partial \rho}{\partial t} + \text{div}(\rho \boldsymbol{U}) = 0 \tag{2-86}$$

$$\text{div}(\rho \boldsymbol{U}) = \partial(\rho u_x)/\partial x + \partial(\rho v_y)/\partial y + \partial(\rho w_z)/\partial z$$

式中　　　　P'——绝对压力，Pa；

V'——混合气体体积，m^3；

m_0——混合气体质量，kg；

M_0——混合气体摩尔质量，kg/mol；

R_0'——普适气体常数，$R_0' = 8.31\text{J}/(\text{mol} \cdot \text{K})$；

T_0——绝对温度，K；

t——时间，s；

$\boldsymbol{U}$——速度矢量，m/s；

u_x、v_y、w_z——流速在 x、y、z 方向上的速度分量。

1. 运动方程（动量方程）

巷道与工作面的空气流动可以看作流体在管道内的流动，其运动方程可用 Navier - Stokes 方程来进行描述，其因变量为速度矢量与压力：

$$\begin{cases} \left\{-\nabla \cdot \mu_0 \left[\nabla \boldsymbol{u}_{ns} + (\nabla \boldsymbol{u}_{ns})^T\right]\right\} + \rho \boldsymbol{u}_{ns} \cdot \nabla \boldsymbol{u}_{ns} + \nabla p_{ns} = 0 \\ \nabla \cdot \boldsymbol{u}_{ns} = 0 \end{cases} \tag{2-87}$$

式中 $\boldsymbol{u}_{ns}$ ——巷道中流体的速度矢量，m/s；

p_{ns} ——巷道流体压力，Pa。

采空区裂隙空间内的气体流动规律介于达西渗流与管道流动之间的过渡流动状态，可用 Brinkman 方程描述。该方程在 Darcy 方程的基础上考虑 Navier – Stokes 方程中流体黏性剪切应力项，扩展了达西定律描述由黏性剪切项引起的动势能损耗，描述由流体速度、压力和重力驱动的具有动势能的多孔介质中的快速流动，Brinkman 方程可表示为

$$\begin{cases} \left\{-\nabla \cdot \dfrac{\eta'}{\varepsilon'}\left[\nabla \boldsymbol{u}_{br} + (\nabla \boldsymbol{u}_{br})^T\right]\right\} - \left(\dfrac{\eta'}{k_{br}}\boldsymbol{u}_{br} + \nabla p_{br}\right) = 0 \\ \nabla \cdot \boldsymbol{u}_{br} = 0 \end{cases} \tag{2-88}$$

式中 ε' ——孔隙率，%；

k_{br} ——采空区渗透率，m^2；

$\boldsymbol{u}_{br}$ ——采空区流体的速度矢量，m/s；

p_{br} ——采空区流体压力，Pa。

Brinkman 方程的因变量同样为速度矢量与压力，在工作面与采空区交界面的速度矢量与压力相同：$\boldsymbol{u}_{ns} = \boldsymbol{u}_{br}$，$p_{ns} = p_{br}$。根据前人研究可知，采空区的渗透系数与破断岩块的平均粒径、孔隙率及岩石垮落碎胀系数等有关：

$$\begin{cases} \bar{k} = \dfrac{D_m^2 \, \bar{\varepsilon}^3}{180(1-\bar{\varepsilon})^2} \\ \bar{\varepsilon} = 1 - \dfrac{1}{K_p} \end{cases} \tag{2-89}$$

式中 D_m ——采空区破断岩块的平均粒径，m；

$\bar{\varepsilon}$ ——采空区裂隙空间的平均孔隙率，%；

K_p ——采空区岩石垮落的平均碎胀系数。

由此，可求得采空区不同位置处的孔隙率与渗透率。

2. 瓦斯扩散运移模型

扩散运动是甲烷分子在自由运动作用下从高浓度向低浓度运移，最后达到平衡的过程。溶质在多孔介质流场中的运移规律可用多孔介质对流 – 扩散方程来描述：

$$\theta_s \frac{\partial c}{\partial t} + \nabla \cdot (-\theta_s D_L \nabla c^* + uc) = S_c \tag{2-90}$$

式中 θ_s ——流体体积率，%；

c^* ——溶解浓度，kg/m^3；

D_L ——压力扩散张量，m^2/d；

S_c ——每单位时间单位体积多孔介质中溶质的增加量，即瓦斯的相对涌出速度，$mol/(m^3 \cdot d)$。

扩散过程尚未达到稳定状态前 c 随时间 t 和位置而变化的关系服从 Fick 扩散定理：

$$\frac{\partial c}{\partial t} = D^* \left(\frac{\partial^2 c}{\partial r_\rho^2} + \frac{2}{r_\rho}\frac{\partial c}{\partial r_\rho}\right) \tag{2-91}$$

式中　r_ρ——极坐标半径，m；

　　　D^*——扩散系数，m^2/s。

2.4.2.2　工作面回风作用下采空区瓦斯运移数值模拟分析

根据上述分析，将气体运动方程与扩散方程等联立，利用 COMSOL Multiphysics 软件进行耦合求解即可得到工作面与采空区瓦斯浓度、流体速度和压力的分布情况。

采动活跃区邻近工作面，随工作面的推进而变化，其影响范围内采空区的瓦斯运移受工作面回风影响较为显著。因此，需要对工作面及采空区进行简化处理并构建二维平面模型，主要考虑工作面回风对活跃区裂隙瓦斯运移规律的影响，模型沿工作面倾斜方向取 160 m，推进方向取 100 m，具体模型及网格划分情况如图 2 – 154 所示。

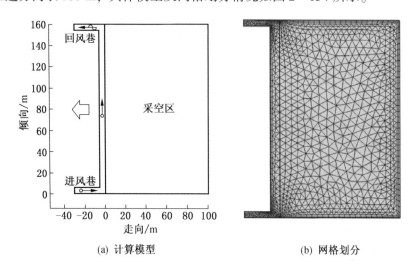

(a) 计算模型　　　　　　　　　　　(b) 网格划分

图 2 – 154　计算模型及网格划分

主要模型参数：空气密度为 1.29 kg/m^3，动力黏度系数为 5×10^{-5} Pa·s；瓦斯密度为 0.7168 kg/m^3，动力黏度系数为 1.79×10^{-5} Pa·s，扩散系数为 2×10^{-5} m^2/s；采空区渗透率、孔隙度根据式（2 – 89）进行计算，初始气体压力为 101325 Pa，初始摩尔浓度为 3 mol/m^3；工作面煤壁的瓦斯涌出量为 12 m^3/min，采空区遗煤的瓦斯涌出量为 24 m^3/min。

边界条件：进风巷为入口边界，风速为 2.6 m/s，瓦斯浓度为 0，回风巷为出口边界，压力控制，其余固体边界为壁面。巷道及工作面流体运动为自由流动，由 N – S 方程控制；采空区流体运动为非线性渗流，由 Brinkman 方程控制。按照建立的模型和参数设置，进行数值模拟，直至模型计算残差收敛，可得采空区流场、瓦斯分布等规律特性。

不同时刻采空区裂隙空间瓦斯浓度分布及流向如图 2 – 155 所示。可以看出，靠近工作面区域，瓦斯浓度受回风影响较为明显，进风巷一侧的瓦斯浓度低于回风巷一侧的瓦斯浓度。这是由于工作面风流从进风巷流入，向采空区渗漏，导致从进风侧到回风侧采空区的风流压力逐渐降低，引起瓦斯由进风侧向回风侧运移。同时还可以看出，初始时刻靠近开切眼附近，由于受回风影响较小，回风带走的瓦斯量小于扩散的补给量，瓦斯浓度相对较高。而随时间推进，瓦斯从工作面进风巷侧向采空区深部延伸逐渐形成"扇形"浓度降低区，同时由于风流作用部分瓦斯从采空区回风巷侧逐渐流入工作面，在工作面上隅角附近可能形成积聚区。

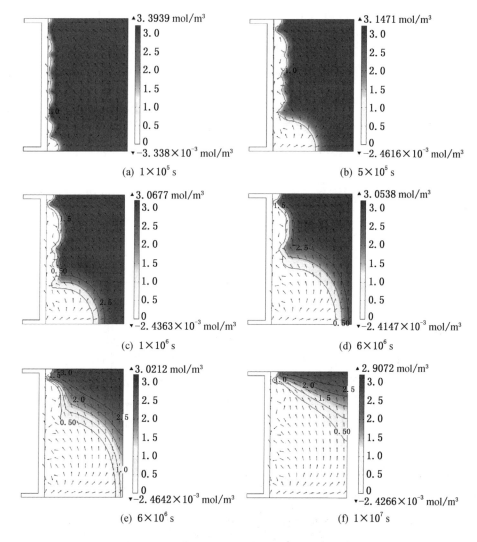

图 2-155 不同时刻采空区裂隙空间瓦斯浓度分布及流向

随时间推进，采空区的瓦斯浓度在工作面回风风流影响下逐渐降低。如图 2-155f 所示，在模型研究的条件下，在 1×10^7 s 时刻，采空区靠近进风巷侧的瓦斯浓度已基本降至 1 mol/m³ 范围内，而靠近回风巷侧的瓦斯浓度依然较高。因此，采用地面井抽采瓦斯时，可以考虑将地面井的终孔位置布置在靠近回风巷侧，以保证有较好的抽采效率和较长的抽采时间。

2.4.2.3 裂隙空间的瓦斯运移数值模拟分析

1. 采动影响下裂隙空间分布特征

采用 UDEC 离散元软件建立二维水平煤层开挖模型，可对煤层开挖后的顶板岩层裂隙发育过程及采动影响稳定后顶板岩层内的裂隙分布特征进行研究。煤层开挖后，上覆岩层移动产生大量的破断裂缝，由于岩层本身特性及受影响大小的不同，在垂直方向上形成顶板垮落带、裂隙带及弯曲下层带。详细分析见第 3.3.1 小节。

2. 裂隙空间瓦斯运移数值模拟分析

　　为分析瓦斯从煤层扩散渗流至采空区，并在裂隙空间内的运移过程，对顶板裂隙分布情况进行图像处理并提取裂隙特征，导入 COMSOL 软件，进行瓦斯流动规律分析。采动裂隙主要分布于顶板垮落带与裂隙带内，因此选取采空区垂直方向 55 m 范围内的瓦斯流动作为研究对象。提取后的顶板裂隙空间分布情况如图 2 - 156 所示。

图 2 - 156　裂隙空间分布情况

　　不同时刻采动裂隙空间内的瓦斯运移规律如图 2 - 157 所示。可以看出，煤中赋存的瓦斯在压力及浓度梯度的作用下向周围空间运移扩散。裂隙空间内的瓦斯通量远大于上覆岩层基质中的瓦斯通量（箭头大小表示瓦斯通量的大小），说明采动裂隙空间内的竖向破断裂缝和离层裂缝具有显著的流动导向性，为瓦斯流通的主要通道。瓦斯沿裂隙空间向采空区深部及上部运移，一定时间后裂隙带上部离层裂缝最显著的区域瓦斯通量最大。因此在该区域布置瓦斯抽采钻孔能够达到较好的抽采效果。

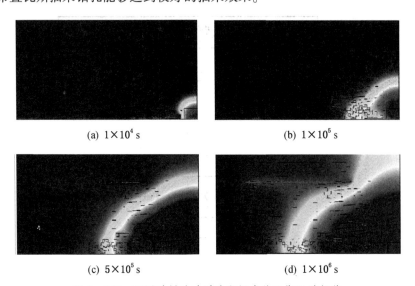

(a) 1×10^4 s　　　　　　　　(b) 1×10^5 s

(c) 5×10^5 s　　　　　　　　(d) 1×10^6 s

图 2 - 157　不同时刻采动裂隙空间内的瓦斯运移规律

2.4.3　采动活跃区地面井布井原则

　　从地面井的结构稳定和抽采效果好两个方面综合考虑，采动活跃区地面井的施工布井主要应该遵循如下原则：

（1）地面井的施工布井应该综合考虑采场岩层移动下地面井套管发生剪切破坏、离层拉伸破坏的影响和瓦斯抽采效果等综合因素，应该在分析采场岩层移动规律的基础上进行。

（2）当地面井的变形破坏以剪切破坏为主时，根据地面井剪切变形破坏的空间分布规律，宜将其布置在采场沉降拐点和采场中线之间，并且尽可能靠近采场中间的位置上。

（3）当地面井的变形破坏以离层拉伸破坏为主时，根据地面井离层拉伸变形破坏的空间分布规律，宜将其布置在靠近采场两帮的位置。

（4）考虑到地面井瓦斯抽采的效果，由于通风影响下采空区回风巷一侧的瓦斯浓度较进风巷一侧的更高，地面井宜优先选择布置在采场中线与回风巷之间的区域。

（5）当综合考虑各因素时，考虑到采场上覆岩层埋藏深度越深，其沉降拐点一般越靠近煤壁，因此宜将地面井布置在采场中线与采区回风巷的中间部位，且偏向地表沉降拐点位置的区域内，如图 2 - 158 所示。

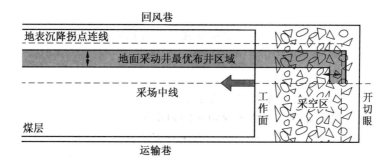

图 2 - 158　地面井布井位置选择示意图

（6）对以大采高煤层开采条件为代表的晋城矿区，在回避矿区广泛分布的陷落柱的前提下，一般选择距离回风巷 40 ~ 80 m 的区域进行地面井布井，同时应辅以充填法控制顶板、地面井附近快速推进等回采工艺措施。

（7）对以深埋厚表土层条件为代表的淮南矿区，在远离危害性断层的区域的前提下，一般选择距离回风巷 50 ~ 80 m 的区域进行地面井布井，同时应对厚表土层下界面及采场巨厚岩层下的岩层界面进行局部强化防护，在保护层开采厚度较小时可以考虑将地面井布置在采场中部。

（8）对以浅埋煤层群条件为代表的宁煤矿区，地面井的布井位置一般选择距离回风巷 40 ~ 60 m 的区域进行布井，同时应尽可能采用大孔径钻井和厚壁套管，以增强整个井身结构的稳定性和采场重复采动卸压条件下井身的变形容许度。

3　地面井抽采煤矿采动稳定区瓦斯技术

3.1　采动稳定区瓦斯储层及其空间范围计算方法

3.1.1　采动稳定区瓦斯储层及其描述内容

任何一种资源储量评估方法的构建都是以对待评估资源的储藏载体有一个清晰认识为基础的。瓦斯作为一种储存在地下的煤炭伴生资源，必然有其储藏载体，也就是所谓的储集层。采动稳定区瓦斯资源评估方法就是对煤矿采动稳定区内的瓦斯资源量进行估算，由于煤矿采动稳定区的自身特性，其内部的瓦斯资源储集层与传统油气藏储集层有很大区别。

3.1.1.1　采动稳定区瓦斯储层

1. 采动稳定区的定义

地下煤炭被采出后，会导致其周围岩体产生一系列的弯曲、离层、破断、垮落等剧烈活动，直至达到新的应力平衡状态。我们把煤炭开采过程中，岩层剧烈运动和应力扰动，地表沉降大于（或等于）1.7 mm/d 的区域称为采动活跃区。借鉴开采沉陷学的相关理论，并考虑采动影响区地层移动对地面井的破坏效应，煤矿采动影响区的形成可以分为两个阶段：第一阶段是地层活动期，从地层发生活动开始到地层逐渐恢复稳定为止，此阶段地层在煤层开采影响下发生剧烈的破坏活动；第二阶段是地层稳定期，此阶段地层活动逐渐停止，最终恢复稳定。

采动影响稳定区就是煤炭采后岩层运动基本停止的区域，对应地表沉降速度小于1.7 mm/d，包括采空区和废弃矿井。

2. 采动稳定区瓦斯储层的定义

传统储集层是指凡是能够储集和渗滤流体的岩层，它是构成油气藏的基本要素之一。储集层的定义只强调了岩层储渗油气的能力，并没有要求储集层中一定有油气。如果储集层中含有油气，则称为"含油气层"，但是实际应用中人们经常把"含油气层"也直接称为储层。

根据传统油气藏储集层的定义，结合瓦斯的吸附特性以及地下煤层开采的影响效应，可以将煤矿采动稳定区瓦斯储层定义为"煤矿区内受到煤层采动卸压影响，内部裂隙发育并且岩层移动基本稳定的能够储集和渗滤瓦斯的开采煤层及其邻近煤岩层"。

分析采动稳定区的定义和采动稳定区瓦斯储层的定义可以看出：采动稳定区瓦斯储层只是采动稳定区的一部分，二者并不是对等的关系。

3.1.1.2　采动稳定区瓦斯储层描述内容

传统的油气储层描述内容包括油气藏几何形态及边界条件、流体性质和储层孔渗特性三大方面，原始煤层储层描述内容包括几何形态及边界条件、物理化学组成、储层结构及裂隙发育特征、储气性、流体性质和储层孔渗特性等六个部分，其中物理化学组成、储层结构及裂隙发育特征、储气性是煤层储层描述的特色内容。采动稳定区瓦斯的主要来源依然是煤层，因此其储层描述要素与传统的瓦斯储层基本相同，同样包括几何形态及边界条件、物理化学组成、储层结构及裂隙发育特征、储气性、流体性质和储层孔渗特性等六个部分，只是在具体内容上存在一定差异。

采动稳定区瓦斯储层的几何形态及边界条件是其区别于传统煤储层描述要素的关键内容之一，其决定着采动稳定区瓦斯的资源量大小，具体包括开采煤层采区部署及回采效率、采区有效卸压范围大小，卸压范围内岩层展布和厚度变化特征，卸压围岩岩性条件，水文地质条件，煤岩层埋藏深度等内容。

原始状态下，煤层围岩（顶底板）基本上呈现连续的层板状分布，其内部由于长期地质构造运动的影响而分布有大量微小的原生裂隙，在受到采煤作业的强烈扰动之后，采场周围一定区域的岩层（尤其是开采煤层上覆岩层）经历了一系列的变形、失稳、破断、旋转等运动，最终稳定。在此过程中形成了大量的次生裂隙，与原生裂隙共同构成了采区围岩裂隙场，为瓦斯储层的形成提供了基础。采区围岩有效卸压裂隙场是采动稳定区瓦斯储层空间的重要组成部分，其大小及形态受煤层开采工艺、顶底板控制工艺、采区尺寸、开采时间等多种因素的影响，是采动稳定区瓦斯储层的关键性描述内容和研究难点。

采动稳定区瓦斯储层的物理化学组成决定了煤基质的孔隙结构、力学性质，进而影响到煤层的开采水平及裂隙发育程度。其描述内容主要包括开采煤层及邻近煤层的岩石组成（如煤岩成分、类型等）、镜质组反射率、挥发分和灰分等。

采动稳定区瓦斯储层结构及裂隙发育特征决定着采动稳定区瓦斯资源量分布及开发难度，也是区别于传统瓦斯储层描述要素的关键内容和研究难点之一，其描述内容主要包括围岩层的裂隙发育情况、分布特征、产状及类型、连通性好坏等。

采动稳定区瓦斯储层储气性描述内容主要包括开采煤层及邻近煤层的可解吸气含量、残余气含量、气体成分及吸附能力等，这是影响地面井产量的重要因素之一。瓦斯主要以吸附形式储集于煤层中，在温度和气体组成一定的情况下，煤对气体的吸附能力可用 Langmuir 等温吸附方程 $V_A = V_L P_g / (P_L + P_g)$ 来表示（式中，V_A 是单位煤质块的吸附气含量，V_L 是 Langmuir 体积，它是煤质块可以吸附到其表面积上的最大气体体积，P_L 是当吸附气体的体积是 V_L 一半时的压力，P_g 是煤质块割理系统的压力）。

采动稳定区瓦斯储层的运移属性影响着瓦斯开发的效率及难度，描述内容主要涉及岩层渗透率、储层压力、原地应力、孔隙度和孔隙体积压缩系数等。

采动稳定区瓦斯储层的流体性质描述内容关系到可抽采瓦斯资源量的大小，其内容主要包括瓦斯体积百分比浓度、气体黏度、密度和采空区积水量大小等。

从采动稳定区瓦斯储层的定义及描述内容不难看出，采动稳定区瓦斯储层是在开采扰动过程中形成的，其具有自然和人工的双重属性。自然属性是指其载体仍然是煤层及岩层；人工属性则是指其范围大小与井下人为的生产活动密切相关，这是采动稳定区瓦斯储层区别于其他资源储层的最主要特征。

3.1.2 围岩有效卸压裂隙场形态及主控因素

采动稳定区瓦斯储层的关键描述内容是采动影响形成的围岩有效卸压裂隙场，它不但是采动稳定区内游离态瓦斯的主要积聚空间，同时也是瓦斯汇聚到地面井抽采井段的主要流通通道。围岩内的有效卸压裂隙场是采动稳定区瓦斯储层特征的集中表现载体，若要深入分析采动稳定区瓦斯储层不可避免地需要对围岩采动有效卸压裂隙场进行研究。

在 2.1.2 节所提相似模拟试验中，在模型对应实际深度的 100 m、120 m 基岩层处各安装了 9 个应力传感器，采用东华 DH3815 应变测试系统，全程监测应力应变的变化，通过研究顶板岩层围岩压力在煤层开采过程中的变化规律分析采场围岩裂隙场形态及其主控因素。各传感器间隔 20 cm，即反映实物间隔 40 m。最左边的传感器距离左边界 20 cm，最右边的传感器距离右边界 20 cm，传感器按照自右到左、自下向上依次编号 1～18。传感器编号及布置如图 3－1 所示，测试系统如图 3－2 所示。

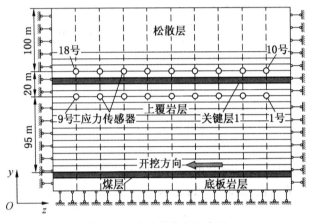

图 3－1　传感器编号及布置

图 3－2　东华 DH3815 应变测试系统

图 3－3 所示为开挖过程中位于关键层下部的部分传感器监测到的顶板岩层应力变化曲线，图 3－4 所示为开挖过程中位于关键层上部的部分传感器监测到的顶板岩层应力变化曲线。可以看出，各传感器监测的应力值随工作面的推进呈现规律性地升高—降低变化趋势，其最终的应力值均小于原始数值，反映出监测各点岩层最终处于不同程度的卸压状态；而传感器监测的岩层走向长度达 160 m，且其最高位于距离开采煤层 115 m 的顶板岩层内，已经远远超出了可见离层裂隙高度范围。这一现象表明，试验观察到的离层裂隙发

育范围只是采动稳定区卸压范围的可视区域，在可视区域外围还存在一定范围的不可视卸压区域，可视卸压区与不可视卸压区共同组成了采动稳定区围岩卸压范围。

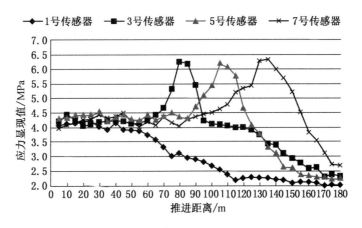

图 3 - 3　关键层下部的部分传感器应力变化曲线

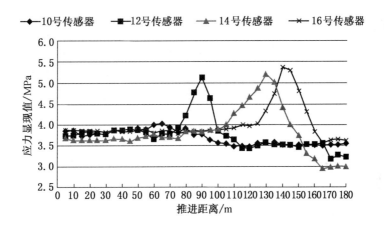

图 3 - 4　关键层上部的部分传感器应力变化曲线

由于煤岩透气性及裂隙连通性的制约，在不可视卸压区内必然存在一定区域，此区域岩层尽管产生了一定程度的卸压，但是岩层渗透率没有得到明显提高，不足以使卸压区以外的瓦斯顺利通过此区域补充进有效卸压区，我们把这一区域定义为过渡卸压区域，而把其他卸压区域统称为采动稳定区有效卸压区域。有效卸压区域内的瓦斯充分卸压解吸，且岩层内裂隙较为发育，使得瓦斯可以彼此流通，此有效卸压区域即是采动稳定区瓦斯储层范围，采动稳定区围岩卸压范围如图 3 - 5 所示。

比较图 3 - 3 和图 3 - 4 可以发现，尽管两组传感器监测到的应力最终都处于卸压状态，但是位于关键层下方的岩层应力卸压效应非常明显，应力卸压率达 40% ~ 50% ，而位于关键层上方的岩层应力卸压效应相对较差，应力卸压率仅为 10% 左右。因此，关键层的存在对其上部岩层的采动卸压效应影响显著，如果关键层发生破断，则其上方岩层将产生明显的卸压效应；如果关键层不破断，则其上方岩层在关键层的支承作用下不会产生明显的卸压效应，即采动稳定区有效卸压范围高度由关键层控制。

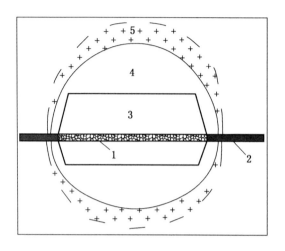

1—采空区；2—开采煤层；3—可视卸压区（离层裂隙发育区）；
4—不可视有效卸压区（微裂隙发育区）；5—过渡卸压区

图 3-5　采动稳定区围岩卸压范围示意图

3.1.3　采动稳定区顶板储层空间计算

采动稳定区顶板储层空间范围就是顶板岩层内有效卸压裂隙场的分布范围，采动稳定区的有效卸压本质上是指围岩内裂隙发育、贯通，能够保证采动稳定区内瓦斯自由流动，采动稳定区有效卸压范围大小与围岩裂隙场密切相关。采场覆岩裂隙场主要存在于煤层开采覆岩的"垮落带"和"裂隙带"之中，因此采动稳定区覆岩有效卸压范围也就是其"垮裂带"分布范围。

3.1.3.1　顶板储层空间计算方法

1. 顶板储层的宽度

采动稳定区顶板储层宽度目前尚没有形成明确的计算方法，在条件许可的情况下可优先考虑采用"井下封孔注水"等技术进行考察，如果没有实测条件，可利用"三下开采学"或"保护层开采理论"中的相关角度进行估算。

1）"三下开采学"的覆岩卸压宽度计算

"三下开采学"中的"三带论"认为，可以将采场引起的围岩采动影响区细分为非破坏性影响区和破坏性影响区。非破坏性影响区是指受到采动影响后只产生应力变化或整体移动，不产生连通性导水裂隙带的岩层区域。破坏性影响区是指受到采动影响后所产生的移动和变形，会引起连通性的导水、导气的岩层区域，亦称为渗透性增强区，垮落带和导水裂隙带就是破坏性影响区。因此，可以认为地面井抽采中的采动覆岩导气裂隙带就是"三带论"中描述的导水裂隙带。

研究表明，煤层开采后，其顶底板围岩卸压范围在空间上近似于一个梯帽形结构，为了更好地研究采空区卸压宽度范围，可以结合卸压边界角（移动角）的概念。定义采空区四周地表下沉盆地最外临界面与水平面之间的夹角为边界角（δ'），同时采空区四周垮落带、导气裂隙带的最外临界面与水平面之间的夹角分别为垮落角（α'）和导气裂隙角（β'）。采空区走向及倾向剖面图如图 3-6 所示，其中 $\alpha' > \beta' > \delta'$。地面井抽采技术研究覆岩的卸压区域为采场导气裂隙带最外临界面之间的范围。

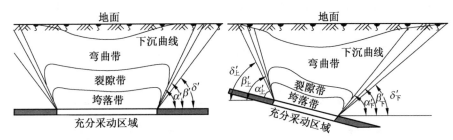

(a) 采动稳定区卸压区域走向剖面图　　(b) 采动稳定区卸压区域倾向剖面图

图 3-6　采动稳定区卸压区域剖面图

值得注意的是，实际情况下采空区覆岩导气裂隙带的外围呈现出椭抛线形状，关于覆岩破坏的最终形态，除与采空区大小及顶底板岩性有关外，煤层倾角的影响也十分显著；同时，导气裂隙带的宽度和采空区宽度也不是一定的大小关系，即根据矿区具体地质条件不同，导气裂隙带宽度可能大于采空区宽度，也可能小于采空区宽度。

覆岩导气裂隙带的宽度可以利用实测手段现场勘查，在实际测定有困难的前提下，也可以利用采动边界角 δ' 来推断导气裂隙角 β'；一般情况下，采场导气裂隙角比相应条件下的边界角大 $4° \sim 10°$。

2）下保护层开采学的覆岩卸压宽度

当无法获得目标矿区的采动边界角等资料，或者需要快速对目标矿区的采动稳定区瓦斯资源进行评估时，可以利用下保护层卸压开采研究中的卸压角进行目标矿区覆岩卸压范围的前期估算，并在后期的实际抽采过程中进行验证完善。

（1）沿倾向的卸压角度。下保护层沿倾向（倾斜角 α）的卸压范围按卸压角 δ 划定，如图 3-7 所示。卸压角的大小应采用矿井的实测数据，如无实测数据时，参照表 3-1 中的数据确定。

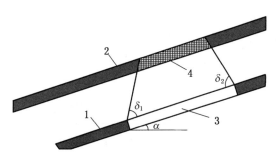

1—开采煤层；2—被保护煤层；3—采空区；4—卸压保护区

图 3-7　下保护层沿倾斜对覆岩的保护范围

表 3-1　下保护层沿倾向卸压角取值

煤层倾角 $\alpha/(°)$		0	10	20	30	40	50	60	70	80	90
卸压角 $\delta/(°)$	δ_1	80	77	73	69	65	70	72	72	73	75
	δ_2	80	83	87	90	90	90	90	90	90	80

（2）沿走向的卸压角度。若保护层采煤工作面停采时间超过 3 个月且卸压比较充分，则该保护层采煤工作面对被保护层沿走向的保护范围对应于始采线、终采线及所留煤柱边缘位置的边界线可按卸压角 $\delta_5 = 56° \sim 60°$ 划定，如图 3 - 8 所示。

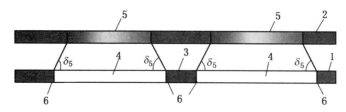

1—开采层；2—被保护煤层；3—煤柱；4—采空区；5—卸压保护区；6—始采线、终采线

图 3 - 8 下保护层沿走向的卸压保护范围

2. 顶板储层的高度

影响开采煤层覆岩内导气卸压带（裂隙带）高度的主要因素有采厚和采空区面积、采煤方法和顶板控制方法、覆岩岩性和组成、工作面推过时间等，但实际上不可能找到它们之间多元相关的具体表达式。英国煤炭公司的研究表明，在长壁工作面向上 150 ~ 200 m和以下 40 ~ 70 m 的区域都可能有应力释放。对此，英国技术人员采用的资源量范围大致是所采煤层向上 150 m 和向下 40 m 内的所有煤层，并且认为越远离开采煤层，受采动影响的煤层对瓦斯资源量的贡献就越大。

我国学者根据大量钻孔和巷道观测资料，总结了不同岩性情况下及煤层倾角不同条件下的煤层覆岩导气（水）裂隙带最大高度计算公式，但是一方面这些公式是根据 20 世纪80 年代以前的观测数据统计出来的，当时的采煤工艺、支护设备以及生产条件与现在相比已经大不相同，另一方面上述公式只是得出覆岩导气裂隙带的高度范围，无法完全适用于采动稳定区瓦斯资源量估算。鉴于关键层对其上部岩层的卸压效应影响，结合已有的经验公式和覆岩关键层理论可以得到较准确的煤层覆岩导气裂隙带高度。

1）经验公式估算方法

（1）煤层倾角为 0° ~ 54° 的煤层（缓倾斜、中倾斜）。煤层覆岩内为坚硬、中硬、软弱、极软弱岩层或其互层时，厚煤层分层开采的导气裂隙带最大高度可选用表 3 - 2 中的公式计算。

表 3 - 2 厚煤层分层开采的导气裂隙带高度计算公式

覆岩岩性（单向抗压强度及主要岩石名称）	计算公式之一/m	计算公式之二/m
坚硬（40 ~ 80 MPa，石英砂岩、石灰岩、砂质页岩、砾岩）	$H_a = \dfrac{100 \sum m}{1.2 \sum m + 2} \pm 8.9$	$H_a = 30 \sqrt{\sum m} + 10$
中硬（20 ~ 40 MPa，砂岩、泥质灰岩、砂质页岩、页岩）	$H_a = \dfrac{100 \sum m}{1.6 \sum m + 3.6} \pm 5.6$	$H_a = 20 \sqrt{\sum m} + 10$
软弱（10 ~ 20 MPa，泥岩、泥质砂岩）	$H_a = \dfrac{100 \sum m}{3.1 \sum m + 5} \pm 4$	$H_a = 10 \sqrt{\sum m} + 5$
极软弱（< 10 MPa，铝土岩、风化泥岩、黏土、砂质黏土）	$H_a = \dfrac{100 \sum m}{5 \sum m + 8} \pm 3$	

注：$\sum m$—累计采厚；公式适用范围：单层采厚 1 ~ 3 m，累计采厚不超过 15 m；计算公式中 "±" 项为中误差。

（2）煤层倾角为 55°~90° 的（急倾斜）煤层。煤层顶、底板为坚硬、中硬、软弱岩层，用垮落法开采时的导气裂隙带高度可用表 3-3 中的公式计算。

表 3-3 急倾斜煤层导气裂隙带高度计算公式

覆岩岩性	导水裂隙带高度/m	覆岩岩性	导水裂隙带高度/m
坚硬	$H_a = \dfrac{100mh}{4.1h + 133} \pm 8.4$	中硬、软弱	$H_a = \dfrac{100mh}{7.5h + 293} \pm 7.3$

注：h—开采煤层垂高；m—开采煤层法线厚度。

（3）开采近距离煤层群时导气裂隙带高度计算：

①上、下两层煤的垂距 h 大于回采下层煤时所产生的垮落带高度 $H_{垮}$ 时，下层垮落带对上层开采影响很小，可按上、下煤层的厚度分别计算各自的导气裂隙带高度和垮落带高度，取其中标高值大者作为两层煤的导气裂隙带高度，垮落带高度则取上层煤的垮落带高度。

②下层煤的垮落带接触到或完全进入上层煤时，上层煤的导气裂隙带最大高度按本层煤的厚度计算，下层煤的导气裂隙带最大高度则采用上、下层煤的综合开采高度计算。若综合开采高度小于下层煤开采高度，则不使用综合开采高度，取其中标高值大者作为两层煤的导气裂隙带最大高度。

上、下两层煤的综合开采厚度可按下式计算：

$$M_{1-2} = M_2^* + M_1^* - \frac{h_{1-2}}{y^*} \tag{3-1}$$

式中　　M_2^*——上层煤的开采厚度，m；

　　　　M_1^*——下层煤的开采厚度，m；

　　　　h_{1-2}——上、下两层煤之间的法线距离，m；

　　　　y^*——下层煤的垮落带高度与采厚之比。

③如果上、下两层煤的间距很小，则综合开采厚度取两层煤厚之和。求出综合开采厚度之后，即可按照单一煤层开采时的垮落带高度和导气裂隙带高度的计算公式，计算出多煤层开采条件下导气裂隙带高度。

针对采动稳定区覆岩裂隙带范围的研究还要考虑时间因素对导气裂隙带的影响。时间过程对导气裂隙带高度的升高和降低有一定影响，在导气裂隙带发展到最大高度以前，它随时间而增长。从缓倾斜、中倾斜煤层覆岩裂隙带最大高度实测结果统计中可以看出，对于能产生碎块小面积垮落的中硬覆岩，一般是在回采工作面回柱放顶后 1~2 个月的时间内，裂隙带达到最大值。对于坚硬覆岩，裂隙带高度达到最大值的时间长一些；而对于软弱覆岩，时间较短一些。

当裂隙带高度发展到最大值以后，发展过程出现稳定，裂隙带高度有所降低。裂隙带高度的降低及降低幅度同覆岩的岩性及力学强度有密切关系。当覆岩为坚硬岩层时，裂隙带最大高度随时间的增加基本没有变化；当覆岩为软弱岩层时，裂隙带最大高度随时间的增加有所下降。

2）关键层理论分析方法

关键层理论认为，在煤层直接顶上方存在厚度不等、强度不同的多层岩层，其中一层至数层厚硬岩层在采场上覆岩层活动中起主要的控制作用，使得开采煤层的覆岩表现为多层岩层组合在一起的同步协调运动。某一厚硬岩层成为关键层的必要条件就是要同时满足变形协调判别条件和强度判别条件。所谓变形协调判别条件即此岩层的变形挠度小于其下部岩层，不与下部岩层协调变形，同时其上部一定高度的岩层能够与之协调变形，当此岩层破断时，其上部与之协调变形的岩层也随之垮断。所谓强度判别条件即此岩层的破断距要大于其下部（关键）岩层的初次破断距，保证在下部岩层破断时不会随之发生破断。

由此可知，覆岩采动裂隙的时空分布特征尤其是裂隙带高度的发展与关键层的特征及是否破断密切相关。关键层在破断前以板结构的形式承受上部岩层的部分重量，采动裂隙只会发生横向的扩展，只有当工作面推进距离超过（主或亚）关键层的破断距，使之发生破断后，裂隙带高度才会发生变化。

随着工作面的推进，破断前的顶板关键岩层会逐渐发生弯曲，将采场覆岩层视为弹性小挠度薄板时，可得到其挠度方程为

$$w_i^* = \frac{q_i L_i^4 b_i^4}{\pi^4 D_i'(3L_i^4 + 2L_i^2 b_i^2 + 3b_i^4)}\cos^2\left(\frac{\pi x}{L_i}\right)\cos^2\left(\frac{\pi y}{b_i}\right) \qquad (3-2)$$

式中　　　w_i^*——第 i 层岩板的下沉量，m；

　　　　　q_i——第 i 层岩板所受载荷，MPa；

　　　　　D_i'——第 i 层岩板的弯曲刚度，$D_i = E_i h_i^3 / [12(1 - \mu_i^2)]$；

　　　　　μ_i——第 i 层岩板的泊松比；

　　　L_i、b_i——第 i 层岩板下方离层裂隙长度及宽度，$L_i = L_0 - H_i(\mathrm{ctan}\,\alpha_{i1} + \mathrm{ctan}\,\alpha_{i2}) = L_0 - 2H_i\mathrm{ctan}\,\alpha_i,\; b_i = B_0 - H_i(\mathrm{ctan}\,\beta_{i1} + \mathrm{ctan}\,\beta_{i2}) = B_0 - 2H_i\mathrm{ctan}\,\beta_i$，m；

　　α_{i1}、α_{i2}——第 i 层岩层工作面与开切眼处的实测断裂角，在工作面停采后两侧岩层断裂角趋于相等，$\alpha_{i1} \approx \alpha_{i2} = \alpha_i$；

　　β_{i1}、β_{i2}——第 i 层岩层进回风巷处的实测断裂角，当煤层倾角小于 $10°$ 时，两侧岩层断裂角趋于相等，$\beta_{i1} \approx \beta_{i2} = \beta_i$；

　　L_0、B_0——采场顶板悬露走向长度和倾向宽度，m；

　　　　　H_i——第 i 层岩层与煤层顶板的间距，$H_i = \sum\limits_{j=1}^{i} h_j$，m；

　　　　　h_j——第 j 层岩层厚度，m。

煤层顶板岩层之所以会发生弯曲变形甚至破断垮塌，是因为其下部的煤层被采出形成了一定的自由空间，由于岩层具有碎胀特性，覆岩裂隙带逐渐向上发展的过程中，自由空间高度会越来越小。当自由空间小于某一岩层的极限弯曲下沉量时，这一岩层将在达到极限垮距之前与采空区矸石接触，不会发生破裂，则覆岩裂隙带在纵向上的发育也随之终止，可认为该岩层所在位置为采动裂隙带上限。即覆岩采动裂隙场最大高度估判公式为

$$0 \leqslant \Delta_i < w_{i\max}^* \qquad (3-3)$$

式中　　　Δ_i——第 i 层岩层下方自由空间高度，m；

　　　　$w_{i\max}^*$——第 i 层岩层的最大下沉量，m。

在考虑到岩层的碎胀性后，如果其下方岩层都发生破断，则第 i 层硬岩层（实际上是第 n 层岩层）下方的自由空间高度计算公式为

$$\Delta_i = m' - H_{i-1}(K_{z,i-1} - 1) - \sum_{j=m}^{n-1} h_j(K_{T,i-1} - 1) \qquad (3-4)$$

式中　m'——煤层采高，m；

H_{i-1}——煤层上方第 $i-1$ 层硬岩层（实际上是第 m 层岩层）与煤层顶板的间距，

$$H_{i-1} = \sum_{j=1}^{m-1} h_j，m；$$

$K_{z,i-1}$——第 $i-1$ 层硬岩层下的岩层碎胀系数，取 1.33~1.50（或根据实验测取）；

$\sum\limits_{j=m}^{n-1} h_j$——第 $j-1$ 层硬岩层及所控软岩总厚度（共有 $n-m$ 层），m；

$K_{T,i-1}$——第 $i-1$ 层硬岩层及所控软岩碎胀系数，取 1.15~1.33（或根据实验测取）。

由式（3-2）计算第 n 层极限垮距时的极限弯曲下沉量为

$$w_{n\max}^* = \frac{q_n L_n^4 b_n^4}{\pi^4 D_n(3L_n^4 + 2L_n^2 b_n^2 + 3b_n^4)} \qquad (3-5)$$

根据式（3-4）及式（3-5）可以得到覆岩采动裂隙场最大高度 H_i 的估判公式：

$$0 \leqslant m' - H_{i-1}(K_{z,i-1} - 1) - \sum_{j=m}^{n-1} h_j(K_{T,i-1} - 1) < \frac{q_n L_n^4 b_n^4}{\pi^4 D_n(3L_n^4 + 2L_n^2 b_n^2 + 3b_n^4)} \qquad (3-6)$$

式（3-6）是 H_i 的高次方程式，无法得到明确的数值解或方程解，只能作为覆岩采动裂隙场最大高度的理论估判公式。

根据关键层理论，覆岩关键层的挠度随高度的增加逐渐减小，在距离采场足够远的条件下，关键岩层及其控制岩层的厚度相对其挠度足够大，可以忽略其挠度的存在而只考虑自由空间的影响。随着煤层顶板逐层垮落，覆岩下的自由空间会逐渐缩小，当其彻底消失时，覆岩将失去破裂冗余空间，此时裂隙高度达到极限。则式（3-6）简化为

$$\begin{cases} H_{i-1} \leqslant \dfrac{m' - \sum\limits_{j=m}^{n-1} h_j(K_{T,i-1} - 1)}{K_{z,i-1} - 1} \\[3mm] H_{a(\max)} = H_i = H_{i-1} + \sum\limits_{j=m}^{n-1} h_j \end{cases} \qquad (3-7)$$

式（3-7）即是采场覆岩裂隙带极限高度 $H_{a(\max)}$ 的估算公式。

首先利用经验公式及式（3-7）分别计算出各自的采场覆岩裂隙带高度，如果两个高度所在的岩层由同一个关键层控制，则此关键层控制的最顶部岩层高度即为导气裂隙带高度；如果最小经验高度所在岩层的控制关键层层位高于极限公式高度所在岩层的控制关键层或者极限公式高度介于最小经验高度与最大高度之间，则取极限高度的关键层控制的最顶部岩层高度为裂隙带高度；否则，取最小经验公式高度所在岩层的关键层控制的最顶部岩层高度为裂隙带高度。

3.1.3.2　顶板储层空间范围现场试验考察

为进一步明确采场有效卸压区域的大小及形态特征，分别对松藻公司渝阳煤矿某工作面进行了卸压范围边界现场试验考察和实验室数值模拟分析。

1. 测试工作面概况

1）试验工作面瓦斯地质条件

试验工作面为松藻公司渝阳煤矿 N21110 工作面采空区，工作面走向长 117 m，倾斜长1187 m，开采 11 号煤层，煤层平均倾角5.5°，平均厚度 0.65 m，煤层埋深在 270～550 m，煤层瓦斯压力0.8～1.5 MPa，瓦斯含量 10～15 m³/t。

N21110 工作面位于渝阳煤矿北二采区，地表高程在 600～740 m。工作面以西为 N21108 工作面，东面未布置工作面，以南为 +355 m 水平，以北布置有 N21112 工作面，N21112 工作面正在布置，已经开掘出 N21112 回风巷。

2）试验工作面周围巷道布置

N21110 工作面巷道宽约 4 m，高约 2 m。其以北布置有 N21112 工作面，目前已经开掘出 N21112 回风巷。N21112 回风巷与 N21110 运输巷之间的煤柱宽约 8 m。

11 号煤层与其上邻近煤层 8 号煤层间距约 23 m，在 11 号煤层与 8 号煤层之间，靠近 N21110 运输巷的一侧施工有一条 N21110 东瓦斯巷，N21110 东瓦斯巷位于 N21110 工作面顶板上方约 10 m，水平距离 N21110 运输巷帮约 38.5 m。

N21110 工作面及其围岩巷道布置图如图 3-9 所示。

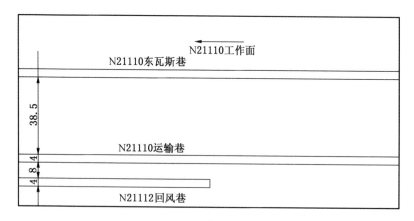

图 3-9　N21110 工作面及其围岩巷道布置图（单位：m）

3）测试工作面顶底板条件

N21110 工作面围岩以泥岩和砂岩为主，间或有 8 号、9 号煤层等邻近煤层，其顶底板围岩的具体情况如图 3-10 所示。

2. 分段注水测试方案

1）测试方法的选择

试验采用井下钻孔分段注水法，主要是在井下从煤层顶板向上施工数个不同角度的钻孔，进行多点微分方式的注（放）水，根据注（放）水量就可以判定采空区顶板内的采动裂隙带（导水裂隙带）的边界范围和最大高度，从而得到采动稳定区顶板岩层有效卸压范围边界，井下钻孔注水观测示意图如图 3-11 所示。

井下钻孔分段注水测试方法的优点在于：①钻孔施工的工程量少，比传统的地面钻孔冲洗液法节省工程量70%～80%；②适应性强，可在任意角度的仰、俯孔中观测；③操作方便，不存在征地、青苗赔偿等问题，使用井下防尘水源即可；④可以进行连续多点观测，保证测试数据的连续性。

"双端封堵注水器"是井下分段注水观测方法的主要设备，它包括膨胀胶囊和注水筛

地层单位				地层厚度/m		柱状	岩石名称
系	统	组	段	最小～最大	平均		
二叠系	上统	龙潭组	P21	5.0～5.5	5.29		砂质泥岩
				0.7～1.0	0.86		M7-2层
				2.3～3.04	2.74		细砂岩
				0.2～0.4	0.31		石灰石
				2.2～2.6	2.41		砂质泥岩
				2.1～2.8	2.52		M8层
				2.3～2.9	2.57		细砂岩
				0.3～0.5	0.38		M9层
				6.2～7.0	6.65		细砂岩
				5.5～6.3	5.94		泥质灰岩
				1.7～2.01	1.85		粉砂质泥岩
				0.11～0.2	0.14		灰质泥岩
				1.86～2.25	2.05		细砂岩
				0.10～0.15	0.11		M10层
				0.7～0.9	0.82		灰质泥岩
				2.2～2.6	2.42		细砂岩
				0.60～1.24	0.96		粉砂质泥岩
				0.5～0.7	0.65		M11层
				3.5～4.4	3.86		粉砂质泥岩
				0.2～0.6	0.30		M12层
				1.8～4.5	3.0		铝质泥岩
	下统	茅口组	P1m	240～260	250		石灰石

图 3-10　N21110 工作面顶底板围岩岩性柱状图

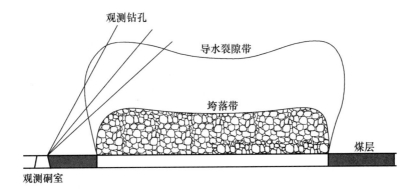

图 3-11　井下钻孔注水观测示意图

管两大部分。注水器两端的胶囊互相连通，平时处于收缩状态，可用钻杆或人力推杆将其推移到钻孔任何深度。通过细径耐压软管、调压阀门和指示仪表向胶囊压水或充气，使探管两端的胶囊同时膨胀成椭球形栓塞，在钻孔内形成一定长度的双端封堵孔段。

通过钻杆或人力空心推杆（兼作注水管路）、调压阀门和压力流量仪表向封堵孔段进行定压注水，可以测出单位时间注入孔段并经孔壁裂隙漏失的水量。实测结果表明，在尚未遭受松动破坏的岩石中，在 0.1 MPa 的注水压力下，每米孔段每分钟的注水流量值很小，甚至趋近于 0；而在导水裂隙带范围内高达 30 L 以上。

钻孔双端封堵注水器工作原理如图 3-12 所示，分段注水测试仪器如图 3-13 所示。

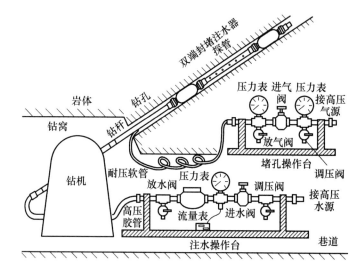

图 3-12 双端封堵注水器工作原理

图 3-13 分段注水测试仪器

2）覆岩有效卸压高度预判

（1）经验公式计算。分析试验工作面的开采参数及地质采矿条件，煤层顶板岩层分别为泥岩、砂质泥岩、10号煤层和泥质灰岩等，判断顶板岩层组总体岩性为中硬类型，查表 3-2 可知估算裂隙带高度适用公式如下：

煤层顶板上覆岩层类型为中硬时

$$H_a = \frac{100 \sum m}{1.6 \sum m + 3.6} \pm 5.6$$

式中　　H_a——导气裂隙带高度，m；

　　$\sum m$——累计采厚，m。

按煤层开采厚度 0.65 m 计算，得覆岩采动破坏高度处于（14.01±5.6）m。

（2）极限高度公式计算。根据工作面顶板岩性情况，结合关键层理论判别出在预计高度内开采煤层覆岩共计存在 3 个关键层，分别为开采煤层的第二层、第九层和第十五层顶板，具体情况见表 3-4。

表 3-4　试验工作面覆岩关键层判别结果统计

关键层位	岩层名称	岩层厚度/m	至开采层距离/m
关键层 1	细砂岩	2.42	0.96
关键层 2	细砂岩	6.65	14.29
关键层 3	细砂岩	2.74	29.13

将表 3-4 中的数据代入极限高度公式（3-7）中，并取最小岩层碎胀系数，可以计算得关键层 2 为开采煤层的极限高度关键层，即关键层 2 不会发生破断，11 号开采煤层顶板裂隙带的极限高度为 14.29 m。

结合经验公式和极限高度公式计算结果，依据前文提出的煤层采动稳定区覆岩裂隙带高度判别准则，可以初步判断采动稳定区顶板的有效卸压高度为 14.29 m。

3）分段注水测试方案设计

施工采前钻孔和采后钻孔两种测试钻孔。采前钻孔施工在煤层的原始覆岩区域，用于测试覆岩层内的原始裂隙发育情况，作为采后观测对比的基础；采后钻孔施工在采空区覆岩内，用于控制覆岩导水破坏带的发育边界。由于预判煤层覆岩的有效卸压高度为 14.29 m，试验方案的测试高度设计为 20 m 以内较为合理。

（1）横向排列的采后测试钻孔施工方案。从 N21112 回风巷煤壁向 N21110 采动稳定区方向施工两组，共 6 个上向钻孔，每组 3 个钻孔的孔口位置在同一水平线上，钻孔编号及位置关系如图 3-14 所示，测试钻孔的开孔位置间距 0.5 m 左右，钻孔用 75 mm 钻头进

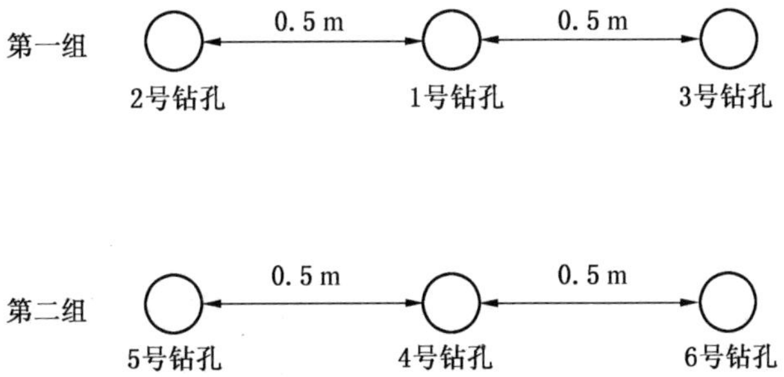

图 3-14　采动稳定区顶板测试钻孔施工位置横向关系

行钻进。钻孔的具体施工参数见表 3 - 5。

表 3 - 5   横向排列的采后测试钻孔施工参数

编号	走向施工角（相对于 N21112 回风巷）/(°)	倾向施工角/(°)	钻孔长度/m
1	90	50	25
2	80	50	25
3	100	50	25
4	90	50	25
5	80	50	25
6	100	50	25

（2）纵向排列的采后测试钻孔施工方案。从 N21112 回风巷煤壁向 N21110 采动稳定区方向施工两组，共 4 个上向钻孔，每组两个钻孔的孔口位置在同一水平线上，钻孔编号及位置关系如图 3 - 15 所示，测试钻孔的开孔位置间距 0.2 m 左右，钻孔用 75 mm 钻头进行钻进。结合 1 号、4 号钻孔测试数据分析采动稳定区顶板裂隙发育纵向分布范围。钻孔的具体施工参数见表 3 - 6。

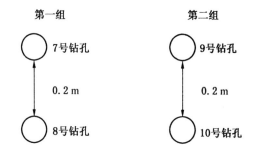

图 3 - 15   采动稳定区顶板测试钻孔施工位置垂直关系

表 3 - 6   纵向排列的采后测试钻孔施工参数

编号	走向施工角（相对于 N21112 回风巷）/(°)	倾向施工角/(°)	钻孔长度/m
7	90	60	25
8	90	45	25
9	90	60	25
10	90	45	25

（3）原始煤层顶板测试钻孔施工方案。从 N21112 回风巷向 N21112 工作面顶板施工 1 个上向测试钻孔。采前及采后顶板测试钻孔的具体施工参数及位置关系如图 3 - 16 所示。测试钻孔的具体施工参数见表 3 - 7。

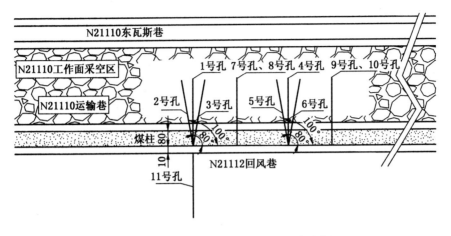

图 3-16 分段注水测试钻孔施工位置关系俯视图

表 3-7 原始煤层顶板测试钻孔施工参数

编号	走向施工角（相对于 N21112 回风巷）/(°)	倾向施工角/(°)	钻孔长度/m
11	90	50	25

3. 测试钻孔数据整理

1）测试钻孔基本信息

试验获得有效钻孔测试数据 11 个，其中未采动影响区测试钻孔 1 个，采动稳定区测试钻孔 10 个，钻孔施工信息见表 3-8。

表 3-8 测试钻孔施工信息

编号	钻孔开孔地点	与巷道壁夹角/(°)	施工仰角/(°)	备注
1	开孔口位于巷帮，距煤层顶板 0.2 m	90	50	
2	开孔口位于巷顶，距巷帮 0.8 m，距煤层顶板 0.7 m	80	50	
3	开孔口位于巷顶，距巷帮 0.8 m，距煤层顶板 0.7 m	100	50	
4	开孔口位于巷顶，距巷帮 0.8 m，距煤层顶板 0.7 m	90	50	
5	开孔口位于巷顶，距巷帮 0.8 m，距煤层顶板 0.7 m	80	50	采动稳定区顶板测试钻孔
6	开孔口位于巷顶，距巷帮 0.8 m，距煤层顶板 0.7 m	100	50	
7	开孔口位于巷帮，距煤层顶板 0.2 m	90	60	
8	开孔口位于巷帮，距煤层顶板 0.2 m	90	45	
9	开孔口位于巷顶，距巷帮 0.8 m，距煤层顶板 0.7 m	90	60	
10	开孔口位于巷顶，距巷帮 0.8 m，距煤层顶板 0.7 m	90	45	
11	开孔口位于巷帮，距煤层顶板 0.2 m	90	50	原始煤层区顶板测试钻孔

2）部分测试钻孔试验数据

（1）原始煤层区顶板测试钻孔。顶板测试钻孔试验数据见表 3 - 9。

表 3 - 9　11 号钻孔注水及漏失信息记录（原始煤层区）

孔号	封孔注水深度/m	垂高/m	封孔压力/MPa	注水压力/MPa	漏失液量/L	注水耗时/min	备注
11	3.25	4.0	0.4	0.14	0.75	1	
	4.75	5.1	0.4	0.15	0.65	1	
	6.25	6.3	0.4	0.16	1.5	1	
	7.75	7.4	0.4	0.17	1.3	1	
	9.25	8.6	0.4	0.18	1.6	1	
	10.75	9.7	0.4	0.20	1.45	1	
	12.25	10.9	0.4	0.21	1.0	1	
	13.75	12.0	0.4	0.22	1.7	1	
	15.25	13.2	0.4	0.23	1.7	1	
	16.75	14.3	0.4	0.24	1.5	1	

（2）采动稳定区顶板横向排列测试钻孔。横向排列测试钻孔的部分试验数据见表 3 - 10 和表 3 - 11。

表 3 - 10　1 号钻孔注水及漏失信息记录（采动稳定区）

孔号	封孔注水深度/m	垂高/m	封孔压力/MPa	注水压力/MPa	漏失液量/L	注水耗时/min	备注
1	3.25	4.0	0.4	0.14	3.1	1	
	4.75	5.1	0.4	0.15	2.05	1	
	6.25	6.3	0.4	0.16	3.2	1	
	7.75	7.4	0.4	0.17	5.2	1	
	10	9.2	0.4	0.19	4.7	1	
	10.75	9.7	0.4	0.20	5.5	1	
	12.25	10.9	0.4	0.21	5.3	1	
	13.75	12.0	0.4	0.22	4.5	1	
	14.5	12.6	0.4	0.22	4.35	1	
	16	13.8	0.4	0.23	2.4	1	
	17.5	14.9	0.4	0.25	1.2	1	
	19	16.1	0.4	0.26	0.75	1	
	20.5	17.2	0.4	0.27	1.2	1	
	21.25	17.8	0.4	0.27	1.05	1	
	22	18.4	0.4	0.28	1.5	1	

表 3-11 2 号钻孔注水及漏失信息记录（采动稳定区）

孔号	封孔注水深度/m	垂高/m	封孔压力/MPa	注水压力/MPa	漏失液量/L	注水耗时/min	备注
2	1.5	3.1	0.4	0.13	3.5	1	
	2.25	3.7	0.4	0.14	3.2	1	
	3.75	4.9	0.4	0.15	4.5	1	
	5.25	6.0	0.4	0.16	1.7	1	
	6.75	7.2	0.4	0.17	5.4	1	
	8.25	8.3	0.4	0.18	5.8	1	
	9.75	9.5	0.4	0.19	4.3	1	
	11.25	10.6	0.4	0.20	3.7	1	
	12.75	11.8	0.4	0.22	3.6	1	
	14.25	12.9	0.4	0.23	4.5	1	
	15.75	14.1	0.4	0.24	4.25	1	
	17.25	15.2	0.4	0.25	1.65	1	
	18.75	16.4	0.4	0.26	1.25	1	
	19.5	16.9	0.4	0.27	1.5	1	

（3）采动稳定区顶板纵向排列测试钻孔。纵向排列测试钻孔的部分试验数据见表 3-12 和表 3-13。

表 3-12 7 号钻孔注水及漏失信息记录表（采动稳定区）

孔号	封孔注水深度/m	垂高/m	封孔压力/MPa	注水压力/MPa	漏失液量/L	注水耗时/min	备注
7	4	5.0	0.4	0.15	3.5	1	
	5.5	6.3	0.4	0.16	0.7	1	
	7	7.6	0.4	0.17	4.3	1	
	8.5	8.9	0.4	0.19	5.7	1	
	10	10.2	0.4	0.20	4.9	1	
	11.5	11.5	0.4	0.21	5.2	1	
	13	12.8	0.4	0.23	5.4	1	
	14.5	14.1	0.4	0.24	4.3	1	
	16	15.4	0.4	0.25	1.9	1	
	17.5	16.7	0.4	0.26	1.2	1	
	19	18.0	0.4	0.28	1.3	1	
	20.5	19.3	0.4	0.29	0.7	1	

表 3 – 13 8 号钻孔注水及漏失信息记录（采动稳定区）

孔号	封孔注水深度/m	垂高/m	封孔压力/MPa	注水压力/MPa	漏失液量/L	注水耗时/min	备注
8	3.25	3.8	0.4	0.14	4.6	1	
	4.75	4.9	0.4	0.15	2.75	1	
	6.25	5.9	0.4	0.16	2.73	1	
	7.75	7.0	0.4	0.17	5.0	1	
	9.25	8.0	0.4	0.18	5.5	1	
	10.75	9.1	0.4	0.19	5.4	1	
	12.25	10.2	0.4	0.20	4.6	1	
	13.75	11.2	0.4	0.21	5.1	1	
	15.25	12.3	0.4	0.22	5.2	1	
	16.75	13.3	0.4	0.23	4.3	1	
	18.25	14.4	0.4	0.24	4.2	1	
	19.75	15.5	0.4	0.25	1.4	1	
	21.25	16.5	0.4	0.26	1.4	1	

4. 测试钻孔数据分析

根据取得的测试数据，对各观测钻孔的注水漏失量随钻孔深度、测点距顶板高度及距煤壁深度变化情况进行定量和定性分析，从而获得采动稳定区顶板岩层卸压裂隙带的发育范围。

1）测试钻孔数据有效性分析

采动稳定区顶板岩层测试钻孔中，相同施工参数的测试钻孔分别各有一对，将相同施工参数的测试钻孔数据进行对比分析，能够很好地验证测试钻孔数据的有效性。相同施工参数的测试钻孔注水漏失量随孔深变化曲线如图 3 – 17 所示。各相同施工参数测试钻孔的注水漏失量数据随孔深的变化趋势几乎完全相同，而且在同样的孔深附近漏失量也近乎相同或相近，显示出相同施工参数测试钻孔的试验数据具有极高的相似性，表明各测试钻孔的试验数据是可重复的、有效的。

2）原始煤层区顶板岩层孔隙分布

原始煤层区顶板岩层孔隙分布特征利用未采动影响区钻孔测试数据进行分析，其注水漏失量随钻孔垂高和水平深度变化曲线能够在一定程度上反映出原生孔隙的发育情况，为后面采动稳定区有效卸压范围内次生孔隙发育情况的测试提供对比。未采动影响区顶板测试钻孔注水漏失量变化曲线如图 3 – 18 所示。由于未采动影响区测试钻孔贯穿顶板多种不同岩性岩层，钻孔漏失量曲线变化有起伏，但总体较平缓，全孔各段漏失量始终小于 2 L/min，漏失量主要由以下两种原因产生：①测试过程由于使用钻杆作为输水系统，在钻机及钻杆连接处不可避免会发生少量漏水；②岩层内或岩层界面处存在少量原生裂隙，导致漏水。测试结果显示，原始煤层区顶板岩层注水漏失量总体较小，表明采前钻孔揭露到的上部岩层具有相对完整性，裂隙不发育。

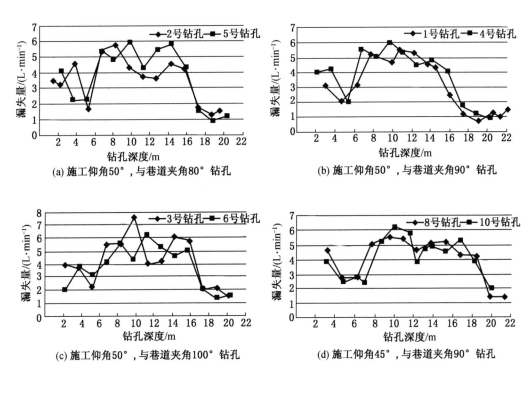

图 3-17 相同施工参数的测试钻孔注水漏失量随孔深变化曲线

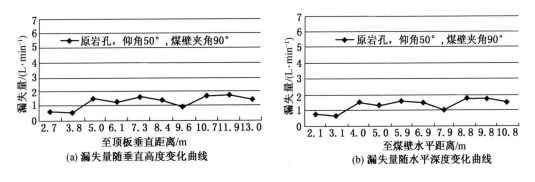

图 3-18 未采动影响区顶板测试钻孔注水漏失量变化曲线

3）采动稳定区顶板岩层卸压范围

（1）顶板裂隙发育特征横向考察。测试钻孔中施工仰角为 50° 的钻孔累计有 6 个，与巷道壁夹角为 80°、90°、100° 的分别有 2 个，各钻孔编号及施工参数见表 3 – 5。将 1 ~ 3 号钻孔视为第一组横向排列测试钻孔组，4 ~ 6 号钻孔视为第二组横向排列测试钻孔组，以研究采动稳定区顶板岩层孔隙的横向分布特征。

第一组横向排列测试钻孔的注水漏失量变化曲线如图 3 – 19 所示，第二组横向排列测试钻孔的注水漏失量变化曲线如图 3 – 20 所示。

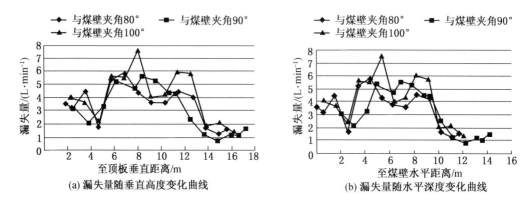

图 3 – 19　采动稳定区第一组横向排列测试钻孔的注水漏失量变化曲线

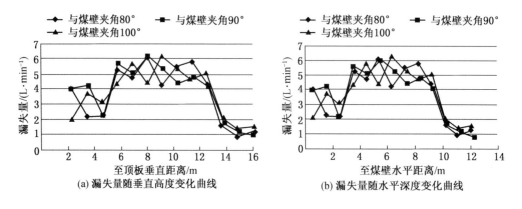

图 3 – 20　采动稳定区第二组横向排列测试钻孔的注水漏失量变化曲线

各横向排列测试钻孔漏失量随垂直高度和水平深度的变化规律大体一致，总体呈现出大→小→大→小的变化趋势，并且在相同层位处注水漏失量也近乎相同。在测试钻孔浅部（竖直距离煤层顶板 4 m 以内，水平距离巷道壁 2 m 以内），测试钻孔注水漏失量高达 4 L/min，表明此区域的顶板岩层受巷道采掘影响剧烈，裂隙发育贯通，浅部测试孔段位于巷道围岩松动圈内，造成浅部钻孔注水漏失量稍大；随着测试孔段继续深入（竖直距离煤层顶板 4 ~ 5 m，水平距离巷道壁 2 ~ 3 m），测试钻孔漏失量迅速衰减，表明此区域的顶板岩层受巷道采掘影响变小，裂隙发育贯通程度降低，测试孔段正在远离巷道围岩松动圈，故各钻孔的注水漏失量减小；在测试钻孔中部（竖直距离煤层顶板 5 ~ 12 m，水平距离巷道壁 5 ~ 9 m），测试钻孔注水漏失量再次升高，并保持在较高水平，表明此区域的顶板岩层受 N21110 工作面采动影响剧烈，采动裂隙发育贯通，测试钻孔的测点已经位于工作面采空区顶板岩层裂隙带内；随着测试孔段进一步深入，钻孔注水漏失量又一次衰减，在测试钻孔深部（竖直距离煤层顶板 13 m 以上，水平距离巷道壁 10 m 以上），钻孔注水漏失量普遍小于 2 L/min，与原始煤层区测试钻孔基本相同，说明此区域的顶板岩层具有相对完整性，裂隙不发育，测试孔段基本穿过了工作面采空区顶板岩层裂隙带。

总结分析结论发现，试验工作面采动稳定区顶板岩层内的采动裂隙发育宽度和高度在沿巷道水平轴线方向基本上不变。

（2）顶板裂隙发育特征竖直纵向考察。测试钻孔中与巷道壁夹角为 90° 的钻孔累计有 6 个，施工仰角为 45°、50°、60° 的分别有 2 个，各钻孔编号及施工参数见表 3-8。将 1 号、7 号、8 号钻孔视为第一组纵向排列测试钻孔组，4 号、9 号、10 号钻孔视为第二组纵向排列测试钻孔组，以研究采动稳定区顶板岩层孔隙的竖直纵向分布特征。

第一组纵向排列测试钻孔的注水漏失量变化曲线如图 3-21 所示，第二组纵向排列测试钻孔的注水漏失量变化曲线如图 3-22 所示。

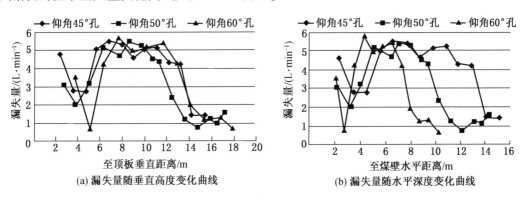

图 3-21 采动稳定区第一组纵向排列测试钻孔的注水漏失量变化曲线

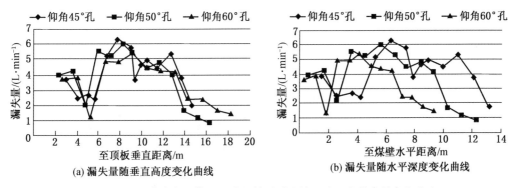

图 3-22 采动稳定区第二组纵向排列测试钻孔的注水漏失量变化曲线

尽管各组钻孔注水漏失量随垂直高度和水平深度的变化规律仍然一致，总体呈现出大→小→大→小的趋势，但不同施工仰角的钻孔在注水漏失量发生转折变化的位置却不再相同或相近。以第一组测试钻孔为例，在钻孔浅部时，45° 钻孔的注水漏失量始终大于 2 L/min，50° 钻孔有一个测点的漏失量约为 2 L/min，而 60° 钻孔则有一小段的钻孔漏失量小于 2 L/min，反映出浅部的 45° 钻孔始终处于巷道松动圈与采空区顶板裂隙发育区，50°

钻孔刚好穿过巷道松动圈与采空区顶板裂隙发育区的交界点，60°钻孔则有一小段钻孔贯穿了裂隙发育区进入原岩区。在钻孔中部时，45°、50°、60°钻孔的漏失量逐渐增加并最终远大于 2 L/min，反映出测试钻孔段一直在采空区顶板裂隙发育区；在钻孔深部时，60°、50°、45°钻孔的漏失量先后衰减至 2 L/min 以下，反映出测试钻孔先后贯穿裂隙发育区进入裂隙不发育的原岩区。

总结分析可知，随着测试钻孔施工仰角的增大（45°、50°、60°），钻孔处于试验工作面采空区顶板裂隙发育范围的长度变小，表明工作面采动稳定区顶板岩层内的采动裂隙发育宽度和高度在竖直方向存在一定的变化。

（3）顶板有效卸压范围边界考察。将纵向排列的各测试钻孔注水漏失量突变临界点连接，能够得出工作面采空区顶板裂隙发育范围边界，也就是本书研究的采动稳定区顶板岩层有效卸压范围边界，如图 3 - 23 所示。采空区顶板采动裂隙发育边界不是垂直分布，而是带有一定的弧形，并且随着距离底板高度的加大，裂隙发育范围变宽。

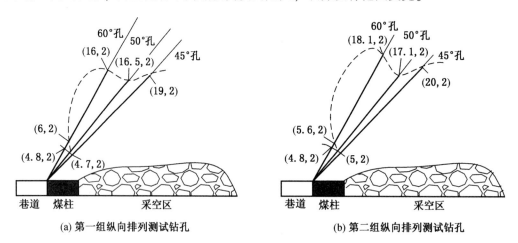

x—测点至孔口距离，m；y—测点漏失量，L/min

图 3 - 23　采动稳定区上部岩层内导水裂隙发育边界示意图

对比原岩区测试钻孔与采动稳定区测试钻孔的试验数据，可以得到 8 个采动稳定区顶板岩层有效卸压裂隙边界点，边界点位置信息见表 3 - 14。

表 3 - 14　采动稳定区上部岩层内有效卸压边界点位置信息

序　号	至孔口距离/m	至开采煤层顶板竖直距离/m	至巷道煤柱水平距离/m
1	6	5.20	3.00
2	16	13.86	8.00
3	16.5	12.64	10.61
4	19	13.44	13.44
5	5.6	4.85	2.80
6	18.1	15.68	9.05
7	17.1	13.10	10.99
8	20	14.14	14.14

分析表 3 – 14 数据可以发现，试验工作面采动稳定区顶板岩层的有效卸压高度约为 14 m，利用本书提出的采动稳定区顶板岩层卸压高度判别方法判断有效卸压高度为 14.29 m，现场试验结果与理论分析结果非常接近。

3.1.4 采动稳定区底板储层空间计算

采动稳定区底板储层空间范围也就是底板岩层内有效卸压裂隙场的分布范围。

工作面底板下一定范围内的岩体，当作用在其上的支承压力的分力超过其抗剪强度时，岩体将发生塑性剪切破坏；但由于此时压力值很高，因此其内部的裂隙仍然保持闭合状态，并没有实现真正的卸压，如图 3 – 24 中的剪切破坏区；只有当支承压力随工作面推进开始从峰值降低，底板破坏岩层才会由浅到深逐步卸压、膨胀，当支承压力作用区域的底板卸压破坏岩体的区域达到一定程度时，岩体塑性区将连成一片，致使采空区底板隆起，已发生塑性变形的岩体向采空区内移动，并且形成一个如图 3 – 24 中的岩体连续滑移面。随着工作面持续推进，原滑移线内的卸压膨胀区岩体进入采空区深部，由于垮落矸石的作用，其承受的支承压力重新恢复至接近原岩应力水平，如图 3 – 24 中的重新压实区，但由于水平应力的降低，此区内的岩体仍然处于卸压状态，与膨胀区岩体共同组成了底板导气裂隙带，此时底板岩体遭受的采动破坏最严重。

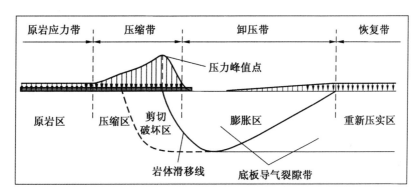

图 3 – 24 开采煤层底板岩体应力场及破坏裂隙分布规律示意图

3.1.4.1 底板储层空间计算方法

1. 底板储层的宽度

1）支承应力作用下的底板卸压宽度

将煤层底板岩体视为层状岩层组成的半无限体，煤层开采在采场围岩引起的支承压力可以视为集中载荷 P_z 作用在半无限体的平面上，对平面下方任何一点 M 将产生影响，如图 3 – 25 所示。底板岩体内 M 点处受到的垂直应力 σ_z 可用下式表示：

$$\sigma_z = \frac{K^* P_z}{h_v^2} \tag{3 – 8}$$

式中　σ_z——底板岩体内 M 点的垂直应力，MPa；

　　　P_z——集中载荷，N；

　　　h_v——M 点距集中载荷 P_z 作用点的垂直距离，m；

　　　K^*——应力集中系数，$K^* = \dfrac{3}{2\pi\left[1 + (r_h/h_v)^2\right]^{5/2}}$；

r_h——M点距集中载荷 P_z 作用点的水平距离，m。

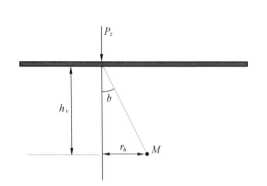

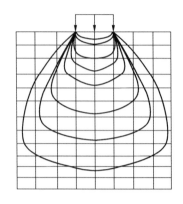

图 3-25　集中载荷 P_z 对半无限平面内 M 点的影响　　图 3-26　均载条件下底板应力分布等值线图

图 3-26 为其应力分布等值线图。从式（3-8）和图 3-26 可以看出，由于支承压力在底板中地应力与作用力呈对称状分布，应力的大小随深度的增加而减小，在水平面上离作用力点越远，应力越小，但越往深部，作用力的影响范围越大。但如果考虑采空区由于矸石垮落，顶板下沉逐渐压实采空区，则采空区内也存在作用载荷，底板中应力的分布将又发生改变。

图 3-27 是将岩体视为均质弹性体，对煤柱下方底板煤岩层中的应力进行的模拟计算结果。在考虑采空区压实条件下，底板下 80 m 以远的范围都处于卸压区，在底板下 0～30 m 范围内，卸压角接近 90°。煤层开采后，底板中卸压和变形逐渐向深部传播，随着工作面推进，采空区顶板岩层垮落，逐步被压实。

煤层开采后，原来由开采煤层承受的上覆岩体重量将转移到工作面前、后方和两侧的煤体上，从而在采空区后方形成卸压区。开采煤层底板经历了采前压力升高、采后压力降低、压力逐渐恢复几个阶段。在煤柱边界处向小于原始应力的垂直等应力曲线作切线，便可得到上部煤层开采以后，在采空区下方形成的卸压区范围。

应力系数为 1 的等值线即为卸压区与应力集中区的分界线，分界线所圈定的采空区一侧范围即为所受应力小于原始应力的减压区域。显然，煤层开采时会造成采场底板一定区域内的围岩层产生应力降低、透气性增加的效果，图 3-26 中从煤壁边缘向等值线作切线可得走向卸压角约为 80°。

由前面分析可知，采场底板内裂隙场成因较为单一，主要是因为作用在其上的支承压力的分力超过其抗剪强度，发生塑性剪切破坏，并最终形成剪切滑移裂隙区。因此采场底板裂隙边界卸压角与煤壁前方的支承压力变化趋势密切相关，根据矿山压力控制理论，煤壁前方支承压力在横向上呈现出先增高后恢复的"单驼峰"特征（见图 3-24），在纵向上随深度呈现指数衰减的规律特征，而由于长期地质应力的挤压作用，地层岩性随深度呈现强度增高的趋势。由此可知，采场底板裂隙边界卸压角度不会超过 90°。

2）上保护层开采学的底板卸压宽度

当无法获得评价目标矿区的采动边界角等资料，或者需要快速对目标矿区的采动稳定区瓦斯资源进行初步评估时，可以利用上保护层卸压开采研究中的卸压角进行目标矿区底板岩层卸压范围的计算。

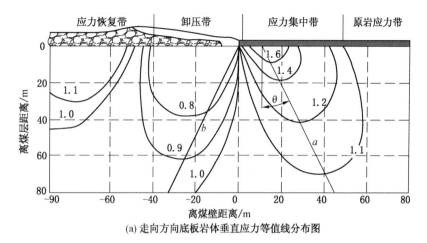

(a) 走向方向底板岩体垂直应力等值线分布图

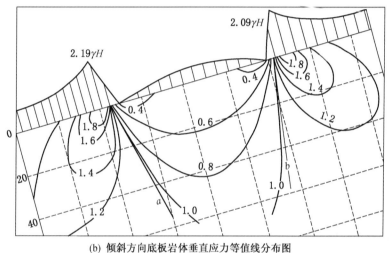

(b) 倾斜方向底板岩体垂直应力等值线分布图

图 3 - 27　底板岩体内垂直应力分布图

（1）沿倾向的卸压角度。上保护层沿倾向（倾斜角 α）的卸压范围按卸压角 δ 划定，如图 3 - 28 所示。卸压角的大小应采用矿井的实测数据，如无实测数据时，参照表 3 - 15 中的数据确定。

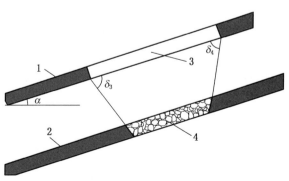

1—开采煤层；2—被保护煤层；3—采空区；4—卸压保护区

图 3 - 28　上保护层沿倾向保护范围

表3-15 上保护层沿倾向卸压角取值

煤层倾角 $\alpha/(°)$		0	10	20	30	40	50	60	70	80	90
卸压角 $\delta/(°)$	δ_3	75	75	75	77	80	80	80	80	78	75
	δ_4	75	75	75	70	70	70	70	72	75	80

（2）沿走向的卸压角度。若上保护层采煤工作面停采时间超过3个月且卸压比较充分，则该保护层采煤工作面对被保护层沿走向的保护范围对应于始采线、终采线及所留煤柱边缘位置的边界线可按卸压角 $\delta_5 = 56° \sim 60°$ 划定，如图3-29所示。

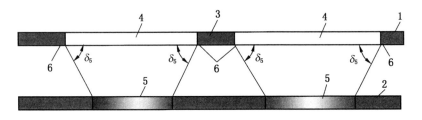

1—开采层；2—被保护煤层；3—煤柱；4—采空区；5—卸压保护区；6—始采线、终采线

图3-29 上保护层始采线、终采线和煤柱的影响范围

2. 底板储层的深度

1）统计公式计算法

我国很多煤矿从现场安全生产工作需要出发，通过现场观测手段获得了不同地区的煤层底板采动裂隙带深度数据，对大量观测数据进行回归统计分析，可以获得较准确的煤层底板采动裂隙带深度经验计算公式。

观测结果表明，底板采动破坏程度主要取决于工作面的矿压作用，其影响因素有开采深度、煤层倾角、开采厚度、工作面长度、开采方法和顶板控制方法等。另外还有底板岩层的抗破坏能力，包括岩石强度、岩层组合及原始裂隙发育状况等。

根据《建筑物、水体、铁路及主要井巷煤柱留设与压煤开采规程》，考虑工作面的斜长、采深、采厚和倾角，结合全国12个突水工作面情况，得出了采深在600 m以上的煤层底板破坏经验公式，即

$$H_{bd} = 0.0085H + 0.1665\alpha + 0.1079W - 4.3579 \tag{3-9}$$

文献［63］根据潘西煤矿、良庄煤矿和孙村煤矿等大采深矿井底板破坏深度的统计数据，得出了适合大采深（$H \geqslant 600$ m）矿井的底板破坏深度经验公式：

$$H_{bd} = 0.0618H + 7.931\ln\frac{W}{23.5} + 0.1271\alpha + 0.837A + 2.5961 \tag{3-10}$$

式中　H——煤层埋深，m；

　　　W——工作面倾斜长度，m。

2）塑性理论分析方法

底板岩体的滑移线场即塑性区的边界，如图3-30所示，由三个区组成：Ⅰ主动极限区 ABC 及Ⅲ被动极限区 ADE，其滑移线各由两条直线组成；Ⅱ过渡区 ACD，其滑移线中一组由对数螺线组成，另一组为自 A 为起点的放射线。

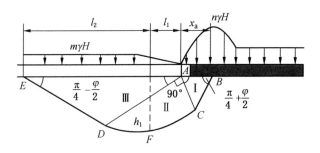

图 3 - 30　极限状态下底板塑性破坏区的范围

主动极限区 I 区中，$\angle ABC = \angle BAC = \dfrac{\pi}{4} + \dfrac{\varphi}{2}$，式中 φ 为内摩擦角对应的弧度。

过渡区 II 区中，CD 曲线是对数螺线，其原点为 B 点，对数螺线的方程为（图 3 - 31）

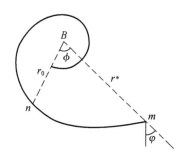

图 3 - 31　对数螺线示意图

$$r^* = r_0 e^{\phi \tan \varphi} \qquad (3 - 11)$$

式中　r^*——以 B 为原点的与 r_0 成 ϕ 角处的螺线半径，m；

$\qquad r_0$——图 3 - 30 中 AC 的长度，m；

$\qquad \phi$——r^* 与 r_0 的夹角对应的弧度。

被动极限区 III 区中，$\angle AED = \angle DAE = \dfrac{\pi}{4} - \dfrac{\varphi}{2}$。

从图 3 - 30 中塑性区的形成及发展过程可以解释实际生产中煤层底板岩体发生底鼓的原因。煤层开采后，在采空区四周的底板岩体上产生支承压力，当支承压力作用区域的岩体（即图 3 - 30 中的 I 区，亦即主动极限区）所承受的应力超过其极限强度时，岩体将产生塑性变形，并且这部分岩体在垂直方向上受压缩，则在水平方向上岩体必然会膨胀，膨胀的岩体挤压过渡区（即图 3 - 30 中的 II 区）的岩体，并且将应力传递到这一区。过渡区的岩体继续挤压被动极限区（即图 3 - 30 中的 III 区），由于只有这一区有采空区这一临空面，从而过渡区及被动极限区的岩体在主动极限区传递来的力的作用下向采空区内膨胀。这一过程可称为底板的压延作用，即由于主动极限区岩体竖向受压，而向横向延伸，从而推动过渡区及被动极限区的岩体向采空区膨胀。根据图 3 - 32 中极限塑性的几何尺寸可以确定出极限支承压力条件下破坏

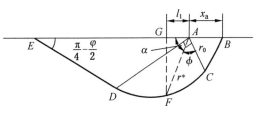

图 3 - 32　底板最大破坏深度计算图

区的最大深度及长度。

由图 3 – 32 可知，$AC = r_0$，$AF = r^*$，$GF = r^* \sin\alpha$，而 $\alpha = \dfrac{\pi}{2} + \left(\dfrac{\pi}{4} - \dfrac{\varphi}{2} \right) - \phi$，所以

$$GF = h = r_0 e^{\phi \tan\varphi} \cos\left(\phi + \frac{\varphi}{2} - \frac{\pi}{4} \right) \tag{3-12}$$

$$\frac{\mathrm{d}h}{\mathrm{d}\phi} = r_0 e^{\phi \tan\varphi} \cos\left(\phi + \frac{\varphi}{2} - \frac{\pi}{4} \right) \times \tan\varphi - r_0 e^{\phi \tan\varphi} \sin\left(\phi + \frac{\varphi}{2} - \frac{\pi}{4} \right)$$

在底板破坏区的最大深度处，必然满足 $\dfrac{\mathrm{d}h}{\mathrm{d}\phi} = 0$，可以求出 $\tan\varphi = \tan\left(\phi + \dfrac{\varphi}{2} - \dfrac{\pi}{4} \right)$，从而

$$\phi = \frac{\varphi}{2} + \frac{\pi}{4} \tag{3-13}$$

即在 $\phi = \dfrac{\varphi}{2} + \dfrac{\pi}{4}$ 处，底板破坏深度达到最大。

将式（3 – 13）及 r_0 代入式（3 – 12），即可得到岩体最大破坏深度 H_{bd}：

$$H_{\mathrm{bd}} = \frac{x_a \cos\varphi}{2 \cos\left(\dfrac{\pi}{4} + \dfrac{\varphi}{2} \right)} e^{\left(\frac{\pi}{4} + \frac{\varphi}{2} \right) \tan\varphi} \tag{3-14}$$

式中　x_a——煤柱屈服区的长度，m。

工作面前方煤壁屈服区的长度 x_a 可通过现场实测得到，也可以利用经验公式或理论公式计算得出。

国内赵启峰等人根据极限平衡原理推导出了煤层的屈服区长度计算公式：

$$x_a = \frac{M}{2 K_1 \tan\varphi} \ln \frac{n \gamma_b H + c_m \cos\varphi}{K_1 c_m \cos\varphi} \tag{3-15}$$

式中　c_m——煤层的黏聚力，MPa；

　　　M——煤层采高，m；

　　　γ_b——底板岩体的容重，t/m³。

3.1.4.2　底板储层空间范围数值模拟

1. 数值计算模型的构建

岩层渗透率的提高是形成导气裂隙带的根本原因，而岩层内应力场的变化与渗透率变化关系密切，Ren 等人研究发现岩体渗透率与其应力变化存在指数关系，垂直方向及水平方向渗透率可分别由下式计算：

$$\begin{cases} k_h = k_{h0} e^{-0.25(\sigma_{yy} - \sigma_{yy0})} \\ k_v = k_{t0} e^{-0.25(\sigma_{xx} - \sigma_{xx0})} \end{cases} \tag{3-16}$$

式中　　k_{h0}、k_{t0}——水平和垂直方向的初始渗透率，darcy；

　　　σ_{yy}、σ_{xx}——水平和垂直方向当前应力状态值，N；

　　　σ_{yy0}、σ_{xx0}——水平和垂直方向的原始应力值，N。

将式（3 – 16）两端各除以初始渗透率即为岩层内某点相对初始状态渗透率的变化情况，即 $\lambda^* = e^{-0.25(\sigma - \sigma_0)}$，$\lambda^* > 0$。岩层相对渗透率的大小可以直接表征岩层受采动影响的效果，若 $\lambda^* > 1$，该点发生采动应力卸压，渗透率变大；$\lambda^* = 1$，该点未受采动影响，渗

透率未发生变化；$\lambda^* < 1$，该点发生采动应力集中，渗透率变小。

岩石力学试验表明，当载荷达到岩石屈服极限后，岩体在峰后的塑性流动过程中，随着变形的进一步发展，仍将保持一定的残余强度。因此采用莫尔-库仑（Mohr-Coulomb）屈服准则模型来描述岩体强度特征。

1）增量弹性法则

计算过程中，模型主应力和主方向从应力张量分量计算：

$$\sigma_1 \leqslant \sigma_2 \leqslant \sigma_3 \tag{3-17}$$

相应的主应变增量 Δe_1、Δe_2、Δe_3 分解为

$$\Delta e_i = \Delta e_i^e + \Delta e_i^p \quad (i = 1,3) \tag{3-18}$$

式中　e、p——弹性和塑性部分，塑性分量只在塑性流动阶段不为零。

根据胡克定律，主应力和主应变的增量表达式为

$$\begin{cases} \Delta\sigma_1 = \nu_1 \Delta e_1^e + \nu_2 (\Delta e_2^e + \Delta e_3^e) \\ \Delta\sigma_2 = \nu_1 \Delta e_2^e + \nu_2 (\Delta e_1^e + \Delta e_3^e) \\ \Delta\sigma_3 = \nu_1 \Delta e_3^e + \nu_2 (\Delta e_1^e + \Delta e_2^e) \end{cases} \tag{3-19}$$

式中　ν_1、ν_2——计算系数，$\nu_1 = K + \dfrac{4G}{3}$，$\nu_2 = K - \dfrac{2G}{3}$。

2）屈服函数和势函数

按照式（3-17）的假定，由莫尔-库仑屈服函数定义的破坏包络线为

$$f^s = \sigma_1 - \sigma_3 N_\varphi + 2c \sqrt{N_\varphi}$$

而拉应力的屈服函数为

$$f^t = \sigma_t - \sigma_3$$

式中　c——黏聚力，kN/m^2；

　　　σ_t——抗拉强度，kPa；

　　　N_φ——计算系数，$N_\varphi = \dfrac{1 + \sin\varphi}{1 - \sin\varphi}$。

剪切势函数 g^s 对应于非关联的流动法则为

$$g^s = \sigma_1 - \sigma_3 N_\varphi \tag{3-20}$$

3）塑性修正

剪切破坏流动法则如下：

$$\Delta e_i^p = \lambda^s \frac{\partial g^s}{\partial \sigma_i} \quad (i = 1,3)$$

这里 λ^s 是待定的参数，用式（3-20）中的 g^s 通过偏微分法后，得

$$\begin{cases} \Delta e_1^p = \lambda^s \\ \Delta e_2^p = 0 \\ \Delta e_3^p = -\lambda^s N_\varphi \end{cases}$$

弹性应变增量可以从式（3-18）表示的总增量减去塑性增量，进一步利用上式的流动法则，则式（3-19）中的弹性法则变为

$$\begin{cases} \Delta\sigma_1 = \nu_1\Delta e_1 + \nu_2(\Delta e_2 + \Delta e_3) - \lambda^s(\nu_1 - \nu_2 N_\varphi) \\ \Delta\sigma_2 = \nu_1\Delta e_2 + \nu_2(\Delta e_1 + \Delta e_3) - \lambda^s\nu_2(1 - N_\varphi) \\ \Delta\sigma_3 = \nu_1\Delta e_3 + \nu_2(\Delta e_1 + \Delta e_2) - \lambda^s(-\nu_1 N_\varphi + \nu_2) \end{cases} \quad (3-21)$$

用上标 N 和 O 分别表示新旧应力状态，并通过定义：

$$\sigma_i^N = \sigma_i^O + \Delta\sigma_i \quad (i = 1,3) \quad (3-22)$$

用式（3-22）代替式（3-21），并用 I 表示由弹性假设得到的应变和原应力之和，由总应变计算得到的弹性增量为

$$\begin{cases} \Delta\sigma_1^I = \sigma_1^O + \nu_1\Delta e_1 + \nu_2(\Delta e_2 + \Delta e_3) \\ \Delta\sigma_2^I = \sigma_2^O + \nu_1\Delta e_2 + \nu_2(\Delta e_1 + \Delta e_3) \\ \Delta\sigma_3^I = \sigma_3^O + \nu_1\Delta e_3 + \nu_2(\Delta e_1 + \Delta e_2) \end{cases}$$

2. 几何模型及材料参数

1）试验工作面基本情况

渝阳煤矿 N21110 工作面走向长 117 m，倾斜长 1187 m，开采 11 号煤层，煤层结构简单，倾角平均 5.5°，厚度平均 0.65 m，工作面地表高程在 600~740 m 之间，埋深在 270~550 m 之间。

N21110 工作面顶底板情况见表 3-16。

表3-16 N21110 工作面顶底板情况

顶底板名称	岩石名称	厚度/m	岩性特征
基本顶	泥质灰岩	1.5	灰色中厚层状，坚硬
直接顶	泥岩 10 号煤层 砂质泥岩	6.27	灰色泥岩 10 号煤层 浅灰色砂质泥岩
伪顶	泥岩	0.6	黑色，含植物化石
直接底	泥岩	1.0	深灰色泥岩，质纯
基本底	泥岩	1.75	含黄铁矿结核

N21110 工作面巷道宽约 4 m，高约 2 m。其以北布置有 N21112 工作面，已经开掘出 N21112 回风巷，N21112 回风巷与 N21110 运输巷之间的煤柱宽约 8 m。

2）几何模型构建

根据试验工作面概况，确定 11 号煤层内布置 N21110 工作面为近水平极薄煤层保护层开采。工作面为走向布置，沿倾向推进。开切眼及平巷高 2 m，宽 4 m，根据 CAD 三维建模转入 ANSYS 划分网格的经验可知，为真实反映煤层布置方式及围岩巷道布置情况，需要的网格数目在（40~60）万个不等，导入 FLAC^{3D} 计算速度较慢，因此对模型进行简化处理。

煤层工作面平行煤层走向布置，平巷垂直走向掘进，规定煤层走向为 X 方向，沿倾向垂直走向为 Y 方向，竖直埋深方向为 Z 方向。考虑煤层开采后围岩变化对渗透率的影响，

设计三维模型高（Z 方向）249.8 m，沿倾向长（Y 方向）155 m，沿走向长（X 方向）125 m。考虑边界效应，设置平巷左侧煤柱宽 31 m，工作面开切眼后侧煤柱宽 41 m，11 号煤层底板在左边界距模型底面 90 m。由于煤层沿倾向上行推进，几何模型建立沿走向对称模型，以减少计算量。根据煤层的实际周期垮落步距，试验计算一次推进距离为 20 m。几何模型如图 3 - 33 所示。

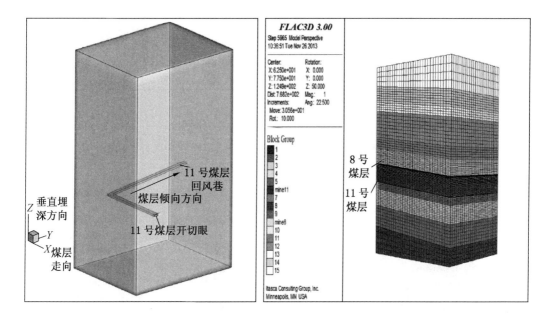

图 3 - 33　几何模型

3）模型边界条件

根据渝阳煤矿北三区综合柱状图可知，模型上表面距地表深度约为 340 m，根据 $P = \gamma H$，上表面施加应力边界条件 $\sigma_z = 14.04$ MPa；$X = 0$ 边界施加位移约束，$X = 125$ m 边界为对称面施加滚轴支撑；$Y = 0$、$Y = 155$ m 处约束 Y 方向位移，$Z = 0$ 处约束 Z 方向位移。水平应力自动根据泊松比计算，区域围岩侧压系数约为 0.5。

3. 模拟结果分析

1）煤层开采后围岩应力变化

对 11 号煤层模拟沿倾向上行推进开采 5 次，每次推进 20 m。工作面推进过程如图 3 - 34 所示。工作面推进过程中垂直应力等值面图如图 3 - 35 所示。煤层开采空间前后方的煤体及围岩中出现应力曲面蜷曲闭合，此蜷曲闭合呈现"辐射状"分布特征，即紧邻开采煤壁区域内应力值最高，以此为"源点"，形成一个应力集中区域，此区域内随着至开采煤壁距离的增大，应力值逐渐回落至原始状态；煤体开采后形成较大的临空面，在靠近回采空间的顶底板岩层内应力释放产生卸压，形成"拱状"应力卸压曲面，距离回采空间越远卸压效果越差，并在极远处"拱状"应力曲面由卸压转变为集中，与开采煤壁围岩的应力集中区域发生闭合式连接。

进一步分析发现，随着煤体推进距离的增加，回采空间跨度增大，顶底板岩层卸压程度逐渐加剧，垂直地应力急剧减小，最终变为拉应力（约 1.34 MPa）。在此期间，顶板卸

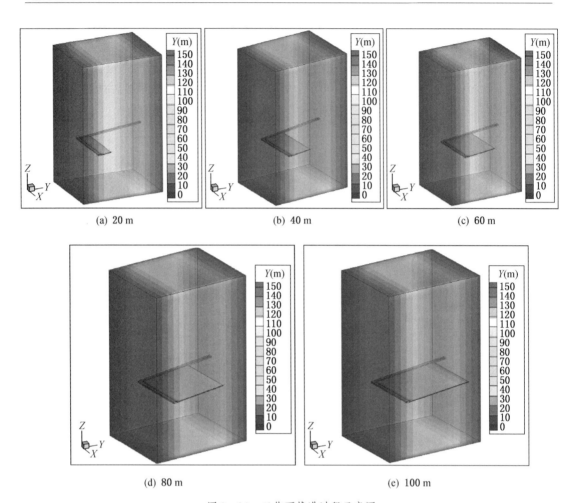

(a) 20 m (b) 40 m (c) 60 m

(d) 80 m (e) 100 m

图 3 - 34 工作面推进过程示意图

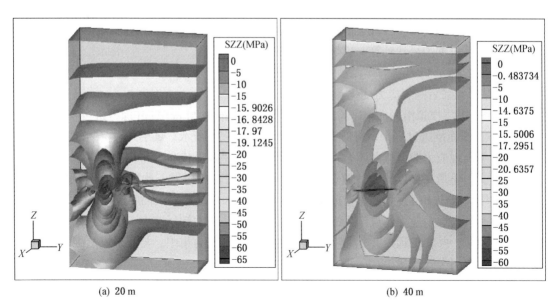

(a) 20 m (b) 40 m

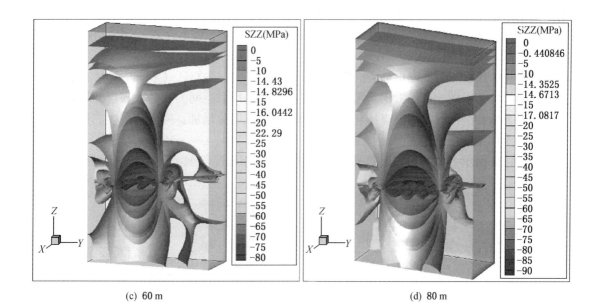

(c) 60 m　　　　　　　　　　　　　　　(d) 80 m

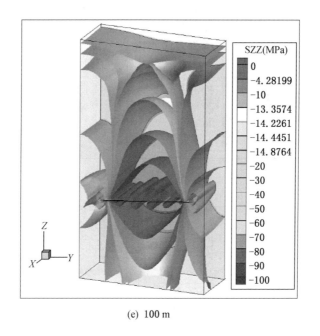

(e) 100 m

图 3-35　工作面推进过程中垂直应力分布等值面图

压高度与推进距离近似呈线性比例增加，最终卸压高度约为 60 m。开采煤壁前后方应力集中程度也随回采跨度逐渐增加，垂直地应力先后增大至 34 MPa、36 MPa、40 MPa、41 MPa、44 MPa；应力集中区域也逐步增大。

图 3-36 所示为工作面推进不同距离时，沿平行于煤层走向的固定剖面上（$Y=74$ m 处）的垂直应力分布云图。可以看出，工作面推进 20 m 时，剖面仍位于工作面前方 10 m 煤壁内，受工作面开采影响，此时剖面处煤体及顶底板处于应力集中状态；工作面推进 40 m 时，剖面位于工作面后方约 10 m 的采空区内，此时剖面处煤体被采出形成临空面，

其顶底板处于小范围应力卸压状态；随着推进距离持续增加，剖面采空区顶底板岩层的卸压程度和卸压范围逐渐增大，并在推进至 80 m 时达到顶峰，同时平巷左侧围岩内应力集中程度逐渐增大。

图 3-37 所示为工作面推进不同距离时，沿煤层倾向过采空区（$X = 60$ m 处）剖面上的垂直应力分布云图。可以看出，随着推进距离增加，回采空间的顶底板岩层卸压程度和范围均明显增加，同时前后方煤体和围岩应力集中区域明显增加，应力值增大，整体发展趋势同沿走向剖面是一样的。

图 3-38 所示为最终状态下的采空区覆岩内平行于煤层剖面上的垂直应力分布云图，

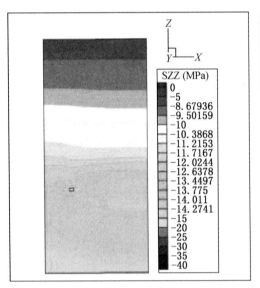

(a) 20 m

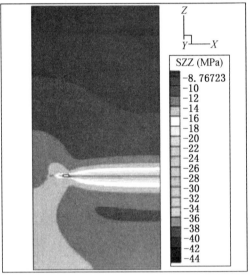

(b) 40 m

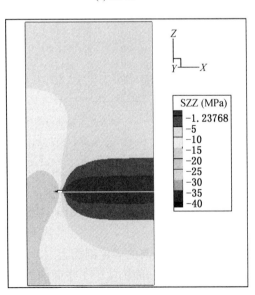

(c) 60 m

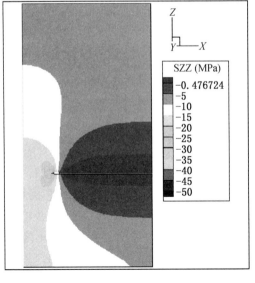

(d) 80 m

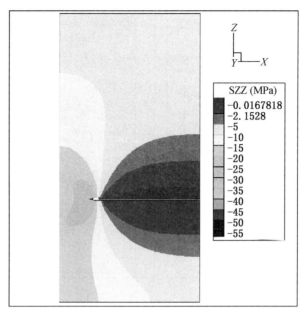

(e) 100 m

图 3 - 36　工作面推进过程中沿走向剖面上的垂直应力分布云图

图 3 - 38a 为采空区顶板剖面，图 3 - 38b、图 3 - 38c 分别为上方 10 m、20 m 处剖面。读图可知，煤体开挖后，顶板完全卸压，直接顶应力接近于 0，局部甚至出现拉应力。随着至煤层距离的增加，采空区围岩内的应力集中程度降低，区域减小；采空区正上方覆岩内的应力卸压程度降低，卸压范围向中心缩小，并逐渐呈半椭圆形状。

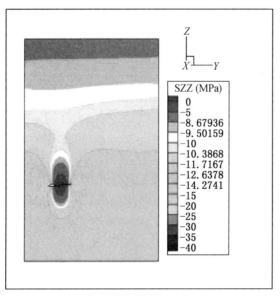

(a) 20 m

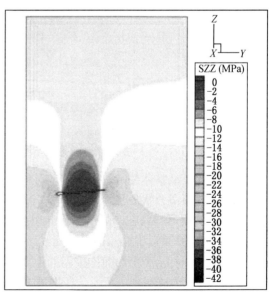

(b) 40 m

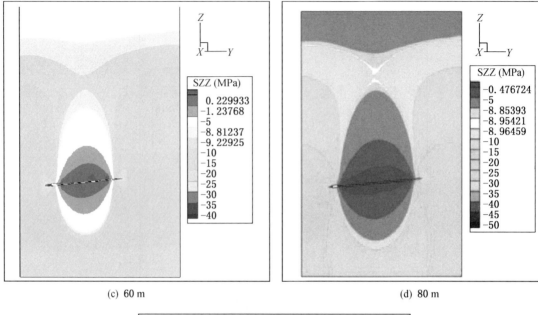

(c) 60 m   (d) 80 m

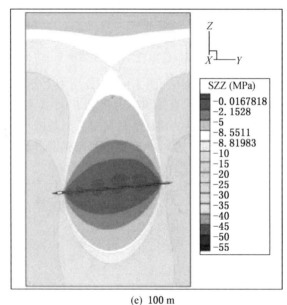

(e) 100 m

图 3 - 37　工作面推进过程中沿倾向剖面上的垂直应力分布云图

　　考虑到模型整体关于右边界的轴对称性，可知：煤层采空区覆岩卸压范围随至煤层距离的增加逐渐由"大方形圆角"向"小椭圆形"过渡，顶板岩层卸压范围在空间上呈现典型的"椭帽形"特征。煤层底板卸压范围的变化趋势同样如此。

　　2）煤层开采后围岩渗透率变化

　　图 3 - 39 所示为工作面推进不同距离时，倾向上采场围岩水平方向（Y）渗透率和垂直方向（Z）渗透率变化云图。在推进方向前后煤体、煤壁上应力集中的区域对应渗透率变小，顶底板卸压区域的覆岩渗透率对应增大，其中直接顶卸压最充分，渗透率增加最大。整体在煤层覆岩中渗透率增大区域呈"拱形"分布特征，并且随推进距离增加，渗透

率增大的范围也随之增大。

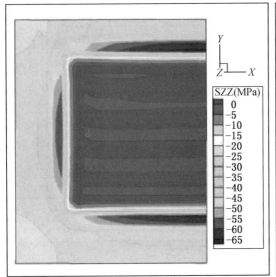

(a) Z=93 m(以剖面下边界为基准，下同)

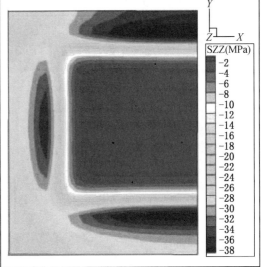

(b) Z=103 m

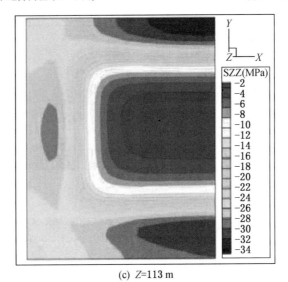

(c) Z=113 m

图 3-38 采空区覆岩内平行于煤层剖面上的垂直应力分布云图

图 3-40 所示为工作面推进不同距离时，在固定剖面 Y=74 m 处的渗透率变化云图。推进距离为 20 m、40 m、60 m、80 m、100 m 时剖面分别位于工作面前方 10 m 处、后方 10 m、30 m、50 m、70 m 处。推进 20 m 时，剖面位于工作面前方煤壁内，处于应力集中状态，回风平巷周围渗透率均呈现出不同程度的减小；推进 40 m 时，剖面位于工作后方 10 m 处，此时顶底板岩层受到卸压作用，渗透率增大，且顶板岩层卸压作用和范围相对底板更大，回风平巷左侧围岩应力集中渗透率减小；推进 60 m 后，顶底板岩层卸压范围进一步扩大，渗透率增加幅度加剧；推进到 80 m 后，剖面已经处于工作面后方 50 m 以后，此时采场顶底板卸压范围基本稳定，主要的变化表现在卸压程度进一步加剧。

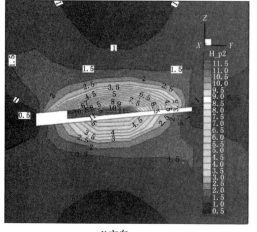
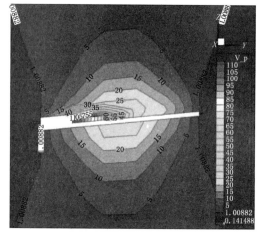

Y 方向　　　　　　　　　　　　　Z 方向

(a) 20 m

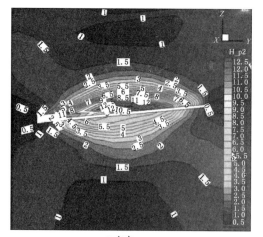
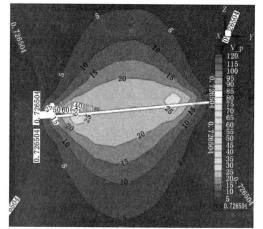

Y 方向　　　　　　　　　　　　　Z 方向

(b) 40 m

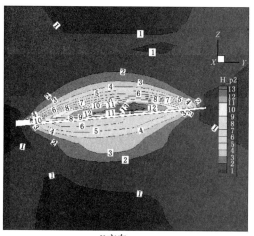
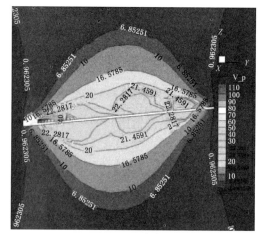

Y 方向　　　　　　　　　　　　　Z 方向

(c) 60 m

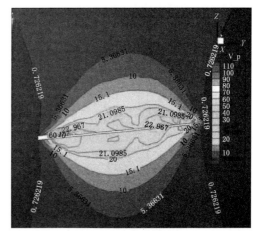

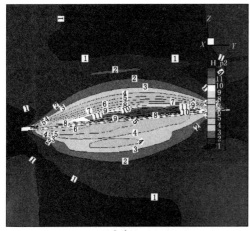

Y方向   Z方向

(d) 80 m

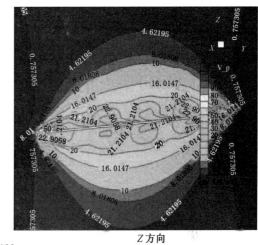

Y方向   Z方向

(e) 100 m

图 3 - 39　采场围岩渗透率变化云图（沿倾向剖面图，$X = 50$ m）

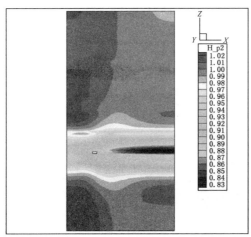

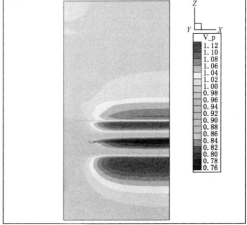

Y方向   Z方向

(a) 20 m

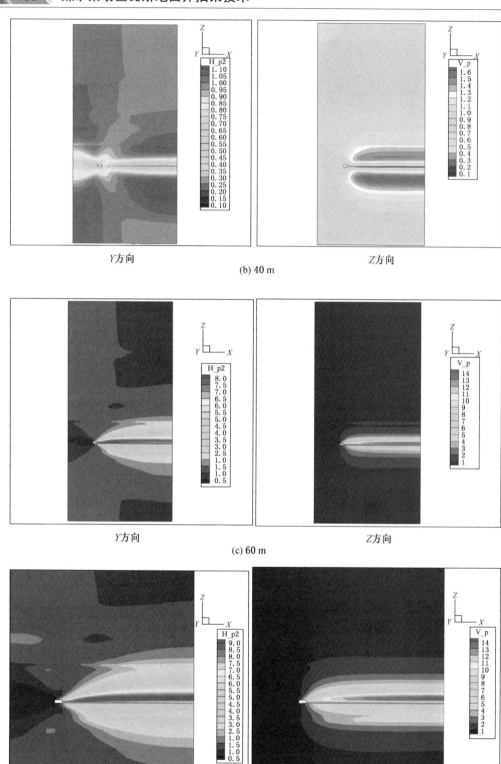

(b) 40 m

(c) 60 m

(d) 80 m

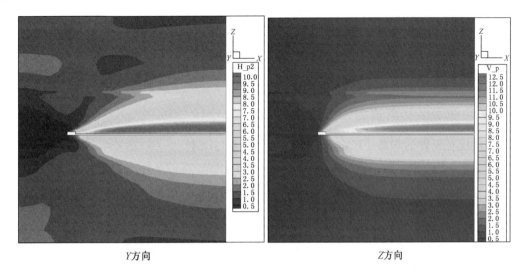

Y方向　　　　　　　　　　　　　Z方向

(e) 100 m

图 3-40　采场围岩渗透率变化分布云图（沿煤层走向剖面图，Y=74 m）

图 3-41 所示为现场试验获得的采动稳定区顶板岩层有效卸压带边界点在数值模拟结果——水平 Y 方向渗透率分布云图上的落点轨迹。采动稳定区顶板岩层有效卸压带边界点的落点相对集中，主要集中在水平 Y 方向渗透率增大 3~3.5 倍区域内，由此推断底板岩层的有效卸压边界点同样处于此渗透率增大区域内，从图中可以看出，底板岩层的有效卸压深度在 8~10 m。

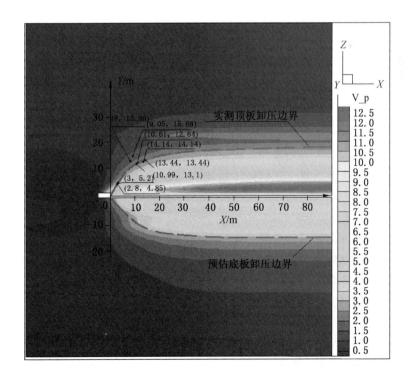

图 3-41　现场试验有效卸压边界点落点图

已知模拟工作面回采长 117 m，开采煤层倾角 5.5°，煤层埋深 270～550 m，煤层开采高度 1 m，取煤层埋深 500 m，底板岩层内摩擦角 23°，岩体平均容重 2650 kg/m³。利用式（3－14）、式（3－15）分别计算得底板岩层裂隙带深度为 7.16 m，与预测有效卸压带深度基本吻合。

3.2 采动稳定区瓦斯资源评估方法

3.2.1 传统瓦斯评估和采动稳定区瓦斯评估的联系与区别

传统意义上的瓦斯资源量评估是指对原始未开采煤矿区的瓦斯资源量进行评估；而采动稳定区瓦斯资源量评估则是专指对煤矿区内已经受到采动影响，并且岩层移动已经稳定的采场内瓦斯资源量进行评估。

传统瓦斯资源量评估与采动稳定区瓦斯资源量评估的对象标的有本质区别，两者之间并不是对等的关系。为认清采动稳定区瓦斯资源量评估的基本特征，把握采动稳定区瓦斯资源量评估技术的重点研究内容，更好地利用已有的瓦斯资源量评估经验和方法，有必要讨论二者之间的区别和联系。

1. 二者之间的联系

（1）二者都是发生在瓦斯开发的前期阶段，都是对非常规天然气——"煤矿区瓦斯"资源量的评估。

（2）二者的评估对象——"瓦斯"的主要储层都是煤层，而大多数瓦斯都是吸附于煤基质颗粒的微孔中，另外还有少部分储集在煤体中的裂隙系统。这也是它们与常规天然气资源量评估的最大区别。

2. 二者之间的区别

1）评估执行时间

传统瓦斯资源量评估是对煤层开采之前的瓦斯资源总量进行评估，一般发生在煤层开采之前；而采动稳定区瓦斯资源量评估是对已经受到采动影响的煤矿区域进行瓦斯资源量评估，一般发生在煤层开采之后。

2）评估目标范围

传统瓦斯资源量评估一般需要评估整个煤矿区或者一个具体片区范围内的瓦斯资源总量，评估范围边界一般是人为划定的；而采动稳定区瓦斯资源量评估的是井下开采活动影响范围内的残余瓦斯资源总量，评估范围边界不仅取决于人为划定，而且还要考虑煤层开采活动的影响。

3）评估目标来源

传统瓦斯资源量评估技术评估的是未受采动影响的原始瓦斯资源，由于煤层围岩的低渗透特性阻止了邻近储层资源的供给，因此其一般只是评价单一目标煤层的瓦斯资源量；而采动稳定区瓦斯资源量评估的目标范围是受到采动影响的煤矿区域，因此其并不是仅仅评估开采煤层的资源量，而是包括开采煤层上下区域内的一定卸压范围的所有有效储层的资源量。

4）评估目标储层特性

传统瓦斯资源量评估技术仅针对未采动的原始煤岩体，其涉及的计算条件相对简单，目标储层特性甚至可以近似认为是各向同性的；而由于煤层开采必然会引起其围岩的垮塌、断裂及离层，因此采动稳定区瓦斯资源量评估方法涉及的计算条件包括空洞、裂缝、遗落煤块及垮落岩体等多种储层介质，而且由于采动影响，目标范围内的储层压力、瓦斯含量、渗透性等多项特性参数都发生了不同程度的区域性变化，已不适合进行常量化处理。

5）评估对象的抽采方式

煤矿区瓦斯的抽采方式是利用施工在原始煤层上方的地面井进行排水降压抽采，其获得峰值产量需要较长时间，有时长达 2~3 年；而采动稳定区瓦斯的抽采方式是利用施工在采动区上方的地面井进行负压抽采，因此采动稳定区地面井在抽采初期即会出现产量峰值。

尽管采动稳定区瓦斯资源量评估与传统瓦斯资源量评估有一定的相通性，但是由于二者对象标的不同，它们在评估目标范围、评估目标来源及评估目标储层特性等方面已经存在了巨大的差异，传统瓦斯资源量评估与采动稳定区瓦斯资源量评估的区别见表 3-17。

表 3-17　传统瓦斯资源量评估与采动稳定区瓦斯资源量评估的区别

类 目 名 称	传统瓦斯资源量评估	采动稳定区瓦斯资源量评估
评估的发生时间	煤层开采之前	煤层开采之后
资源量评估范围	具有人为划定边界的煤矿区域	由于采动影响，自然形成的边界条件的煤矿区域
评估目标来源	单一煤层	受到采动影响的所有储层
评估目标储层特性	储层特性单一、变化不大，易掌握	储层特性发生区域性变化，不易掌握
瓦斯抽采方式	排水降压抽采	负压抽采

通过表 3-17 可以分析出建立合理的采动稳定区瓦斯资源量评估方法需要研究的各项内容及主要参数，即在已有的瓦斯资源量评估方法的基础上，采动稳定区瓦斯资源量评估应该重点研究煤层采动卸压影响范围、采动稳定区瓦斯有效来源、采动稳定区瓦斯储层特性等各项参数。

3.2.2　采动稳定区瓦斯资源量评估模型

3.2.2.1　直接加法评估技术

直接加法评估技术的总体思想是在明确采动稳定区瓦斯来源的基础上，直接估算各主要来源气量，最后相加得到采动稳定区瓦斯资源量评估结果。该方法适用于实际生产资料缺失严重的较老目标矿区。

1. 瓦斯来源

由于采动稳定区的卸压区域远远超出了开采煤层空间范围，其瓦斯来源不再仅是开采煤层，具体包括 5 部分：支撑煤柱及采空区遗剩煤体残留瓦斯、采空区游离瓦斯、采空区邻近卸压煤层残留瓦斯、采空区卸压围岩瓦斯以及生物成因瓦斯，如图 3-42 所示。

1）支撑煤柱及采空区遗剩煤体残留瓦斯

在采动稳定区中往往残留有大量煤炭资源，这些煤体在矿井废弃后依然保存并释放瓦斯。残留的煤柱和残煤中吸附有瓦斯，当矿井被废弃封闭后，一部分吸附气将发生解吸并运移至孔裂隙中成为游离态或溶解态；一部分仍被吸附在煤基质孔隙表面，一旦压力降低这部分吸附态瓦斯将发生解吸进入煤裂隙系统成为游离态，或溶解于采空区水体中成为溶解态。

2）采空区游离瓦斯

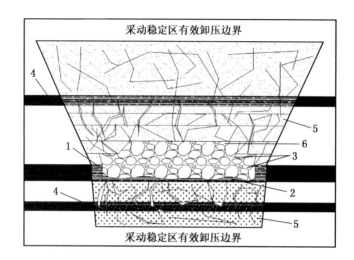

1—支撑煤柱；2—遗剩煤体；3—采空区游离瓦斯；4—采空区邻近卸压煤层；5—卸压围岩；6—生物成因瓦斯

图 3 – 42　采动稳定区内的瓦斯来源示意图

采空区封闭之后，在其内部空间会存在大量游离态瓦斯，采空区内部游离态的瓦斯主要赋存在煤岩层的裂隙系统以及因煤炭开采而形成的采空区中，正是这部分瓦斯使得封闭采空区间成为一个"瓦斯包"，如果进行瓦斯资源开采，这部分游离态瓦斯将会被首先采至地面。

3）采空区邻近卸压煤层残留瓦斯

煤层群开采时，因采动影响，煤岩层原始的应力状态遭受破坏，采动影响范围内的煤储层原始应力得以释放，使得储层压力不断降低，煤层中的瓦斯源源不断地解吸出来。煤岩层的裂隙结构因采动影响发生变化，产生了许多新的裂缝或裂隙，对瓦斯的运移、流动创造了良好的通道条件。这些通道与围岩的裂隙相通，使邻近层瓦斯可以流入采空区中。

4）采空区卸压围岩瓦斯

煤炭开采会在其上覆和下伏岩层中产生大量裂隙，越靠近开采煤层裂缝越多越密集，这些裂隙与采空区彼此连通，在开采煤层卸压范围内与井下巷道组成连通性良好的导气通道，使得利用负压抽采采动稳定区内的瓦斯成为可能。采场转变为采动稳定区后，由于浓度梯度的存在，采空区的游离瓦斯会逐渐积聚在其围岩的裂隙中，并最终导致浓度达到一致，因此围岩成为采动稳定区瓦斯的重要来源。

瓦斯在煤体和岩体内的存在形式不同，前者瓦斯主要以吸附状态存在，由兰氏方程定量描述；后者瓦斯则主要以游离状态存在于孔隙中，由范德华方程定量表达，同时也可能存在吸附气，如有机质含量较丰富的炭质页岩和黑色泥岩等。

5）生物成因瓦斯

生物成因瓦斯是在较低的温度（一般低于 50 ℃）条件下，有机质通过细菌的参与或作用，在煤层中生成的以 CH_4 为主的气体。其具体途径或方式有两种：一种是由 CO_2 还原而成，即 $CO_2 + 4H_2 \longrightarrow CH_4 + 2H_2O$；另一种是由醋酸发酵而成，即 $CH_3COOH \longrightarrow CH_4 + CO_2$。

生物成因瓦斯一般生成于存在大量有机质及高 pH 值的低温缺氧孔隙空间，由于其产生条件比较苛刻，而且需要时间较长，通常情况下可忽略不计。

2. 瓦斯资源量评估技术

1) 地质资源量计算方法

在采煤过程中，开采煤层及其邻近煤层和岩层的应力得到释放，导致储层压力逐渐降低，煤层中的甲烷由于饱和吸附量的降低而解吸出来，这些析出的瓦斯一部分随矿井通风排放到大气中，一部分溶解于矿井水中，还有一部分则以游离态保存在采场围岩的孔隙空间中。因此，采动稳定区内的瓦斯主要包括溶解气、吸附气和游离气三大部分。

其中，溶解态瓦斯主要是由于采动稳定区内部存在一定的静水压力，导致有一部分瓦斯溶解于稳定区内部的矿井水之中。溶解态的瓦斯量主要取决于水的温度、静水压力和矿化度。通常情况下，静水压力越大、温度越低，其溶解态的气量就越大。根据甲烷水溶试验，甲烷的溶解度很小，在 20 ℃、0.1 kPa 时，100 单位体积的水只能溶解 3 单位体积的甲烷。因此，虽然采动稳定区内确实会存在溶解态的瓦斯资源，但是由于瓦斯的主要成分甲烷在水中的溶解度很小，并且无法采出，因此进行资源量评估时溶解态瓦斯资源量可以忽略不计。

由此可以认为，采动稳定区瓦斯资源量评估的对象主要是吸附态瓦斯和游离态瓦斯两大类。其中，吸附态瓦斯主要存在于采动稳定区煤柱、采空区内部遗煤以及围岩邻近煤层中，游离态瓦斯主要存在于采动稳定区开采空间以及围岩裂隙场中。

根据采动稳定区瓦斯来源和卸压范围内煤层数的不同，可以将其简单分为单一煤层采动稳定区和煤层群采动稳定区两大类。单一煤层采动稳定区是指在待评估瓦斯资源量区域内（或开采煤层采动卸压范围内）不存在其他煤层，而煤层群采动稳定区则意味着在待评估瓦斯资源量区域内（或开采煤层采动卸压范围内）存在其他已采煤层或未采煤层。

（1）单一煤层采动稳定区。单一煤层采动稳定区由于其周围不存在其他煤层，瓦斯来源相对较少，具体为：采动稳定区煤柱残余瓦斯量、采空区内部遗煤残余瓦斯量、采空区内部的游离态瓦斯量及其围岩内的瓦斯量，在估算其内部的瓦斯资源量时相对简单。

利用资源构成法，单一煤层采动稳定区瓦斯地质资源量计算公式为

$$Q_{sg} = Q_w + Q_c + Q_g + Q_r \tag{3-23}$$

式中　Q_{sg}——单煤层采动稳定区瓦斯资源量，m^3；

　　　Q_w——采场煤柱残余吸附瓦斯资源量，m^3；

　　　Q_c——采空区内遗煤残余吸附瓦斯资源量，m^3；

　　　Q_g——采空区内部空间游离瓦斯资源量，m^3；

　　　Q_r——采动稳定区围岩内游离瓦斯资源量，m^3。

①采场煤柱残余吸附瓦斯资源量。根据体积计算法，该部分瓦斯资源量的计算公式为

$$Q_w = A_w m \rho_c \widetilde{q_{(c)}} = M_w \widetilde{q_{(c)w}} \tag{3-24}$$

式中　　A_w——采场遗留煤柱面积，m^2；

　　　　ρ_c——开采煤层的空气干燥基质量密度，kg/m^3；

　　　　$\widetilde{q_{(c)w}}$——开采煤层煤柱残余含气量，m^3/t；

　　　　M_w——采场遗留煤柱煤炭总量，t。

②采空区内遗煤残余吸附瓦斯资源量。该部分瓦斯资源量的计算公式为

$$Q_c = M_c \widetilde{q_{(c)}} \qquad (3-25)$$

式中　　M_c——采空区内遗煤总量，t；

　　　　$\widetilde{q_{(c)}}$——采空区内遗煤残余吸附瓦斯含气量，m³/t。

　　③采空区内部空间游离瓦斯资源量。该部分瓦斯资源量的计算公式为

$$Q_g = n_g V_g \qquad (3-26)$$

式中　　n_g——采空区内部瓦斯体积百分比，%；

　　　　V_g——采空区内部空间体积，m³。

　　④采动稳定区围岩内游离瓦斯资源量。该部分瓦斯资源量的计算公式为

$$Q_r = n_r V_r \qquad (3-27)$$

式中　　n_r——采动稳定区卸压围岩裂隙场瓦斯体积百分比，%；

　　　　V_r——采动稳定区卸压围岩裂隙场孔隙体积，m³。

　　将式（3-24）~式（3-27）代入式（3-23）中可以得到完整的单一煤层采动稳定区瓦斯资源量评估计算公式：

$$Q_{sg} = M_w \widetilde{q_{(c)w}} + M_c \widetilde{q_{(c)}} + n_g V_g + n_r V_r \qquad (3-28)$$

　　分析式（3-28）可知，其右端前两项计算的是吸附态瓦斯资源量，三、四项计算的是游离态瓦斯资源量。煤矿采动稳定区的形成必然是远离回采工作面，甚至是整个采场完全密闭之后，对于开采年代久远的封闭采区，可以将其视为封闭平衡系统，认为采区内的煤层遗煤残余瓦斯含量及裂隙场瓦斯体积百分比近似相同，将同种性态资源量的计算公式合并，则式（3-28）可进一步简化为

$$Q_{sg} = M_1 q_1 + nV \qquad (3-29)$$

式中　　M_1——采场内遗留煤炭总量，t；

　　　　q_1——采场内遗煤残余瓦斯含量，m³/t；

　　　　n——采动稳定区内瓦斯体积分数，%；

　　　　V——采动稳定区孔隙体积，m³。

　　式（3-28）及式（3-29）就是利用体积计算法构建的单一煤层采动稳定区瓦斯地质资源量估算公式。

　　（2）煤层群采动稳定区。当采动稳定区卸压范围内存在其他煤层时，由于开采煤层周围有邻近煤层，因此相比单一煤层条件，采动稳定区瓦斯来源将增加一个邻近层储存瓦斯。即瓦斯来源为：邻近卸压煤层残余储存瓦斯、采动稳定区煤柱残余瓦斯、采空区内部遗煤残余瓦斯、采空区内部的游离态瓦斯及其围岩内的瓦斯。

　　根据开采煤层数量的不同，煤层群采动稳定区又可以细分为两种情况，即单一开采煤层采动稳定区和多开采煤层采动稳定区。单一开采煤层采动稳定区是指在待评估的煤层采动稳定区卸压范围内的煤层都是未采煤层，不存在其他已采煤层。多开采煤层采动稳定区是指在待评估的煤层采动稳定区卸压范围内存在其他已采煤层。由于两种采动稳定区瓦斯资源量计算时需要考虑的问题和难易程度存在较大差距，因此需要区分讨论。

　　①单一开采煤层采动稳定区。单一开采煤层采动稳定区瓦斯资源量评估相对简单，由于其邻近卸压煤层都是未开采煤层，只需要在单一煤层条件的基础上补加邻近卸压煤层储存瓦斯量即可，即

$$Q_{gs} = Q_{sg} + Q_{adj} \tag{3-30}$$

式中 Q_{gs}——单一开采煤层采动稳定区瓦斯资源量，m^3；

　　　Q_{adj}——邻近卸压煤层残余储存瓦斯量，m^3。

在已知邻近卸压煤层瓦斯排放（采）率的条件下，邻近卸压煤层残余储存瓦斯量的计算公式为

$$Q_{adj} = \sum_i M_{(j)i0} \left[(1 - \eta_{(j)i})(q_{(j)i0} - q_{(j)ic}) + q_{(j)ic} \right] \tag{3-31}$$

式中 $\eta_{(j)i}$——开采煤层第 i 邻近层瓦斯排放率，%；

　　　$M_{(j)i0}$——开采煤层第 i 邻近层原始煤炭总量，t；

　　　$q_{(j)i0}$——开采煤层第 i 邻近层原始瓦斯含量，m^3/t；

　　　$q_{(j)ic}$——开采煤层第 i 邻近层残存瓦斯含量，m^3/t。

则单一开采煤层采动稳定区瓦斯资源量为

$$Q_{gs} = M_1 q_1 + nV + \sum_i M_{(j)i0} \left[(1 - \eta_{(j)i})(q_{(j)i0} - q_{(j)ic}) + q_{(j)ic} \right] \tag{3-32}$$

②多开采煤层采动稳定区。当待评估采动稳定区内存在其他已采煤层时，对各开采煤层分别按单一开采煤层条件计算，将结果叠加就可以得到煤层群条件采动稳定区瓦斯资源量。

则多开采煤层采动稳定区瓦斯资源量计算公式为

$$Q_{gp} = \sum_j (Q_{sg,j} + Q_{adj,j}) - Q_{re} \tag{3-33}$$

式中 Q_{gp}——多开采煤层采动稳定区瓦斯资源量，m^3；

　　　Q_{re}——因邻近煤层卸压范围重叠引起的瓦斯资源重复计算量，m^3；

　　　$Q_{sg,j}$——第 j 层开采煤层采动稳定区瓦斯资源量，m^3；

　　　$Q_{adj,j}$——第 j 层开采煤层邻近卸压煤层残余瓦斯资源量，m^3。

a）邻近卸压煤层残余瓦斯资源量。在已知邻近卸压煤层瓦斯排放（采）率的条件下，该部分瓦斯资源量的计算公式为

$$Q_{adj,j} = \sum_i M_{(j)i0,j} \left[(1 - \eta_{(j)i,j})(q_{(j)i0,j} - q_{(j)ic,j}) + q_{(j)ic,j} \right] \tag{3-34}$$

式中 $\eta_{(j)i,j}$——第 j 层开采煤层的不同层间距邻近层瓦斯排放率，%；

　　　$M_{(j)i0,j}$——第 j 层开采煤层的第 i 邻近层原始煤炭总量，t；

　　　$q_{(j)i0,j}$——第 j 层开采煤层的第 i 邻近层原始瓦斯含量，m^3/t；

　　　$q_{(j)ic,j}$——第 j 层开采煤层的第 i 邻近层残余瓦斯含量，m^3/t。

b）因邻近煤层卸压范围重叠引起的瓦斯资源重复计算量。当邻近煤层卸压区域存在交叉重叠时，会引起煤层群采动稳定区瓦斯资源的重复计算，为保证评估结果的准确性，必须扣除重复计算的资源量。

重复资源量的大小取决于邻近煤层的赋存条件和开采区域具体部署情况，主要参数的选取和计算方法与单一煤层采动稳定区瓦斯资源量相同，关于卸压围岩重叠体积的计算分析见附录。

将式（3-29）和式（3-34）代入式（3-33）中，可以得到煤层群多开采煤层采动稳定区瓦斯资源量的具体估算公式：

$$Q_{gp} = \sum_j \left\{ M_{1,j} q_{1,j} + nV_j + \sum_i M_{(j)i0,j} \left[(1 - \eta_{(j)i,j})(q_{(j)i0,j} - q_{(j)ic,j}) + q_{(j)ic,j} \right] \right\} - Q_{re} \tag{3-35}$$

式中 $M_{1,j}$——第 j 层开采煤层采场内遗留煤炭总量，t；

$q_{1,j}$——第 j 层开采煤层采场内遗煤残余瓦斯含量，m^3/t；

V_j——第 j 层开采煤层采动稳定区孔隙体积，m^3。

2）可采资源量计算方法

常规的可采资源量计算方法主要有数值模拟法、产量递减法、物质平衡法及采收率法4种，其中数值模拟法、产量递减法和物质平衡法都需要一定的生产或试产数据为基础，我国目前较成功的采动稳定区瓦斯地面开发案例很少，下面使用采收率法以地质资源量为基础进行可采资源量的估算。

采动稳定区瓦斯资源储层既包括采场内部遗煤及其邻近卸压煤层，又包括采场围岩内的采动裂隙场，因此使用采收率预计方法评估采动稳定区瓦斯可采资源量时，不能仅考虑煤体的吸附气量采收率 R_{fa}，还需要考虑孔隙内的游离气量采收率 R_{fg}，即采动稳定区瓦斯可采资源量要分为煤体吸附气可抽采量和孔隙内游离气可抽采量两大部分分别计算。

基于上述论断，在获得了准确的采收率值之后，结合式（3-29）、式（3-32）、式（3-35）可以分别得到单一煤层条件、煤层群单一开采煤层条件和煤层群多开采煤层条件的采动稳定区瓦斯可采资源量评估模型。

（1）单一煤层条件：

$$G_{sg} = M_1 q_1 R_{fa} + nVR_{fg} \tag{3-36}$$

式中 G_{sg}——单一煤层采动稳定区可采瓦斯资源量，m^3；

R_{fa}——开采煤层吸附气量采收率，%；

R_{fg}——孔隙游离气量采收率，%；

其他变量符号含义同式（3-29）。

（2）煤层群单一开采煤层条件：

$$G_{gs} = M_1 q_1 R_{fa} + \sum_i M_{(j)i0} \left[(1 - \eta_{(j)i})(q_{(j)i0} - q_{(j)ic}) + q_{(j)ic} \right] R_{(j)fai} + nVR_{fg} \tag{3-37}$$

式中 G_{gs}——煤层群单一开采煤层采动稳定区可采瓦斯资源量，m^3；

$R_{(j)fai}$——开采煤层第 i 卸压邻近煤层吸附气量采收率，%；

其他变量符号含义同式（3-31）。

（3）煤层群多开采煤层条件：

$$G_{gp} = \sum_j \left[M_{1,j} q_{1,j} R_{fa,j} + nV_j R_{fg,j} + \sum_i M_{(j)i0,j} \left[(1 - \eta_{(j)i,j}) \right. \right.$$
$$\left. \left. (q_{(j)i0,j} - q_{(j)ic,j}) + q_{(j)ic,j} \right] R_{(j)fai,j} \right] - Q_{re} R_{fre} \tag{3-38}$$

式中 G_{gp}——煤层群多开采煤层采动稳定区可采瓦斯资源量，m^3；

$R_{fa,j}$——第 j 层开采煤层吸附气量采收率，%；

$R_{(j)fai,j}$——第 j 层开采煤层的第 i 邻近煤层吸附气量采收率，%；

$R_{fg,j}$——第 j 层开采煤层采动稳定区游离瓦斯量采收率，%；

R_{fre}——重复计算的瓦斯资源量采收率，%；

其他变量符号含义同式（3-35）。

3.2.2.2 间接减法评估技术

间接减法评估技术的总体思想是在原始瓦斯资源量评估结果的基础上，扣除煤矿井下生产前后损失的各项瓦斯量，最终得到采动稳定区瓦斯资源量评估结果。该方法适用于可获得一定的井下实际生产资料的目标矿区。

1. 采区原始气量计算

采区原始瓦斯来源主要包括三大部分，分别是采区开采煤层原有瓦斯、采区邻近卸压煤层原有瓦斯以及采区煤层围岩内赋存瓦斯，如图3-43所示。

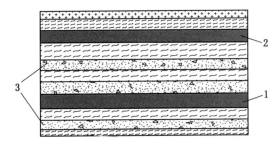

1—开采煤层瓦斯；2—邻近卸压煤层瓦斯；3—开采煤层围岩瓦斯

图3-43 采区原始瓦斯来源示意图

1) 开采煤层原始气量

采区开采煤层原始气量取决于采区开采煤炭资源量及煤炭原始瓦斯含量两大参数，可以利用下式计算：

$$Q_{(c)0} = M_{(c)0} q_{(c)0} = L_{(c)0} W_{(c)0} H_{(c)0} \gamma_{(c)} q_{(c)0} \tag{3-39}$$

式中 $Q_{(c)0}$——采区开采煤层原有气量，m^3；

$M_{(c)0}$——采区开采煤炭资源总量，t；

$q_{(c)0}$——开采煤层原始瓦斯含量，m^3/t；

$L_{(c)0}$——采区走向长度，m；

$W_{(c)0}$——采区倾斜长度，m；

$H_{(c)0}$——不含夹矸层的开采煤层真厚度，m；

$\gamma_{(c)}$——开采煤层容重，t/m^3。

2) 邻近卸压煤层原始气量

当开采煤层卸压范围内存在其他煤层时，采区瓦斯来源还需要考虑卸压煤层含气量。采区卸压瓦斯量取决于采区卸压煤炭资源量以及卸压煤层原始瓦斯含量两大参数，可以利用下式进行计算：

$$Q_{(j)0} = \sum_i Q_{(j)i0} = \sum_i V_{(j)i} \gamma_{(j)i} q_{(j)i0} \tag{3-40}$$

式中 $Q_{(j)0}$——采区卸压邻近煤层原始气量，m^3；

$Q_{(j)i0}$——采区第 i 卸压邻近煤层原始气量，m^3；

$V_{(j)i}$——采区第 i 卸压邻近煤层体积，m^3；

$\gamma_{(j)i}$——采区第 i 卸压邻近煤层容重，t/m^3；

$q_{(j)i0}$——采区第 i 卸压邻近煤层原始瓦斯含量，m^3/t。

根据煤岩层赋存关系及卸压参数，采区卸压邻近煤层体积可由下式求得：

$$V_{(j)i} = l_i \times w_i \times m_i = (Z + 2h_i \cot\beta') \times \{W + h_i[\cot(\beta'_{\perp} - \alpha) + \cot(\beta'_{\top} + \alpha)]\} \times m_i \tag{3-41}$$

式中　　　　　　l_i——第 i 层岩层的走向长度，m；

　　　　　　　　w_i——第 i 层岩层的倾向宽度，m；

　　　　　　　　m_i——第 i 层岩层的厚度，m；

　　　　　　　　h_i——第 i 层岩层的中心线到开采煤层的垂直距离，m；

　　　　　　　　Z——采区工作面实际推进走向长度，m；

　　　　　　　　W——工作面实际推进倾斜宽度，m；

　　β'、$\beta'_{上}$、$\beta'_{下}$——走向、倾斜上山方向及倾斜下山方向的导气裂隙角，(°)；

　　　　　　　　α——煤层倾角，弧度。

3）采区煤层围岩气量

（1）开采煤层顶底板围岩气量。由于煤层顶底板岩层具有一定的孔隙，在漫长的成煤地质年代，煤层中的瓦斯不可避免地会有一部分渗透进其顶底板围岩中，在进行瓦斯来源分析时同样需要考虑这部分瓦斯资源量。在常规的瓦斯资源量计算中，煤层顶底板围岩内的瓦斯资源量通常采用下式计算：

$$Q_{r(c)0} = \zeta Q_{(c)0} \tag{3-42}$$

式中　　$Q_{r(c)0}$——开采煤层顶底板围岩原有气量，m³；

　　　　　　ζ——计算系数，一般取 0.05～0.2。

（2）采区卸压含气岩层气量。由于地质作用，有时候在非煤岩层（大部分是砂岩或页岩）中也会蕴含有瓦斯，如果采区卸压裂隙带内存在这类含气岩层，则进行瓦斯资源量评估时需要考虑这部分气源，其气量计算公式如下：

$$Q_{s(c)0} = \sum_i \Lambda_i \varepsilon'_i V'_{(j)i} \tag{3-43}$$

式中　　$Q_{s(c)0}$——采区卸压含气岩层气量，m³；

　　　　　　Λ_i——含气浓度，一般取 1%；

　　　　　　ε'_i——含气岩层孔隙率，%；

　　　　　　$V'_{(j)i}$——采区卸压含气岩层体积，计算式同式（3-41），m³。

则采区原始瓦斯资源量计算公式为

$$
\begin{aligned}
Q_0 &= Q_{(c)0} + Q_{(j)0} + Q_{r(c)0} + Q_{s(c)0} \\
&= (1 + \zeta) L_{(c)0} W_{(c)0} H_{(c)0} \gamma_{(c)} q_{(c)0} + \sum_i V_{(j)i} \gamma_{(j)i} q_{(j)i0} + \sum_i \Lambda_i \varepsilon'_i V'_{(j)i}
\end{aligned} \tag{3-44}
$$

2. 采区损失气量计算

根据评估目标区域井下生产资料的完整性不同，采区损失气量的计算方法也不相同，具体可以分为损失气量阶段统计法和损失气量分源预测法两大类。

1）损失气量阶段统计法

损失气量阶段统计法主要是利用井下生产数据对采区在采掘前后的各项损失气量进行统计汇总。该方法的优点是计算结果准确可靠，缺点是工作量大，且局限性较大，只适用于井下生产数据保存完整的采动稳定区。

采区瓦斯涌出损失主要包括三大部分，分别是采出地表的煤炭残存气量、采区井下排采工程排采的瓦斯量以及采区封闭后采空区瓦斯涌出量，如图 3-44 所示。

（1）采出地表的煤炭残存气量。采出地表的煤炭残存气量取决于采区采出煤量及煤炭残存瓦斯含量两大参数，可以利用下式计算：

$$\overline{Q}_{sc} = M^* q_{(c)c} = kM_{(c)0}q_{(c)c} \tag{3-45}$$

式中　$\overline{Q}_{sc}$——采出地表的煤炭残存气量，m^3；

$\quad\quad M^*$——采区的煤炭采出量（包括采区巷道的采掘煤量），t；

$\quad\quad k$——采区的煤炭回采率，%；

$\quad q_{(c)c}$——采出地表的煤炭残存瓦斯含量，m^3/t。

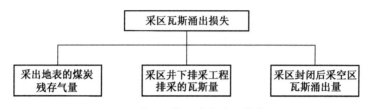

图 3-44　采区瓦斯涌出损失项构成（1）

采出地表的煤炭残存瓦斯含量与煤质和原始瓦斯含量有关，需实测；如果没有实测数据，低变质煤炭及原始瓦斯含量大于 $10\ m^3/t.r$ 的高变质煤炭可根据煤质参考表 3-18 取值；原始瓦斯含量小于 $10\ m^3/t.r$ 的高变质煤炭可根据式（3-46）估算。

表 3-18　采出地表的煤炭残存瓦斯含量

煤的挥发分含量 V_{daf}/%	6~8	8~12	12~18	18~26	26~35	35~42	42~56
煤炭残存瓦斯含量/$(m^3 \cdot t^{-1})$	9~6	6~4	4~3	3~2	2	2	2

注：煤的残存瓦斯含量可近似按煤在 0.1 MPa 压力条件下的瓦斯吸附量取值。

原始瓦斯含量小于 $10\ m^3/t.r$ 的高变质煤炭的 q_c 值可根据下式估算：

$$q_{(l)c} = \frac{10.385e^{-7.207}}{q_0} \tag{3-46}$$

式中　q_0——煤炭原始瓦斯含量，m^3/t。

（2）采区井下排采工程排采出的瓦斯量。为保证井下生产安全，煤矿需要在井下施工钻孔进行瓦斯排采。井下排采工程种类繁多，但不论采用何种技术，井下排采工程采出的瓦斯量总是来源于开采煤层、煤层围岩及其邻近卸压煤层。

采区井下排采工程排采出的瓦斯量具体包括两部分，即井下抽采工程采出的瓦斯量以及井下通风系统排出的瓦斯量，计算公式如下：

$$\overline{Q}_u = \overline{Q}_{ut} + \overline{Q}_{uv} \tag{3-47}$$

式中　$\overline{Q}_u$——井下排采出的瓦斯量，m^3；

$\quad\ \overline{Q}_{ut}$——井下抽采工程采出的瓦斯量，m^3；

$\quad\ \overline{Q}_{uv}$——井下通风系统排出的瓦斯量，m^3。

①井下抽采工程采出的瓦斯量。煤矿井下抽采工程按照部署时间可以分为采前预抽工程和采后补抽工程两大类，井下抽采工程采出的瓦斯量可以通过统计抽采记录台账进行计算。需要注意的是，为保证计算结果的准确性，采区准备阶段的巷道掘进前预抽瓦斯量同样需要统计在内。具体计算公式如下：

$$\overline{Q}_{ut} = \overline{Q}_{tut} + \overline{Q}_{mut} = \sum_i U_{ti} + \sum_i U_{mi} \tag{3-48}$$

式中　$\overline{Q}_{tut}$——准备阶段采出的瓦斯量，m^3；

$\overline{Q}_{\text{mut}}$——生产阶段采出的瓦斯量，$\text{m}^3$；

U_{ti}——采区第 i 条巷道掘进前采出的瓦斯量，m^3；

U_{mi}——生产阶段第 i 个月采区井下工程采出的瓦斯量，m^3。

②井下通风系统排出的瓦斯量。煤矿井下生产时会释放出大量瓦斯，单靠井下抽采工程无法杜绝瓦斯的涌出，很难保证井下生产安全，必须采取井下通风方式，利用风流将井下涌出的瓦斯排出地面。

每个采区都拥有独立的进风巷和回风巷，其中进风巷主要提供新鲜风流，回风巷则是污风的排放通道，由此形成了完整的通风循环系统。通过统计采区准备阶段的巷道瓦斯排放量及生产阶段回风巷中的瓦斯排出量完成对井下通风系统排出瓦斯量的计算，具体公式如下：

$$\overline{Q}_{\text{uv}} = \overline{Q}_{\text{P}} + \overline{Q}_{\text{W}} = \sum_i \left(\sum_j U_{\text{p}ij} C_{\text{p}ij} \right) + \sum_i \left(\sum_j U_{\text{w}ij} C_{\text{w}ij} \right) \tag{3-49}$$

式中　$\overline{Q}_{\text{P}}$——采区准备阶段的风排瓦斯量，m^3；

$\overline{Q}_{\text{W}}$——采区生产阶段的风排瓦斯量，m^3；

$U_{\text{p}ij}$——第 i 条准备巷道开挖第 j 天的排风量，m^3；

$C_{\text{p}ij}$——第 i 条准备巷道开挖第 j 天的平均风排瓦斯浓度，%；

$U_{\text{w}ij}$——生产阶段第 i 条回风巷第 j 天的排风量，m^3；

$C_{\text{w}ij}$——生产阶段第 i 条回风巷第 j 天的平均风排瓦斯浓度，%。

将式（3-48）、式（3-49）代入式（3-47）中，得到采区井下排采工程排采出瓦斯量的计算公式：

$$\overline{Q}_{\text{u}} = \sum_i U_{\text{ti}} + \sum_i U_{\text{mi}} + \sum_i \left(\sum_j U_{\text{p}ij} C_{\text{p}ij} \right) + \sum_i \left(\sum_j U_{\text{w}ij} C_{\text{w}ij} \right) \tag{3-50}$$

（3）采区封闭后采空区瓦斯涌出量。采区停采封闭后的涌出气量主要包括两部分，一部分是采区封闭后采空区瓦斯井下涌出量，另一部分是采区封闭后采空区瓦斯地表涌出量。由于两部分气量的涌出机理及通道不同，需要分别讨论计算。

a）采区封闭后井下涌出气量。在整个采区煤炭资源采完封闭后，由于采动卸压作用及密闭措施施工质量问题，采区围岩会存在裂隙与外界沟通。当邻近工作面开采煤炭时，已封闭采区中的残留瓦斯会通过沟通裂隙向邻近工作面通风系统继续涌出。

采区封闭后采空区瓦斯井下涌出量可以利用下式计算：

$$\overline{Q'}_{\text{uv}} = K'' \overline{Q}_{\text{W}} \tag{3-51}$$

式中　$\overline{Q'}_{\text{uv}}$——采区封闭后井下涌出气量，$\text{m}^3$；

K''——采区封闭后瓦斯井下涌出系数，如无实测值可参照表 3-19 选取。

表 3-19　已封闭采区 K'' 值取值原则

煤层属性	取值范围	取　值　原　则
单一煤层	0.05~0.1	1. 对通风管理水平较高，开采煤层厚度适中，丢煤较少，煤层层数较少的采区，应取下限值
近距离煤层群	0.1~0.2	2. 对通风管理水平较差，开采中厚以上煤层且煤层层数较多的采区，应取上限值

b) 采区封闭后地表涌出气量。瓦斯的散失途径主要有 3 种：盖层烃浓度差引起的分子扩散、游离气通过盖层的散失和溶于水中的气直接被水带走。

假设盖层内存在裂隙水，把盖层与煤储层的接触面处的烃浓度设为 C_1，C_1 值为煤层所处温压条件下瓦斯在水中的溶解度，盖层紧邻上覆渗透层的界面处烃浓度为 C_2（盖层为非烃源岩和进入渗透层的气体能随时被带走的情况下 C_2 值为 0）。根据 Fick 定律，扩散量表征为

$$\overline{Q}_d = \frac{t_2 - t_1}{H_{t2} - H_{t1}} \int_{H_{t1}}^{H_{t2}} D^*_{(H)} \cdot \frac{C_{1(H)} - C_{2(H)}}{L_r} \cdot A^* \phi_{(H)} \cdot dz \qquad (3-52)$$

式中　　$\overline{Q}_d$——盖层烃浓度差引起的逸散气量；

　　　　D^*——扩散系数，m^2/s；

　　　　A^*——盖层面积，m^2；

　　　　L_r——盖层厚度，m；

　　H_{t1}、H_{t2}——盖层在 t_1 和 t_2 时的深度，m。

分析式（3-52）可以看出，盖层烃浓度差引起的散失一般发生在古代常规气藏形成时期或盖层形成的初期，采动稳定区是近代开采活动的结果，不存在盖层烃浓度差引起的气量散失，这也是采动稳定区瓦斯气藏区别于常规天然气藏的特征之一。

由此，可以得到停采后采动稳定区逸散瓦斯量的计算公式：

$$\overline{Q}_{bl} = \overline{Q}_{per} + \overline{Q}_{wl} \qquad (3-53)$$

式中　$\overline{Q}_{bl}$——采区封闭后地表涌出气量，m^3；

　　　$\overline{Q}_{per}$——游离气通过盖层毛细管的逸散气量，m^3；

　　　$\overline{Q}_{wl}$——被外界渗水带走的散失气量，m^3。

（a）游离气通过盖层毛细管的逸散气量的确定。由于受前期煤层开采影响、泥质岩盖层岩石本身非均质性以及气藏中存在的剩余压力等因素的影响，仅依靠排替压力、孔隙流体剩余压力来绝对封闭瓦斯的泥质岩盖层是不存在的。只要有压力差存在，瓦斯或多或少地要通过泥质岩盖层中的某些大孔隙发生渗滤散失。根据达西定律，瓦斯在压力差的作用下，在时间 T' 内通过泥质岩盖层的渗滤量为

$$\overline{Q}_{per} = \frac{K_t (f - \Delta P) S_t T'}{\mu_0 L_r} \qquad (3-54)$$

式中　K_t——覆岩盖层岩石的渗透率，m^2；

　　　ΔP——覆岩盖层顶底部压力差，Pa；

　　　f——瓦斯驱动力，Pa；

　　　T'——采动稳定区形成时间，近似自采区封闭时开始计算，d；

　　　S_t——采动稳定区有效卸压盖层面积，m^2。

（b）被外界渗水带走的散失气量的确定。研究表明，水力运移逸散瓦斯作用常见于导水性强的断层构造发育地区，通过导水断层或裂隙，含水层与煤层水力联系较好。水文地质单元的补、径、排系统完整，含水层富水性与水动力强，在地下水的运动过程中，地下水携带煤层中气体运移而逸散。

由此可以得出被外界渗水带走的散失气量的计算公式：

$$\overline{Q}_{wl} = \zeta_g Q'_w \tag{3-55}$$

式中　ζ_g——瓦斯在水中的溶解度,%;

　　　Q'_w——外界渗入流出采动稳定区的水量,m^3。

本评估模型构建的基本前提之一是待评估采动稳定区具有一定的封闭性,能够有效阻止地下水的大面积侵入(详见下文评估方法适用条件)。由此把采动稳定区的外界侵入地下水运动作用按层流向下(上)渗透看待,则其内部气藏水溶散失服从达西定律,在时间 T' 内被外界渗水带走的逸散失气量为

$$\overline{Q}_{wl} = \frac{\zeta_g K_b}{\mu_w} J_b S_b T' \tag{3-56}$$

式中　K_b——采动稳定区底板岩层渗透率,m^2;

　　　J_b——底板岩层水力梯度,Pa/m;

　　　S_b——底板岩层面积,m^2;

　　　μ_w——地下水流动黏度,$Pa \cdot s$。

将式(3-54)和式(3-56)代入式(3-53)中,可以得到采动稳定区在 T' 时间内逸散瓦斯量计算公式:

$$\overline{Q}_{bl} = \left[\frac{K_t(f - \Delta P)S_t}{\mu_0 L_r} + \frac{\zeta_g K_b J_b S_b}{\mu_w} \right] T' \tag{3-57}$$

则阶段损失气量统计法中关于采动稳定区损失气量的计算公式为

$$\overline{Q} = \overline{Q}_{sc} + \overline{Q}_u + \overline{Q'}_{uv} + \overline{Q}_{bl} = kM_{(c)0}q_{(c)c} + \sum_i U_{ti} + \sum_i U_{mi} + \sum_i \left(\sum_j U_{pij} C_{pij} \right) +$$

$$(1 + K'') \sum_i \left(\sum_j U_{wij} C_{wij} \right) + \left[\frac{K_t(f - \Delta P)S_t}{\mu_0 L_r} + \frac{\zeta_g K_b J_b S_b}{\mu_w} \right] T' \tag{3-58}$$

2) 损失气量分源预测法

损失气量分源预测法是在已知采区巷道基本部署情况的前提下,以回采时间为依据对各损失气量分别进行预测。该方法需要的基本资料相对容易收集,适用于井下生产数据缺失的采动稳定区。

采区瓦斯涌出损失主要包括六大部分,分别是采出地表的煤炭原始含气量、采区封闭前的煤柱(煤壁)涌出气量、采区封闭前工作面遗煤涌出气量、采区卸压邻近煤层涌出气量、井下抽采工程采出瓦斯量以及采区封闭后的采空区涌出气量,如图3-45所示。

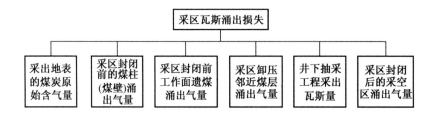

图3-45　采区瓦斯涌出损失项构成 (2)

(1) 采出地表的煤炭原始含气量。采出地表的煤炭原始含气量取决于采区采出煤量及煤炭原始瓦斯含量两大参数,可以利用下式进行计算:

$$\overline{Q}_{\text{s}} = M^* q_{(\text{c})0} = k M_{(\text{c})0} q_{(\text{c})0} \qquad (3-59)$$

式中 $\overline{Q}_{\text{s}}$——采出地表的煤炭原始含气量，m^3。

（2）采区封闭前的煤柱（煤壁）涌出气量。采区生产前，需要在煤层中开挖一系列巷道作为井下生产的通风及运输系统，随着巷道煤壁暴露在空气中，瓦斯在压力梯度作用下不断涌入巷道，并被通风系统排出地表，造成采区瓦斯资源的减少。

当井下采用多巷掘进技术形成采区通风系统时，巷道之间的煤柱会存在两个或多个临空面同时向外涌出瓦斯，如图 3-46 所示。

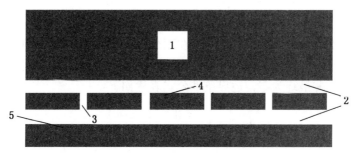

1—工作面回采区域；2—巷道；3—联络巷；4—巷道间煤柱；5—巷道煤壁
图 3-46 双巷掘进通风系统示意图

现场经验表明，煤壁瓦斯涌出强度随着煤壁暴露时间的增加逐渐降低，即煤壁瓦斯排放具有极限宽度。当煤柱宽度小于极限宽度时，在暴露足够长的时间后，其内部的瓦斯压力会逐渐等同于巷道内大气压力，不再涌出瓦斯，为有限瓦斯流场；而对于足够宽的中间煤柱或单面暴露煤壁而言，则不存在这一问题，为无限瓦斯流场。因此巷道周围环境不同，其煤壁涌出瓦斯规律可能存在一定的差异，需要区别分析。

为获得有效的煤柱瓦斯涌出预测模型，对煤柱瓦斯流动特征做如下基本假设：①煤层中的原始瓦斯压力分布均匀；②暴露煤壁的瓦斯压力瞬间降到巷道内气压；③瓦斯在煤层中的流动为等温层流渗流，服从线性达西定律；④煤巷在单一煤层中掘进，不受顶底板及邻近层瓦斯涌出影响；⑤煤层渗透率和孔隙率处处相等，且不受瓦斯压力变化的影响；⑥瓦斯为理想气体，服从理想气体状态方程；⑦煤壁瓦斯渗流为沿垂直于煤壁方向流动的一维平行流动。

在假设条件下，描述瓦斯单向一维平行流动的渗流控制方程如下：

$$\frac{\partial P^*}{\partial t} = a_{\text{c}} \frac{\partial^2 P}{\partial x^2} \qquad \left(t > 0, \ 0 < x \leqslant \frac{W_m}{2} \right) \qquad (3-60)$$

式中 P^*——煤层中 x 位置处的瓦斯压力平方，MPa^2；

　　a_{c}——压力传导系数，$a_{\text{c}} = \dfrac{4\lambda p_1^{1.5}}{\alpha^*}$，$\text{m/d}$；

　　λ——煤层透气性系数，$\text{m}^2/(\text{MPa} \cdot \text{d})$；

　　α^*——瓦斯含量系数，$\text{m}^3/(\text{m}^3 \cdot \text{MPa}^{0.5})$；

　　p_1——煤层原始瓦斯压力，MPa；

　　W_m——煤柱宽度，m。

基于假设条件①，巷道煤壁未揭露之前，原始瓦斯压力分布均匀，初始条件可表述为

$$P^*(x_c, t)\big|_{t=0} = p_1^2 \quad \left(0 < x_c \leqslant \frac{W_m}{2}\right) \tag{3-61}$$

式中　　t——时间，此处指煤壁暴露时间，d；

　　　　x_c——至煤壁表面垂直距离，m；

　　　　W_m——煤柱的宽度，m。

基于假设条件②，暴露煤壁的瓦斯压力瞬间降到巷道内气压，可得到边界条件表达式：

$$P^*(x_c, t)\big|_{x_c=0} = p_2^2 \quad (t > 0) \tag{3-62}$$

式中　　p_2——巷道内大气压力，MPa。

①较窄煤柱瓦斯涌出气量。较窄煤柱存在两个临空面排放瓦斯，取中轴线一侧进行分析。由于煤柱宽度有限，只存在有限的瓦斯供给，则在暴露足够长的时间以后，其内部瓦斯压力梯度逐渐降低并最终为零，边界条件公式表达如下：

$$\frac{\partial P^*}{\partial x_c}\bigg|_{x_c = \frac{W_m}{2}} = 0 \quad (t \to \infty) \tag{3-63}$$

将初始条件式（3-61）和边界条件式（3-62）、式（3-63）与渗流控制方程结合可得宽度较窄煤柱煤壁瓦斯渗流的定解问题：

$$\begin{cases} \dfrac{\partial P^*}{\partial t} = a_c \dfrac{\partial^2 P^*}{\partial x_c^2} \quad \left(t > 0, 0 < x_c \leqslant \dfrac{W_m}{2}\right) \\[2mm] P^*(x_c, t)\big|_{t=0} = p_1^2 \quad \left(0 < x_c \leqslant \dfrac{W_m}{2}\right) \\[2mm] P^*(x_c, t)\big|_{x_c=0} = p_2^2 \quad (t > 0) \\[2mm] \dfrac{\partial P^*}{\partial x_c}\bigg|_{x_c = \frac{W_m}{2}} = 0 \quad (t \to \infty) \end{cases} \tag{3-64}$$

令 $V = P^* - p_2^2$，则式（3-64）变为二阶抛物线形偏微分方程：

$$\begin{cases} \dfrac{\partial V}{\partial t} = a_c \dfrac{\partial^2 V}{\partial x_c^2} \quad \left(t > 0, 0 < x_c \leqslant \dfrac{W_m}{2}\right) \\[2mm] V(x_c, t)\big|_{t=0} = p_1^2 - p_2^2 \quad \left(0 < x_c \leqslant \dfrac{W_m}{2}\right) \\[2mm] V(x_c, t)\big|_{x_c=0} = 0 \quad (t > 0) \\[2mm] \dfrac{\partial V}{\partial x_c}\bigg|_{x_c = \frac{W_m}{2}} = 0 \quad (t \to \infty) \end{cases} \tag{3-65}$$

令 $V(x_c, t) = X(x_c)T(t)$，式中 $X(x_c)$、$T(t)$ 各自为仅与 x_c 和 t 有关的未知函数，则根据式（3-65）可得

$$\frac{T(t)'}{a_c T(t)} = \frac{X(x_c)''}{X(x_c)} \tag{3-66}$$

式（3-66）只有在两端都为常数时才可能成立，令此常数为 $-A$，可进一步得到下列常微分方程：

$$\begin{cases} T(t)' + Aa_c T(t) = 0 \\ X(x_c)'' + AX(x_c) = 0 \end{cases} \tag{3-67}$$

由边界条件，可知函数 $X(x_c)$ 满足下列关系：

$$\begin{cases} X(0) = 0 \\ X\left(\dfrac{W_m}{2}\right)' = 0 \end{cases} \qquad (3-68)$$

结合式（3-67）、式（3-68），利用固有函数法得式（3-65）的通解表达式：

$$V(x_c, t) = \sum_{k=1}^{\infty} C_k \exp\left[-\frac{a_c(2k-1)^2\pi^2}{W_m^2}t\right]\sin\left[\frac{(2k-1)\pi}{W_m}x_c\right] \qquad (3-69)$$

根据边界条件 $V(x_c, t)\big|_{t=0} = p_1^2 - p_2^2$，得

$$p_1^2 - p_2^2 = \sum_{k=1}^{\infty} C_k \sin\frac{(2k-1)\pi x_c}{W_m}$$

由傅里叶函数基本性质，可得

$$C_k = \frac{2}{W_m}\int_0^{W_m}(p_1^2 - p_2^2)\sin\frac{(2k-1)\pi x_c}{W_m}dx_c = \frac{4(p_1^2 - p_2^2)}{(2k-1)\pi} \quad (k = 1,2,\cdots) \qquad (3-70)$$

将式（3-70）代入式（3-69），得到式（3-65）的通解：

$$V(x_c, t) = (p_1^2 - p_2^2) \cdot \sum_{k=1}^{\infty}\left\{\frac{4}{(2k-1)\pi} \cdot \sin\frac{(2k-1)\pi x_c}{W_m} \cdot \exp\left[-a_c\frac{(2k-1)^2\pi^2}{W_m^2}t\right]\right\} \qquad (3-71)$$

则式（3-64）的通解为

$$P(x_c, t)^2 = p_2^2 + (p_1^2 - p_2^2) \cdot \sum_{k=1}^{\infty}\left\{\frac{4}{(2k-1)\pi} \cdot \sin\frac{(2k-1)\pi x_c}{W_m} \cdot \exp\left[-a_c\frac{(2k-1)^2\pi^2}{W_m^2}t\right]\right\} \qquad (3-72)$$

根据假设条件③，瓦斯在煤层中的流动符合达西定律，即

$$v' = -\frac{\overline{K}}{\mu_0}\frac{\partial p}{\partial x_c} \qquad (3-73)$$

式中　v'——瓦斯渗流速度，m/d；

　　　$\overline{K}$——煤层渗透率，m^2；

　　　p——压力，MPa。

将式（3-72）代入式（3-73），得到单侧煤壁瓦斯流动速度为

$$v'\big|_{x_c=0} = -\frac{2\overline{K}(p_1^2 - p_2^2)}{\mu_0 W_m p_2} \cdot \sum_{k=1}^{\infty}\exp\left[-a_c\frac{(2k-1)^2\pi^2}{W_m^2}t\right] \qquad (3-74)$$

式（3-74）虽然是无穷级数形式，但收敛非常快，认为取式中第1项就可满足工程计算精度要求，即单侧煤壁瓦斯涌出速度可近似表示为

$$v'_t \approx -\frac{2\overline{K}(p_1^2 - p_2^2)}{\mu_0 W_m p_2} \cdot \exp\left(\frac{-a_c\pi^2}{W_m^2}t\right) \qquad (3-75)$$

已知煤层渗透率 $\overline{K}$ 和煤层透气性系数 λ 的关系式如下：

$$\lambda = \frac{\overline{K}}{2\mu_0 p_n}$$

式中　p_n——标准大气压力，MPa。

如果巷道内气压近似等于标准大气压，则单侧煤壁瓦斯涌出速度的另一个表达式如下：

$$v'_t \approx -\frac{4\lambda(p_1^2 - p_2^2)}{W_m} \cdot \exp\left(\frac{-a_c\pi^2}{W_m^2}t\right) \tag{3-76}$$

由式（3-75）、式（3-76）可以看出，巷道煤柱存在两个或多个临空面时，煤壁瓦斯涌出速度与煤层渗透率 $\overline{K}$、煤柱宽度 W_m、煤层原始瓦斯压力 p_1、巷道内大气压力 p_2、瓦斯压力传导系数 a_c 以及暴露时间 t 密切相关。

式（3-76）中 $a_c t/W_m^2 = F_0$ 为时间准数，研究表明，当 $F_0 > 1.5$ 时，煤层中瓦斯流动过程就基本结束，则可以得到较窄煤柱瓦斯涌出结束的基本判定准则：

$$t > \frac{3\alpha^* W_m^2}{8\lambda \sqrt[3]{p_1^2}} \tag{3-77}$$

令 $\dfrac{3\alpha^* W_m^2}{8\lambda \sqrt[3]{p_1^2}} = T_1$，称其为较窄煤柱瓦斯极限排放时间，可以得到不同条件下，较窄煤柱的瓦斯涌出气量计算公式：

a）当 $T \geq T_1$ 时，煤柱煤壁将不再涌出瓦斯，认为此时煤柱内煤体瓦斯含量已经降低到标准状态下的残存瓦斯含量，则巷道内整条煤柱的瓦斯涌出气量利用下式计算：

$$\overline{Q_w} = L_m W_m H_m \gamma_{(c)}(q_{(c)0} - q_{(c)c}) \tag{3-78}$$

式中　L_m——巷道长度，m；

　　　　H_m——煤柱高度，m。

b）当 $T < T_1$ 时，煤柱在 T 时间内的瓦斯涌出量计算公式推导过程如下：

令 $v'_0 = -\dfrac{4\lambda(p_1^2 - p_2^2)}{W_m}$，$\beta_2 = \dfrac{a_c\pi^2}{W_m^2}$，$v'_0$ 就是 $t = 0$ 时刻煤壁瓦斯涌出初速度。则式（3-76）可以化简为

$$v'^*_t = v'_0 e^{-\beta_2 t} \tag{3-79}$$

式中　v'^*_t——较窄煤柱暴露 t 时刻后的单位面积煤壁瓦斯涌出速度，$m^3/(m^2 \cdot d)$；

　　　　v'_0——较窄煤柱单位面积煤壁的瓦斯涌出初速度，$m^3/(m^2 \cdot d)$；

　　　　β_2——较窄煤柱煤壁瓦斯涌出衰减系数，d^{-1}。

假设巷道以匀速 v 掘进，则巷道掘进 lm 时单面煤壁的瓦斯涌出量为

$$d\overline{Q_{w1}} = \int_0^{l^*} v'_0 e^{\frac{-\beta_2 l^*}{v}} H_m dl^* \tag{3-80}$$

式中　l^*——巷道已掘进长度，m。

则整条巷道煤柱煤壁在掘进期间的瓦斯涌出量为

$$\overline{Q_{w1}} = 2\int_0^{\frac{L_m}{v}} d\overline{Q_{w1}} dt = 2\int_0^{\frac{L_m}{v}} \int_0^{L_m} v'_0 e^{\frac{-\beta_2 l^*}{v}} H_m dl^* dt \tag{3-81}$$

整条巷道的煤柱煤壁在掘进完成 t 时刻后的单面煤壁瓦斯涌出量为

$$d\overline{Q_{w2}} = v'_0 e^{-\beta_2 t} H_m L_m \tag{3-82}$$

整条巷道的煤柱煤壁在掘进完成 t 时刻内的煤壁瓦斯涌出量为

$$\overline{Q_{w2}} = 2\int_0^t v'_0 e^{-\beta_2 t} H_m L_m dt \tag{3-83}$$

根据式（3-81）、式（3-83）可以得到采区封闭前较窄煤柱的瓦斯涌出量，具体计算公式如下：

$$\overline{Q_{\mathrm{w}}} = \overline{Q_{\mathrm{w1}}} + \overline{Q_{\mathrm{w2}}} = 2\int_0^{\frac{L_{\mathrm{m}}}{v}}\int_0^{L_{\mathrm{m}}} v'_0 \mathrm{e}^{-\frac{\beta_2 l^*}{v}} H_{\mathrm{m}} \mathrm{d}l^* \, \mathrm{d}t + 2\int_{T-\frac{L_{\mathrm{m}}}{v}}^T v'_0 \mathrm{e}^{-\beta_2 t} H_{\mathrm{m}} L_{\mathrm{m}} \mathrm{d}t \qquad (3-84)$$

式中　T——巷道从开始掘进到采区封闭所经历的时间，d；

v——巷道掘进速度，m/d。

②单侧暴露煤壁或足够宽煤柱瓦斯涌出气量。当煤柱宽度超过极限排放宽度，可以看作存在无限的瓦斯供给，等同于单面暴露煤壁，则排放极限宽度以外煤体内的瓦斯压力始终不变，边界条件可用公式表达如下：

$$P^*\big|_{x_{\mathrm{c}}=W_{\mathrm{lm}}} = p_1^2 \qquad (3-85)$$

式中　W_{lm}——煤壁瓦斯极限排放宽度，m。

将初始条件式（3-61）和边界条件式（3-62）、式（3-65）与渗流控制方程结合可得单面暴露煤壁或足够宽煤柱煤壁瓦斯渗流的定解问题：

$$\begin{cases} \dfrac{\partial P^*}{\partial t} = a_{\mathrm{c}} \dfrac{\partial^2 P^*}{\partial x_{\mathrm{c}}^2} & (t>0, 0<x_{\mathrm{c}}\leqslant W_{\mathrm{m}}) \\[2mm] P^*(x_{\mathrm{c}}, t)\big|_{t=0} = p_1^2 & (0<x_{\mathrm{c}}\leqslant W_{\mathrm{m}}) \\[2mm] P^*(x_{\mathrm{c}}, t)\big|_{x_{\mathrm{c}}=0} = p_2^2 & (t>0) \\[2mm] P^*\big|_{x_{\mathrm{c}}=W_{\mathrm{lm}}} = p_1^2 & (t\to\infty) \end{cases} \qquad (3-86)$$

令 $U = P^* - p_2^2 - \dfrac{x_{\mathrm{c}}}{W_{\mathrm{lm}}}(p_1^2 - p_2^2)$，并采用与较窄煤柱方程同样的解算方法得式（3-86）的通解：

$$P^*(x_{\mathrm{c}}, t)^2 = p_2^2 + (p_1^2 - p_2^2)\cdot\left\{\sum_{n=1}^{\infty}\left[\frac{2}{n\pi}\cdot\sin\left(\frac{n\pi x}{W_{\mathrm{lm}}}\right)\cdot\exp\left(-a_{\mathrm{c}}\frac{n^2\pi^2}{W_{\mathrm{lm}}^2}t\right)\right] + \frac{x}{W_{\mathrm{lm}}}\right\} \qquad (3-87)$$

根据达西定律，进一步得到煤壁瓦斯涌出速度公式：

$$v'_t \approx -\frac{\overline{K}(p_1^2 - p_2^2)}{2\mu p_2 W_{\mathrm{lm}}}\left[2\exp\left(-\frac{a_{\mathrm{c}}\pi^2}{W_{\mathrm{lm}}^2}t\right)+1\right] = -\frac{\lambda(p_1^2 - p_2^2)}{W_{\mathrm{lm}}}\left[2\exp\left(-\frac{a_{\mathrm{c}}\pi^2}{W_{\mathrm{lm}}^2}t\right)+1\right] \qquad (3-88)$$

分析式（3-88）得知，当足够宽煤柱或单侧煤壁的暴露时间足够长后，瓦斯涌出速度逐渐趋于定值，即

$$v'_\infty \approx \frac{\lambda(p_1^2 - p_2^2)}{W_{\mathrm{lm}}} \qquad (3-89)$$

此时巷道煤壁的瓦斯极限排放宽度为

$$W_{\mathrm{lm}} = \frac{\lambda(p_1^2 - p_2^2)}{v'_\infty} \qquad (3-90)$$

从式（3-90）可以看出，煤壁瓦斯极限排放宽度与煤层透气性系数 λ、煤壁内外瓦斯压力平方差成正比，即煤层透气性系数越高、瓦斯压力平方差越大，极限排放宽度越大。

由式（3-90）可知，当巷道中间煤柱的宽度大于 $2W_{\mathrm{lm}}$ 时，其煤壁瓦斯涌出变化符合单面煤壁涌出规律，可利用式（3-88）求出；当中间煤柱宽度小于 $2W_{\mathrm{lm}}$ 时，其为有限源瓦斯涌出，瓦斯涌出量需要利用式（3-75）或式（3-76）计算。

令 $v'_1 = -\dfrac{3\lambda(p_1^2 - p_2^2)}{W_{\mathrm{lm}}}$，$\beta_1 = \dfrac{a_{\mathrm{c}}\pi^2}{W_{\mathrm{lm}}^2}$，$v'_1$ 就是 $t=0$ 时刻的煤壁瓦斯涌出初速度。则式（3-

88）可化简为

$$v'_t = \frac{1}{3}v'_1(2e^{-\beta_1 t} + 1) \tag{3-91}$$

式中　v'_t——足够宽煤柱暴露 t 时刻后单位面积煤壁瓦斯涌出速度，$m^3/(m^2 \cdot d)$；

　　　v'_1——足够宽煤柱单位面积煤壁的瓦斯涌出初速度，$m^3/(m^2 \cdot d)$；

　　　β_1——足够宽煤柱煤壁瓦斯涌出衰减系数，d^{-1}。

分析发现，较窄煤柱的瓦斯涌出初速度和较宽煤柱的瓦斯涌出初速度并不一致，产生这种差异的原因主要有两点：①两种模型的边界条件不同，而且在推导计算过程中都进行了适当地简化处理，不可避免会产生误差；②无限源模型中的 t 实际是瓦斯流动时间，但由于其存在一个定常流速，煤壁暴露前其实一直有瓦斯的流动，因此此处的初速度并不是真正意义上的暴露初始初速度。

同较窄煤柱瓦斯涌出量计算过程，假设巷道以匀速 v 掘进，则采区封闭前单侧暴露煤壁或足够宽煤柱的瓦斯涌出量为

$$\begin{cases} \overline{Q_w} = \dfrac{2}{3}\int_0^{\frac{L_m}{v}}\int_0^{L_m} v'_1(e^{-\frac{\beta_1 l^*}{v}} + 1)H_m dl^* dt + \dfrac{2}{3}\int_{T-\frac{L_m}{v}}^{T} v'_1(e^{-\beta_1 t} + 1)H_m L_m dt & \text{（足够宽煤柱）} \\ \overline{Q_w} = \dfrac{1}{3}\int_0^{\frac{L_m}{v}}\int_0^{L_m} v'_1(e^{-\frac{\beta_1 l^*}{v}} + 1)H_m dl^* dt + \dfrac{1}{3}\int_{T-\frac{L_m}{v}}^{T} v'_1(e^{-\beta_1 t} + 1)H_m L_m dt & \text{（单侧暴露煤壁）} \end{cases}$$

$$\tag{3-92}$$

（3）采区封闭前工作面遗煤涌出瓦斯量。假设遗煤均匀地分布在采空区中，则工作面封闭之前实测的落煤瓦斯解吸强度与暴露时间的关系近似为一双曲线关系，其经验公式为

$$v_t = v_0(1 + t^*)^{-\beta''} \tag{3-93}$$

式中　v_t——经过 $1 + t$ 时间后，采落煤块的瓦斯解吸强度，$m^3/(t \cdot min)$；

　　　v_0——落煤在 $t = 0$ 时的瓦斯解吸强度，$m^3/(t \cdot min)$；

　　　t^*——落煤的暴露时间，min；

　　　β''——落煤解吸强度衰减系数，min^{-1}。

则采区封闭前工作面遗煤涌出气量计算公式如下：

$$\overline{Q_f} = M_f(1 - \bar{k})\int_0^{(l_1+l_2)/v_f} v_0(1 + t^*)^{-\beta''} dt^* \tag{3-94}$$

式中　M_f——采区工作面开采煤炭资源总量，t；

　　　$\bar{k}$——工作面回采率，%；

　　　l_1——工作面煤壁到支架的距离，m；

　　　l_2——采空区沿工作面推进方向上的瓦斯浓度非稳定区域宽度，倾斜长壁工作面一般为 $60 \sim 80$ m；

　　　v_f——工作面推进速度，m/min。

（4）采区卸压邻近煤层涌出瓦斯量。采区卸压邻近煤层的吨煤瓦斯涌出量采用下式计算：

$$\overline{q}_{(j)} = (q_{(j)0} - q_{(j)c})\eta_{(j)} \tag{3-95}$$

式中　$q_{(j)0}$——邻近层煤层原始瓦斯含量，m^3/t；

　　　$q_{(j)c}$——邻近层煤层残存瓦斯含量，m^3/t；

$\eta_{(j)}$——邻近层瓦斯排放率,%。

则采区卸压邻近煤层涌出气量可以利用下式计算:

$$\overline{Q}_{(j)} = \sum_i \left(q_{(j)i0} - q_{(j)ic} \right) V_{(j)i} H_{(j)i} \gamma_{(j)i} \eta_{(j)i} \qquad (3-96)$$

式中　$q_{(j)i0}$——采区第 i 卸压邻近煤层的原始含气量,m^3/t;

$q_{(j)ic}$——采区第 i 卸压邻近煤层的残存含气量,m^3/t;

$V_{(j)i}$——采区第 i 卸压邻近煤层的卸压体积,m^3;

$H_{(j)i}$——采区第 i 卸压邻近煤层的厚度,m;

$\gamma_{(j)i}$——采区第 i 卸压邻近煤层的容重,t/m^3。

(5) 井下抽采工程采出瓦斯量。文献[78]规定"突出煤层工作面采掘作业前必须将控制范围内煤层的瓦斯含量降到煤层始突深度的瓦斯含量以下或将瓦斯压力降到煤层始突深度的煤层瓦斯压力以下。若没能考察出煤层始突深度的煤层瓦斯含量或压力,则必须将煤层瓦斯含量降到 8 m^3/t 以下,或将煤层瓦斯压力降到 0.74 MPa(表压)以下"。在没有井下实际抽采资料的情况下,井下抽采工程采出的瓦斯量可以根据上述规定进行估算。

井下抽采工程采出瓦斯量的具体估算公式如下:

$$\overline{Q}_{ut} = M_t (q_{(c)0} - q') \qquad (3-97)$$

式中　M_t——抽采工程控制的煤炭量,具体计算参数见文献[78]要求,t;

q'——煤层始突深度的瓦斯含量,可根据表 3-20 的要求进行取值,m^3/t。

当开采工作面瓦斯涌出量主要来自邻近层或围岩时,估算的井下抽采工程采出瓦斯量与抽采控制煤量原有气量的比值需要满足表 3-21 的要求,如果比值小于表 3-21 的相对应抽采率值,则取表 3-21 的抽采率值重新计算井下抽采工程采出瓦斯量。

表 3-20　采煤工作面回采前煤的可解吸瓦斯量应达到的指标

工作面日产量/t	可解吸瓦斯量/($m^3 \cdot t^{-1}$)	工作面日产量/t	可解吸瓦斯量/($m^3 \cdot t^{-1}$)
≤1000	≤8	6001 ~ 8000	≤5
1001 ~ 2500	≤7	8001 ~ 10000	≤4.5
2501 ~ 4000	≤6	>10000	≤4
4001 ~ 6000	≤5.5		

表 3-21　采煤工作面瓦斯抽采率应达到的指标

工作面绝对瓦斯涌出量 $\overline{Q}_{wf}$/($m^3 \cdot min^{-1}$)	工作面抽采率/%	工作面绝对瓦斯涌出量 $\overline{Q}_{wf}$/($m^3 \cdot min^{-1}$)	工作面抽采率/%
$5 \leqslant \overline{Q}_{wf} < 10$	≥20	$40 \leqslant \overline{Q}_{wf} < 70$	≥50
$10 \leqslant \overline{Q}_{wf} < 20$	≥30	$70 \leqslant \overline{Q}_{wf} < 100$	≥60
$20 \leqslant \overline{Q}_{wf} < 40$	≥40	$100 \leqslant \overline{Q}_{wf}$	≥70

(6) 采区封闭后的采空区涌出气量。采区停采封闭后的涌出气量主要包括两部分:一部

分是采区封闭后采空区瓦斯井下涌出量，另一部分是采区封闭后采空区瓦斯地表涌出量。

a) 采区封闭后井下涌出气量。采区封闭后采空区井下涌出瓦斯量计算同式 (3-51)，此时的采区生产阶段风排瓦斯量 $\overline{Q}_{\mathrm{W}}$ 由下式计算：

$$\overline{Q}_{\mathrm{W}} = kM_{(\mathrm{c})0}(q_{(\mathrm{c})0} - q_{(\mathrm{c})\mathrm{c}}) + \overline{Q_{\mathrm{w}}} + \overline{Q}_{\mathrm{f}} + \overline{Q}_{(\mathrm{j})} \tag{3-98}$$

将式 (3-98) 代入式 (3-51)，得损失气量分源预测法采区封闭后井下涌出气量计算公式：

$$\overline{Q}'_{\mathrm{uv}} = K''\Big[kM_{(\mathrm{c})0}(q_{(\mathrm{c})0} - q_{(\mathrm{c})\mathrm{c}}) + \overline{Q_{\mathrm{w}}} + \overline{Q}_{\mathrm{f}} + \overline{Q}_{(\mathrm{j})}\Big] \tag{3-99}$$

b) 采区封闭后地表涌出气量。采区封闭后 T' 时间内地表涌出气量计算公式同式 (3-57)。则损失气量分源预测法中关于采动稳定区损失气量的计算公式为

$$\overline{Q} = \overline{Q}_{\mathrm{s}} + \overline{Q}_{\mathrm{w}} + \overline{Q}_{\mathrm{f}} + \overline{Q}_{(\mathrm{j})} + \overline{Q}_{\mathrm{ut}} + \overline{Q}'_{\mathrm{uv}} + \overline{Q}_{\mathrm{bl}} = (1 + K'')\Big[kM_{(\mathrm{c})0}q_{(\mathrm{c})0} +$$

$$M_{\mathrm{f}}(1 - \bar{k})\int_0^{(l_1+l_2)/v_{\mathrm{f}}} v_0(1 + t^*)^{-\beta''}\mathrm{d}t^* + \sum_i (q_{(\mathrm{j})i0} - q_{(\mathrm{j})i\mathrm{c}})V_{(\mathrm{j})i}H_{(\mathrm{j})i}\gamma_{(\mathrm{j})i}\eta_{(\mathrm{j})i}\Big] +$$

$$M_{\mathrm{t}}(q_{(\mathrm{c})0} - q') + \Big[\frac{K_{\mathrm{t}}(f - \Delta P)S_{\mathrm{t}}}{\mu_0 L_{\mathrm{r}}} + \frac{\zeta_{\mathrm{g}}K_{\mathrm{b}}J_{\mathrm{b}}S_{\mathrm{b}}}{\mu_{\mathrm{w}}}\Big]T' +$$

$$(1 + K'')\begin{cases} L_{\mathrm{m}}W_{\mathrm{m}}H_{\mathrm{m}}\gamma_{(\mathrm{c})}(q_{(\mathrm{c})0} - q_{(\mathrm{c})\mathrm{c}}) \quad (W_{\mathrm{m}} < 2W_{\mathrm{lm}}, \text{且 } T \geqslant T_1) \\[2mm] 2\int_0^{\frac{L_{\mathrm{m}}}{v}}\int_0^{Lm} v'_0 \mathrm{e}^{-\frac{\beta_2 l^*}{v}}H_{\mathrm{m}}\mathrm{d}l^* \mathrm{d}t + 2\int_{T-\frac{L_{\mathrm{m}}}{v}}^{T} v'_0 \mathrm{e}^{-\beta_2 t}H_{\mathrm{m}}L_{\mathrm{m}}\mathrm{d}t \quad (W_{\mathrm{m}} < 2W_{\mathrm{lm}}, \text{且 } T < T_1) \\[2mm] \frac{2}{3}\int_0^{\frac{L_{\mathrm{m}}}{v}}\int_0^{Lm} v'_1(\mathrm{e}^{-\frac{\beta_1 l^*}{v}} + 1)H_{\mathrm{m}}\mathrm{d}l^* \mathrm{d}t + \frac{2}{3}\int_{T-\frac{L_{\mathrm{m}}}{v}}^{T} v'_1(\mathrm{e}^{-\beta_1 t} + 1)H_{\mathrm{m}}L_{\mathrm{m}}\mathrm{d}t \quad (W_{\mathrm{m}} \geqslant 2W_{\mathrm{lm}}) \\[2mm] \frac{1}{3}\int_0^{\frac{L_{\mathrm{m}}}{v}}\int_0^{Lm} v'_1(\mathrm{e}^{-\frac{\beta_1 l^*}{v}} + 1)H_{\mathrm{m}}\mathrm{d}l^* \mathrm{d}t + \frac{1}{3}\int_{T-\frac{L_{\mathrm{m}}}{v}}^{T} v'_1(\mathrm{e}^{-\beta_1 t} + 1)H_{\mathrm{m}}L_{\mathrm{m}}\mathrm{d}t \quad (\text{单侧暴露煤壁}) \end{cases}$$

$$\tag{3-100}$$

式中 T_1——较窄煤柱瓦斯极限排放时间，$T_1 = \dfrac{3\alpha^* W_{\mathrm{m}}^2}{8\lambda \sqrt[3]{p_1^2}}$，d。

3. 瓦斯资源量间接减法评估计算模型

将上文整理得到的原始气量计算公式与损失气量计算公式联立，即可得到不同情况下的采动稳定区瓦斯资源量评估模型。

1) 地质资源量计算方法

(1) 损失气量阶段统计法：

$$Q = Q_0 - \overline{Q} = [(1 + \zeta)q_{(\mathrm{c})0} - kq_{(\mathrm{c})\mathrm{c}}]L_{(\mathrm{c})0}W_{(\mathrm{c})0}H_{(\mathrm{c})0}\gamma_{(\mathrm{c})} +$$

$$\sum_i V_{(\mathrm{j})i}\gamma_{(\mathrm{j})i}q_{(\mathrm{j})i0} + \sum_i \Lambda_i\varepsilon'_i V'_{(\mathrm{j})i} - \sum_i U_{\mathrm{t}i} - \sum_i U_{\mathrm{m}i} - \sum_i \Big(\sum_j U_{\mathrm{p}ij}C_{\mathrm{p}ij}\Big) - (1 + K'')$$

$$\sum_i \Big(\sum_j U_{\mathrm{w}ij}C_{\mathrm{w}ij}\Big) - \Big[\frac{K_{\mathrm{t}}(f - \Delta P)S_{\mathrm{t}}}{\mu_0 L_{\mathrm{r}}} + \frac{\zeta_{\mathrm{g}}K_{\mathrm{b}}J_{\mathrm{b}}S_{\mathrm{b}}}{\mu_{\mathrm{w}}}\Big]T' \tag{3-101}$$

(2) 损失气量分源预测法：

$$\overline{Q} = \overline{Q}_0 - \overline{Q} = [1 + \zeta - (1 + K'')k]M_{(\mathrm{c})0}q_{(\mathrm{c})0} + \sum_i V_{(\mathrm{j})i}\gamma_{(\mathrm{j})i}q_{(\mathrm{j})i0} + \sum_i \Lambda_i\varepsilon'_i V'_{(\mathrm{j})i} -$$

$$(1 + K'') \left[M_f(1 - \bar{k}) \int_0^{(l_1+l_2)/v_f} v_0(1 + t^*)^{-\beta'} dt^* + \sum_i (q_{(j)i0} - q_{(j)ic}) V_{(j)i} H_{(j)i} \gamma_{(j)i} \eta_{(j)i} \right] -$$

$$M_t(q_{(c)0} - q') - \left[\frac{K_t(f - \Delta P)S_t}{\mu_0 L_r} + \frac{\zeta_g K_b J_b S_b}{\mu_w} \right] T' -$$

$$(1 + K'') \begin{cases} L_m W_m H_m \gamma_{(c)} (q_{(c)0} - q_{(c)c}) & (W_m < 2W_{lm}, \text{且} \ T \geq T_1) \\[2mm] 2\int_0^{\frac{L_m}{v}} \int_0^{L_m} v_0' e^{-\frac{\beta_2 l^*}{v}} H_m dl^* dt + 2\int_{T-\frac{L_m}{v}}^{T} v_0' e^{-\beta_2 t} H_m L_m dt & (W_m < 2W_{lm}, \text{且} \ T < T_1) \\[2mm] \frac{2}{3}\int_0^{\frac{L_m}{v}} \int_0^{L_m} v_1' (e^{-\frac{\beta_1 l^*}{v}} + 1) H_m dl^* dt + \frac{2}{3}\int_{T-\frac{L_m}{v}}^{T} v_1' (e^{-\beta_1 t} + 1) H_m L_m dt & (W_m \geq 2W_{lm}) \\[2mm] \frac{1}{3}\int_0^{\frac{L_m}{v}} \int_0^{L_m} v_1' (e^{-\frac{\beta_1 l^*}{v}} + 1) H_m dl^* dt + \frac{1}{3}\int_{T-\frac{L_m}{v}}^{T} v_1' (e^{-\beta_1 t} + 1) H_m L_m dt & (\text{单侧暴露煤壁}) \end{cases}$$

$$(3 - 102)$$

2）可采资源量计算方法

同直接加法评估技术中关于可采资源量的计算，使用采收率法以采区原有资源量为基础估算可采资源量，对煤体内气量使用吸附气量采收率 R_{fa}，对卸压围岩内气量使用游离气量采收率 R_{fg}，将损失气量从可采资源量中直接扣减，同时补加采出地表煤炭残余气量，得到采动稳定区瓦斯可采资源量计算模型。

（1）损失气量阶段统计法：

$$G_c = \left[(R_{fa} + \zeta R_{fg}) q_{(c)0} - k(q_{l(c)c-q_c}) \right] L_{(c)0} W_{(c)0} H_{(c)0} \gamma_{(c)} + \sum_i R_{(j)fai} V_{(j)i} \gamma_{(j)i} q_{(j)i0} +$$

$$R_{fg} \sum_i \Lambda_i \varepsilon'_i V'_{(j)i} - \sum_i U_{ti} - \sum_i U_{mi} - \sum_i \left(\sum_j U_{pij} C_{pij} \right) -$$

$$(1 + K'') \sum_i \left(\sum_j U_{wij} C_{wij} \right) - \left[\frac{K_t(f - \Delta P)S_t}{\mu_0 L_r} + \frac{\zeta_g K_b J_b S_b}{\mu_w} \right] T' \qquad (3 - 103)$$

式中　G_c——采动稳定区瓦斯可采资源量，m^3。

（2）损失气量分源预测法：

$$G_c = \left[R_{fa} + R_{fg}\zeta - (1 + K'')k \right] M_{(c)0} q_{(c)0} + \sum_i R_{(j)fai} V_{(j)i} \gamma_{(j)i} q_{(j)i0} + R_{fg} \sum_i \Lambda_i \varepsilon'_i V'_{(j)i} -$$

$$(1 + K'') \left[M_f(1 - \bar{k}) \int_0^{(l_1+l_2)/v_f} v_0(1 + t^*)^{-\beta'} dt^* + \sum_i (q_{(j)i0} - q_{(j)ic}) V_{(j)i} H_{(j)i} \gamma_{(j)i} \eta_{(j)i} \right] -$$

$$M_t(q_{(c)0} - q') - \left[\frac{K_t(f - \Delta P)S_t}{\mu_0 L_r} + \frac{\zeta_g K_b J_b S_b}{\mu_w} \right] T' -$$

$$(1 + K'') \begin{cases} L_m W_m H_m \gamma_{(c)} (q_{(c)0} - q_{(c)c}) & (W_m < 2W_{lm}, \text{且} \ T \geq T_1) \\[2mm] 2\int_0^{\frac{L_m}{v}} \int_0^{L_m} v_0' e^{-\frac{\beta_2 l^*}{v}} H_m dl^* dt + 2\int_{T-\frac{L_m}{v}}^{T} v_0' e^{-\beta_2 t} H_m L_m dt & (W_m < 2W_{lm}, \text{且} \ T < T_1) \\[2mm] \frac{2}{3}\int_0^{\frac{L_m}{v}} \int_0^{L_m} v_1' (e^{-\frac{\beta_1 l^*}{v}} + 1) H_m dl^* dt + \frac{2}{3}\int_{T-\frac{L_m}{v}}^{T} v_1' (e^{-\beta_1 t} + 1) H_m L_m dt & (W_m \geq 2W_{lm}) \\[2mm] \frac{1}{3}\int_0^{\frac{L_m}{v}} \int_0^{L_m} v_1' (e^{-\frac{\beta_1 l^*}{v}} + 1) H_m dl^* dt + \frac{1}{3}\int_{T-\frac{L_m}{v}}^{T} v_1' (e^{-\beta_1 t} + 1) H_m L_m dt & (\text{单侧暴露煤壁}) \end{cases}$$

$$(3 - 104)$$

3.2.3 采动稳定区瓦斯资源量评估模型适用条件

上述两种评估技术的基本构建思想都是立足于物质守恒规律，基于模型构建思想及体积计算法的要求，评估技术的适用需要满足以下两个基本条件：①气体封存条件，即采动稳定区上覆岩层有足够的厚度或者其上部存在有效的覆盖岩层，提供良好的密封性，以防止采动裂隙与大气连通使稳定区内的瓦斯发生泄漏式逸散。②孔隙连通条件，地下积水能够大大减小采空区自由空间，并破坏孔隙空间的连通性，不利于气体的开采；因此采动稳定区内部不能存在或仅存在少量积水，不会对其内部孔隙通道的连通性产生影响。

油气成藏条件的研究表明，瓦斯得以富集，除了要有较厚的煤层、适当的煤阶、构造特征及水文等条件之外，煤层围岩中是否有封闭性较好的盖层条件也至关重要。盖层（顶板）对煤储层气体的封闭作用有三种机制：毛细管封闭、压力封闭和烃浓度封闭。毛细管封闭和压力封闭可以阻止气体运移，烃浓度封闭主要阻止气体的扩散。盖层毛细管封闭能力的大小主要取决于排驱压力，压力封闭能力受控于渗透率，而烃浓度封闭能力与扩散系数关系密切。

如果盖层内部毛细管孔隙的吸附阻力较大，岩性稳定并且具有一定的厚度，则可以有效地保持地层压力，阻止地层水的交替，成为有效封闭层。有效封闭层的存在能够保证煤层围岩具有良好的气体封存条件，使得瓦斯多以吸附态存在，并减少游离气和水溶气的散失。参考常规天然气盖层的评价指标，可以将煤储层封盖层划分为屏蔽层、半屏蔽层和透气层三大类，各层分类参数见表 3 – 22。

表 3 – 22 常规天然气盖层分类参数

类　型	排替压力 $P^\triangle$/MPa	渗透率 $\overline{K}$/μm^2	扩散系数 D'/$(cm^2 \cdot s^{-1})$	孔隙直径 $D^\triangle$/nm	裂隙发育
屏蔽层	>1.0	$<10^{-3}$	10^{-8}	<25	差
半屏蔽层	0.1 ~ 1.0	$10^{-3} \sim 10^{-2}$	$10^{-8} \sim 10^{-6}$	25 ~ 50	微
透气层	<1.0	$>10^{-2}$	$>10^{-6}$	>50	好

屏蔽层的代表岩性为盐膏岩、盐岩、泥岩、粉砂质泥岩、致密泥灰岩和灰岩，半屏蔽层的代表岩性为砂质泥岩、泥质粉砂岩、粉砂岩，透气层的代表岩性为砂岩和裂隙灰岩。传统意义上的有效封闭层指孔隙直径细小的岩层，对于瓦斯气藏而言，有效封闭层一般为屏蔽层岩（如盐膏岩、盐岩、泥岩、页岩、粉砂质泥岩、炭质泥岩等）和致密的半屏蔽层岩（如灰岩、泥灰岩、砂岩、火山岩等）。

采动稳定区瓦斯资源量评估涉及煤层开采后的气藏条件。由于煤层开采会使其围岩产生剧烈的扰动效应，严重影响甚至破坏影响区域岩层的完整性及稳定性，并在一定范围内产生大量的采动裂隙，因此采动稳定区瓦斯气藏的有效封闭层与传统意义上的瓦斯气藏存在较大区别。首先，采动稳定区瓦斯气藏有效封闭层在传统要求的基础上，还必须具备一定的韧性和塑性，保证在扰动变形过程中不易形成裂隙，甚至在扰动结束后能具有自我修复能力，一定程度上恢复封闭功能。其次，采动稳定区瓦斯气藏的有效封闭层将不会存在于煤层顶底板岩层中，而是存在于采场有效卸压区域之外的岩层中。

由于大多数煤层顶底板多为泥岩、粉砂岩、砂岩及灰岩等，对于煤矿区瓦斯，泥质岩类可以说是瓦斯储层的最佳封闭层。李金海等人提出以泥岩作为统计标准岩层，将统计层段内其他的常见岩性岩层厚度与泥岩进行校正统计，即将泥岩的封闭能力系数视为1，通过将其他岩层本身的厚度乘以其封闭能力调整系数的方法，把各个岩性的岩层都转化为等效厚度泥岩，以此来判断统计层段的封闭能力大小，转化公式如下：

$$H_a^* = \Theta H_0 \qquad\qquad (3-105)$$

式中　H_a^*——封闭层校正泥岩厚度，m；

　　　Θ——岩层封闭能力调整系数；

　　　H_0——岩层（盖层）原始厚度，m。

煤矿区常见顶底板岩性岩层封闭能力调整系数见表3-23。

表3-23　煤矿区常见岩性岩层封闭能力调整系数

岩　　性	封闭能力调整系数 Θ	岩　　性	封闭能力调整系数 Θ
泥岩	1	砂质泥岩	0.7
炭质泥岩	1	粉砂岩	0.5
页岩	0.9	细砂岩	0.3
煤层	0.9	中粒砂岩	0.2
泥灰岩	0.8	粗粒砂岩	0.1

煤层开采势必对其上方岩层产生破坏扰动的特征使得在研究采动稳定区瓦斯封闭层的过程中，必须分析断层构造对盖层封闭能力的影响。有研究指出，盖层厚度与其封闭能力近似呈直线增长的关系，即同等岩性条件下盖层厚度越大，封闭能力就越强。而断层构造是影响盖层厚度的重要因素，一旦盖层被断层错动，或者造成盖层连续封盖范围较小，或者造成盖层厚度在断层处减薄，因此研究盖层的封闭能力必须考虑断层的存在和影响。如果盖层内存在断层，则可能会发生如下三种情况：①断层断距大于盖层厚度，且盖层被断层完全错开；②断层断距大于盖层厚度，且盖层被断层部分错开；③断层断距小于盖层厚度，盖层被断层切断一部分，如图3-47所示。

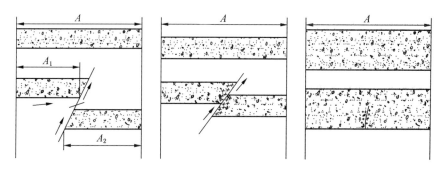

A—原盖层封盖范围；A_1、A_2—被断层破坏后盖层封盖范围

图3-47　断层破坏前后盖层封闭范围变化示意图

如果断层断距大于盖层厚度，盖层被断层完全错开，下降盘一侧的盖层之上与上升盘一侧的盖层之下形成了储层与储层的对置段，原先被限定在盖层之下的油气将在储层对置段通过断层面运移到下降盘一侧的盖层之上，则盖层在断层处彻底失去封盖能力，即减小

了盖层的有效封盖范围。显然，此类断层越多，盖层被破坏得越严重，有效封盖面积就越小。此种情况多发生在相对较小的断陷盆地和前陆盆地的边缘地带。

如果盖层厚度不大，且埋藏较深，成岩程度较高，断层断距大于盖层厚度，尽管盖层没有被断层完全错开，但断层附近盖层内的裂缝已经沟通了盖层的上下储层，形成了油气穿盖层向上运移的通道。实际上该类断裂已经破坏了盖层封闭能力，减小了盖层的有效封盖面积。在较小的断陷盆地或前陆冲断带中的局部盖层段内常有此类情况发生。

如果盖层厚度较大，且成岩程度不高，断层断距小于盖层厚度，则断层停止活动后，依靠盖层本身的塑性及上覆地层压力，盖层段内断裂面很快愈合，断层形成封闭。此种情况下，虽然盖层的连续分布性没有被破坏，但断层附近盖层与盖层对置的厚度要小于盖层的原始厚度，实际是在断层处减小了盖层厚度，削弱了其封闭能力。此类盖层在各类盆地中均普遍发育。

由以上分析可以看出，断层断距是影响盖层封闭能力的重要因素。当盖层厚度一定时，断层断距越大，盖层被错断的程度越大，大断距断层不仅使盖层完全被错开的机会增大，同时也使盖层段内裂缝发育的概率增大，即使盖层未被断层完全错开，大断距断层也会使盖层的有效封盖厚度减小。因此，断层的断距与盖层的封闭能力成反比关系。

被断层切断的盖层将失去对瓦斯的封闭能力，为了客观描述有断层条件下的盖层封闭能力，需要在盖层原始厚度的基础上扣除断层切断盖层的厚度。则盖层实际封盖厚度计算公式如下：

$$H_f^* = H_0 - h_s \cos\theta_f \qquad (3-106)$$

式中　H_f^*——盖层实际封盖厚度，m；

　　　h_s——断层在盖层内的断距，m；

　　　θ_f——断层倾角对应的弧度。

根据式（3-105）和式（3-106）就可以得到考虑断层影响条件下的瓦斯实际校正泥岩盖层厚度计算公式：

$$H_a^* = \Theta(H_0 - h_s \cos\theta_f) \qquad (3-107)$$

则瓦斯储层空间与含水层之间的实际校正泥岩盖层厚度计算公式为

$$H_t = \sum \Theta_{(i)}(H_{0(i)} - h_{s(i)} \cos\theta_{f(i)}) \qquad (3-108)$$

式中　H_t——累计校正泥岩盖层厚度，m；

　　　i——储层空间与含水层之间的第 i 层盖层。

由于盖层厚度与其封闭能力成正比关系，可以认为当采动稳定区瓦斯储层空间的盖层厚度达到一定程度时，其内的瓦斯资源将不会发生大规模泄漏式逸散，同时其上部含水层中的水体也不能穿过盖层进入瓦斯储层空间，称此时的盖层厚度为最低有效封盖厚度。从最低有效封盖厚度的定义可以看出，其不仅需要满足气体封存条件要求，还需要满足孔隙连通条件的要求。为防止采场覆岩导水裂隙带贯通其上方水体，《建筑物、水体、铁路及主要井巷煤柱留设与压煤开采规程》中阐述了不同条件水体下煤炭开采的安全保护层厚度设置要求，其基本目的就是利用保护层将采动裂隙带与水体隔开，此处的保护层厚度也就可以认为是采动稳定区瓦斯储层空间的盖层厚度要求。

为保证盖层封盖的有效性，选取《建筑物、水体、铁路及主要井巷煤柱留设与压煤开采规程》中的最大防水煤岩柱厚度作为采动稳定区瓦斯储层空间盖层的最低有效封盖厚度，见表3-24。

表3-24 最大防水煤岩柱保护层厚度

覆岩岩性	坚　硬	中　硬	软　弱	较　软弱
保护岩层厚度	7A	6A	5A	4A

注：$A = \dfrac{\sum m'}{n_0}$；$\sum m'$——累计开采厚度，m；n_0——分层层数。

泥岩为典型的软弱岩层，以泥岩为统计标准岩层时，其最低有效封盖厚度为5A，即当采动稳定区瓦斯储层空间与含水层之间的校正泥岩盖层厚度达到5A以上时，认为此盖层能够阻止采动稳定区瓦斯的逸散及水体的下渗，为储层空间的有效封闭层。联合式（3-108），考虑断层影响的有效封闭层判断公式的数学表达式如下：

$$\sum \Theta_{(i)} (H_{0(i)} - h_{s(i)} \cos\theta_{f(i)}) \geqslant 5 \frac{\sum m'}{n_0} \qquad (3-109)$$

式（3-109）也是采动稳定区瓦斯资源量评估模型的适用条件判别式。

3.2.4 采动稳定区瓦斯资源量评估关键参数优选

从建立的采动稳定区瓦斯资源量评估模型计算公式中可以看出，评估模型中的关键参数主要包括6个，分别是采动稳定区孔隙体积 V、采动稳定区内遗留煤炭总量及围岩中煤炭资源量 M_i、采动稳定区内遗煤及其邻近煤层的残余瓦斯含量 q_i、采动稳定区内瓦斯体积分数 n 及瓦斯资源量采收率 R_{fa} 和 R_{fg}。

3.2.4.1 采动稳定区孔隙体积

1. 孔隙体积计算公式的提出

现场观测表明，开采煤层覆岩垮落带及明显裂隙带以上的岩石变形是连续的，称为弯曲下沉带。柯赫曼斯基曾对减去了崩落岩石碎胀体积后的采出煤层体积和地表下沉盆地的体积进行了统计，结果表明二者之间没有很大的区别。可以认为，覆岩弯曲下沉带中的岩体在开采影响下只发生移动和形状的变化，但体积不变。即弯曲下沉带岩石是不可压缩的，其内部的孔隙体积并不会发生改变，地表下沉盆地形成的时间过程也就是弯曲带岩石压密垮落岩石或充填材料而本身发生弯曲的过程。

根据上述观点，采动稳定区内岩层孔隙体积的计算公式表述如下：

$$V = V_1 + V_2 - V_3 \qquad (3-110)$$

式中　V_1——采出煤体体积，m³；

　　　V_2——采动稳定区内围岩原有孔隙体积，m³；

　　　V_3——地表下沉盆地体积，m³。

其中，V_1 可以根据工作面开采资料计算得出；V_2 可以通过实验室测定的岩层孔隙度以及地质勘探资料算出；V_3 可根据地表沉降值得出。

2. 采出煤体及围岩原有孔隙体积

1）采动稳定区采出煤体体积 V_1

采动稳定区采出煤体体积 V_1 可以在已知工作面设计施工资料及回采数据的基础上，利用下列公式估算：

$$V_1 = \sum (L_i D_i H_i) + ZWH_f \overline{k} \tag{3-111}$$

式中　L_i——工作面周围第 i 条巷道的长度，m；

　　　D_i——工作面周围第 i 条巷道的宽度，m；

　　　H_i——工作面周围第 i 条巷道的高度，m；

　　　H_f——工作面实际回采高度，m；

　　　$\overline{k}$——工作面实际回采率，%。

当采动稳定区周围有不止一个运输巷及回风巷时，需计算所有巷道的采掘空间体积，或者利用下式进行估算：

$$V_1 = 10^3 \times \frac{M^*}{\rho_c} \tag{3-112}$$

2）采动稳定区围岩原有孔隙体积 V_2

采动稳定区围岩原有孔隙体积 V_2 利用下式进行估算：

$$V_2 = \sum_{(\sum m_{ia} \leqslant H_a)} V_{ia} n_{ia} + \sum_{(\sum m_{ib} \leqslant H_b)} V_{ib} n_{ib} \tag{3-113}$$

式中　$\sum m_{ia}$、$\sum m_{ib}$——顶板、底板岩层的累积厚度，m；

　　　H_a、H_b——采动稳定区的顶板、底板卸压高度，m；

　　　V_{ia}、V_{ib}——采动稳定区顶、底板有效卸压范围内第 i 层非煤岩层体积，m³；

　　　n_{ia}、n_{ib}——顶板、底板的第 i 层非煤岩层内的原始孔隙率，%。

（1）第 i 层岩层体积 V_i。根据几何学，在已经知道采动稳定区的走向及倾向的顶、底板卸压范围的情况下，距离开采煤层为 h_i 的第 i 层岩层体积 V_i 的计算公式如下：

$$V_i = l_i w_i m_i = (Z + 2h_i \cot\beta') \times \left\{ W + h_i [\cot(\beta'_{\perp} - \alpha) + \cot(\beta'_{\top} + \alpha)] \right\} \times m_i \tag{3-114}$$

当利用保护层卸压理论估算第 i 层岩层的体积时，需要注意导气裂隙角与保护层卸压角的区别，进行适当变换。

对于开采煤层的上覆岩层，其第 i 层岩层的体积为

$$V_i = (Z - 2h_i \cot\delta_5) \times [W - h_i(\cot\delta_1 + \cot\delta_2)] \times m_i \tag{3-115}$$

式中　δ_5、δ_1、δ_2——下保护层在走向、倾斜下山方向及倾斜上山方向的卸压角，（°）。

对于开采煤层的底板岩层，其第 i 层岩层的体积为

$$V_i = (Z - 2h_i \cot\delta_5) \times [W - h_i(\cot\delta_3 + \cot\delta_4)] \times m_i \tag{3-116}$$

式中　δ_3、δ_4——上保护层在倾斜下山方向及倾斜上山方向的卸压角，（°）。

（2）第 i 层岩层的原始孔隙率 n_i。岩石的孔隙性和裂隙性统称为岩石孔隙性，常用孔隙率表示。岩石孔隙率是指岩石孔隙体积与岩石总体积之比，以百分数表示。岩石孔隙有的与外界连通，有的不相通；孔隙开口也有大小之分。因此，岩石孔隙率可以根据孔隙类型区分为总孔隙率（n_t）、大开孔隙率（n_b）、小开孔隙率（n_s）、总开孔隙率（n_o）、闭孔隙率（n_c）等五种。一般提到的岩石孔隙率是指岩石总孔隙率 n_t，并可按下式计算：

$$n_t = \frac{V_n}{V_R} = \left(1 - \frac{\rho_d}{\rho_s}\right) \times 100\% \tag{3-117}$$

式中 V_R——岩石体积，m^3；

        V_n——岩石孔隙总体积，m^3；

        ρ_d——岩石试件干密度，kg/m^3；

        ρ_s——岩石试件饱和密度，kg/m^3。

岩石因形成条件及其后期经历不同，孔隙率变化很大，其变化区间可自百分之一到百分之几十。新鲜结晶岩类孔隙率一般较低，很少大于 3% ；沉积岩孔隙率较高，一般小于10% ，但部分砾岩和充填胶结差的砂岩孔隙率可达 10% ~20% 。风化程度加剧，岩石孔隙率相应增加，可达 30% 左右。中国部分常见岩石的孔隙率值见表 3 – 25。

表 3 – 25   中国部分常见岩石的孔隙率值

岩石名称	孔隙率/%	岩石名称	孔隙率/%	岩石名称	孔隙率/%
花岗岩	0.5 ~ 4.0	砾岩	0.8 ~ 10.0	角闪片岩	0.7 ~ 3.0
闪长岩	0.18 ~ 5.0	砂岩	1.6 ~ 28.0	云母片岩	0.8 ~ 2.1
辉长岩	0.29 ~ 4.0	泥岩	3.0 ~ 7.0	绿泥石片岩	0.8 ~ 2.1
辉绿岩	0.29 ~ 5.0	页岩	0.4 ~ 10.0	千枚岩	0.4 ~ 3.6
玢岩	2.1 ~ 5.0	石灰岩	0.5 ~ 27.0	板岩	0.1 ~ 0.45
安山岩	1.1 ~ 4.5	泥灰岩	1.0 ~ 10.0	大理岩	0.1 ~ 6.0
玄武岩	0.5 ~ 7.2	白云岩	0.3 ~ 25.0	石英岩	0.1 ~ 8.7
火山集块岩	2.2 ~ 7.0	片麻岩	0.7 ~ 2.2	蛇纹岩	0.1 ~ 2.5
火山角砾岩	4.4 ~ 11.2	花岗片麻岩	0.3 ~ 2.4		
凝灰岩	1.5 ~ 7.5	石英片岩	0.7 ~ 3.0		

将式（3 – 117）、式（3 – 114）代入式（3 – 113）中，可以得到通常意义下的采动稳定区卸压范围内围岩原有孔隙体积 V_2 估算公式：

$$V_2 = \sum (Z + 2h_i\cot\beta') \times \{ W + h_i[\cot(\beta'_{\perp} - \alpha) + \cot(\beta'_{\mathsf{下}} + \alpha)] \} \times m_i \times (1 - \rho_d/\rho_s) \tag{3 – 118}$$

3. 地表下沉盆地体积

研究表明，地下煤层开采后，其上覆岩层的运动将最终引起地表岩层的移动，而岩层的移动可以分为垂直方向上的下沉运动和水平方向上的左右移动两部分。其中，竖直方向的下沉运动主要影响地表下沉盆地形状和体积的改变，水平方向上的左右移动主要对下沉盆地的形状和位置产生影响，因此 V_3 可以通过对地表下沉盆地剖面曲线进行积分获取，求取 V_3 的问题就转化为寻找地表线的运动轨迹曲线问题。

微观上讲，地表可以看成是由无数质点连成的，则地表下沉过程中，前一个点在 t 时刻的运动轨迹将其后一个点在 $(t+1)$ 时刻的运动轨迹，因此我们只要获取采动情况下某一点的整个运动轨迹曲线，就可以推测出地表的整个下沉曲线。

1）地表任意点的下沉位移

砂模型试验表明，在单元开采的影响下，岩石下沉的空间分布规律符合正态分布规律，张玉卓等人从研究单元盆地形成的时间过程中，推导出了单元开采稳定后的地表下沉盆地的表达式：

$$w_e = \frac{1}{r}e^{-\pi\left(\frac{x}{r}\right)^2} \tag{3 – 119}$$

　　而在半无限开采情况下，即工作面的开采长度足够长，则采空区的顶板能够得以充分下沉，但由于垮落顶板岩石碎胀的特性以及煤层倾角的影响，顶板的最大下沉量将无法等于采出煤层的厚度，只是采出煤层厚度的一部分，可以写为

$$W_{\max} = m\eta\cos\alpha$$

　　则对于一个开采长度 l 足够长（$l \geqslant 2r_1$，r_1 为开采走向的主要影响半径）的矩形工作面，在其沿开采方向采出一 Δx 长、m 高的煤块后，按照统计观点，由此使 A 点（图 3 - 48）产生的下沉为

$$\Delta W = w_{(x)}\Delta x m\eta\cos\alpha = \frac{m\eta\cos\alpha}{r_1}e^{-\pi\left(\frac{x}{r_1}\right)^2}\Delta x \tag{3 - 120}$$

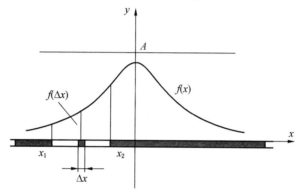

图 3 - 48　A 点下沉位置示意图

　　根据叠加原理，当 $\Delta x \to 0$ 时，开采 $x_1 x_2$ 段煤层使 A 点产生的下沉为

$$W_A = W_{\max}\frac{1}{r_1}\int_{x_2}^{x_1}e^{-\pi\left(\frac{x}{r_1}\right)^2}dx \tag{3 - 121}$$

　　过 A 点作剖面 Ⅱ—Ⅱ 平行于工作面开采方向的主剖面 Ⅲ—Ⅲ，并与垂直于开采方向（y 方向）的主剖面线 Ⅰ—Ⅰ 交于线 $a_y a'_y$（图 3 - 49）。基于上述讨论，则式（3 - 121）对剖面 Ⅱ—Ⅱ 同样适用，只是此剖面上的最大下沉值不再等于煤层采厚与下沉系数的乘积，即 $W_{\max} \neq m\eta\cos\alpha$，而应为 y 方向主剖面 Ⅰ—Ⅰ 上 a_y 点的下沉值，即

$$W_{\max(Ⅱ-Ⅱ)} = m\eta\cos\alpha\frac{1}{r_2}\int_{y_2}^{y_1}e^{-\pi\left(\frac{y}{r_2}\right)^2}dy \tag{3 - 122}$$

　　代入式（3 - 121）得

$$W_A = m\eta\cos\alpha\frac{1}{r_2}\left[\int_{y_2}^{y_1}e^{-\pi\left(\frac{y}{r_2}\right)^2}dy\right]\frac{1}{r_1}\int_{x_2}^{x_1}e^{-\pi\left(\frac{x}{r_1}\right)^2}dx$$

　　将坐标轴移至工作面边界，并令 $\sqrt{\pi}x/r_1 = \lambda_1$（$\sqrt{\pi}y/r_2 = \lambda_2$），在对上式进行变元变换后得采动稳定后地表任意点 $A(x, y)$ 的下沉表达式，即

$$W_{A(x,y)} = m\eta\cos\alpha\left[\frac{1}{\sqrt{\pi}}\int_{\sqrt{\pi}\frac{y-W}{r_2}}^{\sqrt{\pi}\frac{y}{r_3}}e^{-\lambda_2^2}d\lambda_2\right]\left[\frac{1}{\sqrt{\pi}}\int_{\sqrt{\pi}\frac{x-Z}{r_1}}^{\sqrt{\pi}\frac{x}{r_1}}e^{-\lambda_1^2}d\lambda_1\right] =$$

$$\frac{m\eta\cos\alpha\left\{\mathrm{erf}\left[\frac{(-x+W)\sqrt{\pi}}{r_1}\right] + \mathrm{erf}\left(\frac{x\sqrt{\pi}}{r_1}\right)\right\}\left\{\mathrm{erf}\left[\frac{(-y+Z)\sqrt{\pi}}{r_2}\right] + \mathrm{erf}\left(\frac{y\sqrt{\pi}}{r_3}\right)\right\}}{2\sqrt{\pi}} \tag{3 - 123}$$

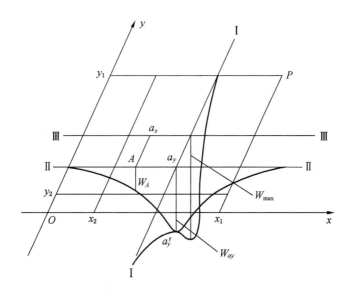

图 3-49 Ⅰ、Ⅱ、Ⅲ剖面线及 A 点关系图

式中 r_1、r_2、r_3——走向、上山及下山方向的主要影响半径，$r_1 = H_1/\tan\beta$，$r_2 = H_2/\tan\beta$，

$\qquad\qquad r_3 = H_3/\tan\beta$，m；

$\qquad$ $\tan\beta$——主要影响角正切；

$\qquad$ H_1、H_2、H_3——工作面走向、上山和下山边界采深，m。

2）地表任意点的水平位移

何国清等人在假设单元开采影响下岩体产生很小的连续分布变形，并且岩石只发生变形，而总体积保持不变的基础上，根据弹性力学的三轴线应变关系式推导出地表单元水平移动计算公式：

$$u_{(x)} = b^* r i_{(x)} = b^* r \frac{dw_{(x)}}{dx} = -\frac{2\pi b^* x}{r^2} e^{-\frac{\pi x^2}{r^2}} \qquad (3-124)$$

式中 b^*——水平移动系数，$b = \dfrac{U_{\max}}{W_{\max}}$；

$\qquad$ $U_{\max}$——地表最大水平移动值，m；

$\qquad$ $W_{\max}$——地表最大竖直下沉值，m；

$\qquad$ $i_{(x)}$——沿 x 方向的地表斜率。

对于一个开采长度 l 足够长（$l \geqslant 2r_1$，r_1 为开采走向的主要影响半径）的矩形工作面，在其沿开采方向采出一 Δx 长、m 高的煤块后，按照统计观点，由此使 A 点（图3-48）产生的沿 x 方向的水平位移为

$$\Delta U_{(x)} = b^* W_{\max} u_{(x)} \Delta x = -\frac{2\pi b^{*2} x m \eta \cos\alpha}{r_1^2} e^{-\pi(\frac{x}{r_1})^2} \Delta x \qquad (3-125)$$

根据叠加原理，当 $\Delta x \to 0$ 时，开采 $x_1 x_2$ 段煤层使 A 点产生的沿 x 方向的水平位移为

$$U_{A(x)} = \int_{x_2}^{x_1} b^* W_{\max} u_{(x)} dx = -m\eta\cos\alpha \frac{2\pi b^{*2}}{r_1^2} \int_{x_2}^{x_1} x e^{-\pi(\frac{x}{r_1})^2} dx \qquad (3-126)$$

采动稳定后地表任意点 A（x，y）沿 x 方向的水平位移表达式可以用推导下沉计算公

式（3-123）类似的方法进行推导，并可得到：

$$U_{A(x,y)} = m\eta\cos\alpha\left[\frac{2b^{*2}}{r_2}\int_{\sqrt{\pi}\frac{-W}{r_2}}^{\sqrt{\pi}\frac{y}{r_3}}e^{-2\lambda_2^2}d\lambda_2\right]\left[2b^*\int_{\sqrt{\pi}\frac{y-Z}{r_1}}^{\sqrt{\pi}\frac{x}{r_1}}\lambda_1e^{-\lambda_1^2}d\lambda_1\right] =$$

$$\frac{\sqrt{2\pi}b^{*3}m\eta\cos\alpha\left[e^{-\frac{\pi(-x+Z)^2}{r_1^2}} - e^{-\frac{\pi x^2}{r_1^2}}\right]\left\{\text{erf}\left[\frac{\sqrt{2\pi}(-y+W)}{r_2}\right] + \text{erf}\left(\frac{\sqrt{2\pi}y}{r_3}\right)\right\}}{2r_2} \qquad (3-127)$$

3）地表任意点的综合位移

利用式（3-123）与式（3-127），可以求出煤层开采稳定后，地表任意点 A 的位移轨迹曲线：

$$S_A = \sqrt{U_A^2 + W_A^2} = m\eta\cos\alpha \times$$

$$\left\{\frac{\pi b^{*6}\left[e^{-\frac{\pi(-x+Z)^2}{r_1^2}} - e^{-\frac{\pi x^2}{r_1^2}}\right]^2\left\{\text{erf}\left[\frac{\sqrt{2\pi}(-y+W)}{r_2}\right] + \text{erf}\left(\frac{\sqrt{2\pi}y}{r_3}\right)\right\}^2}{2r_2^2} + \frac{\left[\text{erf}\left(\frac{\sqrt{\pi}(-x+Z)}{r_1}\right) + \text{erf}\left(\frac{\sqrt{\pi}x}{r_1}\right)\right]^2\left[\text{erf}\left(\frac{\sqrt{\pi}(-y+W)}{r_2}\right) + \text{erf}\left(\frac{\sqrt{\pi}y}{r_3}\right)\right]^2}{16}\right\}^{1/2} \qquad (3-128)$$

利用式（3-128），就可以在知道工作面埋深、开采数据等各参数的基础上，算出煤层开采稳定后地表下沉盆地的体积 V_3，即

$$V_3 = \iint_\Sigma dS = \iint_{D_{xy}}\sqrt{1 + \left(\frac{\partial S_{A(x,y)}}{\partial x}\right)^2 + \left(\frac{\partial S_{A(x,y)}}{\partial y}\right)^2}dxdy \qquad (3-129)$$

地质前辈们经过艰苦工作，总结出了我国不同地质条件下的各概率积分参数经验值，在矿区没有基于实测资料的经验参数时，可依开采覆岩的性质按表2-1、表3-26确定参数，进行精度要求不高的前期预计工作。

表3-26 部分矿区地表移动实测参数

矿区	下沉系数	水平移动系数	主要影响角正切	拐点偏移距
淮南	$0.6 + 0.12\ln n$ （不包括急倾斜煤层） n—回采分层数	$0.25 + 0.0043\alpha$ （$15° < \alpha < 50°$）	$1.97 - 1.72\alpha/H_0$ （不包括急倾斜煤层）	$0.1 H_0$ （不包括急倾斜煤层）
阳泉	0.83（反坡、山地） 0.7（正坡、山地） $\eta_1 = 1.1\eta$（一次重采） $\eta_2 = 1.15\eta$（二次重采）	0.22	2.1（初采） 2.5（重采）	$(0.2 \pm 0.02)H$ $50 \leqslant H < 100$ $(0.12 \pm 0.03)H$ $100 \leqslant H \leqslant 300$
本溪	$1.2 - 0.011Q$ Q—覆岩砂岩百分数 $\eta_1 = 0.05$（一次重采）	$2.043 + 0.57\ln Q$ Q—覆岩砂岩百分数	2.0（初采） 2.6（重采）	$0.103H$（初采） $0.122H$（重采， 边界未对齐）
开滦	0.74（缓倾斜） 0.11（急倾斜）	0.34（缓倾斜） 0.96（急倾斜）	1.8~2.0（上山） 1.4~1.6（下山）	

根据矿山开采沉陷理论，地表下沉盆地最外边界是以地表移动和变形都为零的盆地边界点所圈定的边界，实际观测时，一般取下沉值为 10 mm 的点作为边界点。因此，工作面下沉盆地的最外边界实际上是下沉为 10 mm 的点圈定的边界。

实际上，地表下沉盆地的体积主要由地表下沉位移决定，地表水平位移对下沉盆地体积的影响微乎其微，尤其是在近水平煤层的条件下更是如此。为了计算简便，对于近水平开采煤层，可以利用式（3 – 123）推算煤层开采稳定后地表下沉盆地的体积 V_3，即

$$V_3 = \iint_{\Sigma} \mathrm{d}S = \iint_{D_{xy}} \sqrt{1 + \left(\frac{\partial W_{A(x,y)}}{\partial x}\right)^2 + \left(\frac{\partial W_{A(x,y)}}{\partial y}\right)^2} \, \mathrm{d}x\mathrm{d}y \tag{3 – 130}$$

4. 孔隙体积具体计算公式

1）单一煤层采动稳定区

单一煤层条件下，采动稳定区卸压围岩孔隙体积计算相对简单。将式（3 – 111）、（3 – 118）、式（3 – 130）代入式（3 – 110）中，可以得到采动稳定区内岩层的孔隙体积计算公式：

$$V = V_1 + V_2 - V_3 = \sum L_i D_i H_i + ZWH_{\mathrm{f}} \bar{k} -$$

$$\iint_{D_{xy}} \sqrt{1 + \left(\frac{\partial W_{A(x,y)}}{\partial x}\right)^2 + \left(\frac{\partial W_{A(x,y)}}{\partial y}\right)^2} \, \mathrm{d}x\mathrm{d}y + \sum \left[L + 2h_i \cot\beta' \right] \times$$

$$\left\{ W + h_i \left[\cot(\beta'_{\perp} - \alpha) + \cot(\beta'_{\overline{\mathrm{F}}} + \alpha) \right] \right\} \times m_i \times (1 - \rho_{\mathrm{d}}/\rho_{\mathrm{s}}) \tag{3 – 131}$$

2）煤层群采动稳定区

煤层群采动稳定区有效卸压围岩孔隙体积计算公式与单一煤层条件大同小异，只是还需要额外考虑另一个问题：煤层群重复采动引起的岩体活化问题。

严格地讲，根据采区相对位置关系，重复采动可以分为横向型和垂向型两类。横向型是指同一煤层中，在紧靠采空区一侧又布置了新的工作面进行开采；垂向型是指先开采上（或下）水平煤层（或厚煤层上分层），再开采下（或上）水平煤层（或厚煤层下分层）。本书主要讨论煤层群垂向型重复采动引起的岩体活化。

由于初次开采后，煤层围岩已经受到破坏和移动，其顶板覆岩发生卸压产生碎胀，整体强度发生弱化。因此，当第二煤层开采时，煤层覆岩将迅速弯曲下沉，岩体移动加剧，表现为下沉速度加快，下沉量增大。当开采第一煤层后形成的采空区残余间隙、裂缝或岩层的离层较大时，重复移动加剧性就较大，通常把重复采动时岩层移动的这种特性称为岩体活化，并引入参数活化系数。随着复采次数的增加，原来坚硬岩层的移动特征将变得类似于较松软岩层的性质，活化系数将不断减小而趋近于零，很好地反映出了这种软化特征。

研究表明，重复采动时的地表下沉系数要大于初次采动时的地表下沉系数，对于中硬覆岩，下沉系数的增加量随复采次数增加而逐渐减小，即经过一次重复采动后，坚硬覆岩发生弱化，岩性上相当于中硬覆岩，在以后的多次复采中，下沉系数将遵循中硬型覆岩复采时的规律变化。

煤层群开采（或厚煤层分层开采）时，若下层煤开采的影响超过上层煤开采时已经移动的覆岩，则地表受下层煤开采的重复移动参数按以下方法计算。

（1）下沉系数。

①方法一。对于不同岩性的覆岩，各次重复采动条件下的活化（重复下沉影响）系数见表3-27，利用表中系数计算的下沉系数 η 值在非厚含水层条件下应小于1.1。利用表中数据计算下沉系数的方法为

$$\eta_i = (1 + \varpi)\eta_{i-1} \tag{3-132}$$

式中　ϖ——活化系数；

　　　η_i——第 $i-1$ 次重复采动下沉系数，$i=1$，2，3。

表3-27　按覆岩性质区分的重复采动下沉活化系数

岩　性	一次重采	二次重采	三次重采	四次及四次以上重采
坚硬	0.15	0.2	0.1	0
中硬	0.2	0.1	0.05	0

②方法二。王悦汉等根据阜新、本溪、鹤壁、淮南等矿区中硬覆岩条件下的实测数据，回归得到了活化系数 ϖ 的关系式（拟合曲线与实测数据如图3-50所示）：

$$\varpi = 0.2453\exp\left(0.00502\frac{H_0^* - \delta^*}{m_0^*}\right)\quad\left(31 < \frac{H_0^* - \delta^*}{m_0^*} \leq 250.4, r = 0.98\right) \tag{3-133}$$

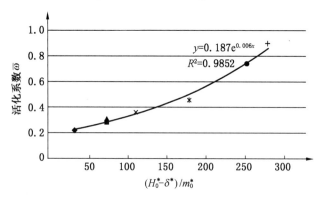

图3-50　ϖ 与 $\dfrac{H_0^* - \delta^*}{m_0^*}$ 的回归关系

并推导出重复采动条件下地表下沉系数计算公式：

$$\eta_1 = 1 - \frac{(H_1^* - \delta^*)^2 - (H_0^* - \delta^*)^2}{(H_0^* - \delta^*)(H_1^* - \delta^*)} \times \frac{(1 - \eta_0)m_0^*}{m_1^*} - \frac{\varpi(1 - \eta_0)m_0^*}{m_1^*} \tag{3-134}$$

式中　H_0^*、H_1^*——首采煤层、复采煤层的埋深，m；

　　　m_0^*、m_1^*——首采煤层、复采煤层的采厚，m；

　　　　　δ^*——表土层厚度，m；

　　　　　η_0——首层煤开采后地表下沉系数。

（2）水平移动系数。重复采动条件下，地表水平移动系数与初次采动相同，即

$$b_i = b_0$$

式中　b_i——第 $i-1$ 次重复采动水平移动系数，$i=1$，2，3；

　　　b_0——初次采动水平移动系数。

（3）主要影响范围角正切。重复采动时的主要影响角正切 $\tan\beta$ 较初次采动增加 $0.3\sim0.8$。

对于中硬岩层可按下式计算：

$$\tan\beta_1 = \tan\beta_0 + 0.06236\ln H_1^* - 0.017 \tag{3-135}$$

式中　$\tan\beta_1$、$\tan\beta_0$——重复采动和初次采动主要影响角正切。

3.2.4.2　采动稳定区煤炭残余储量及含气量

1. 煤炭残余储量

1）采空区内遗留煤炭总量

采空区内遗留煤炭的总量 M_1 主要取决于整个采区的煤炭资源回收率，其估算公式如下：

$$M_1 = (1 - k)M_0 = M_0 - M^* \tag{3-136}$$

式中　M_0——采区煤炭资源总量，t。

M_0、M^* 可以通过收集、分析采区的地质资料及日常生产资料获得。

2）围岩中煤炭储量

如果采动稳定区卸压围岩内存在煤层，还需要考虑围岩煤层的卸压煤量，采动稳定区卸压煤炭储量主要取决于矿区的煤炭采掘工艺及采掘部署。

（1）当采动稳定区卸压煤层也是矿区的开采煤层，并且已经开采时，M_i 主要取决于该卸压煤层采区的煤炭资源回收率，其估算公式与式（3-136）相同。

（2）当采动稳定区卸压煤层是矿区非开采煤层或者尚未开采时，M_{i0} 主要取决于矿区煤层的地质赋存条件，利用下列公式计算：

$$\begin{cases} M_{ia0} = V'_{ia}\gamma_{ia} \\ M_{ib0} = V'_{ib}\gamma_{ib} \end{cases} \tag{3-137}$$

式中　M_{ia0}——围岩内第 i 层顶板煤层的被卸压煤炭储量，t；

　　　V'_{ia}——卸压围岩内的第 i 层顶板煤层体积，根据式（3-114）算出，m^3；

　　　γ_{ia}——卸压围岩内的第 i 层顶板煤层容重，t/m^3；

　　　M_{ib0}——围岩内第 i 层底板煤层的被卸压煤炭储量，t；

　　　V'_{ib}——卸压围岩内的第 i 层底板煤层体积，根据式（3-114）算出，m^3；

　　　γ_{ib}——卸压围岩内的第 i 层底板煤层容重，t/m^3。

在已知采动稳定区卸压围岩范围的基础上，M_i 可以通过收集、分析矿区的水文地质资料及日常生产资料获得。

2. 煤炭残余含气量

吸附态的瓦斯主要存在于采动稳定区内部的遗煤（煤柱）及上、下未开采煤层中，在评估计算模型中就体现为 q_i 的计算。

1）采动稳定区内遗煤（煤柱）残余瓦斯含量

采动稳定区内遗煤（煤柱）残余瓦斯含量可以通过煤芯测试法、含气量预测法或经验类比法获得。

（1）煤芯测试法。该方法是采用地面或井下施工取芯钻孔，通过钻取的煤芯在实验室测试瓦斯含量。该方法获取的瓦斯含量数据准确，但实际操作过程复杂、费用较高。

（2）含气量预测法。采动稳定区内不同区域的瓦斯含量可采用瓦斯梯度法进行估算。瓦斯梯度法估算需要考虑没有遭受采动影响的瓦斯含量和采动稳定区附近瓦斯含量。采空区附近瓦斯含量可根据内部瓦斯浓度进行估算，没有遭受采动影响的瓦斯含量可根据煤田勘探及瓦斯勘探测试的原始含气量进行预测。

（3）经验类比法。此方法主要是通过收集、分析长期历史研究资料中关于采动稳定区的煤炭资源残余瓦斯含量的测试数据，并对比计算矿区的煤炭煤质、原始瓦斯含量与资料中的煤炭煤质、原始瓦斯含量的关系，采用通常意义下的残余瓦斯含量数值进行预测。

2）邻近煤层残余瓦斯含量

在进行邻近煤层残余瓦斯资源量估算时，$q_{(j)i}$ 可以利用矿井实测邻近煤层含气量扣除煤层排放的卸压瓦斯量获得，即

$$q_{(j)i} = (1 - \eta_{(j)i})(q_{(j)i0} - q_{(j)ic}) + q_{(j)ic} \quad\quad (3-138)$$

式中　$q_{(j)i0}$——第 i 邻近煤层原始瓦斯含量，m^3/t；

$q_{(j)ic}$——第 i 邻近层残存瓦斯含量，m^3/t；

$\eta_{(j)i}$——第 i 邻近煤层瓦斯排放率，%。

邻近煤层瓦斯排放效率受多种因素的影响，如矿井水文地质条件、距开采层距离、层间岩性等，往往需要实地测量，若无实测数据，可以根据下列方法确定：

（1）当邻近层位于开采煤层垮落带中时，$\eta_{(j)i} = 1$，处于裂隙带的上邻近层残余瓦斯含量随距开采层距离的增加而增大。

（2）当开采煤层采高小于 4.5 m 时，$\eta_{(j)i}$ 可按图 3-51 选取或按式（3-139）计算。

$$\eta_{(j)i} = 1 - \frac{h_{(j)i}}{h_p} \quad\quad (3-139)$$

式中　$h_{(j)i}$——第 i 邻近层与开采层垂直距离，m；

h_p——受采动影响顶底板岩层形成贯穿裂隙，邻近层向工作面释放卸压瓦斯的岩层破坏范围，按《建筑物、水体、铁路及主要井巷煤柱留设与压煤开采规程》中的方法计算，m。

（3）当开采煤层采高大于 4.5 m 时，$\eta_{(j)i}$ 按下式计算：

$$\eta_{(j)i} = 100 - \frac{0.47 h_{(j)i}}{\sum m'} - \frac{84.04 h_{(j)i}}{W} \quad\quad (3-140)$$

3.2.4.3　采动稳定区内瓦斯体积分数

这里所说的采动稳定区内瓦斯的体积分数，指的是游离态瓦斯的体积与采动稳定区围岩裂隙场的裂隙总体积的比值，也就是通常所说的瓦斯体积百分比浓度，简称浓度。

采动稳定区内瓦斯浓度的大小主要取决于煤层原始状态下的瓦斯含量、煤矿开采时的矿井通风强度、煤层暴露面积及暴露时间等。

受煤矿生产巷道掘进、煤炭开采等方面的影响，瓦斯的赋存状态和含量都会发生变化。煤炭开采直接导致煤储层压力降低，使得煤层中的吸附态瓦斯解吸，解吸的速度和解吸量取决于储层压力变化幅度和煤层暴露的面积、时间。在生产过程中，煤层解吸出的瓦斯大部分通过矿井通风排出，而在采过之后，由于采空区内部不再通风，解吸的瓦斯以游

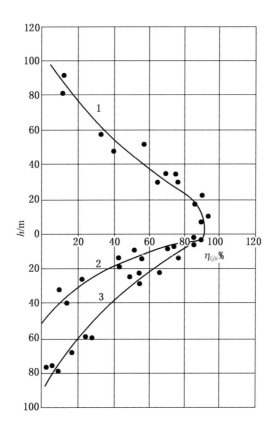

1—上邻近层；2—缓倾斜煤层下邻近层；3—倾斜、急倾斜煤层下邻近层

图 3-51 邻近层瓦斯排放率与层间距的关系曲线

离态积聚在采空区、废弃巷道及围岩层的裂隙空间中。

采动稳定区瓦斯浓度直接影响到评估目标区域的瓦斯资源量大小，关系到开发工程的经济合理性，是采动稳定区瓦斯开发可行性与否的关键评价参数之一。因此，获取较准确的采动稳定区瓦斯浓度数据就显得尤其重要。

正常情况下，采动稳定区内的瓦斯浓度需要通过测试才能得到，具体方法为在采空区内部埋管测试，可在现场直接取样测试，也可取样在实验室测试，测试过程中应注意布点的代表性和均匀性。当没有条件进行埋管测试时，可通过借鉴矿井或者邻近矿区（同一煤层）的采空区井下埋管或地面井抽采瓦斯浓度进行估算。

使用经验数据进行储量评估计算时，应该在后续的采动稳定区瓦斯地面井抽采过程中密切监测采出气的浓度变化，利用采出气的长期平均浓度进行模型应用浓度参数的验证及校正。

3.2.4.4 瓦斯采收率

国内外关于瓦斯采收率方面的系统文献资料记载比较少，仅美国有一些零星的非开采矿区瓦斯抽采数据记载资料可供参考。我国正式勘探开发瓦斯资源的时间还不长，也没有已经枯竭或濒临枯竭的瓦斯气藏或者进入开发中后期的瓦斯气藏，因此无法获得真正意义上的（煤矿区、采动稳定区或密闭采空区）瓦斯采收率资料，只能根据少量实验室分析资料、单井排采资料，通过技术手段进行一些较合理的预测。

1. 原始煤矿区瓦斯采收率

传统的非开采煤矿区瓦斯资源量评估计算中，预测采收率的方法主要有数值模拟法、类比法、等温吸附曲线法、解吸法、产量递减法、物质平衡法等。

1）等温吸附曲线法

此方法是基于煤对甲烷的吸附服从朗格缪尔（Langmuir）方程，且瓦斯的吸附和解吸过程是一个可逆过程而提出来的。具体步骤如下：①获得实测煤层含气量，在煤层等温吸附曲线上读取临界解吸压力；②确定抽采井的废弃压力，在等温吸附曲线上读取废弃压力所对应的残余含气量；③利用实测含气量与残余含气量求得可采出气量，并与实测含气量相除，两者的比值即为废弃压力下的瓦斯采收率。

由于一般情况下不可能得到真实的废弃压力，此方法的难点在于如何确定合理的废弃压力。

2）解吸法

直接法测定的瓦斯含量包括解吸气、损失气和残余气三部分，其中解吸气和损失气是能够在一定条件下抽采出来的，残余气则不能被采出。因此，瓦斯的采收率可以认为是解吸气与损失气之和占总含气量的百分比。

该方法未考虑开发过程中人为因素的影响，获得的是理论上的最大采收率，一般适用于瓦斯勘探开发的初期或为方案制定提供数据参考。

3）类比法

利用已开发的瓦斯气藏采收率的经验值，近似地确定目标气藏的瓦斯采收率。由于不同瓦斯气藏的地质条件千差万别，而且使用的技术手段等也未必相同，该方法确定的瓦斯采收率局限性较大。

4）数值模拟法

气藏数值模拟法是用气藏初始性质的测定（或估计）值预测未来一口"平均井"的产量随时间的变化曲线，从而确定瓦斯采收率。具体步骤如下：①建立储层的数学模型（包括确定边界条件、瓦斯流动状态、源汇项及工作参数等）；②根据敏感性大小（包括气产量与含气量、表皮系数、兰氏体积等参数）确定适当的生产制度数据；③利用专门软件（如 Comet－Ⅱ、COALGAS、CMG）对储层参数和试采数据进行匹配拟合，通过废弃压力及拟合曲线获取地面井的采收率。

该方法需要专门的模拟软件和大量的有效生产数据，模型参数的准确性直接影响预测结果，在有一定规模的生产井网地区最适用。

5）产量递减法

该方法是在地面井经历了产气高峰并出现递减后，利用递减曲线预测采收率。一般在气井投入运行至少连续生产 5 年后才能使用这种方法预测采收率。

6）物质平衡法

该方法是假定在瓦斯气藏开发过程中，物质的总量不变，即某个瓦斯气藏的原始储量等于采出量与地下剩余储量之和。该方法预测结果可靠性较高，但需要的参数较多，包括静态参数、等温吸附参数、气水产量及压力变化等，适合于已完成排采过程的瓦斯预抽井，不适用于边缘井。

2. 采动稳定区瓦斯采收率

尽管传统煤矿区瓦斯资源量评估的采收率取值方法有很多，但其都有各自不同的使用要求。煤矿采动稳定区瓦斯资源开发在我国属于全新的能源开采领域，虽然在部分矿区进行了一些试验性开采，但数据大多零散不成体系，无法为采收率的合理取值提供借鉴。类比法、数值模拟法、产量递减法和物质平衡法的预测精度尽管较高，但都需要一定的实际或者历史生产数据作为支撑，这些方法在我国目前的条件下尚不存在使用条件。等温吸附曲线法和解吸法的使用要求相对简单，可以作为确定采动稳定区瓦斯资源量采收率的备选方法。

由于传统煤矿区瓦斯资源储层就是煤层本身，传统等温吸附曲线法和解吸法确定采收率时，仅考虑瓦斯的吸附解吸影响即可。采动稳定区瓦斯资源储层既包括采场内部遗煤及其邻近卸压煤层，又包括采场围岩内的采动裂隙场，因此确定采动稳定区瓦斯资源采收率时，不能仅考虑煤体的吸附气量采收率，还需要考虑孔隙内的游离气量采收率，即采动稳定区瓦斯资源采收率的计算包括煤体吸附气量采收率 R_{fa} 的计算和孔隙内游离气量采收率 R_{fg} 的计算两大部分。

1）煤层吸附气量采收率

采动稳定区煤层吸附气量采收率可以利用传统等温吸附曲线法或解吸法来确定，具体原理见原始煤矿区瓦斯采收率相关内容。

（1）等温吸附曲线法。对于采动稳定区瓦斯，利用等温吸附曲线法确定吸附气量采收率的步骤如下：①获得开采煤层及其卸压煤层的等温吸附曲线；②求取气藏开发的极限废弃压力；③利用等温吸附曲线读取各煤层在废弃压力下的瓦斯含量；④求得各煤层当前的残余瓦斯含量，当前含气量与最终残存含气量的差值即为采出气量；⑤采出气量与当前含气量的比值即各煤层吸附气量采收率。计算公式为

$$R_{fa} = \frac{C_i - C_a}{C_i} \qquad (3-141)$$

式中　C_i——采动稳定区煤层或遗煤的当前含气量，m^3/t；

　　　　C_a——极限或废弃压力下的含气量，m^3/t。

（2）解吸法。对于采动稳定区瓦斯，利用解吸法计算吸附气量采收率的步骤如下：①采用地面或井下施工取芯，密封装罐并使用排水集气法测算井下瓦斯解吸量及损失气量；②求取气藏开发的极限或废弃压力；③实验室内测定煤样在极限压力下的解吸气量；④利用工业分析法测定煤样中水分、灰分和吸附常数等参数，计算残存气量；⑤解吸气与损失气之和与总含气量的百分比即为瓦斯采收率。具体计算公式如下：

$$R_{fa} = \frac{Q_s + Q_j}{Q_s + Q_j + Q_c} \qquad (3-142)$$

式中　Q_j——瓦斯解吸实验中的实测含气量，m^3/t；

　　　　Q_s——瓦斯解吸实验中的损失含气量，m^3/t；

　　　　Q_c——此处指瓦斯解吸实验中的残存含气量，m^3/t。

2）孔隙游离气量采收率

采动稳定区瓦斯储层不单单有煤层，还包括围岩采动裂隙场，在裂隙场孔隙中充满了游离态瓦斯，从而使得气藏具有一定的储层压力。在地面抽采负压的作用下，游离态瓦斯

被逐渐抽出地表，使得储层压力逐渐降低，但由于废弃压力的存在，必然有一部分游离态瓦斯不能被抽出地面。被抽出地表的游离态气量占总游离态气量的百分比，就是孔隙游离气量采收率。具体计算公式如下：

$$R_{fg} = \frac{Q_g - \overline{Q}_\Delta}{Q_g} \tag{3-143}$$

式中　$\overline{Q}_\Delta$——废弃游离态瓦斯量，m^3。

在已知气藏废弃压力，并假定气体为理想气体和忽略温度变化及外界其他气体补充的情况下，可以利用克拉伯龙方程计算游离态气量采收率。

已知克拉伯龙方程为

$$PV = NRT_o \tag{3-144}$$

式中　N——气体的物质的量，mol；

　　R——比例系数，$J/(mol \cdot K)$；

　　T_o——气体绝对温度，K。

忽略温度变化，由式（3-144）可以得到以下关系式：

$$\frac{P}{N} = \frac{RT}{V} = C^* \tag{3-145}$$

式中　C^*——常数。

由式（3-145）可知，采动稳定区瓦斯气藏的储层压力与气体量比值为一常数，由此可得到废弃压力下的采动稳定区内游离气量为

$$\overline{Q}_\Delta = \frac{P_w}{P_{s0}}Q_g \tag{3-146}$$

式中　P_w——采动稳定区气藏废弃压力，Pa；

　　P_{s0}——采动稳定区气藏初始储层压力，Pa。

将式（3-146）代入式（3-143）中，就可以得到采动稳定区孔隙游离气量采收率：

$$R_{fg} = \frac{P_{s0} - P_w}{P_{so}} \tag{3-147}$$

3）气藏废弃压力的确定

不论是吸附气量采收率还是游离气量采收率的确定，都涉及一个关键问题——合理的气藏开发废弃压力的获取。当使用地面井负压抽采煤矿采动稳定区瓦斯资源时，真空泵提供的负压是将瓦斯从井下抽采至地面的唯一动力，因此扣除整个抽采系统压力损失后的最高抽采负压所对应的大气压力就可以认为是气藏的极限废弃压力。

根据发生地点不同，地面井抽采系统的压损可以分为地面压损和井内压损两大部分，即

$$\overline{P} = \overline{P}_地 + \overline{P}_井 \tag{3-148}$$

式中　$\overline{P}$——地面井抽采系统压损，Pa；

　　$\overline{P}_地$——抽采系统地面压损，Pa；

　　$\overline{P}_井$——抽采系统井内压损，Pa。

（1）抽采系统地面压损。地面压损主要是由于地面管路系统中的抽采管路、水封泄爆器等设备引起的，水封泄爆器等附加设备的固有压损可以通过查阅设备性能参数表获取，

抽采管路压损可以利用流体理论计算获得。

为简化分析的问题，计算前进行如下基本假设：①抽采管路内的气体为不可压缩气体；②不考虑气体与管路外界的热量传递影响；③抽采泵与井口之间的管道为直管道，且附加设备与管道间不存在变径。

根据流体动力学理论，气体在圆管中流动时需要克服的沿程管壁摩擦阻力由下式计算：

$$h_{fr} = \frac{\lambda_g L_g \rho v_g^2}{2D} \qquad (3-149)$$

式中 λ_g——地面管道摩擦阻力系数，无因次；

L_g——地面管道长度，m；

D——地面管道内径，m；

v_g——地面管道内气流的平均速度，m/s。

由此可以得到地面井抽采系统地面压损计算公式：

$$\overline{P}_{地} = \frac{\lambda_g L_g \rho v_g^2}{2D} + \overline{P}_{设} \qquad (3-150)$$

式中 $\overline{P}_{设}$——管道系统中设备固有压损，Pa。

式（3-150）中的 λ_g 是与 Re（雷诺数）有关的实验比例系数，可以由表3-28查得。

因此在确定 λ_g 之前，需要通过 Re 来确定气体的流动状态，而对于圆形管道，其雷诺数由下式计算：

$$Re = \frac{vD}{\nu} = \frac{vD\rho}{\mu_0} \qquad (3-151)$$

瓦斯是一种多元组分气体，其动力黏度等于各气体组分黏度与其混合物中分子含量之积的和，即

$$\mu_{avg} = \sum \mu_{0i} X_i \qquad (3-152)$$

式中 μ_{0i}——多元组分气体中 i 组分的动力黏度，Pa·s；

X_i——i 组分的分子浓度，%。

表3-28　沿程阻力系数 λ_g 的计算公式

流 动 区 域		雷诺数范围		λ_g 计算公式
层流		$Re < 2320$		$\lambda_g = 64/Re$
湍流	水力光滑管区	$Re < 22\left(\dfrac{D}{\Delta}\right)^{8/7}$	$3000 < Re < 10^5$	$\lambda_g = 0.0361/Re^{0.25}$
			$10^5 \leq Re \leq 10^8$	$\lambda_g = 0.308/(0.842 - \lg Re)^2$
	水力粗糙管区	$22\left(\dfrac{D}{\Delta}\right)^{8/7} < Re \leq 590\left(\dfrac{D}{\Delta}\right)^{9/8}$		$\lambda_g = \left[1.14 - 2\lg\left(\dfrac{\Delta}{D} + \dfrac{21.25}{Re^{0.9}}\right)\right]^{-2}$
	阻力平方区	$Re > 590\left(\dfrac{D}{\Delta}\right)^{9/8}$		$\lambda_g = 0.11\left(\dfrac{\Delta}{D}\right)^{0.25}$

注：Δ 为管道内壁的绝对粗糙度，m。

表3-29为部分温度下的瓦斯化学组分黏度，具体计算应根据实测煤矿瓦斯的组分及

其组分的分子浓度确定。

表 3 - 29　瓦斯各化学组分的动力黏度

组分	温度/℃				
	0	15	20	23	28
甲烷	0.0085	—	0.0109	—	—
乙烷	—	0.0084	0.0092	0.0093	—
丙烷	—	—	0.0080	—	0.0082
丁烷	—	—	0.0078	—	—
二氧化碳	0.0137	—	0.0148	—	—
氮气	0.0167	0.0174	—	0.0176	—
氧气	0.0192	0.0198	—	0.0203	—
氢气	0.0086	0.0089	—	—	—
硫化氢	0.0118	—	—	—	—
空气	—	—	—	0.0182	—

（2）抽采系统井内压损。由于地面井抽采套管管径的变化、地面井井口与井底的高程差等因素，使得瓦斯从井底流到井口时，不可避免地要克服一定的管道阻力而损失部分能量。地面井采出气需要满足的先决条件是要保证地面井井口和井底之间存在一定的压力差，此压力差也就是我们需要计算的地面井井内压损。

为简化分析的问题，计算前进行如下基本假设：①采动稳定区内套管不受损坏，不会发生拉伸、剪切及其综合变形，即地面抽采井不会由于围岩移动而发生变形破坏；②采动稳定区内的气体为不可压缩气体；③不考虑静压及地层通过套管传递给瓦斯气体的热量影响。

严格意义上讲，管道中风流的能量由机械能和内能两部分组成，其中机械能包括静压能、动压能、位能三部分，内能则体现为风流内部所具有的分子内动能。由于不考虑气体的热量影响，因此在进行能量守恒分析时，可以忽略分子的内动能变化，只分析风流中机械能的变化。

根据能量守恒定律，无点源或点汇的情况下，单位体积风流在封闭通道中流动时，任意两断面之间风流的总能量之差等于风流流经两断面之间的管道克服阻力所消耗的能量，即

$$P_1 + \frac{\rho_1 v_1^2}{2} + g\rho_1 Z_1 = P_2 + \frac{\rho_2 v_2^2}{2} + g\rho_2 Z_2 + H_R \qquad (3-153)$$

式中　P_i——i 断面处的气体绝对静压（i 指 1、2 断面，下同），Pa；

　　　ρ_i——气体的密度，kg/m³；

　　　v_i——气体在管道内的流速，m/s；

　　　Z_i——i 断面相对于基准面的高程，m；

　　　g——重力加速度，m/s²；

　　　H_R——单位体积风流克服管道阻力消耗的能量，J/m³。

则
$$P_1 - P_2 = \frac{\rho_2 v_2^2}{2} + g\rho_2 Z_2 + H_R - \frac{\rho_1 v_1^2}{2} - g\rho_1 Z_1 \qquad (3-154)$$

当将 1 断面设在地面井井底，将 2 断面设在地面井井口时，由式（3-154）求得的压力差就是我们关心的井内压力损失。

将高程基准面设在井底断面，并且瓦斯为不可压缩气体时，井内压力损失变为

$$\overline{P}_{井} = P_1 - P_2 = \frac{\rho v_2^2}{2} + g\rho H_{井} + H_R - \frac{\rho v_1^2}{2} \qquad (3-155)$$

式中　$H_{井}$——地面井生产套管的总长度，m。

传统的地面井一般采用三开结构设计（图 3-52），其井身内部将有一处发生变径。

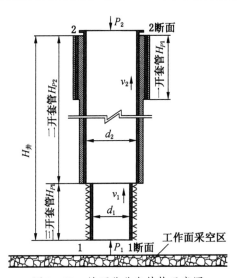

图 3-52　地面井井身结构示意图

根据流体压力理论，当地面井采用三开结构设计时，风流流经套管克服阻力所消耗的能量 H_R 主要包括三大部分，即三开套管内的沿程摩擦阻力损失 h_{fr3}、三开与二开交界面处的局部变径阻力损失 h_{er2-3} 及二开套管内的沿程摩擦阻力损失 h_{fr2}。

则井内压力损失进一步转化为

$$\overline{P}_{井} = \frac{\rho v_2^2}{2} + g\rho H_{井} - \frac{\rho v_1^2}{2} + h_{fr3} + h_{er2-3} + h_{fr2} \qquad (3-156)$$

式中　h_{fri}——第 i 开套管沿程摩擦阻力损失，按照式（3-149）计算，Pa；

　　h_{er2-3}——钻井三开与二开结构交界面处局部变径阻力损失，Pa。

工程流体力学研究表明，在管径突然扩大的部位，管道的局部变径阻力损失计算公式如下：

$$h_{er} = \left[1 - \left(\frac{d_1}{d_2} \right)^2 \right]^2 \cdot \frac{\rho v_1^{*2}}{2} \qquad (3-157)$$

式中　d_1——细管道直径，m；

　　d_2——粗管道直径，m；

　　v_1^*——细管道内的气体流动速度，m/s。

则地面井三开套管与二开套管交界面处的变径阻力损失计算公式为

$$h_{er2-3} = \left[1 - \left(\frac{D_1}{D_2} \right)^2 \right]^2 \cdot \frac{\rho v_1^2}{2} \qquad (3-158)$$

式中　D_1——三开套管内径，m；

　　　D_2——二开套管内径，m；

　　　v_1——三开套管内的气体流动速度，m/s。

将式（3-149）、式（3-158）代入式（3-156）中，可以得到地面井的井内压力损失计算公式：

$$\overline{P}_{井} = \frac{\rho v_2^2}{2} + g\rho H_{井} - \frac{\rho v_1^2}{2} + \frac{\lambda_1 H_{P1} \rho v_1^2}{2D_1} + \left[1 - \left(\frac{D_1}{D_2} \right)^2 \right]^2 \cdot \frac{\rho v_1^2}{2} + \frac{\lambda_2 H_{P2} \rho v_2^2}{2D_2} \qquad (3-159)$$

式中　H_{P1}——地面井三开套管长度，m；

　　　H_{P2}——地面井二开套管长度，m；

　　　v_2——二开套管内的气体流动速度，m/s；

　　　λ_1——三开套管摩擦阻力系数；

　　　λ_2——二开套管摩擦阻力系数。

（3）抽采系统整体压损。将式（3-150）、式（3-159）代入式（3-148）中，可以得到采动稳定区地面井抽采系统的整个压力损失计算公式：

$$\overline{P} = \left(\frac{\lambda_1 H_{P1}}{D_1} - \frac{2D_1^2}{D_2^2} + \frac{D_1^4}{D_2^4} \right) \cdot \frac{\rho v_1^2}{2} + \left(1 + \frac{\lambda_2 H_{P2}}{D_2} \right) \cdot \frac{\rho v_2^2}{2} + \rho g H_{井} + \frac{\lambda_g L_g \rho v_g^2}{2D} + \overline{P}_{设} \qquad (3-160)$$

在已知地面抽采系统最大抽采负压的情况下，利用式（3-160）可以进一步得到气藏的废弃压力，即

$$P_w = P_{la} - P_{max} + \overline{P} = P_{la} - P_{max} + \left(\frac{\lambda_1 H_{P1}}{D_1} - \frac{2D_1^2}{D_2^2} + \frac{D_1^4}{D_2^4} \right) \cdot \frac{\rho v_1^2}{2} +$$

$$\left(1 + \frac{\lambda_2 H_{P2}}{D_2} \right) \cdot \frac{\rho v_2^2}{2} + \rho g H_{井} + \frac{\lambda_g L_g \rho v_g^2}{2D} + \overline{P}_{设} \qquad (3-161)$$

式中　P_{la}——当地外界大气压，Pa；

　　　P_{max}——地面抽采泵的最大抽采负压，Pa。

3.3　地面井抽采采动稳定区瓦斯储运规律

3.3.1　采动稳定区裂隙空间分布特征

由于现实中采场围岩的不可剖视性及地质结构的复杂性，目前的技术无法获得采动稳定区围岩裂隙分布情况的直接资料，可以通过现场地面钻孔注水测漏、钻孔成像仪观测或者室内模拟分析来间接研究围岩裂隙的分布特征。

研究表明，采动结束稳定后，采场围岩中普遍存在（近似）垂直于层面的竖向破断裂缝和（近似）平行于层面的离层裂缝。采动岩体裂隙分布主要具有以下特点：①随着离开采煤层距离的减小，裂缝明显由横向转变为斜向，进而出现纵向裂缝，并逐步向破碎型裂缝发展，裂缝纵横连接，交错贯通；②垮落带内岩层的采动裂缝发育特征主要是高角度纵向裂缝的宽度明显增大，裂缝角度紊乱，岩块呈杂乱状，裂缝纵横、交叉连通，破碎岩块掉落现象普遍；③在单层厚度较薄的较软弱岩层中，受剪切作用形成的高角度纵向裂缝宽度一般较小，裂缝周围存在破碎现象，而在单层厚度较厚的砂岩类硬岩中，受拉伸作用形

成的高角度纵向裂缝宽度则一般较大；④裂隙形态与岩层岩性密切相关，软弱岩层内裂隙发育相对较多，以纵横交错的相交裂隙为主，坚硬岩层内裂缝尺寸较大，以高角度纵向裂缝为主，裂缝一般沿岩石的原生弱面发育。

采用 UDEC 离散元软件建立二维水平煤层开挖模型，研究煤层开挖后的顶板岩层裂隙发育过程及采动影响稳定后顶板岩层内的裂隙分布特征。模型垂直方向高 200 m，走向宽 172.5 m，煤层厚度为 6 m，位于模型垂直方向 31.25 m 处。在模型中部布置一条竖向测线监测煤层开挖过程中的顶板岩层下沉位移变化，测点在同一岩性岩层内均匀布置，平均间距 4 m，同时保证在不同岩性岩层交界面处存在测点，如图 3-53 所示。

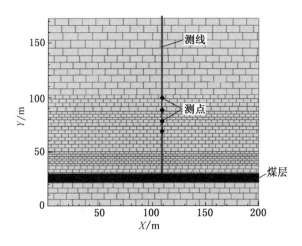

图 3-53 UDEC 建立的离散元几何模型

图 3-54～图 3-58 为沿走向煤层 5 次推进，顶煤垮落后采空区上方岩层垂直方向位移分布云图。可以看出，随着煤层推进跨距增大，顶板垮落范围逐渐增大，沿垂直方向的影响范围也逐渐增大。煤层开挖 110 m 后，顶板岩层在竖直方向的显著影响距离约达 80 m，在后方采空区垮落岩块压实堆积，最大下沉位移 6 m，采空区以上 40～50 m 范围的顶板岩层位移开始减小。模型构建过程中对底板块体尺寸设置较大、节理参数刚度较大，产生位移较小，在图中显示变化不明显。

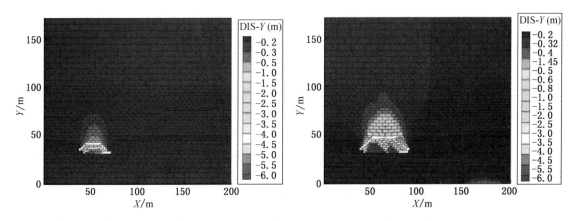

图 3-54 推进 20 m 后岩层垂直位移云图　　图 3-55 推进 40 m 后岩层垂直位移云图

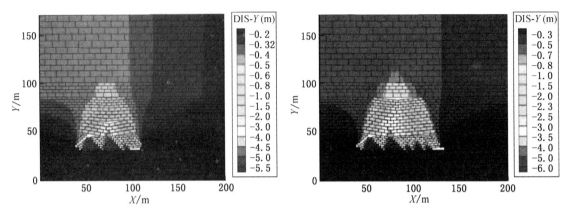

图 3 - 56　推进 60 m 后岩层垂直位移云图　　　图 3 - 57　推进 80 m 后岩层垂直位移云图

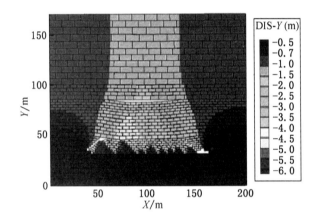

图 3 - 58　推进 110 m 后岩层垂直位移云图

由图 3 - 59 采空区上方不同高度垂直位移曲线可以得知，采空区顶板岩层内存在两处明显的位移沉降突变，分别对应采空区顶板垮落带、裂隙带及弯曲下沉带，三带位移分别依次减小，三带高度分别约为 12 m、38 m、120 m。

图 3 - 60 ~ 图 3 - 64 为随工作面推进，采场顶板岩层内裂隙场发展及分布。可以看出煤层初始推进 20 m，直接顶岩层完全垮落，与现场实测的初次垮落步距 17 ~ 24 m 基本一致。推进 40 m 后，顶板走向垮落范围增加，呈明显的分块垮落，初次垮落的顶板呈压实状态，垮落高度为 8 ~ 10 m。推进 60 m 后，顶板垮落重新压实，竖直方向垮落范围增大，上方出现明显的裂隙区，高度为 10 ~ 15 m，接着出现不连续裂隙分布，呈弯曲下沉状态。推进 80 m 后，走向及竖直方向垮落范围持续增加，竖直方向裂隙带高度增大（30 ~ 40 m），裂隙以横向分布为主，贯通连续裂隙较多。推进 110 m 后，竖直方向上的顶板岩层垮落范围不再增加，但采空区贯通裂隙明显，水平方向裂隙带范围持续增大，整体呈拱形破坏，在两端裂隙横向贯通明显，中间部分压实裂隙分布相对较少。裂隙带与弯曲下沉带间存在一条较大裂隙，其上裂隙急剧减少，垂直沉降也急剧减小。

图 3 - 65 直观反映出采场基本稳定后的顶板岩层内裂隙分布状态，可以看出，尽管弯曲下沉带的面积最大，但绝大部分的采动裂隙都分布在顶板垮落带及裂隙带内，弯曲下沉

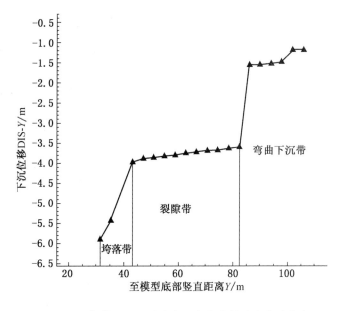

图 3-59 推进 110 m 后采空区上方岩层垂直位移曲线

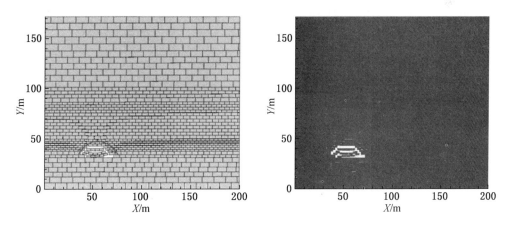

图 3-60 推进 20 m 后采空区上方裂隙场分布

带内几乎不存在采动裂隙。进一步分析发现，垮落带、裂隙带及弯曲下沉带岩层内的裂隙体积比为 10.1∶7.7∶1，表明采动稳定区覆岩"三带"采动裂隙发育程度不同，垮落带内裂隙最发育，裂隙带次之，弯曲下沉带内裂隙发育程度最低。

由于采动岩体裂隙分布具有自相似性，张永波教授等通过物理相似试验，采用比较不同区域裂隙分形维数的方法对采场覆岩裂隙的发育、发展及最终分布特征进行了较深入的分析研究。实验发现，采动覆岩裂隙分形维数随工作面推进经历小→大→小的变化过程，开采结束且岩层基本稳定后，90% ~95% 以上的裂隙会闭合压实；同时，采动稳定区边缘地带"三带"的分形维数值较采空区中心的分形维数值大，说明采动稳定区边缘地带的残余裂隙比中心区发育。在工作面推进距离相同的情况下，垮落带分形维数是裂隙带的 1.0 ~1.2 倍，裂隙带分形维数是弯曲下沉带的 1.0 ~1.1 倍，说明采动稳定区覆岩"三带"采动裂隙发育程度不同，垮落带内裂隙最发育，裂隙带次之，弯曲下沉带内裂隙发育程度最低。

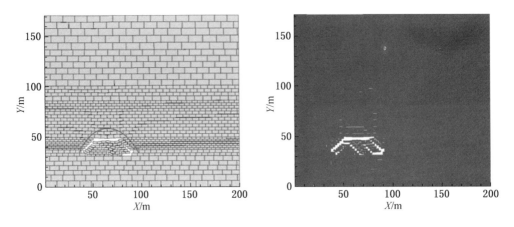

图 3 - 61 推进 40 m 后采空区上方裂隙场分布

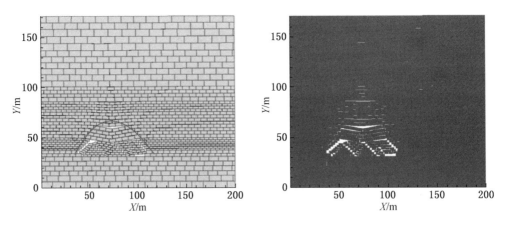

图 3 - 62 推进 60 m 后采空区上方裂隙场分布

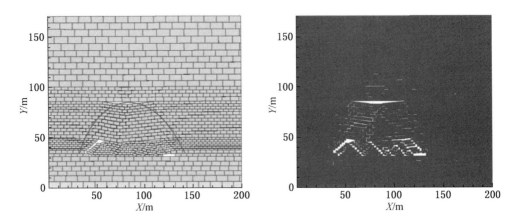

图 3 - 63 推进 80 m 后采空区上方裂隙场分布

由于围岩自重应力和支承压力的影响，开采煤层底板岩层内的裂隙场发育不会像顶板岩层一样剧烈、明显。随着工作面推进和采空区的形成，采场周围的应力发生重新分布，造成采区周围一定范围岩体内产生支承应力集中，在支承压力作用下，煤体底板岩层将发

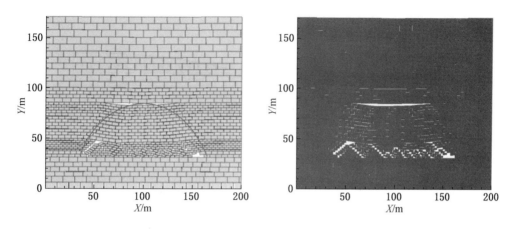

图 3-64 推进 110 m 后采空区上方裂隙场分布

生不同程度的移动、破坏，产生一定范围的裂隙场。如图 3-66 所示，位于煤柱区下方的煤层底板始终处于应力上升（增压）状态，底板煤岩体处于压缩状态；而在采空区下方的底板应力总是处于应力降低（卸压）状态，底板煤岩体处于膨胀状态。也就是说随着工作面推进，采区内工作面前方的底板煤岩体会依次经历增压（压缩状态）→卸压（膨胀状态）→恢复（重新压实状态）阶段，这意味着在压缩区和膨胀区的交界处，底板岩体容易产生剪切变形而发生剪切破坏，处于膨胀状态的底板岩体则容易产生离层裂隙和破断裂隙。

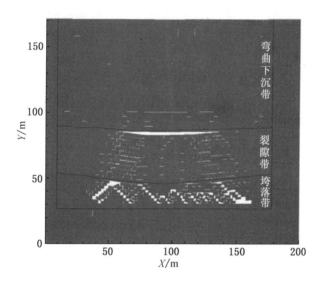

图 3-65 采动稳定区顶板岩层内裂隙分布

保护层开采实践表明，开采煤层底板岩层普遍存在一个"底板导气裂隙带"，使得其下部煤岩层的透气性成百上千倍地提高。"底板导气裂隙带"的深度和开采煤层埋深、下伏煤岩体的物理力学性质有关，在其深度范围内一般分布有三种裂隙：①竖向张裂隙，分布在紧靠开采煤层的底板最上部，主要由底板膨胀时层向张力破坏所引起；②沿层向裂隙，主要沿层面以离层形式出现，一般在底板浅部较发育，是在工作面推进过程中底板受

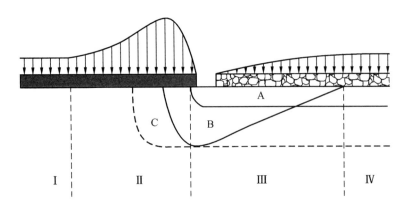

I—原始应力区；Ⅱ—应力升高区（压缩区）；Ⅲ—应力降低区（压缩区）；Ⅳ—应力恢复区（重新压实区）

A—拉伸破裂区；B—层面滑移区；C—岩层剪切破碎区

图 3-66　采区底板压力分布及岩层活动分区示意图

矿压作用而压缩—膨胀—再压缩反向位移沿层向薄弱结构面离层所致；③剪切裂隙，主要分布在采空区两侧的煤柱底板附近，主要由采空区与煤壁（及采空区顶板垮落再受压区）岩层反向受力剪切形成。

3.3.2　地面井抽采条件下的采动稳定区瓦斯运移规律

采用 FLUENT 软件模拟研究采空区气体流动规律，通过 Gambit 前处理器以六面体进行网格构建划分，随之导入解算器进行模拟。模拟过程中，对模型进行前期处理后直接在边界上指定初始条件，然后由软件自动将这些初始条件按离散的方式分配到各个节点上。

1. 模型建立

采空区基本模型宽 240 m，长 850 m，采空区垮落带高 60 m，回风平巷比运输平巷低 4 m。采空区内部距离回风巷 30 m 布置有两个地面瓦斯抽采钻井，其中 1 号钻井距离开切眼 250 m，2 号钻井位于工作面后方 300 m，两个钻井走向间距 300 m。模型上部岩层没有煤层，底板岩层中包括下部的 9 号煤层，厚 1 m。

模型具体的基本参数见表 3-30，模型几何特征及平面图如图 3-67 所示。

表 3-30　工作面采空区 CFD 模型的基本参数

模 型 参 数	参 数 值
工作面尺寸	长 850 m，宽 200 m，高 4 m
巷道尺寸	矩形，宽 4 m，高 3 m
模型尺寸——顶部和底部	高 115 m——采区上方 66 m 和下方 49 m
煤层厚度及倾角	6 m，3°，运输平巷高出回风平巷 4 m
通风系统，风量	"U" 形通风，2600 m³/min
采空区瓦斯涌出量	整个采空区 21.0 ~ 39.0 m³/min
涌出气体组分	100% CH_4
瓦斯抽放	采空区瓦斯抽放钻井和开采煤层回风巷道抽放

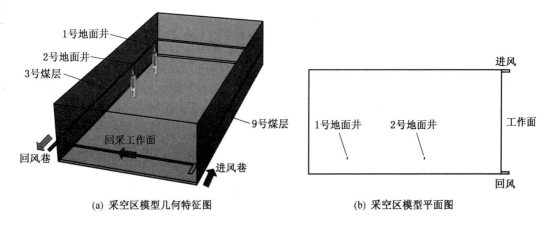

(a) 采空区模型几何特征图   (b) 采空区模型平面图

图 3 - 67 地面钻井抽采采空区模型几何特征及平面图

2. 模拟结果及分析

1）地面井抽采时气体分布模拟

图 3 - 68 是采空区瓦斯在地面井未抽采和抽采条件下浓度分布情况对比。地面井抽采使采空区内气体浓度分布发生了明显变化。没有地面井抽采时，传统采空区瓦斯抽采的作用使瓦斯聚集到采空区边缘，尤其是采空区回风巷道一侧更加容易积聚高浓度瓦斯。模拟结果显示，工作面后方深入采空区 300 m 左右，瓦斯浓度已经接近 100%；当地面钻井以45 kPa 负压抽采时，运行平衡后采空区内瓦斯分布发生了明显变化，其中采空区两侧高浓度瓦斯分布范围明显减小，尤其是距离地面井较近的回风巷一侧，采空区边缘瓦斯浓度较地面钻井未运行时降低很多。表明当地面井运行时，在地面井抽采口周围形成了一定范围的负压场，使其周围的高浓度瓦斯抽采出地面，从而引起采空区其他区域的气体补充进来，最终导致整个采空区内的气体流场发生了改变。

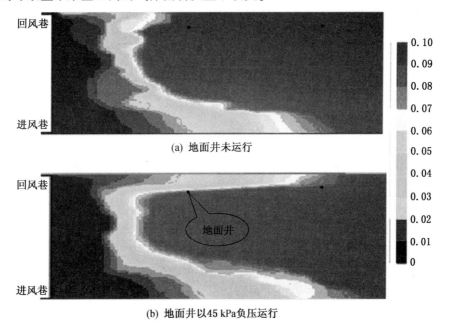

(a) 地面井未运行

(b) 地面井以45 kPa负压运行

图 3 - 68 抽采和未抽采条件下采空区瓦斯分布对比

图 3-69 所示为采空区内部受 1 号井抽采压力影响的区域模拟。可以看出，受抽采负压的影响，低压区已经扩展到了采空区模拟边界，并进入采空区更深部，在此低压区内的瓦斯都会受到抽采压力的影响并通过地面井抽采出地面。

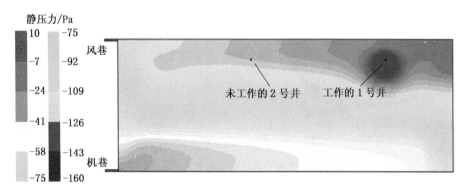

图 3-69　1 号井以 45 kPa 抽采压力运行时采空区内压力场

2）地面井合理抽采负压模拟

由于地面井负压抽采采空区瓦斯会使得采空区内部压力变化，引起井下氧气侵入采空区内部，存在加剧采空区内部遗煤氧化，诱发采空区遗煤自然发火的潜在威胁。因此，首先模拟了地面井不同抽采负压运行条件下，采空区内部氧气分布变化情况，预测合理安全的地面井抽采负压。

图 3-70 为正常情况下采空区 O_2 和 CH_4 分布规律的数值模拟结果，其中工作面长 240 m，采空区走向长 780 m，地面井距离回风巷 30 m。可以看出，一般氧气向采空区渗流的距离较远，尤其是在工作面后方 300 m 处进风巷侧的氧气浓度可超过 12%；而回风巷侧在工作面后方 150 m 有氧气聚集。采空区瓦斯主要向回风巷侧煤壁聚集，因此设计将地面井布置在距回风侧 20～70 m 的范围内有利于瓦斯抽采。

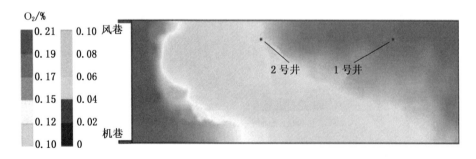

图 3-70　地面井未运行时采空区氧气浓度分布

图 3-71 所示为 1 号井以 45 kPa 的负压运行而 2 号井未运行时，采空区内氧气的分布情况。与没有地面井运行时相比，此时采空区内部的氧气分布发生了轻微的变化。整体上看，在负压抽采作用下，采空区内氧气有向采空区深部扩张的趋势，瓦斯有向采空区深部收缩的趋势，尤其是工作面附近靠近风巷的采空区。模拟结果表明，当地面井以 45 kPa 抽采负压持续运行时，抽采井附近的瓦斯富集程度高达 80%。

图 3-72 为 2 号井以 45 kPa 的负压运行而 1 号井未运行时，采空区内部氧气的分布情

图3-71 1号井以45 kPa负压运行时采空区内氧气分布

况。此时采空区内部的气体分布状态与图3-71大体相似，但是由于2号井更靠近工作面，因此，高氧区的侵入面积更加深入，在2号井周围氧气浓度会达到6%~10%。

图3-72 2号井以45 kPa负压运行时采空区内氧气分布

图3-73为2号井以70 kPa抽采压力运行而1号井未运行时，长壁工作面采空区内氧气分布。模拟结果显示，如果靠近工作面的2号井以70 kPa压力运行，会使本来积存在采空区深部的高浓度瓦斯沿回风巷向抽采口附近移动，但是同时也会使工作面附近的高氧区域进一步向采空区侵入，最终地面井抽采气体中的氧气浓度可能达到12%~15%，存在严重的自然发火危险，表明70 kPa的抽采压力过高。

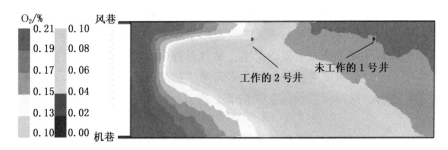

图3-73 2号井以70 kPa负压运行时采空区内氧气分布

图3-74所示为两口地面井同时以50 kPa负压运行时采空区内部氧气分布，与没有运行时相比采空区内部气体分布区域形状发生了明显的变化，瓦斯分布区域向运行地面井附近及采空区中部收缩，而高氧区随之侵入，这种变化在靠近工作面附近尤其明显。在这种情况下，靠近工作面的2号井会抽采出高氧含量的混合气体，图中模拟表明氧含量可能达到6%~8%，考虑到两个井同时抽采运行的时间不会很长，而且实际操作中可以采取逐渐提高2号井抽采负压的方法防止自然发火，在监控的情况下这种状况认为是可行的。模拟结果表明，在模拟条件下抽放速度为200~250 L/s（抽采压力40~50 kPa）是可取的采空

区瓦斯抽采参数。

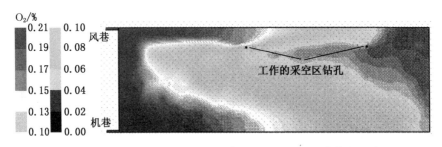

图3-74　两口井同时以50 kPa负压运行时采空区内氧气分布

3.4　采动稳定区地面井优化设计

3.4.1　地面井井型结构设计方法

1. 井身结构优化设计

地面井身结构设计需要考虑3个方面的内容：一是钻井施工的经济合理性，主要影响井筒直径；二是固井质量的密闭可靠性，主要影响固井深度；三是钻井终孔位置的合理性，主要影响钻进深度。

地面井井身可以设计成二级或三级结构。二级结构时，一开钻进深度应该穿过施工区域表土覆盖层及风化带岩层，并深入基岩50 m以下，同时钻进深度不低于100 m；二开钻进深度应该深入煤层覆岩垮落带内。三级结构时，一开钻进深度应该穿过施工区域表土覆盖层及风化带岩层，并深入基岩10 m以下；二开钻进深度应该达到煤层覆岩导水裂隙带上方10~15 m的位置；三开钻进深度应该深入煤层覆岩垮落带内。

2. 钻完井工艺选择

为保证地面井的抽采效果，采动稳定区地面井钻进施工应该以减少对采空区裂隙场导气通道的破坏和污染为第一原则。地面井应优先选用空气钻进工艺，使用大风量潜孔锤钻机完成地面井钻进施工，使用水液钻进工艺时应尽量缩短钻进周期。

由于采动稳定区采场上覆岩层破碎严重，钻井过程中一般会发生钻井液漏失及塌孔现象。非生产井段施工时，需要对钻井漏液段进行灌浆封堵处理，以保证后期抽采密封性良好；生产井段钻进时，应尽可能使用空气钻进工艺。

3. 套管选型

采动稳定区内的地面抽采井套管在井下与围岩壁之间存在黏结力，由于其围岩移动已经稳定或基本稳定，因此在分析套管受力状态时，可以把套管视作与围岩壁是一体的，即套管只是受到围岩的挤压力和自身重力，套管在轴向方向上不受拉伸力的作用。进行采动稳定区套管钢级选择时，可以不考虑其轴向拉伸力的影响。

由于地面井运行时在套管内部产生负压，负压级数仅达到千帕级，而套管的强度及其围岩壁对套管的挤压应力普遍达到兆帕级，因此在计算采动稳定区地面井套管挤毁压力时，应忽略其内部压力的影响。

不考虑轴向拉伸作用及内部压力作用的套管可能发生屈服挤毁、塑性挤毁、过渡挤毁和弹性挤毁四种类型的挤毁。根据相关石油天然气工业套管性能公式及计算标准，套管的屈服挤毁压力、塑性挤毁压力、过渡挤毁压力和弹性挤毁压力应分别按下列公式计算。

1）屈服挤毁压力计算公式

屈服强度挤毁压力并不是真正的挤毁压力，它实际上是使管子内壁产生最小屈服应力 Y_P 而施加的外压力 P_Y，由式（3-162）计算：

$$P_{Y_P} = 2Y_P\left[\frac{(D_P/t_P) - 1}{(D_P/t_P)^2}\right] \tag{3-162}$$

式中　D_P——套管公称外径，m；

　　　t_P——套管公称壁厚，m。

式（3-162）适用的 D_P/t_P 的范围为：$D_P/t_P \leqslant (D_P/t_P)_{YP}$，其中 $(D_P/t_P)_{YP}$ 由式（3-162）与塑性挤毁式（3-164）共同决定的式（3-163）计算：

$$(D_P/t_P)_{Y_P} = \frac{\sqrt{(A-2)^2 + 8(B + C/Y_P)} + A - 2}{2(B + C/Y_P)} \tag{3-163}$$

屈服强度挤毁压力公式适用的 D_P/t_P 范围见表3-31。

表3-31　屈服强度挤毁压力公式的 D_P/t_P 范围

钢级	D_P/t_P 范围	钢级	D_P/t_P 范围
H-40	≤16.40	L-N-80	≤13.38
J-K-55	≤14.81		

注：计算式使用的 D_P/t_P 范围值计算到8位或更多位数。

2）塑性挤毁压力计算公式

塑性范围挤毁的最小挤毁压力 P_P 由式（3-164）计算：

$$P_P = Y_P\left[\frac{A}{(D_P/t_P)} - B\right] - C \tag{3-164}$$

最小塑性挤毁压力公式适用的 D_P/t_P 范围为：$(D_P/t_P)_{Y_P} < D_P/t_P < (D_P/t_P)_{P_T}$，其中 $(D_P/t_P)_{Y_P}$ 由式（3-163）计算，$(D_P/t_P)_{P_T}$ 由式（3-164）与过渡挤毁压力式（3-166）共同确定的式（3-165）计算：

$$(D_P/t_P)_{P_T} = \frac{Y_P(A_P - F_P)}{C_P + Y_P(B_P - G_P)} \tag{3-165}$$

塑性挤毁公式中的系数及适用的 D_P/t_P 范围见表3-32。

表3-32　塑性挤毁压力公式的 D_P/t_P 范围

钢级	公式系数			D_P/t_P 范围
	A_P	B_P	C_P	
H-40	2.950	0.0465	754	16.40~27.01
J-K-55	2.991	0.0541	1206	14.81~25.01
L-N-80	3.071	0.0667	1955	13.38~22.47

3）过渡挤毁压力计算公式

从塑性到弹性过渡区的最小挤毁压力 P_T 由式（3-166）计算：

$$P_T = Y_P \left[\frac{F_P}{(D_P/t_P)} - G_P \right] \qquad (3-166)$$

过渡挤毁压力公式适用的 D_P/t_P 范围为：$(D_P/t_P)_{P_T} < (D_P/t_P) < (D_P/t_P)_{T_E}$，其中 $(D_P/t_P)_{P_T}$ 由式（3-165）计算，$(D_P/t_P)_{T_E}$ 由式（3-166）与弹性挤毁压力式（3-168）共同确定的式（3-167）计算：

$$(D_P/t_P)_{T_E} = \frac{2 + B_P/A_P}{3B_P/A_P} \qquad (3-167)$$

过渡挤毁压力公式中的系数及适用的 D_P/t_P 范围见表3-33。

表3-33　过渡挤毁压力公式的 D_P/t_P 范围

钢　级	公　式　系　数		D_P/t_P 范围
	F_P	G_P	
H-40	2.063	0.0325	27.01~42.64
J-K-55	1.989	0.0360	25.01~37.21
L-N-80	1.998	0.0434	22.47~31.02

4）弹性挤毁压力计算公式

弹性范围挤毁的最小挤毁压力 P_E 由式（3-168）计算：

$$P_E = \frac{46.95 \times 10^6}{(D_P/t_P)[(D_P/t_P)-1]^2} \qquad (3-168)$$

弹性挤毁适用的 D_P/t_P 范围见表3-34。

表3-34　弹性挤毁压力公式的 D_P/t_P 范围

钢级	D_P/t_P 范围	钢级	D_P/t_P 范围
H-40	≥42.64	L-N-80	≥31.02
J-K-55	≥37.21		

上述各参数 A_P、B_P、C_P、F_P、G_P 的计算公式如下：

$$A_P = 2.8762 + 0.10679 \times 10^{-6} Y_P + 0.21301 \times 10^{-10} Y_P^2 - 0.53132 \times 10^{-16} Y_P^3 \qquad (3-169)$$

$$B_P = 0.026233 + 0.50609 \times 10^{-6} Y_P \qquad (3-170)$$

$$C_P = -465.93 + 0.030867 Y_P - 0.10483 \times 10^{-7} Y_P^2 + 0.36989 \times 10^{-13} Y_P^3 \qquad (3-171)$$

$$F_P = \frac{46.95 \times 10^6 \left(\frac{3B_P/A_P}{2 + B_P/A_P} \right)^3}{Y_P \left(\frac{3B_P/A_P}{2 + B_P/A_P} - \frac{B_P}{A_P} \right) \left(1 - \frac{3B_P/A_P}{2 + B_P/A_P} \right)^2} \qquad (3-172)$$

$$G_P = \frac{F_P B_P}{A_P} \qquad (3-173)$$

4. 井位选择优化设计

地面井布井位置选择主要考虑采动稳定区瓦斯储集空间分布及地面井抽采控制范围两个方面。瓦斯储集空间主要应在采场上覆岩层裂隙场分布范围内确定 O 型圈的分布区域等。地面井的抽采控制范围应根据采动稳定区内空气压力、地面井井口抽采负压和采空区的连通性等计算确定。

研究表明，在采空区内部相同纵深位置处，采空区回风巷侧的瓦斯浓度要高于进风巷，其最大瓦斯体积分数可达80%，把地面抽采井布置在靠近回风巷侧更有利于高浓度瓦斯的抽采。

3.4.2　典型井型结构及其应用优选

常规的采动稳定区地面井结构有两种（图3 - 75），分别适用于不同的地质构造条件。

三开井身结构适用于具有表土层或松散层、开采煤层埋藏较深、岩层地质构造复杂的矿区。一开钻井终孔位置距离表土层下20～30 m，二开钻井终孔位置距离采场覆岩裂隙带顶部边界15～30 m，三开钻井终孔位置为煤层顶板垮落带顶部边界或者根据现场施工风压决定。

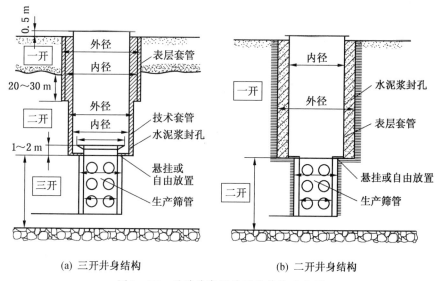

(a) 三开井身结构　　　　　　　　(b) 二开井身结构

图3 - 75　采动稳定区地面井结构示意图

二开井身结构适用于没有表土层或松散层、开采煤层埋藏较浅、岩层地质构造简单、岩层较单一的矿区。一开钻井终孔位置距离采场覆岩裂隙带顶部边界15～30 m，二开钻井终孔位置为煤层顶板垮落带顶部边界或者根据现场施工风压决定。

4　煤矿采动区地面井钻完井工艺

4.1　采动区地面井特殊钻井工艺

采动活跃区地面井在煤层回采前施工，其钻井技术及要求与常规钻井相似；采动稳定区钻井通常需要穿越采动影响的覆岩破碎区，钻井过程中的防漏、堵漏、防卡钻、井斜控制等均需要采取特殊的措施以保证施工质量。

4.1.1　采动区地面井钻井护壁及堵漏

4.1.1.1　常规地面钻井基本要求

1. 钻井工艺流程

无论是煤层气储层还是常规砂岩储层，地面井钻井均需要在地表施工，穿透采场上覆岩层，形成完整的井身。为了保证地面井钻井工程的成功和钻井质量，需要遵循科学的钻井工艺流程，如图 4-1 所示。

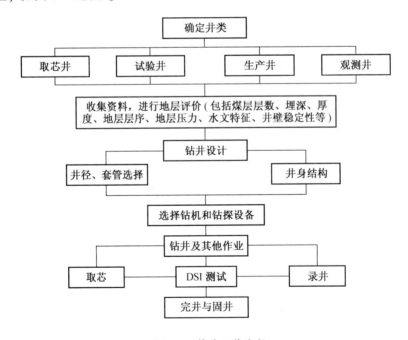

图 4-1　钻井工艺流程

2. 套管选型与钻头的选择

钻井工程按《煤层气钻井工程作业规程》执行，质量标准按《煤层气钻井工程质量验收评级标准》（Q/CUCBM 0305—2004）执行。

井身结构设计的主要依据是地质条件、设计要求、地层结构及其特征、地层孔隙压力、地层水文条件、地层破裂压力、完井方法、生产方式及生产工具等，应充分满足钻井、完井生产需要及获取参数的需要，并尽可能简化井身结构，以降低成本和避免工程失误。地面钻井工程应避免漏、涌、塌、卡等复杂情况的产生，实现安全、优质、快速、低成本钻井，应充分考虑压力梯度曲线和地层破裂压力梯度曲线。

煤层气井的套管按照由内向外、由小到大的顺序进行设计。通常情况下，生产套管是最内、也是最小的套管，套管设计由生产套管开始逐渐向外选取较大的套管型号，该设计参照煤层气钻井优选套管与钻头匹配关系（图4-2）执行。

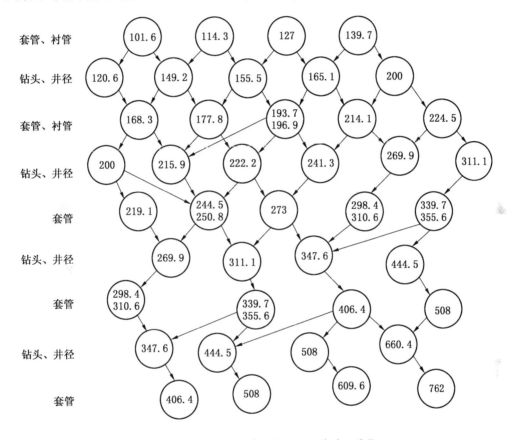

图4-2 煤层气钻井优选套管与钻头匹配关系（单位：mm）

4.1.1.2 泥浆的失水造壁性

1. 泥浆失水造壁的概念

地面井钻井工程中，在井中液体压力差的作用下，泥浆中的自由水通过井壁孔隙或裂隙向地层中渗透，称为泥浆失水。失水的同时，泥浆中的固相颗粒附着在井壁上形成泥皮（泥饼），称为造壁。井中的液体压力差是造成泥浆失水的动力，它是由于井中泥浆的液体压力与地层孔隙、裂隙中流体的液压力不等而形成的。井壁地层的孔隙、裂隙是泥浆失水的通道条件，它的大小和密集情况是由地层岩土性质客观决定的。一般地层的孔隙、裂隙较小，只允许泥浆中自由水通过，而黏土颗粒周围的吸附水随着黏土颗粒及其他固相附着在井壁上构成泥皮，不再渗入地层。井壁上形成泥皮后，渗透性减小，减慢了泥浆的继续失水。若泥浆中的细粒黏土多且水化效果好，则形成的泥皮致密而且薄，泥浆失水便小；反之，泥浆中的粗颗粒多且水化效果差，则形成的泥皮疏松而且厚，泥浆的失水便大。

泥浆在井内的失水分为两种情况：一种是水泵停止循环，泥皮不受液流冲刷，井内的液压力只是泥浆柱静水压力，这时的失水称为静失水；另一种是水泵循环，泥皮受到冲刷，井内的液压力是泥浆柱静水压力与流动阻力损失之和，这时的失水称为动失水。静失水时，泥皮逐渐增厚，失水速率逐渐减小，泥皮较厚，失水速率比动失水小；动失水时，泥皮不断增厚，同时又不断被冲刷掉，当增厚速率与被冲刷速率相等时，泥皮厚度动态恒定，失水速率也就基本不变。在实际钻井工程中，这两种失水是交替进行的。另外，在钻头破碎孔底岩石，形成新的自由面的瞬间，泥浆接触新的自由面且还未形成或很少形成泥皮时，泥浆中的自由水以很高的速率向新鲜岩面失水，这时的失水称为瞬时失水或初失水。

2. 泥浆失水性对钻井工作的影响

泥浆的失水性对钻井具有一定益处，如初失水可以湿润岩土，使其强度降低，有利于钻头对其破碎，提高钻进速度。但许多情况下，泥浆的失水对钻井的危害较大，具体表现为：

（1）当地层为泥页岩、黄土、黏土时，失水过大会引起井壁吸水膨胀、缩径、剥落、坍塌。

（2）对于破碎带、裂隙发育的地层，渗入的自由水洗涤了破碎物接触面之间的黏结，减小了摩擦阻力，破碎物易滑入井眼内，造成井壁坍塌、卡钻等事故。

（3）在溶解性地层中，失水越多井壁地层被溶解的程度就越高。

（4）厚泥皮会加大对钻具的吸附，使钻杆回转阻力增加。

（5）厚泥皮使环空过流面积减小，循环阻力和压力增大。

（6）厚泥皮使测井数据的准确性降低。

（7）失水量越多，地层被侵染越严重，影响油、气、水的渗透率，降低井的产量。

4.1.1.3 采动区地面井的护壁技术

1. 钻井液的作用

钻井液的作用主要有：①清洗井底，携带岩屑，保持井底清洁，冷却钻头；②平衡地层压力，稳定井壁，防止井塌、井喷、井漏，有效保护储层不受伤害；③为井下动力钻具传动动力；④进行地质录井和气测录井。

钻井液密度、黏度、固相含量及其分散性等性能指标对钻速都有明显影响，主要影响有：①钻井液密度增高，压持效应增高，钻头的破碎效率降低，钻速降低；②钻井液黏度降低，循环系统的压耗降低，钻头喷嘴的压降降低，射流对井底的冲击作用增强，改善清岩效果，钻进速度增强；③钻井液固相含量增加会降低钻进速度和钻头、泥浆泵寿命，小于 $1~\mu m$ 的胶体颗粒越多，对钻速的影响越大。

为了提高钻速，应尽可能采用低固相不分散体系钻井液。

2. 采动区地面井条件下的护壁

1）砂砾层中使用的泥浆

在砂层、砾石、卵石及破碎带地层中钻进，由于颗粒间缺乏胶结，钻进时井壁很容易坍塌，成孔难度很大，这类地层称为机械松散性地层。增加井壁颗粒间的胶结力，黏性较大的泥浆适当渗入井壁地层中，可以明显增强砂、砾之间的胶结力，以此使井壁的稳定性增强。提高泥浆黏度，主要通过使用高分散性泥浆（细分散性）、增加泥浆中的黏土含量、加入有机或无机增黏剂等措施来实现。

对于砂砾岩层，采动区地面井多采用 Na – CMC（钠羧甲基纤维素）泥浆，这是一种最普通的提黏型泥浆，Na – CMC 起进一步提黏和降失水作用。配比一般为：优质造浆黏土 150 ~ 200 g，水 1000 mL，纯碱 5 ~ 10 g，Na – CMC 6 g 左右；性能参数为：泥浆比重 1.07 ~ 1.1，黏度 25 ~ 35 s，失水量小于 12 mL/30 min，pH 值约 9.5。也可以采用铁铬盐 – Na – CMC泥浆，该泥浆提黏且稳定性较强，其中的铁铬盐起防絮凝（稀释）作用。配比一般为：黏土 200 g，水 1000 mL，纯碱液浓度 50%（加量约 20%），铁铬盐溶液浓度 20%（加量 0.5%），Na – CMC 0.1%；性能参数为：比重 1.10，黏度 25 s，失水量 12 mL/30 min，pH 值为 9。

2）土层、泥页岩中使用的泥浆

对于水敏性地层，应尽量减少钻进液对地层渗水，降低泥浆的失水量以及增强井壁岩土的抗水敏性。从泥浆失水量影响因素分析和岩土水化性分析可以归纳出针对水敏性地层配制泥浆时的几个要点：

（1）选优质土。由于水化效果好，黏土颗粒吸附了较厚的水化膜，泥浆体系中的自由水量大大减少，所以优质土泥浆的失水量远低于劣质土泥浆。

（2）采用"粗分散"方法，使黏土颗粒适度絮凝，而非高度分散，从而使井壁岩土的分散性减弱，保持一定的稳定性。

（3）添加降水剂。Na – CMC、PAM 等降水剂可以增加水化膜厚度，增大渗透阻力，起井壁网架隔膜作用等，可使失水量明显减少。

（4）提高基液黏度。泥浆中的"自由水"实际上是滤向地层的基浆，其黏度愈高，向地层中渗滤的速率就愈低。

（5）调整泥浆比重，平衡地层压力。井眼中液体压力与地层中流体的压力差是泥浆失水的动力，尽可能减少压力差，维持平衡钻进是防失水的有效措施。

4.1.1.4 采动区地面井的防漏堵漏技术

1. 管理措施

（1）优化井身结构设计及套管下入方式，减少井漏对钻具安全的影响。

（2）针对断层、欠压层等易漏地层，优化井眼轨迹控制与监测方式。

（3）及时沟通协调，进入断层、漏层前，现场地质施工小队做好井漏提示，出现新问题、新情况时做好与相关部门的沟通与交流，在实现地质目的的前提下，考虑提前完钻，减少储层污染。

（4）根据工程地质设计提示，参考邻井施工情况，提前制定针对性的防漏堵漏措施；现场要按设计储备充足堵漏材料。

（5）加强坐岗制度的落实，密切监测泥浆液面变化，出现异常及时汇报并采取相应措施处理。

2. 钻进过程中的预防措施

（1）根据地层情况适当控制钻速，每打完一个单根钻杆，划眼 1 ~ 2 次，延长钻井液携带岩屑的时间。

（2）采用低黏、低切、强抑制钻井液，适当控制钻井液的滤失量，采用合理的排量，如 215.9 mm 井眼合理的排量应该为 30 ~ 32 L/s。

（3）搞好钻井液固控工作，使用好离心机，及时清除劣质固相，降低钻井液密度，防止钻井液密度自然增长。

（4）需要提高密度时首先把基浆处理好，先在基浆中加入足量的磺化沥青、超细碳酸钙和单封等以提高地层承压能力，两循环后才能逐渐加重；严格执行加重程序，每循环只提高 0.02 g/cm³，使易漏层井壁对钻井液液柱压力有一个逐渐适应的过程。

（5）钻穿易漏失地层前，在钻井液中加入堵漏剂，加量为 8～14 kg/m³，封堵细小裂缝和孔洞，并且易漏井段注意更换适当的振动筛筛布。

（6）使用高密度钻井液在小井眼中钻进时，在保证能够悬浮加重剂的前提下应尽可能降低钻井液的动切力和静切力，以减少环空流动阻力。

（7）使用好四级固控设备，尤其加强除泥器和离心机的使用，及时清除钻井液中劣质固相，降低井底压力。

3. 工程技术措施

（1）在钻井液黏切较高、静止时间较长的情况下，控制钻具下放速度，下钻时应分段循环；每次开泵都要先小排量后大排量，先低泵压后高泵压，同时转动钻具破坏钻井液结构力，防止憋漏地层。

（2）如下部有高压层，上部有低压层，又不可能用套管封隔时，在钻开高压层之前，应对裸眼井段进行承压试验，不漏再钻开高压层。

（3）堵漏结束后，下钻时分段循环出井眼内的堵漏钻井液，避免钻具下放过多，穿过漏层后开泵憋漏地层。

（4）堵漏成功恢复钻进后，可采用小排量钻进。

（5）下钻时严禁在已知漏层位置开泵循环，避免冲开封堵层再次发生井漏。

（6）下套管前，必须下双扶正器通井，大排量洗井；对钻进过程中已发现渗层要憋压堵漏，做地层承压试验合格方后可下套管。

4.1.2　采动区地面井破碎层的钻井工艺要求

为了减少对采动裂隙的污染，保护采动区瓦斯的流动通道，采动区地面井破碎层的钻井主要采用空气钻井技术。

1. 采动区地面钻井方式的转换

遇到下列情况之一，应立即停止空气钻井，转换为常规钻井液钻井：

（1）地层出水影响正常钻进。

（2）返出气体中全烃含量连续超过 3% 或连续两次发生井下燃爆。

（3）返出气体中硫化氢含量连续超过 7.5 mg/m³（5 ppm）。

（4）扭矩、摩阻突然增大，起下钻困难，影响钻井安全。

（5）井斜大于设计要求，而且纠斜效果差。

采用钻井液钻井应注意：

（1）井下有坍塌时，应在钻井液中加入抑制剂，抑制泥页岩水化膨胀；在建立循环后，控制一个适当的钻井液密度，提高井内液柱的侧压力。

（2）尽量减轻钻具对井壁的碰撞，减轻钻井液对井壁的冲刷。

（3）发生漏失时，采用小排量（10～15 L/s）循环，降低环空压耗；当漏失严重时，在泵入的钻井液中加入堵漏剂，实施堵漏。

2. 采动区空气钻井的防垮塌、卡钻

（1）空气钻井参数应按设计执行，如排砂管出口出现异常，扭矩变化较大时，应调整钻井参数；地层出水影响空气钻井时，应该及时转化为雾化钻井或常规钻井液钻井。

（2）钻进和接单根钻杆时应落实洗井和划眼措施，每钻进 300 m 左右进行一次短程起下钻。

（3）在建立循环的情况下，钻具在井内的静止时间不得超过 10 min，钻具活动范围 3～5 m；如遇特殊情况必须静止或停止循环、停钻时间较长时，应将钻具提到套管内。

（4）钻进过程中，若立管压力突然上升或下降，应立即停止钻进，上下活动钻具（必要时可将钻头提至套管内），循环观察排砂管口岩屑返出情况，正常后方可继续钻进。

（5）起钻发生阻卡，应反复上下活动钻具，直到畅通无阻后方可继续起钻；如果不能做到畅通无阻，则下钻时应在遇阻井段进行划眼。

3. 采动区空气钻井的井控

（1）钻台下和井口装置周围应禁止堆放杂物，并设置防爆通风设备（鼓风机或风扇），防止有害或可燃气体聚积。

（2）应制定空气钻井条件下的关井程序，明确岗位职责，防喷演习要达到熟练程度。

（3）当地质综合录井监测全烃含量达到 3% 时，录井人员应立即报告井队司钻和平台经理，增大气体注入量，循环观察。如全烃含量降低，则可继续空气钻进。如全烃含量上升，应立即发出井控警报，停止钻进作业，上提钻杆直到接头出转盘面；空气钻井管汇操作人员迅速打开空气管线旁通阀，关闭通向钻台立管的气路，继续空转压缩机，直至得到现场监督通知或防喷器关住后，方可停止。

（4）节流管汇的手动阀应处于常开状态，进液气分离器的手动阀应处于常关状态。

（5）应按应急预案的要求进行压井作业。

（6）钻井液返出地面后，应打开液气分离器的阀门，用液气分离器除气。

（7）如果泵入钻井液量超过环空容积的 20% 而不返出，则可视为井漏，应降低泵速并迅速配堵漏钻井液进行堵漏。

（8）为保证钻井质量以实现钻井长期抽采瓦斯，地面井二开和三开井段施工过程中每钻进 100 m 以及开始下套管之前，均需进行钻孔测斜。钻孔尽量保证垂直，终孔点离孔口坐标偏离不超过 10 m，工序要求先测井后下管。

4.2　采动区地面井特殊完井工艺

4.2.1　完井参数的优选

1. 地面井分级优化

采动区地面井井径大，一开井段的固井质量影响地面井负压的调控，采场上覆岩层含水层在地面井井身变形过程中易于漏失并堵塞套管，采动裂隙场导流通道需要充分利用才能达到较好的抽采效果，井下煤炭采掘生产中需要破碎煤体，该区域地面井的套管对回采安全会产生影响，因此应根据地层情况和回采要求优化设计地面井的分级深度。

通常，采动区地面井采用三级或四级井身结构，一开井段通常深入表土层和基岩层界面以下 50 m 以上，以防止地表水的渗漏和松散层井壁的垮塌；二开井段是地面井井身稳定性维护的关键井段，通常施工至采动裂隙场的顶部边界区域；三开井段及四开井段通常采用筛孔管结构，一般要求覆盖整个采动裂隙带，提高抽采效果。为了减小对井下煤炭生产的影响，可以采用悬挂三开或四开套管完井的方式进行该井段的设计。

2. 套管选型

根据采动区煤层气地面开发的特点，一般采用三级或四级套管的钻井结构模式，套管型号应根据套管受力情况确定，参照《API Spec 5CT（第九版）》标准进行选型。

三开或四开套管作为煤层气抽采的采集管，其强度与透气孔的设计具有重要意义，为了保证套管强度并保障抽采透气效果，套管的透气钻孔采用焊切割加工方式，一般采用长条钻孔，如图4-3所示，透气孔的尺寸应根据套管管径调整。

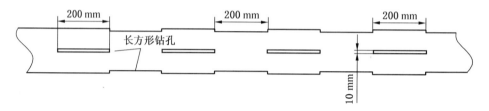

图4-3　采动区地面井典型三开套管结构模式示意图

3. 护井水泥环参数优化

地面井水泥环的参数和性能决定了钻井套管固井的效果，在地面井的套管型号、钻井终孔直径等参数已经确定的条件下，水泥环的存在可以缓解岩层移动对套管的应力作用，也可以增加岩层移动对套管的应力作用。因此，需要根据套管、钻井壁岩体的参数对水泥环的配比、厚度等参数进行优化，以保证水泥环在完成固定钻井套管基本要求的前提下能够有效缓解井壁对套管的应力作用。对护井水泥环的优化计算分析可依照2.2.1节的方法进行。

4.2.2　局部固井技术

采动区地面井局部固井技术主要是在二开套管固井过程中，对部分井身位置不固井，保留地面井井壁和套管之间的环空空间，从而增加采动影响下岩层移动的容许量，减小岩层移动对地面井套管的力学作用。

采动区地面井局部固井主要工艺流程为：一开钻井、安设套管、固井完毕→确定局部固井的位置→在二开套管预定井身位置安设膨胀装置或膨胀材料→安设二开井段套管→采用中心压入法进行二开井段下部位置水泥浆固井（两级固井时用）→采用灌注式方法进行二开井段上部位置水泥浆固井→三开井段钻井、安设套管、固井等（图4-4）。

采动区地面井局部固井上部固井段的深度应根据采场上覆岩层的破碎情况、岩性情况确定，深度一般应位于表土层和和基岩层界面下100 m以深；套管上安设的膨胀装置或膨胀材料的密封效果是局部固井成功的关键，宜加强膨胀率的设定和调制。

4.2.3　悬挂完井技术

采动区悬挂完井技术主要是对地面井二开或三开套管底部、三开或四开筛孔管尾部增加悬挂装置，将三开或四开筛孔管悬挂于二开或三开套管底部，使得三开或四开筛孔管的底部位于煤层上方一定距离，从而增加筛孔管段泥沙、渗水下流的效率，同时避免对煤层回采过程中的采煤机采煤作业的影响。

采动区地面井三开或四开筛孔管（生产套管）精确下放悬挂的方法（图4-5）如下：

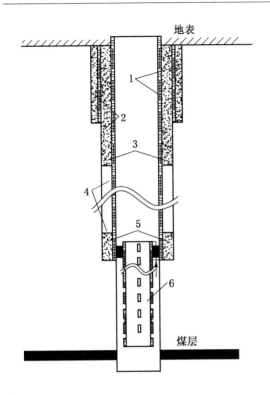

1—套管；2—水泥环；
3—局部固井上部位置；4—膨胀装置（材料）；
5—局部固井下部位置；6—筛孔管

图4-4 局部固井（两级固井）位置示意图

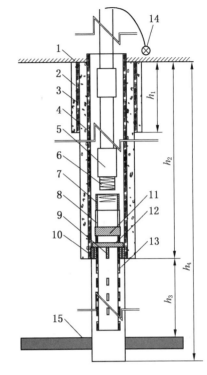

1—地表；2—固井水泥环；3——开套管；4—二开套管；
5—钻杆；6—钻杆公扣；7—上紧下松螺纹短节；
8—下紧上松螺纹短节；9—钢锥；10—挡套；
11—生产套管接箍；12—环形挂套；13—生产套管；
14—拉力计；15—煤层

图4-5 悬挂完井布置图

（1）预先在二开最下端一根套管底部的内侧焊接4块挡套，4块挡套在套管内侧十字对称布置，然后下放二开套管并固井，候凝结束钻三开。

（2）在三开最上端一根生产套管外侧焊接一环形挂套，并在环形挂套下侧同样焊接4块十字对称布置的钢锥。

（3）在三开最上端的生产套管顶部连接两段螺纹短节，下紧上松螺纹短节（指短节随着钻杆正转与挡套的接触力，短节下端越紧，而上端越松）与生产套管连接，上紧下松螺纹短节（指短节随着钻杆正转与挡套的接触力，短节上端越紧，而下端越松）上端与钻杆连接，以实现钻机正转时，下紧上松螺纹短节为松开过程。

（4）三开钻井结束后，用钻杆下放三开生产套管，在预计生产套管上的环形挂套至挡套上时，需慢慢下放，以减少挡套上侧的冲击。

（5）通过钻机缓慢正转使十字对称的钢锥嵌入套管内侧十字布置的挡套空隙处，从而使得钢锥与挡套的接触力可以松开生产套管上端的螺纹短节，然后上提钻杆，通过地面的拉力计可判断生产套管是否下放好，精确下放悬挂生产套管完毕。

该精确下放悬挂的方法不会对钻进下一级井段的过程产生影响，能顺利精确地下放悬挂生产套管至预定位置并长期悬挂住生产套管，其工艺简单、控制性好、施工方便、安全可靠，具有广泛的实用性。

5 煤矿采动区瓦斯地面抽采系统及安全保障

5.1 地面安全抽采系统

受地形和抽采利用需求的影响，煤矿采动区地面井地面抽采系统可以分为单井单建地面抽采系统和地面集输抽采系统两类。

5.1.1 单井单建地面抽采系统

5.1.1.1 地面瓦斯抽采管路管径选择

地面瓦斯抽采管的管径按单井最大混合流量进行管路计算，按以下公式：

$$d = 0.1457(Q/v)^{0.5}$$

式中　d——管路内径，m；

　　　Q——管路内混合瓦斯量，m^3/min；

　　　v——经济流速，可取 $5 \sim 12$ m/s。

5.1.1.2 地面瓦斯抽采设备的选型

采动区地面井单井单建地面抽采系统主要配备五类设备：安全监控及控制设备、抽采设备、抽采数据采集设备、消防设备及电源动力辅助设备。

1. 抽采设备

采动区地面井单井单建抽采系统抽采设备主要有水环真空泵、气水分离装置、矿用隔爆型真空电磁启动器等，见表 5-1。

表 5-1　抽　采　设　备

序号	名　　称	说　　明
1	矿用隔爆型真空电磁启动器	防爆启动开关
2	潜水泵	用于水环真空泵水循环
3	无刷交流同步发电机	供电
4	交流柴油发电机组	供电
5	水环真空泵	根据流量要求选配
6	隔爆型三相异步电动机	提供动力
7	气水分离器	用于气水分离

（1）水环真空泵。水环真空泵是采动区瓦斯地面井抽采系统中的核心设备，直接影响抽采的强度和效率，应根据抽采量和抽采系统的配置情况进行选择定型。

（2）气水分离装置。由于各传感器的传感头对于水气都有很强的敏感性，尤其是氧气传感器的显示精度受水气影响很大，必须在抽采管路系统上安设气水分离装置，而且该设备应与水环真空泵配套使用。

（3）辅助设备。为了保证抽采系统正常运行，需要配备一些辅助设备，如循环水箱、循环水泵、发电机、分流管路系统等。循环水箱的作用是为真空泵提供冷却循环水，根据位置不同分为高位水箱和埋地水箱，大小需要根据水循环管径确定，一般设计为 $4 \sim 5 \text{ m}^3$ 较合理；循环泵的作用是为真空泵的运行提供循环水，水泵的功率大小根据循环管径确定；发电机为井场所有用电设备提供电力供应。

2. 抽采数据采集设备

为掌握地面井的抽采情况及保证设备安全运行，需在抽采管路上设置相应的抽采数据采集设备（表 5-2），监测对象主要包括甲烷浓度、氧气浓度、抽采负压、抽采流量、抽采气体成分等。

表5-2 抽采数据采集设备

序号	名　称	说　明
1	瓦斯抽采多参数传感器	1用1备
2	U 型压差计	自动监测失效时进行人工监测
3	光干涉甲烷浓度便携式测定仪（带负压取样器）	
4	矿用氧气传感器	监测氧气浓度

（1）甲烷浓度。甲烷浓度的实时监测有三个方面的意义：甲烷浓度可以有效反映工作面漏风情况，可以反映出采动区瓦斯聚集量的多少，可以判断抽采瓦斯的浓度范围（爆炸限内的甲烷不能点火只能集输或放空）。因此甲烷浓度的实时监测对于工作面通风安全和地面抽出气体处理方式有重要的指导意义。

（2）抽采负压和流量。抽采负压和流量主要反映抽采难易程度和强度，是衡量工作面与钻孔连通性的重要参数，在抽采过程中必须严密监测。抽采中负压值自然变小、排量自然增加，是工作面连通性变好的提示，也是工作面漏风量增加的提示，这时必须结合甲烷浓度的变化调整抽采强度。

（3）氧气浓度。氧气浓度实时监测的主要意义在于可以随时监控采动区煤层气的抽采是否会造成邻近工作面新鲜风流的侵入。因为地面抽采系统运行时会在采动区内钻井附近产生低压区，可能造成邻近回采工作面的新鲜风流向采空区内部入侵，这一方面会导致邻近工作面新鲜风流不足，另一方面会促进遗煤的缓慢氧化，造成采空区内部温度缓慢升高，如果得不到有效控制，容易使遗煤发生自燃。

（4）一氧化碳浓度。一氧化碳浓度监测的主要意义在于监控采空区内部遗煤是否发生自燃。因为采空区内遗煤发生自燃时，由于大部分为不完全燃烧，会产生大量的一氧化碳气体，使得采空区内一氧化碳气体浓度迅速上升。

（5）气体温度。如果采空区内遗煤发生氧化反应或者已经自燃，变化最明显的参数就是温度，因此进行气体温度的监测意义重大。

3. 其他辅助设备

为了保障抽采设备和数据采集设备连续安全运行，需要配备直流电源、消防沙箱等配套设施，见表 5-3。

表5-3　电源动力辅助设备

序号	名　　称	说　　明
1	矿用本安型分站	自动喷粉抑爆装置、抽采数据监控设备的动力电源
2	矿用隔爆兼本安直流稳压电源	
3	磷酸铵盐干粉灭火器	井场防灭火必备
4	消防沙箱	

5.1.1.3　地面抽采系统部署

1. 总体原则

（1）所有管路采用架空敷设，管路净高 1.5～2 m，管线除管件、闸门处用法兰接头外采用焊接连接，在管路与井口连接处采用金属波纹管连接以防止沉陷造成管路断裂。

（2）地面井口与抽采泵站、抽采泵站与放空出口之间均应设置防回火防爆装置，并进行可靠接地。

（3）真空泵两端设计调整分流管路，以便调整抽采负压。

（4）抽采瓦斯气根据浓度和需求采用两种方式处理：有利用价值浓度范围的气体进入集输管路利用，浓度范围处于爆炸限或不可燃的气体直接放空或点燃后放空。

2. 地面抽采系统安装要求

（1）采动区地面井抽采设备的安装架构和各设备的选型根据抽采需求确定，如图 5-1 所示。

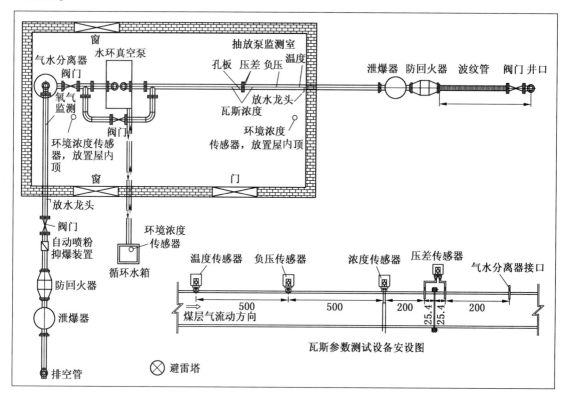

图 5-1　抽采及监控设备安装示意图

（2）抽采管路采用架空方式布置，一般距离地表 1.5 m。

（3）排空管距离井口距离应大于 30 m。

（4）标注尺寸的管段必须保持直线型管段。

（5）抽采泵基座高度一般高于地面 20～30 cm，上部安设减震垫。

（6）基座长宽尺寸根据具体抽采泵型号确定。

（7）泄爆器与孔板之间的管路按 0.5(°)/m 的上仰斜度安设，孔板与真空泵之间的管路按 0.5(°)/m 的下伏斜度安设。

（8）气水分离器与放空管之间的管路按 0.5(°)/m 的上仰斜度安设。

（9）管道上的两个放水龙头安设在管道的正下方。

（10）抽采系统在冬天运行时，应在易积水管路段上缠绕电热带 1 环/(10～15 cm)，以备断续除冰使用。

（11）各参量监测孔应按照监测要求按规格焊接在管路上。

（12）排空管安装于抽采井场的上风向，其顶部安设防雨帽，排空管高度应高于泵房 3.5 m。

（13）在排空管附近根据设计规范安装避雷系统。

5.1.2　地面集输抽采系统

1. 常规地面集输简介

常规地面集输通常用于地面煤层气开发领域，煤层气的集输包括集输管线、集气站、压缩站等地面设施。为便于集输和输送，首先应将各生产井产出的煤层气由井口经集输管线送至集气站，因煤层气井口压力低，为减少沿途摩阻，提高集输效率，可以最小路径为原则进行集气站建设，6 口井及以上需要建设一个煤层气集输站，10～15 个集输站建设一个增压站。各井煤层气输至集气站，再进入分离器脱水，然后送至集气总站，经压缩或长距离输气干线管道送至用户。所有集输管线全部埋入地下，覆土深度不小于 1 m。为了避免温度较低时生成甲烷水合物，最大集输压力宜小于 1.4 MPa。

2. 采动区瓦斯地面井抽采地面集输方式

采动区瓦斯地面井抽采采用负压抽采的方式，单口井的产气时间一般为 1～2 年，单井产量波动较大，通过多口地面井的联网集输、持续抽采可以实现抽采气流的相对平稳性，有利于瓦斯的高效利用。

采动区瓦斯地面井抽采地面集输通常采用地面井→集气支管→集气干管→地面抽采泵站→瓦斯发电站（或其他利用渠道）的模式。每口地面井通过集气支管连接（管路通常架空安设，每个支管安设控压阀门、防回火装置、流量计、浓度计和必要的防雷设施），集气支管连接集气干管（每一段集气干管安设必要的放水装置等），集气干管连接地面抽采泵站（按照煤矿瓦斯抽采规范建设），在地面抽采泵站内进行脱水、净化处理后输送至利用终端，如图 5-2 所示。

5.1.3　安全保障系统

采动区地面井抽采的瓦斯浓度波动范围大（20%～90%），低浓度瓦斯集输需要按照行业标准进行"三级"防护，同时需要满足瓦斯抽采系统的安全保障要求，因此需要对防爆、防火、防雷等方面进行系统监控。采动区瓦斯地面抽采系统的安全监控及控制设备见表 5-4，其布置如图 5-3 所示。

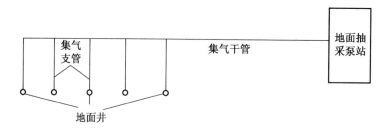

图 5-2 采动区瓦斯地面抽采技术模式示意图

表 5-4 安全监控及控制设备

序号	名　称	说　明
1	瓦斯抽放多参数传感器	具有报警功能
2	煤矿抽采瓦斯防回火装置	管路爆炸或燃烧时，防止回火的装置
3	全量程甲烷检测报警仪	瓦斯超限报警
4	孔板流量计	监测瓦斯流量
5	光干涉甲烷浓度便携测定仪	监测井场瓦斯浓度
6	U 型压差计	测量瓦斯流量
7	矿用抑爆装置控制器	抑制爆炸的控制系统
8	井下远程馈电断电器	具有断电反馈功能
9	矿用 CO 传感器	监测 CO 浓度，保障安全
10	环境浓度传感器	具有报警功能
11	矿用本安型管道抑爆器	抑制管道爆炸
12	水封式防爆器	采用水封作为防爆的措施
13	矿用本安型报警器	发生安全问题报警
14	水封防爆器液位传感器	监测水封防爆器水位
15	正、负压放水器	泵站正、负压端放水
16	矿用本安型火焰传感器	有火焰发生警报
17	矿用氧气传感器	监测管道氧气浓度变化
18	避雷针	防止夏季雷电危险

5.2　地面井运行安全保障措施

5.2.1　基本安全规定

（1）工作人员必须经过培训，考核合格，持证上岗，并佩戴好劳动保护用品。

（2）工作人员严禁酒后操作，严禁携带烟火，泵房 20 m 范围内严禁明火、吸烟和使用手机。

（3）操作时必须精神集中，严密观察设备和阀门工作状态及各检测仪表数据。

（4）保证水封防爆装置水位在进气管口 25 cm 以上。

（5）在水环真空泵上方安设环境瓦斯浓度传感器，当瓦斯浓度高于 1% 时必须停止抽采，开启轴流通风机。

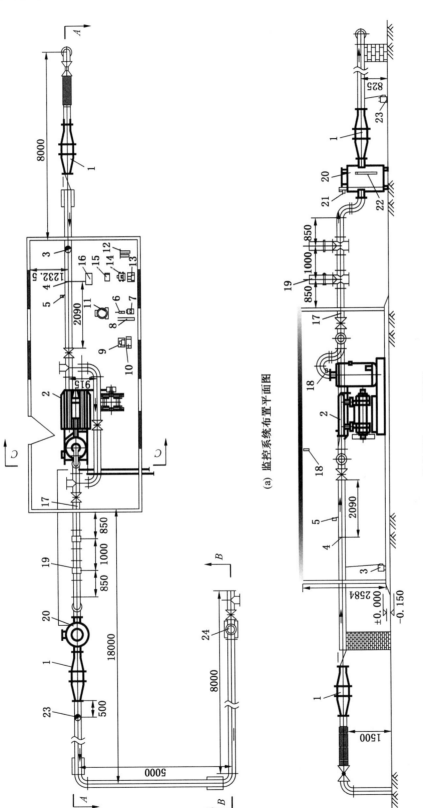

（a）监控系统布置平面图

（b）监控系统 A—A 剖面图

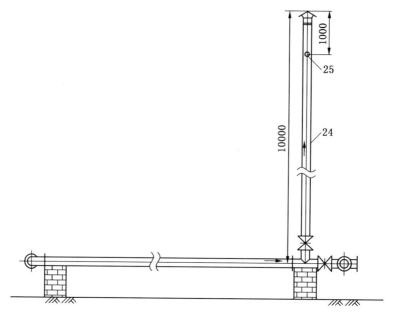

(c) 监控系统 *B—B* 剖面图

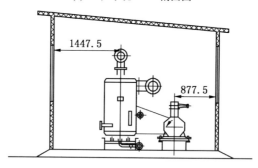

(d) 监控系统 *C—C* 剖面图

1—防回火装置；2—水环式真空泵；3—负压放水器；4—孔板流量计；5—瓦斯抽放多参数传感器；

6—全量程甲烷检测报警仪；7—光干涉甲烷浓度便携测定仪；8—U 型压差计；

9—矿用隔爆兼本安直流稳压电源；10—矿用本安型分站；11—矿用交流真空软启动器；

12—干粉灭火剂；13—矿用隔爆兼本安直流电源；14—矿用抑爆装置控制器；

15—本安电路用接线盒；16—井下远程馈电断电器；17—矿用 CO 传感器；

18—环境浓度传感器；19—矿用本安型管道抑爆器；20—水封式防爆器；

21—矿用本安型报警器；22—水封防爆器液位传感器；23—正压放水器；

24—排气管；25—矿用本安型火焰传感器

图 5-3 采动区瓦斯地面井抽采系统布置图

（6）在循环水箱内上方安设环境瓦斯浓度传感器，当瓦斯浓度高于 1% 必须停止抽采。

（7）每小时检查一次设备周围 10 m 范围内的瓦斯浓度，必须低于 0.5% 方能正常运行。

（8）泵站门口设置高危警示牌。

5.2.2 操作人员基本要求

（1）熟悉抽采系统的业务知识和安全操作规程，确保抽采系统安全运转。

（2）做到"三好""两会""一安全"。"三好"——用好、管好、维护好；"两会"——会检查、会排除一般故障；"一安全"——严守岗位，搞好安全。

（3）做好设备运行、检修、故障等各种记录。

（4）出现故障应及时汇报、积极参与抢修。

（5）严格执行交接班制度，维护好本岗位设备及工作环境。

（6）有责任制止他人的违章作业，对外来人员要进行登记。

（7）熟悉抽采系统的运行情况，及时巡检，及时发现问题，及时处理和汇报。

5.2.3 抽采设备运行及维护

1. 抽采运行安全保障

（1）开机时间：回采工作面推进至距离采动活跃区地面井口60 m时开机试运行。

（2）试运行：地面井抽采系统应连续运行获取连续抽采条件下的抽采数据，在连续运行系统前应先进行1~3天的试连续运行，获得氧气、一氧化碳、温度等监测指标在稳定抽采条件下的平衡指标。

（3）监测数据：监测传感器的读数应以每60 min 一次的频率进行读数，当回采工作面通过地面井前后150 m范围内或者数据出现剧烈波动时应至少每30 min进行一次读数。

（4）抽采负压：地面井稳定抽采过程中负压值、混合流量大幅度变化时，必须结合瓦斯浓度的变化调整抽采负压强度。瓦斯浓度升高时适当调高抽采负压，瓦斯浓度降低时适当降低抽采负压，使瓦斯浓度保持较稳定的状态。

（5）瓦斯浓度：地面井瓦斯抽采管道浓度一般应保持在30%以上，系统抽采平稳1 h后的抽采浓度一般为平稳抽采浓度。正常抽采条件下应以地面井的平稳抽采浓度为基准，根据负压及流量的变化调整抽采负压的大小。

（6）氧气浓度：密闭采空区抽采氧气浓度一般应低于5%或长期保持一平衡值，采动区抽采在抽采稳定后应保持相对稳定的平稳氧气浓度（在平衡值附近上下波动）。

（7）一氧化碳浓度：在抽采稳定后一般应保持相对稳定的平衡状态（在平衡值附近上下波动），当系统连续运行、浓度持续增高48 h（或迅速增高）时应停机进行专业检查。

（8）气体温度：气体温度在抽采稳定后的变化幅度应小于5°，同时应保持相对稳定的平衡状态（在平衡值附近上下波动），当温度持续升高幅度大于5°时应停机进行专业检查。

2. 抽采设备维护

（1）若对抽采管道进行维护，需对管道进行注氮，置换管道中的CH_4气体，避免因CH_4气体引发的窒息或爆炸事故发生。进行置换时管道中氮气排放应防止大量氮气聚集造成人员窒息，并且管道中氮气量过大时应考虑提前多点排放。

（2）运行期间密切关注系统中各组件的工作性能，发现工作不稳定的组件，应及时停机并上报进行维修。

（3）泵房应时刻保证通风良好，泵房隅角瓦斯浓度高于1%必须关阀停泵断电，及时撤人并进行抽采管路测漏补漏。

6 工程实践案例分析

6.1 引言

近年来，煤矿采动区瓦斯地面井抽采技术迅速发展，山西晋城矿区、安徽两淮（淮南、淮北）矿区、宁夏神华宁煤矿区、辽宁铁法矿区和重庆松藻矿区等进行了大量的工程实践，取得了良好的应用效果。其中，晋城矿区主要应用的是单一开采煤层条件下的采动活跃区瓦斯地面井抽采技术，两淮矿区和宁煤矿区主要应用的是煤层群开采条件下的采动活跃区瓦斯地面井抽采技术，铁法矿区和松藻矿区主要应用的是采动稳定区（老采空区）瓦斯地面井抽采技术。下面对采动区地面井抽采技术在几个矿区应用的典型工程案例进行分析。

6.2 晋煤集团工程应用案例

6.2.1 矿区基本情况及参数测试

煤矿采动影响下的采场上覆岩层运动规律对地面井的变形破坏、瓦斯运移分布有着决定性的影响，也是地面井优化设计和布井的基础依据，因此对晋城矿区的地表沉降规律、采场覆岩力学参数、地应力规律、岩层移动量分布规律和采场垮落及裂隙带情况进行了现场试验监测，为该矿区采动区地面井抽采技术的应用提供基础数据支撑。

6.2.1.1 地表沉降规律

为了更好地获得晋城矿区采场覆岩运动规律，分别在成庄矿 4308 工作面和寺河矿 W2301 工作面进行了地表沉降试验。成庄矿的地表沉降试验及其规律如下。

1. 观测线及测点布置

倾向观测线长 725 m，走向观测线长 1100 m，测线总长度为 1825 m；工作测桩间距取 25 m，下山倾向观测线布置 24 个点，走向观测线布置 38 个点，共计 62 个点；控制桩间距取 50 m，设 6 个控制点，具体布置如图 6-1 所示，各点坐标见表 6-1、表 6-2。地表移动观测站控制桩及工作测桩采用钢筋混凝土预制桩，基于观测点埋设深度要在冻土深度 0.5 m 以下的要求，控制桩规格为 100 mm × 150 mm × 1000 mm，工作测桩规格为 80 mm × 120 mm × 1000 mm，如图 6-2 所示。

2. 地表沉陷量测结果

地表沉降观测从 2009 年 12 月 17 日起至 2010 年 9 月 1 日止，工作面倾向观测线下沉曲线如图 6-3 所示，工作面走向观测线下沉曲线如图 6-4 所示；倾向观测线水平移动曲线如图 6-5 所示，走向观测线水平移动曲线如图 6-6 所示。

通过对观测数据的精确记录和分析得出地表移动参数为：下沉系数 0.49，最大沉降位移 3.372 m，主要影响角正切 2.5，采动影响半径约 139 m，最大下沉角 88.4°，水平移动系数 0.31，倾向地表拐点偏移距向工作面内移 20 m（约 $0.057H$）。

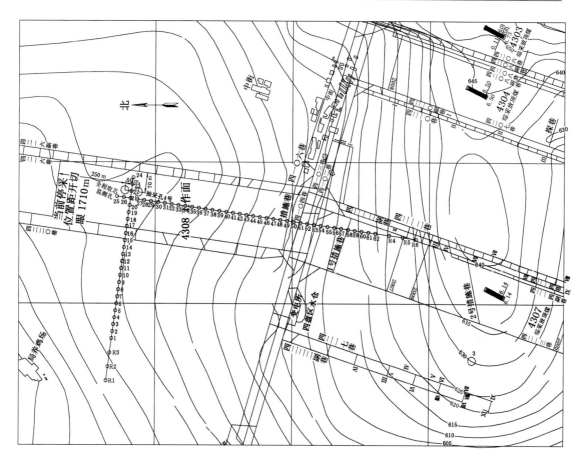

图6-1 成庄矿4308工作面地表移动观测站测线及测点布置示意图

表6-1 地表移动观测线控制点坐标表

控制点编号	坐标 X	坐标 Y	备　注
R1	3941678.586	514227.649	主控制点
R2	3941671.713	514277.174	
R3	3941664.841	514326.699	
R4	3940648.220	514741.181	
R5	3940598.693	514734.323	
R6	3940549.165	514727.465	辅控制点

表6-2 地表移动观测线测点坐标表

倾向观测线观测点坐标			走向观测线观测点坐标		
测点编号	坐标 X	坐标 Y	测点编号	坐标 X	坐标 Y
1	3941657.968	514376.225	25	3941638.770	514878.337
2	3941654.532	514400.988	26	3941614.006	514874.908
3	3941651.096	514425.750	27	3941564.479	514868.050
4	3941647.659	514450.513	28	3941539.715	514864.621
5	3941644.223	514475.276	29	3941514.951	514861.192

表 6 - 2（续）

倾向观测线观测点坐标			走向观测线观测点坐标		
测点编号	坐标 X	坐标 Y	测点编号	坐标 X	坐标 Y
6	3941640.787	514500.038	30	3941490.187	514857.763
7	3941637.350	514524.801	31	3941465.424	514854.335
8	3941633.914	514549.564	32	3941440.660	514850.906
9	3941630.478	514574.327	33	3941415.896	514847.477
10	3941627.042	514599.089	34	3941391.132	514844.048
11	3941623.605	514623.852	35	3941366.369	514840.619
12	3941620.169	514648.615	36	3941341.605	514837.190
13	3941616.733	514673.377	37	3941316.841	514833.761
14	3941613.296	514698.140	38	3941292.077	514830.332
15	3941609.860	514722.903	39	3941267.314	514826.903
16	3941606.424	514747.665	40	3941242.550	514823.474
17	3941602.987	514772.428	41	3941217.786	514820.045
18	3941599.551	514797.191	42	3941193.022	514816.617
19	3941596.115	514821.954	43	3941168.259	514813.188
20	3941592.679	514846.716	44	3941143.495	514809.759
21	3941589.242	514871.479	45	3941118.731	514806.330
22	3941585.806	514896.242	46	3941093.968	514802.901
23	3941582.370	514921.004	47	3941069.204	514799.472
24	3941578.933	514945.767	48	3941044.440	514796.043
			49	3941019.676	514792.614
			50	3940994.913	514789.185
			51	3940970.149	514785.756
			52	3940945.385	514782.328
			53	3940920.621	514778.899
			54	3940895.858	514775.470
			55	3940871.094	514772.041
			56	3940846.330	514768.612
			57	3940821.566	514765.183
			58	3940796.803	514761.754
			59	3940772.039	514758.325
			60	3940747.275	514754.896
			61	3940722.511	514751.467
			62	3940697.748	514748.039

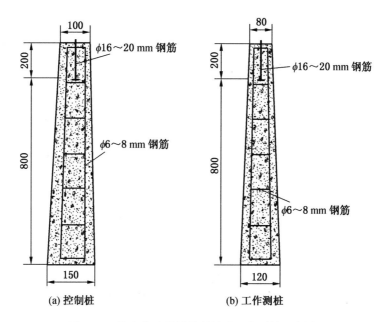

图 6-2 地表移动观测控制桩及工作测桩示意图

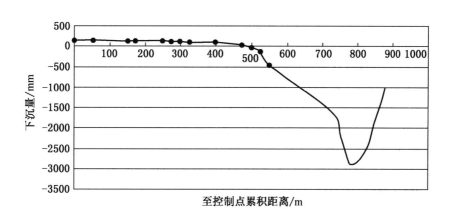

图 6-3 工作面倾向观测线下沉曲线

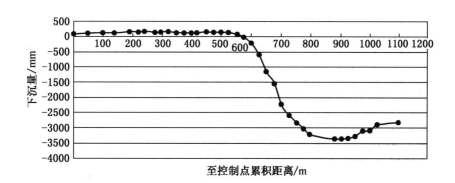

图 6-4 工作面走向观测线下沉曲线

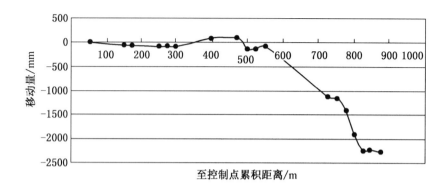

图 6 - 5　倾向观测线水平移动曲线

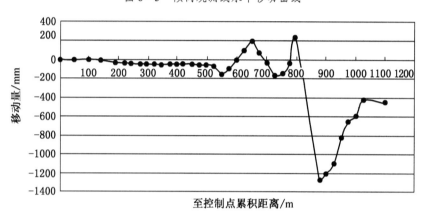

图 6 - 6　走向观测线水平移动曲线

6.2.1.2　采场上覆岩层物理力学参数

为了更好地对覆岩移动进行观测，对成庄矿 4308 工作面、寺河矿 W2301 工作面和岳城矿 1305 工作面分别进行了地面全程取岩芯试验，获取了矿区采场上覆岩层物性参数。成庄矿从地表向下取岩芯 393.9 m（共计 161 岩层），部分岩芯如图 6 - 7 所示。对全部岩芯进行了物理力学测试试验，试验数据见表 6 - 3。矿区采场上覆岩层物理力学参数的详细数据将为地面井结构力学分析提供基础支撑。

图 6 - 7　地面井取岩芯实物

表6-3 各岩层及煤层物理力学参数

序号	岩层深度/m	岩石名称	岩层厚度 h/m	自然密度ρ/(kg·m⁻³)	弹性模量 E/GPa	泊松比	黏结力/MPa	内摩擦角/(°)	抗拉强度/MPa	抗压强度/MPa
1	31.34	泥岩	31.34	2510	9.1	0.22	12.83	35.9	5.68	49.17
2	33.67	粗粒砂岩	2.33	2567	17.62	0.3	19.7	42.8	3.01	64.47
3	34.43	粗粒砂岩	0.76	2546	17.62	0.3	19.7	42.8	3.01	64.47
4	35.01	粗粒砂岩	0.58	2518	6.48	0.36	18.91	44.6	3.03	38.84
5	35.58	粗粒砂岩	0.57	2565	17.18	0.28	18.91	44.6	3.03	73.33
6	36.29	粗粒砂岩	0.71	2537	14.85	0.33	18.91	44.6	4.57	65.04
7	38	粗粒砂岩	1.71	2581	15.7	0.23	18.91	44.6	5.93	60.49
8	38.49	细粒砂岩	0.49	2700	43.5	0.2	58.83	9.9	15.2	174.4
9	42.69	泥岩	4.2	2654	9.35	0.22	12.83	35.9	5.68	49.17
10	44.51	砂质泥岩	1.82	2654	16.24	0.22	35.43	17.3	1.12	67.92
11	46.31	中粒砂岩	1.8	2653	20.12	0.31	34.85	25.9	5.9	84.76
12	52.33	砂质泥岩	6.02	2712	16.24	0.22	35.43	17.3	1.12	67.92
13	53.6	细粒砂岩	1.27	2654	13.29	0.24	58.83	9.9	4.85	15.71
14	54.71	细粒砂岩	1.11	2663	30.04	0.26	58.83	9.9	3.8	102.4
15	56.07	粉砂岩	1.36	2648	18.73	0.27	25.18	22.5	3.53	83.61
16	59.87	泥岩	3.8	2665	9.35	0.24	12.83	35.9	1.64	37.16
17	61.7	粉砂岩	1.83	2619	11.79	0.4	25.18	22.5	2.69	38.06
18	62.55	砂质泥岩	0.85	2559	16.24	0.22	35.43	17.3	2.95	67.92
19	63.66	泥岩	1.11	2524	3.58	0.24	12.83	35.9	1.64	21.57
20	64.6	泥岩	0.94	2625	3.58	0.24	12.83	35.9	1.95	21.57
21	65.6	粉砂岩	1	2695	18.13	0.32	43.75	19.3	3.14	74.62
22	67.05	粉砂岩	1.45	2649	17.11	0.26	25.18	22.5	4.97	80.67
23	68.12	细粒砂岩	1.07	2677	27.12	0.3	58.83	9.9	4.38	132.7
24	70.39	细粒砂岩	2.27	2708	27.23	0.29	58.83	9.9	3.55	123.58
25	72.72	中粒砂岩	2.33	2645	28.36	0.29	13.63	50.5	5.84	117.12
26	77.36	中粒砂岩	4.64	2624	23.44	0.34	24	41.7	7.81	96.64
27	79.5	粗粒砂岩	2.14	2513	29.17	0.3	15.1	57.7	4.98	88.98
28	80.47	细粒砂岩	0.97	2478	15.25	0.33	58.83	9.9	3.44	57.07
29	83.11	中粒砂岩	2.64	2516	25.99	0.26	46.3	29.7	6.01	96.21
30	84.9	泥岩	1.79	2417	0.65	0.24	12.83	35.9	1.95	4.98
31	86.13	细粒砂岩	1.23	2668	35.17	0.34	58.83	9.9	5.13	117.2
32	87.19	泥岩	1.06	2660	0.65	0.24	12.83	35.9	1.95	4.98
33	88.95	砂质泥岩	1.76	2600	6.01	0.33	35.43	17.3	0.87	37.15
34	91.03	泥岩	2.08	2666	10.77	0.24	12.83	35.9	1.95	47.49
35	92.91	砂质泥岩	1.88	2635	5.48	0.33	35.43	17.3	1.96	31.41

表 6-3（续）

序号	岩层深度/m	岩石名称	岩层厚度 h/m	自然密度 ρ/(kg·m⁻³)	弹性模量 E/GPa	泊松比	黏结力/MPa	内摩擦角/(°)	抗拉强度/MPa	抗压强度/MPa
36	93.55	粉砂岩	0.64	2571	10.54	0.25	25.18	22.5	0.89	47.49
37	96.7	砂质泥岩	3.15	2619	16.72	0.33	35.43	17.3	2.53	67.92
38	99.58	泥岩	2.88	2398	7.71	0.24	12.83	35.9	1.95	4.98
39	101.7	细粒砂岩	2.12	2762	35.17	0.34	58.83	9.9	5.13	117.2
40	102.45	粉砂岩	0.75	2666	10.54	0.25	25.18	22.5	0.89	47.49
41	105.65	泥岩	3.2	2528	7.71	0.32	12.83	35.9	1.21	30.83
42	108.84	泥岩	3.19	2665	11.44	0.32	12.83	35.9	1.53	44.42
43	109.57	砂质泥岩	0.73	2580	11.81	0.32	16.23	32.2	1.51	35.72
44	111.74	泥岩	2.17	2628	6.01	0.32	27.06	22.8	2.03	26.08
45	114.54	泥岩	2.8	2645	11.45	0.32	27.06	22.8	3.47	65.21
46	117.69	砂质泥岩	3.15	2626	11.81	0.37	16.23	32.2	1.51	35.72
47	119.88	泥岩	2.19	2654	17.54	0.36	24.34	32.2	3.66	74.04
48	121.15	砂质泥岩	1.27	2621	7.89	0.32	16.23	32.2	1.77	27.53
49	123.34	泥岩	2.19	2647	2.38	0.36	16.42	31.4	3.66	14.38
50	124.02	砂质泥岩	0.68	2655	20.9	0.33	16.23	32.2	8.61	68.86
51	127.98	砂质泥岩	3.96	2659	12.636	0.32	16.23	32.2	3.27	51.99
52	129	砂质泥岩	1.02	2678	11.13	0.32	16.23	32.2	2	41.01
53	131.48	砂质泥岩	2.48	2648	11.63	0.32	19.8	32.5	4.85	42.63
54	131.96	砂质泥岩	0.48	2663	4.19	0.32	16.23	32.2	3.41	23.97
55	134.86	砂质泥岩	2.9	2663	9.78	0.32	16.78	38.2	2.92	39.43
56	135.82	泥岩	0.96	2621	10.57	0.36	16.42	31.4	2.36	33.8
57	136.23	泥岩	0.41	2591	10.57	0.32	16.42	31.4	2.36	33.8
58	137.78	粉砂岩	1.55	2632	23.05	0.25	25.18	22.5	4.16	55.12
59	139.39	粗砂岩	1.61	2801	27.42	0.32	26.08	22.9	6.39	97.11
60	141.06	泥岩	1.67	2488	10.86	0.32	16.42	31.4	2	44.51
61	142.4	细粒砂岩	1.34	2648	20.32	0.38	26.67	19.8	4.52	71.46
62	146.48	泥岩	4.08	2564	2.74	0.32	16.42	31.4	3.33	11.43
63	147.92	细粒砂岩	1.44	2703	17.81	0.32	19.06	39.5	6.28	68.72
64	148.12	泥岩	0.2	2528	8.48	0.32	16.42	31.4	3.33	11.43
65	151.17	泥岩	3.05	2602	8.48	0.32	16.42	31.4	2.64	30.6
66	152.27	细粒砂岩	1.1	2632	9.9	0.31	19.06	39.5	2.6	39.43
67	153.35	细粒砂岩	1.08	2699	20.84	0.31	19.06	39.5	3.91	59.79
68	155.09	泥岩	1.74	2681	13.09	0.32	16.42	31.4	2.99	58.65
69	156.61	中粒砂岩	1.52	2663	40.19	0.35	36.68	11.4	2.72	111.87
70	158.06	泥岩	1.45	2686	10.56	0.3	16.42	31.4	3.44	33.92

表6-3（续）

序号	岩层深度/m	岩石名称	岩层厚度 h/m	自然密度 ρ/（kg·m⁻³）	弹性模量 E/GPa	泊松比	黏结力/MPa	内摩擦角/（°）	抗拉强度/MPa	抗压强度/MPa
71	161.22	砂质泥岩	3.16	2654	16.7	0.32	19.32	34.3	4.98	63.27
72	166.23	泥岩	5.01	2631	15.86	0.3	16.42	31.4	2.43	53.92
73	166.8	细粒砂岩	0.57	2684	24.76	0.18	12.75	44.4	7.26	109.74
74	169.26	细粒砂岩	2.46	2688	24.76	0.18	12.75	44.4	7.26	109.74
75	172.05	砂质泥岩	2.79	2654	16.7	0.32	19.32	34.3	4.98	63.27
76	177.78	泥岩	5.73	2654	8.77	0.3	16.42	31.4	1.64	24.67
77	179.38	粗粒砂岩	1.6	2652	16.67	0.27	26.08	22.9	3.63	60.54
78	180.44	砂质泥岩	1.06	2609	16.7	0.32	19.32	34.3	1.48	63.27
79	181.01	泥岩	0.57	2656	8.77	0.3	16.42	31.4	2.16	12.37
80	182.24	粉砂岩	1.23	2645	16.46	0.33	25.18	22.5	5.09	53.79
81	183.37	细砂岩	1.13	2677	26.78	0.35	25.43	21.9	3.96	92.2
82	184.24	砂质泥岩	0.87	2654	16.7	0.32	19.32	34.3	1.48	63.27
83	186.95	泥岩	2.71	2575	5.15	0.3	16.42	31.4	1.61	12.37
84	192.01	粉砂岩	5.06	2599	12.66	0.33	25.18	22.5	2.49	53.88
85	194.29	粉砂岩	2.28	2627	12.66	0.27	25.18	22.5	2.49	53.88
86	195.45	粗粒砂岩	1.16	2597	16.67	0.27	13.49	45.5	4.75	60.54
87	199.04	泥岩	3.59	2587	6.98	0.3	16.42	31.4	1.04	28.47
88	204.31	细粒砂岩	5.27	2630	21.12	0.32	25.43	21.9	4.8	48.92
89	208.61	中粒砂岩	4.3	2625	22.01	0.31	36.68	11.4	6.79	68.07
90	211.1	中粒砂岩	2.49	2658	21.7	0.28	21.31	38.9	6.01	84.79
91	213.07	细粒砂岩	1.97	2632	30.75	0.25	26.3	34.9	9.83	132.99
92	220.34	泥岩	7.27	2612	10.49	0.3	23.32	17.5	3.53	22.23
93	223.66	泥岩	3.32	2619	6.23	0.35	23.32	17.5	3.53	22.23
94	224.54	粉砂岩	4.2	2656	18.65	0.26	13.4	29	7.14	71.62
95	225.43	泥岩	0.89	2688	10.49	0.35	23.32	17.5	1.75	39.61
96	226.6	细粒砂岩	1.17	2618	5.34	0.28	26.3	34.9	6.91	14.9
97	229.4	粉砂岩	2.8	2660	21.89	0.26	13.4	29	2.96	81.8
98	235.69	泥岩	6.29	2627	5.77	0.2	23.32	17.5	3.35	21.5
99	238.37	细粒砂岩	2.68	2647	18.17	0.32	26.3	34.9	5.71	74.42
100	239.38	砂质泥岩	1.01	2589	13.73	0.22	20.12	30.1	4.84	58.68
101	241.75	泥岩	2.37	2552	9.59	0.35	23.32	17.5	1.04	32.21
102	246.99	泥岩	5.24	2643	16.73	0.33	23.32	17.5	3.14	68.93
103	247.73	砂质泥岩	0.74	2656	18.86	0.27	20.12	30.1	4.84	63.71
104	251.73	泥岩	4	2675	14.17	0.32	21.79	25.1	3.65	54.44
105	254.24	砂质泥岩	2.51	2687	22.27	0.32	20.12	30.1	4.68	77.55

表6-3（续）

序号	岩层深度/m	岩石名称	岩层厚度 h/m	自然密度 ρ/(kg·m⁻³)	弹性模量 E/GPa	泊松比	黏结力/MPa	内摩擦角/(°)	抗拉强度/MPa	抗压强度/MPa
106	257.11	泥岩	2.87	2692	17.53	0.31	23.32	17.5	4.38	81.76
107	257.75	粉砂岩	0.64	2697	22.68	0.33	13.4	29	4.78	87
108	259.63	泥岩	1.88	2645	10.69	0.27	23.32	17.5	2.92	29.65
109	260.49	粉砂岩	0.86	2667	12.85	0.32	13.4	29	4.78	58.48
110	261.38	泥岩	0.89	2609	9.79	0.27	23.32	17.5	0.84	32.38
111	263.74	砂质泥岩	2.36	2656	13	0.23	7.08	41.3	3.74	50.81
112	265.07	泥岩	1.33	2559	9.79	0.29	23.32	17.5	0.84	32.38
113	269.37	泥岩	4.3	2651	6.97	0.23	23.32	17.5	2.18	22.62
114	272.72	砂质泥岩	3.35	2653	4.68	0.26	26.73	7.2	3	16.03
115	273.8	粉砂岩	1.08	2603	13.32	0.29	20.83	30.6	2.26	27.72
116	277.5	细粒砂岩	3.7	2719	15.98	0.28	22.66	37.5	6.13	68.86
117	279.85	粉砂岩	2.35	2923	12.01	0.26	20.83	30.6	3.43	38.48
118	282.14	细粒砂岩	2.29	2667	18.35	0.27	14.86	38	7.51	53.64
119	283.05	粉砂岩	0.91	2619	6.26	0.21	20.83	30.6	4.24	34.07
120	283.32	泥岩	0.27	2473	4.13	0.27	23.32	17.5	2.18	22.62
121	284.58	砂质泥岩	1.26	2612	12.47	0.32	7.84	30.7	4.5	52.54
122	288.09	粉砂岩	3.51	2679	17.8	0.34	52.43	4.7	6.13	63.38
123	292.58	细粒砂岩	4.49	2677	22.95	0.26	19.54	36.7	9.34	91.23
124	296.07	粗粒砂岩	3.49	2573	23.43	0.28	25.34	37.7	6.35	76.64
125	296.97	粉砂岩	0.9	2661	17.75	0.27	32.45	25.5	9.23	68.05
126	300.07	泥岩	3.1	2581	4.13	0.27	23.32	17.5	1.06	17.95
127	302.77	细粒砂岩	2.7	2743	8.46	0.36	15.84	28.7	6.11	40.73
128	306.19	砂质泥岩	3.42	2661	12.47	0.32	7.84	30.7	3.89	52.54
129	307.38	泥岩	1.19	2614	7.94	0.26	23.32	17.5	1.21	33.68
130	310.61	细粒砂岩	3.23	2757	16.99	0.35	19.82	27.4	5.67	80.86
131	312.61	中粒砂岩	2	2715	32.09	0.31	42.36	28.3	6.64	123.3
132	313.61	粗粒砂岩	1	2646	37.69	0.28	39.93	38.1	10.91	137.78
133	317.89	粉砂岩	4.28	2662	17.02	0.32	18.99	32.7	7.8	80.74
134	318.72	泥岩	0.83	2604	12.34	0.24	23.32	17.5	1.21	33.68
135	323.21	砂质泥岩	4.49	2752	6.14	0.38	7.84	30.7	2.73	20.37
136	326.31	细粒砂岩	3.1	2654	21.1	0.32	13.96	33.2	5.67	75.24
137	335.22	泥岩	8.91	2706	12.34	0.24	9.48	36.3	4.47	34.09
138	338.12	砂质泥岩	2.9	2756	8.52	0.36	7.95	38.1	4.21	29.83
139	340.01	细粒砂岩	1.89	2695	16.43	0.28	13.96	33.2	1.69	72.6
140	341.63	砂质泥岩	1.62	2662	14.69	0.23	27.48	21.8	3.62	49.04

表 6 - 3（续）

序号	岩层深度/m	岩石名称	岩层厚度 h/m	自然密度 ρ/(kg·m⁻³)	弹性模量 E/GPa	泊松比	黏结力/MPa	内摩擦角/(°)	抗拉强度/MPa	抗压强度/MPa
141	345.26	中粒砂岩	3.63	2744	27.69	0.31	32.92	30.5	7.22	108.49
142	349.48	泥岩	4.22	2751	13.1	0.36	19.11	24.5	2.33	53.91
143	350.6	泥岩	1.12	2751	13.1	0.36	19.11	24.5	2.33	53.91
144	351.7	粉砂岩	1.1	2662	17.02	0.32	18.99	32.7	7.8	80.74
145	352.35	砂质泥岩	0.65	2662	14.69	0.23	27.48	21.8	3.62	49.04
146	352.95	中粒砂岩	0.6	2744	27.69	0.31	32.92	30.5	7.22	108.49
147	356.8	砂质泥岩	3.85	2662	14.69	0.23	27.48	21.8	3.62	49.04
148	361.3	细粒砂岩	4.5	2695	16.43	0.28	13.96	33.2	1.69	72.6
149	369.1	中粒砂岩	7.8	2744	27.69	0.31	32.92	30.5	7.22	108.49
150	372.05	砂质泥岩	2.95	2662	14.69	0.23	27.48	21.8	3.62	49.04
151	378.67	3 号煤层	6.62	1450	3.86	0.29	15	30	3	5
152	379.4	泥岩	0.73	2751	13.1	0.36	19.11	24.5	2.33	53.91
153	383.1	砂质泥岩	3.7	2662	14.69	0.23	27.48	21.8	3.62	49.04
154	383.55	细粒砂岩	0.45	2695	16.43	0.28	13.96	33.2	1.69	72.6
155	385.2	砂质泥岩	1.65	2662	14.69	0.23	27.48	21.8	3.62	49.04
156	386.85	粉砂岩	1.65	2662	17.02	0.32	18.99	32.7	7.8	80.74
157	387.55	泥岩	0.7	2751	13.1	0.36	19.11	24.5	2.33	53.91
158	389	砂质泥岩	1.45	2662	14.69	0.23	27.48	21.8	3.62	49.04
159	390.75	泥质灰岩	1.75	2662	14.69	0.23	27.48	21.8	3.62	49.04
160	391.55	泥岩	0.8	2751	13.1	0.36	19.11	24.5	2.33	53.91
161	393.9	细粒砂岩	2.35	2695	16.43	0.28	13.96	33.2	1.69	72.6

6.2.1.3 采场地应力规律

地应力是赋存于岩体内部的一种内应力，是岩体存在的一种力学状态。地应力是地质环境与地壳稳定性评价、地质工程设计和施工的重要基础资料之一，其不仅是决定区域稳定性的重要因素，而且是各种地下或地面开挖工程变形和破坏的根本作用力，是确定工程岩体力学属性，进行岩体稳定性分析，实现矿山工程开挖设计和决策科学化的前提。

1. 测试方法

水压致裂法地应力测试原理是：利用一对可膨胀的橡胶封隔器，在预定的测试深度封隔一段钻孔，然后泵入液体对该段钻孔施压，根据压裂过程曲线的压力特征值计算地应力。为了获取晋城矿区基本地应力特征，在成庄矿 4308 工作面地面取芯井内进行了水压致裂法分段地应力量测，测试装备及典型测试曲线如图 6 - 8 和图 6 - 9 所示。

地应力测试按照《工程岩体试验方法标准》（GB/T 50266—2013）、《水利水电工程岩石试验规程》（SL 264—2001）及《工程岩体分级标准》（GB/T 50218—2014）等标准要求进行。本水压致裂法测试采用双管路系统，即增加一套封隔器专用管路系统，以便对封隔器压力进行实时监控。测试步骤主要有：

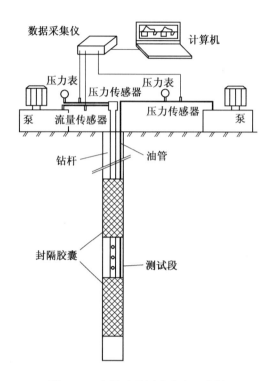

图 6-8　水压致裂测试装备示意图

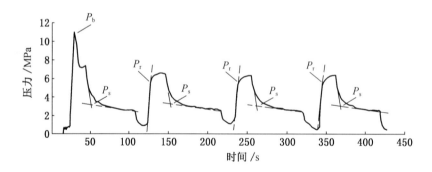

图 6-9　水压致裂法地应力测试压力与时间典型曲线

（1）座封：通过钻杆将两个可膨胀的橡胶封隔器放置到选定的压裂段，加压使其膨胀座封于孔壁上，形成承压段空间。

（2）注水加压：使用液压泵对压裂段注水加压，钻孔孔壁承受逐渐增强的液压作用。

（3）岩壁致裂：在足够大的液压作用下，孔壁沿阻力最小的方向出现破裂，该破裂将在垂直于横截面上最小主应力的平面内延伸；与之相应，当泵压上升到临界破裂压力后，由于岩石破裂导致压力值急剧下降。

（4）关泵：关闭压力泵后，泵压迅速下降，然后随水渗入岩层，泵压缓慢下降。

（5）卸压：打开压力阀卸压，使裂缝完全闭合，泵压记录降为零。

（6）重张：按第（2）~（5）步连续进行多次加压循环，取得合理的压裂参数，判断岩石压裂和压裂缝延伸的过程。

（7）解封：压裂完毕，将封隔器内压力卸载，此时封隔器收缩恢复原状，即封隔器解封。

（8）地应力方位量测：通过以上步骤获得地应力的数量值后，采用定向印模器（扩张印模胶筒外层的生橡胶和能自动定向的定向器能够记录压裂缝的长度和方向）获得压裂缝方位，进而获得地应力的方向。

2. 测试结果

共进行了不同井深位置 10 点的水压致裂法地应力测试，成功获得了 6 点测试结果，见表 6 - 4。

表6-4 地应力测试结果

序号	孔深/m	P_b/MPa	P_r/MPa	P_s/MPa	P_0/MPa	σ_t/MPa	σ_H/MPa	σ_h/MPa	σ_z/MPa	λ	σ_H 方向
1	79.58	1.2	0.6	0.5	0.8	0.6	1.5	1.2	2.1	0.75	
2	311.43	3.0	2.7	2.5	3.1	0.3	7.9	5.6	8.1	0.98	N85°E
3	330.85		2.8	1.9	3.3		6.2	5.2	8.6	0.72	
4	332.75	6.2	4.1	3.4	3.3	2.1	9.4	6.7	8.7	1.09	N88°E
5	335.56	8.0	7.2	4.1	3.4	0.8	8.5	7.5	8.7	0.97	
6	337.56	5.2	4.6	2.8	3.4	0.6	7.2	6.2	8.8	0.82	

注：1. P_b—岩石破裂压力；P_r—裂缝重张压力；P_s—瞬时闭合压力；P_0—岩石孔隙压力；σ_t—岩石抗拉强度；σ_H—最大水平主应力；σ_h—最小水平主应力；σ_z—垂直应力；λ—最大水平主应力方向的侧压系数。

2. 测试时孔内水位至孔口，破裂压力、重张压力及关闭压力为孔口显示压力值，岩石容重取 26 kN/m³。

根据测试结果，取芯钻孔在 80 ~ 338 m 测深范围内最大水平主应力 σ_H 为 1.5 ~ 9.4 MPa，最小水平主应力 σ_h 为 1.2 ~ 7.5 MPa，垂直应力 σ_z 为 2.1 ~ 8.8 MPa，应力水平为中等；最大水平主应力方向为 N85° ~ 88°E，测试的破裂缝方向总体上比较一致，表明该测区最大水平主应力方向为近 EW 向。从实测最大水平主应力方向与区域地质构造的关系分析可知，该区域的最大水平主应力方向主要受区域地质构造（断层）的影响。为了探讨地应力随深度变化的关系，便于工程参考利用，将测试范围内最大水平主应力（σ_H）与最小水平主应力（σ_h）结果进行线性回归，如图 6 - 10 所示。

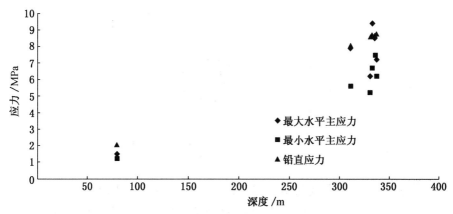

图6-10 取芯钻孔最大（小）水平主应力与埋深关系曲线

$$\begin{cases} \sigma_H = 0.025H - 0.3943 \\ \sigma_h = 0.025H - 0.3944 \end{cases}$$

式中　H——埋深，m。

　　测区的岩石泊松比试验结果约为 0.3，据其推算自重应力场作用下的侧压系数仅略大于 0.4，但取芯钻孔最大水平主应力方向的侧压系数（σ_H/σ_z）整体在 0.8 ~ 1.09 之间，实测地应力场特征总体表现为 $\sigma_H \approx \sigma_z > \sigma_h$，最大水平主应力与垂直应力基本一致，表明水平构造作用明显。

6.2.1.4　采场上覆岩层连续移动规律观测

　　为了获得采动影响下晋城矿区采场上覆岩层移动的基本演化规律，在成庄矿 4308 工作面进行了地面井横向剪切位移的现场监测，岩移监测井距离回风巷约 80 m（图 6 - 11）。通过在岩移监测井安装固定式测斜仪，对煤层开挖过程中各岩层的位移变化进行连续监测以获得岩层移动规律，并评价开采的稳定性，固定式测斜仪布置如图 6 - 12 所示。

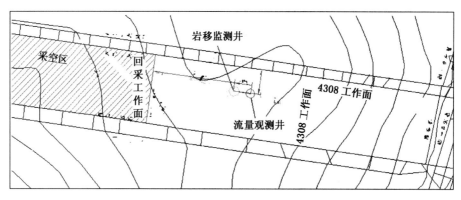

图 6 - 11　4308 工作面布置图

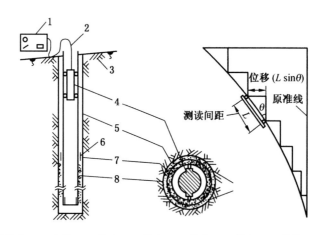

1—测读设备；2—电缆；3—岩石；4—测头；5—钻孔；6—接头；7—导管；8—回填层

图 6 - 12　测斜仪布置

　　经过对采场覆岩岩性、厚度等条件进行综合分析，确定了 16 个固定式测斜仪传感器安设岩层层位位置（以地表下传感器中点位置为准）：地表下 52.33 m、61.7 m、77.36 m、96.7 m、117.69 m、127.98 m、142.4 m、146.48 m、166.23 m、192.01 m、

229.4 m、235.69 m、238.37 m、257.11 m、277.5 m、300.07 m。通过以上16个监测点的走向和倾向水平变形数据分析发现，地面井将随煤层回采发生水平方向的形变，如果地面井整体或者较长一段发生偏向一个方向的位移，地面钻井套管本身不会被完全切断；如果地面井在局部点受地层错动发生较大的变形跳跃，该部位将具有发生地面井套管被完全切断的可能，该部位也是地面井套管变形破坏的高危位置。2010年1月15日至2010年6月12日连续监测期间各监测点传感器在工作面走向和倾向监测到的位移分布如图6-13和图6-14所示。

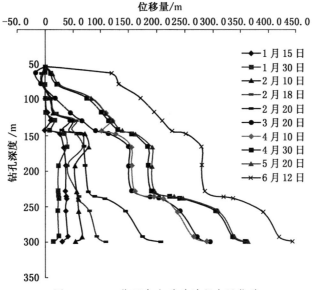

图6-13　工作面走向采动过程水平位移

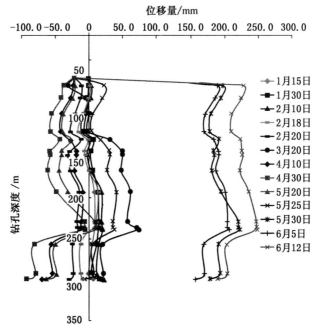

图6-14　工作面倾向采动过程水平位移

从图6-13和图6-14中可以看出，地表下61.7 m、128 m、142.4 m、238.4 m和277.5 m五个层位将发生较大的水平错动变形，而52.33 m、166.23 m等位置处的岩层水平错动较小（表6-5），可以初步判断五个层位是地面井套管发生剪切错断的高危位置。走向错动变形高危位置（箭头所指层位）如图6-15所示，倾向错动变形高危位置（箭头所指层位）如图6-16所示。因此，在钻孔深度为61.7 m、128 m、142.4 m、238.4 m和277.5 m的五个层位是地面井发生剪切错断的高危位置，且走向和倾向分别判断的套管破断的高危位置具有良好的一致性。而在现场钻孔电视进行地面井观测中发现：当回采工作面距离地面井位置为60 m附近时，埋深277 m附近钻孔电视探头已无法放入；当回采工作面推过钻井位置60 m远时，埋深30 m附近钻孔电视探头已无法放入，瓦斯抽采管路一直保持畅通状态；直到回采工作面推过钻井位置100 m远时地面井堵塞而无法抽采。

表6-5 钻井高危破坏位置位移量

序号	高危位置埋深/m	走向位移/mm	倾向位移/mm	组合位移/mm
1	52.33	5.1	3.0	5.92
2	61.7	120.2	249.6	277.03
3	128	38.1	32.8	50.27
4	142.4	35.4	9.5	36.65
5	166.23	3.0	2.1	3.6
6	238.4	32.6	73.7	80.59
7	277.5	30.9	14.8	34.26

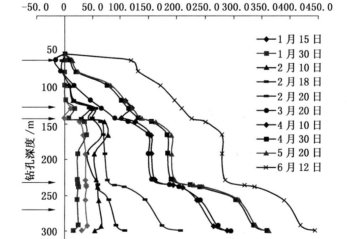

图6-15 走向错动变形高危位置

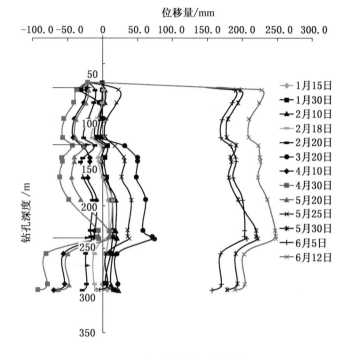

图 6-16 倾向错动变形高危位置

由现场监测数据综合分析可知：277.5 m 深度处是由于离层拉伸效果明显，辅以一定量的剪切位移，使得地面井原 108 mm 的直径缩小，阻碍了钻孔电视探头的放入，但抽采通道是畅通的；32 m 深度处的破坏是由于套管发生了剪切和拉伸破坏导致套管通径明显缩小，阻碍了钻孔电视探头放入，而且由于埋深越浅岩层移动的影响越晚，导致 32 m 埋深处的套管破坏较晚。

6.2.1.5 采动裂隙场分布及瓦斯流动规律

采动区覆岩冒裂带瓦斯浓度分布的变化情况能够较直观地反映出工作面回采过程中采动区上方岩体破坏及其内部裂隙发育过程。因此，成庄矿 4308 采区设立了 1 个覆岩冒裂带瓦斯抽采钻场，通过封孔抽验覆岩体内瓦斯的方式重点监测覆岩冒裂带内的煤层气浓度分布在工作面推过前后的变化特征。

1. 井下覆岩煤层气浓度监测钻场设计及施工

由于垮落带高度一般不超过煤层采厚的 10 倍，而成庄矿 4308 采区开采煤层厚度为 6 m 左右，因此设计监测开采煤层上方覆岩 50 m 范围内的煤层气变化。为尽量减少井下人为等因素对监测结果的影响，设计在 4308 工作面 4216 回风巷内布置钻场，向采空区内侧覆岩内施工 4 个不同平面的倾斜钻孔。考虑到施工难度及顶板垮落步距等因素，1～4 号钻孔的开孔点位于 4216 回风巷 7 号钻场中，并控制在走向上距离终孔点 77 m，终孔点控制在倾向上处于同一条直线上并且分别距离 4216 回风巷 30 m、45 m、60 m、75 m，垂向上分别距离开采煤层顶板 20 m、30 m、40 m、50 m。1～4 号钻孔孔径控制在 75～90 mm 范围内，深度分别约为 85.02 m、94.10 m、105.49 m、118.55 m，如图 6-17 所示，各钻孔具体施工参数见表 6-6 和表 6-7。图 6-18 所示为井下各覆岩煤层气浓度监测钻孔的空间位置对比图，可以看出，7-4 号钻孔孔底距离煤层顶板最远，同时距离巷道最远；而

7－1号钻孔孔底距离煤层顶板最近，同时距离巷道最近。

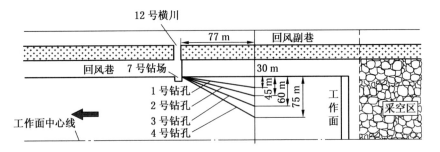

图6－17　采空区覆岩冒裂带抽采钻场设计施工图

表6－6　井下煤层气浓度监测钻孔施工参数

钻场编号	钻孔编号	实际方位角	实际与巷道夹角/(°)	实际钻孔倾角/(°)	实际钻孔长度/m	实际开孔高度/m	钻孔见矸深度/m	实际封孔长度/m
7号钻场	1	NW6.71°	21.29	13.61	85	1.3	4	6
	2	NE2.3°	30.30	18.59	95	1.7	3	5.5
	3	NE9.93°	37.93	22.28	110	2.0	3	5.5
	4	NE16.25°	44.25	25	119	2.3	2	6

表6－7　井下煤层气浓度监测钻孔实际数据投影换算

钻孔编号	钻孔沿巷道投影长度/m	孔底到煤层顶板垂直距离/m	孔底到巷道水平距离/m
7－1	76.68	15.7	29.68
7－2	77.62	26.1	45.13
7－3	80.82	37.8	62.4
7－4	77.97	46.28	75.8

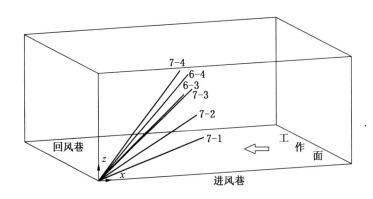

图6－18　各钻孔空间位置示意图

2. 井下煤层气浓度监测钻场数据分析

井下覆岩瓦斯浓度监测钻场数据采集工作连续进行27天，在回采工作面距离7号钻场1m远时，停止监测，数据变化如图6－19～图6－22所示。从图中可以发现，随着工作面的推进，各钻孔的抽采瓦斯浓度都表现出了上升趋势，并最终达到90%以上，表明工作面采动能够影响煤壁前方，并在至少50 m高度范围的岩层内产生大量次生裂隙，这些裂隙构成了煤层卸压瓦斯的流动通道。但随着钻孔施工角度及终孔高度的增加，钻孔抽采流量的上升时间越来越晚，表明煤壁前方煤体内在同一深度处所受到的采动影响存在差异，一般而言，越靠近工作面中心，越远离煤层顶板，其受到的采动影响就越晚，产生的裂隙通道就越小。

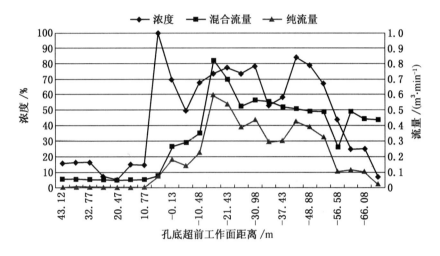

图6-19　7号钻场1号钻孔抽采数据变化曲线

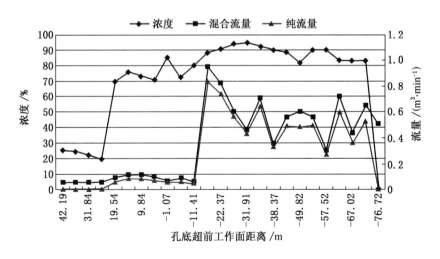

图6-20　7号钻场2号钻孔抽采数据变化曲线

　　图6-23是7号钻场各钻孔抽采浓度变化对比图。由于1~4号钻孔的施工角度不同，因此通过比较同一时刻各钻孔的抽采浓度能够分析出不同高度和不同深度的煤层顶板岩层内的裂隙场发育情况。从图中可以看出，4号钻孔在工作面距离131 m时就已经抽采出80%以上的高浓度瓦斯，表明其所处的煤层顶板上方50 m、距离巷道80 m的岩层内部已经受到采动影响而产生了裂隙通道，使得煤层瓦斯能够升移到此区域。1~3号钻孔岩层在工作面推进到距离钻场100 m左右开始受到采动影响，表现为钻孔抽采瓦斯浓度迅速升

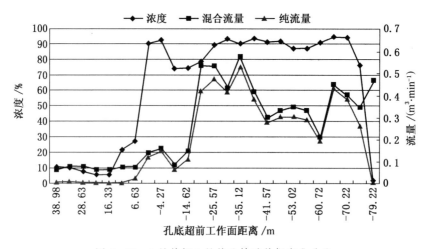

图 6-21 7号钻场 3号钻孔抽采数据变化曲线

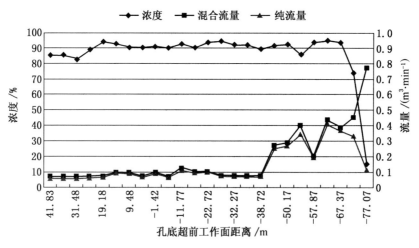

图 6-22 7号钻场 4号钻孔抽采数据变化曲线

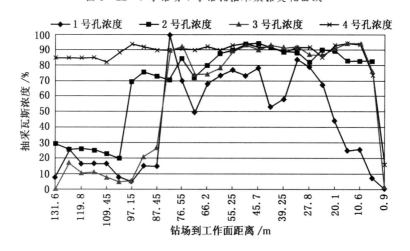

图 6-23 7号钻场各钻孔抽采浓度变化对比图

高到70%以上。但是2、3号钻孔抽采瓦斯浓度变化较平稳，而1号钻孔抽采瓦斯浓度在工作面推进过程中起伏不定，表明1号钻孔所在岩层由于受到采场煤壁前方支撑压力的影响，其内部的裂隙场在不断发生变化。可以推断出，采动过程中，沿工作面倾向，前方煤体及其顶板岩层内的裂隙场呈现"强－弱－强"的特点，即工作面紧邻巷道的煤体内裂隙处于强发育区，距离巷道稍远的煤体内裂隙处于相对弱发育区，而靠近工作面中部的煤体内裂隙则又处于强发育区。

图6－24是7号钻场各钻孔抽采混合流量变化对比图。从图中可以看出，总体上1～4号钻孔的流量是依次顺序增高的，表明岩层内裂隙场发育程度的大小与岩层的位置高低有密切联系，具体表现为：在横向上靠近巷道的岩层内裂隙场发育更快，在纵向上靠近煤层的岩层内裂隙场发育更快一些；但是靠近巷道20 m左右区域的岩层由于其处于极限平衡状态，其内部的裂隙场发育速度会受到一定的限制，并且上下波动很大。

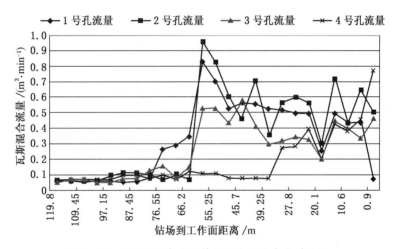

图6－24　7号钻场各钻孔抽采混合流量变化对比图

表6－8为各钻孔参数及抽采数据对比。从表中可以看出，各钻孔都抽采出了浓度大于50%的高浓度瓦斯，同时钻孔的抽采流量峰值都出现在工作面推过钻孔孔底以后；由于4号钻孔孔底离巷道更远，导致4号钻孔始终没有出现高流量值。综合分析可知：工作面采动区深部覆岩内的瓦斯流场有效流动范围涵盖了煤层顶板上方47 m以下岩层及工作面内侧70 m左右的区域内，地面井终孔位置控制在此区域内能够抽采到浓度大于50%的高浓度瓦斯。

表6－8　各钻孔参数及抽采数据对比

钻孔编号	孔底到煤层顶板垂直距离/m	孔底到巷道水平距离/m	工作面推过孔底距离/m		瓦斯纯流量峰值/（m³·min⁻¹）	瓦斯纯流量>0.5 m³/min的持续推进距离/m
			瓦斯浓度>50%	瓦斯纯流量达到峰值		
7－1	15.7	29.68	－6.02	15.68	0.607	10.95
7－2	26.1	45.13	－19.54	16.62	0.841	11.15
7－3	37.8	62.4	－1.9	35.12	0.529	1
7－4	46.28	75.8	－53.63	62.67	0.407	无

注：负号表示工作面尚未推过孔底。

6.2.2 寺河矿采动活跃区瓦斯地面直井抽采

6.2.2.1 工作面概况

寺河矿西区 W2301 工作面地面标高 +660 ~ +780 m，煤层底板标高 +244 ~ +280 m。山上植被茂密，主要为灌木树林。W2301 工作面走向长约 2000 m，倾斜长约 220 m；回采工艺为一次采全高采煤工艺，顶板采用全部垮落法处理。开采深度平均 420 m，煤层厚度平均 6 m，煤层倾角 0° ~7°、平均 2°，煤的容重 1.46 t/m³，煤质普氏硬度 f 为 1 ~ 2，地压 9.00 ~ 13.00 MPa。煤层无自燃倾向性，煤尘无爆炸性。

6.2.2.2 地面井抽采优化部署

1. 布位优选

根据 W2301 工作面的采场覆岩特征、回采工艺条件，优化地面井 SHCD - 06 井布置在回风巷内侧约 70 m 位置处，具体的布井位置参数见表 6 - 9，布井位置如图 6 - 25 所示。

表 6 - 9　SHCD - 06 地面井布井位置参数

井号	井别	矿井	工作面	X 坐标	Y 坐标	高程/m	煤层埋深/m
SHCD - 06	采动井	寺河矿	W2301	3940728	500970	667	394

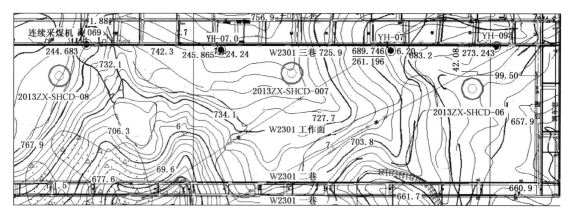

图 6 - 25　SHCD - 06 地面井在 W2301 工作面的位置

2. 井型结构优化

根据寺河矿的地质条件和生产技术实际情况，计算获得寺河矿西区覆岩"三带"分布高度分别为：垮落带 14.58 m，裂隙带 84.12 m（含垮落带）。根据采动区地面井各级井身的功能要求和适用特点，SHCD - 06 地面井采用三级井身的结构模式，设计一开井深 30 m、二开井深 290 m、三开井深 390 m。根据采动条件下采场覆岩岩层剪切滑移和离层拉伸的位移量，对一开、二开、三开套管的型号进行优选，见表 6 - 10。

表 6 - 10　SHCD - 06 地面井套管尺寸

序号	钻井分级	套管钢级	套管外径/mm	套管壁厚/mm	备　注
1	一开	J55	406.4	9.53	参照《API Spec 5CT（第九版）》标准
2	二开	N80	244.48	10.03	
3	三开	N80	168.28	10.59	

为了加强套管的强度安全并保障抽采透气效果，三开套管的透气钻孔采用图6-26所示尺寸规格进行焊切割加工。

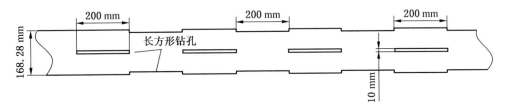

图6-26 SHCD-06地面井三开筛孔管透气钻孔加工尺寸规格

基于地面井套管、水泥环、岩壁"三域"耦合作用的规律和已设计的钻井套管选型等，运用已经建立的地面井护井水泥环参数优化方法对护井水泥环进行优化计算，分析结果见表6-11。

表6-11 SHCD-06地面井护井水泥环的参数

序号	位置	水泥参数（GB/T 10238—2015）				水泥环厚度/mm	水泥返高
		水泥标号	水灰比	分散剂/%	早强剂氯化钙/%		
1	一开钻井	G 级	0.50	0.2	1	10～20	地表
2	二开钻井	G 级	0.44	0.2	1	10～40	地表
3	三开钻井	—	—	—	—	—	无

注：一开钻井的水灰比可以适当调整，基本原则是使水泥环的强度适当降低。

根据建立的地面井高危破坏位置判识方法，计算得到在 SHCD-06 地面井深度约100 m 和 300 m 的位置最易发生套管变形破坏，普遍为以剪切为主的综合拉剪破坏。为了提高地面井的抗破坏能力，设计采用局部固井和悬挂完井的结构模式，局部固井深度90 m，悬挂完井套管底端距离煤层 10 m，SHCD-06 地面井结构竣工图如图 6-27 所示。

6.2.2.3 地面井应用效果

1. 地面井窥视

为了验证采动影响下 SHCD-06 地面井井身破坏情况，在工作面距井位 40 m、32.6 m、19.6 m 及推过井位 36 m、122 m 时分别用钻孔成像仪对地面井全井井身进行测井，如图 6-28 所示。

采煤工作面距井位还有 32.6 m 时，通过钻孔电视环视及前视探头观测发现，地面井一开套管和二开套管结构完好；三开套管（300.4～300.95 m）段发生一定程度的破坏（图 6-29），套管有一倾斜开裂现象，开裂宽度最大为 0.1 m，开裂长度大致为 0.23 m，但套管只是局部破坏，完整性仍较好。在后续抽采过程中，观测发现井身结构变化较小，整体稳定。

2. 抽采效果分析

寺河矿 SHCD-06 地面井于 2013 年 8 月 5 日开始进行瓦斯抽采，此时工作面距井位约30 m。在工作面推至井底时，由于超前支承压力的作用，出现短时间抽采负压极速增高的现象，此时的瓦斯浓度、瓦斯纯量也较低，工作面推过井底后，抽采负压降至 27 kPa 左

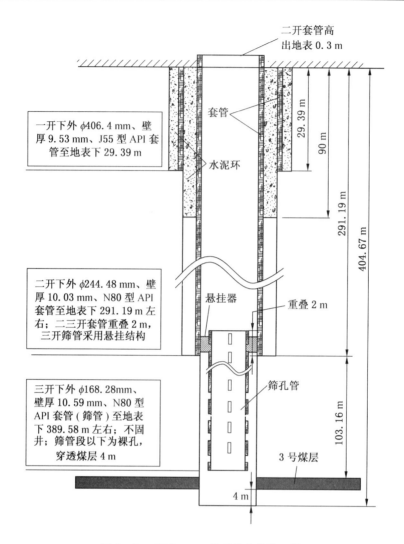

图 6-27 SHCD-06 地面井结构竣工图

图 6-28 地面井变形监测试验

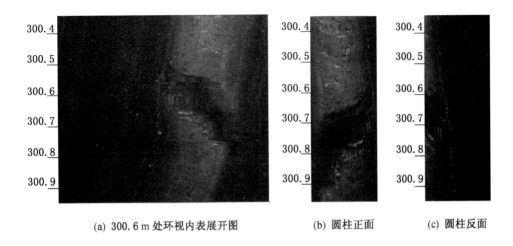

(a) 300.6 m 处环视内表展开图　　　(b) 圆柱正面　　　(c) 圆柱反面

图 6-29　环向探头监测套管变形破坏情况

右，抽采瓦斯纯量、瓦斯浓度逐步趋于稳定，瓦斯纯量维持在 $(0.6 \sim 1) \times 10^4$ m³/d，最高达 1.42×10^4 m³/d，瓦斯浓度为 85% 左右，运行 4 个月累计抽采瓦斯 70 余万立方米，如图 6-30 所示。

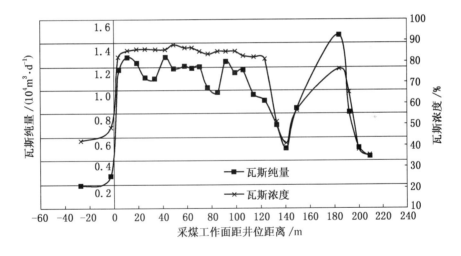

图 6-30　抽采瓦斯纯量、瓦斯浓度与采煤工作面距地面井位距离的关系

3. 瓦斯治理效果分析

寺河矿 SHCD-06 地面井抽采期间，地面井未运行时（工作面推至井底 35 m 以前），W2301 工作面出现几次较高的瓦斯浓度，最高达 0.77%；地面井连续抽采瓦斯后，工作面瓦斯浓度降低至平均为 0.3%，最低时降至 0.16%，工作面上隅角未出现瓦斯浓度超限现象，解决了地面井治理工作面瓦斯的问题，如图 6-31 所示。

图 6-32 所示为地面井抽采对回风巷瓦斯浓度的影响曲线。从图中可看出，地面井抽采后，回风巷瓦斯浓度明显降低，由从地面井运行前的平均 0.8% 降低至平均 0.46%，降低幅度为 42.5%，很好地缓解了回风巷瓦斯超限压力。

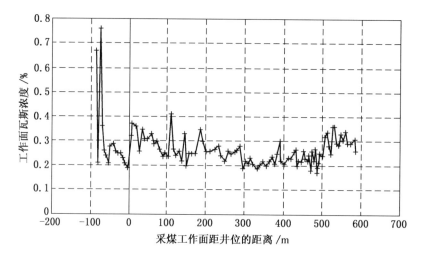

图 6 – 31   地面井抽采对工作面瓦斯浓度的影响曲线

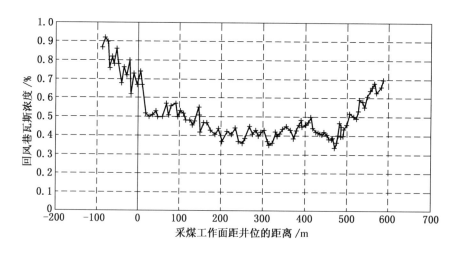

图 6 – 32   地面井抽采对回风巷瓦斯浓度的影响曲线

6.2.3   寺河矿采动活跃区瓦斯地面 L 型顶板水平井抽采

6.2.3.1   工作面概况

寺河矿 3313 工作面位于东三盘区, 工作面底板等高线为 394 ~ 466 m, 地面标高为 800 ~ 960 m。地面位置在向阳崖村以西, 老坟腰村以南, 小东山风井以北。东为 4305 工作面, 南为东三盘区北翼辅助运输巷、东三盘区北翼胶带巷, 西为东区北翼辅助运输巷、东区北翼胶带大巷, 北为东四西翼中部回风二巷。工作面走向长度为 1239 m, 工作面长度为 264 m, 工作面采用 "垮落式长壁开采工艺" 一次采全高, 全部垮落法处理顶板。煤层埋深 302 ~ 554 m, 平均厚度 6.13 m, 平均倾角 5°, 半亮型煤, 黑色、似金属光泽, 条带状结构、含夹矸。工作面回采时的瓦斯绝对涌出量为 29.73 m³/min。煤尘无爆炸性, 煤层无自燃倾向性。

6.2.3.2   地面 L 型顶板水平井抽采优化部署

1. 井位选择

根据寺河矿的地质条件和生产技术实际情况，计算获得寺河矿西区覆岩"三带"分布高度分别为：垮落带 14.58 m，裂隙带 84.12 m（含垮落带），由此确定地面 L 型顶板水平井水平段垂直层位于 3 号煤层上方 50~70 m 范围内。3313 工作面长度为 264 m，上覆盖层厚度平均为 500 m，根据关键层岩梁断裂特征分析测算，工作面 O 型圈的分布范围为靠近回风巷侧 40~70 m 范围（图 6-33），由此确定地面井 L 型顶板水平井水平段的水平位置为回风巷侧 60 m 附近区域，如图 6-34 所示。

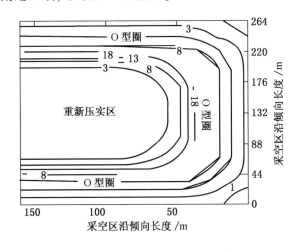

图 6-33 采空区 O 型圈范围判别图

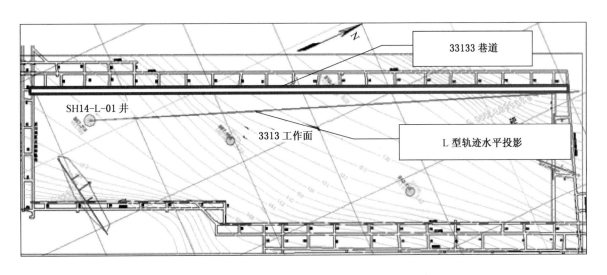

图 6-34 SH14-L-01 井在 3313 工作面平面上的投影

2. 井型结构优化

寺河矿 SH14-L-01 地面 L 型顶板水平井的地质设计基本数据见表 6-12。钻井采用"单弧剖面"（直-增-水平）三段制剖面形式，造斜率为 7°~9°/30 m，该井二开套管深度为 466.97 m，水平段长度为 1000 m，斜深 1468.46 m，见表 6-13。该剖面相对简单，施工易于控制；三段制剖面弯曲（高造斜率段）井段相对较短，利于钻井成本控制，轨迹投影剖面图如图 6-35 所示，井身结构如图 6-36 所示。

表6-12 SH14-L-01井地质设计基本数据

井别	地面抽采井	井型	L型井	井名	SH14-L-01井
最大井斜角/(°)	86.87	造斜点/m	146.59	最大造斜率/[(°)·m⁻¹]	8.1530
设计井深/m	最大斜深1468.46 m（着陆点垂深357.21 m）				
井口坐标	X: 3939307.00；Y: 509347.00				
A靶坐标	X: 3939492.62；Y: 509421.47				
B靶坐标	X: 3940420.72；Y: 509793.81				
目的层	山西组3号煤层上部50~70 m				

表6-13 SH14-L-01井身结构说明

开钻次序	套管尺寸/mm	设计说明
一开	377.7	采用φ444.5 mm牙轮钻头，钻穿基岩风化带10 m后（预计井深50.00 m，以实钻地层为准）下φ377.7 mm表层套管，封固地表疏松层，注水泥全封固
二开	244.5	采用φ311.1 mm钻头钻进至井深146.59 m，井斜1°左右，定向钻进至466.97 m后下入φ244.5 mm技术套管，固井注水泥返至地面
三开	—	采用φ215.9 mm的钻头钻进水平段，水平段钻至1468.46 m完钻

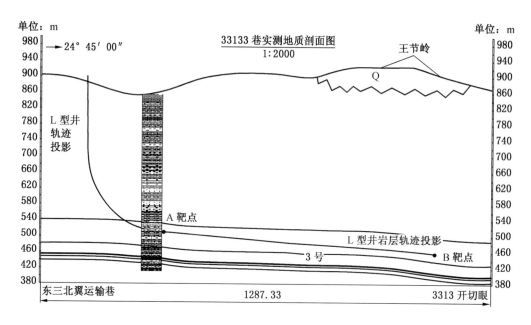

图6-35 SH14-L-01地面L型顶板水平井剖面图

6.2.3.3 地面井应用效果

1. 抽采效果分析

寺河矿SH14-L-01地面L型顶板水平井于2014年9月23日开始运行，累计运行300余天，部分抽采数据如图6-37所示。抽采瓦斯浓度高达93%、平均80%，抽采纯量高达3.11×10⁴ m³/d、平均2.2×10⁴ m³/d，累计抽采瓦斯650余万立方米。

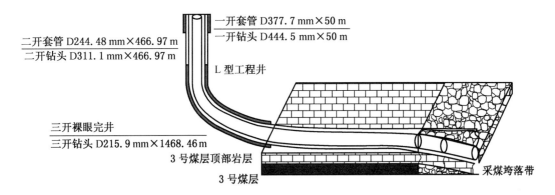

图 6-36 SH14-L-01 地面 L 型顶板水平井结构示意图

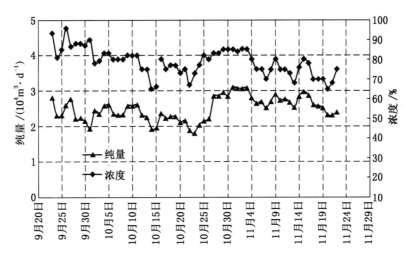

图 6-37 SH14-L-01 地面 L 型顶板水平井部分抽采数据 (2014 年)

2. 瓦斯治理效果分析

寺河矿 3313 工作面推过开切眼 323.7 m 后，SH14-L-01 地面 L 型顶板水平井开始运行，其控制范围内的井下 14 号、13 号、10 号、7 号、6 号、3 号横川施工的高位钻孔和 14 号、11 号横穿施工的千米钻孔的抽采量快速衰减至 0；同时，在工作面日产量增加约 2500 t 的情况下，回风巷平均瓦斯浓度降低至 0.11%，工作面上隅角瓦斯浓度降幅达 46.5%，有效提高了生产效率，对该面瓦斯治理起到了关键性作用，抽采后瓦斯的变化情况如图 6-38 所示。

6.2.4 岳城矿采动活跃区瓦斯地面直井抽采

6.2.4.1 工作面概况

岳城矿 1303 综采工作面位于赵庄村村东，岭上村东北 606 m。工作面走向长度为 1071.6 m，倾斜长度为 175.95 m，可采面积为 188548.02 m²；主采 3 号煤层总厚度为 6.20 ~ 6.49 m，平均厚度为 6.34 m，煤层倾角为 0° ~ 5°、平均倾角为 2.5°。采用分层开采法，先采上分层，再采下分层，上分层煤厚 3.2 m、下分层煤厚 2.9 m；采用全部垮落法控制顶板。工作面瓦斯绝对涌出量为 1.05 ~ 2.8 m³/min，二氧化碳相对涌出量为 0.55 m³/t，煤尘无爆炸性，不易自燃。

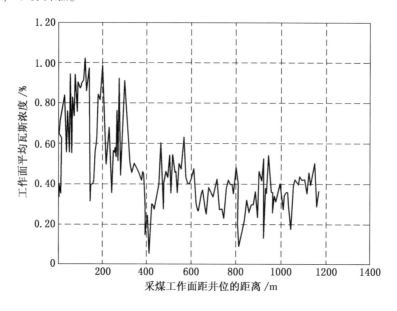

图 6-38 SH14-L-01 地面 L 型顶板水平井抽采对工作面瓦斯的影响效果

6.2.4.2 地面井抽采优化部署

1. 井位选择

根据岳城矿 1303 综采工作面的采场覆岩特征、回采工艺条件，优化地面井 YCCD-02 井布置在岳城矿 1303 工作面距切眼 700 m，距离回风巷 40 m 附近区域，具体的布井坐标见表 6-14，地面井相对位置如图 6-39 所示。

表 6-14 YCCD-02 地面井布井位置参数

井号	井别	工作面	X 坐标	Y 坐标	高程/m	煤层埋深/m
YCCD-02	采动井	1303	3940728	500970	900	378

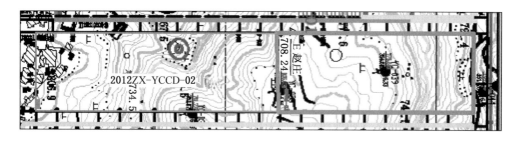

图 6-39 YCCD-02 地面井在 1303 工作面的位置

2. 井型结构优化

根据岳城矿的地质条件和生产技术实际情况，计算获得岳城矿区域覆岩"三带"分布高度分别为：垮落带 16.9 m，裂隙带 65.0 m（含垮落带）。根据采动区地面井各级井身的功能要求和适用特点，YCCD-02 地面井采用三级井身的结构模式，设计一开井深 50 m、二开井深308 m、三开井深378 m。根据采动条件下采场覆岩岩层剪切滑移和离层拉伸的位移量，对一开、二开、三开套管的型号进行优选，见表6-15。

表6-15 YCCD-02地面井套管尺寸

序号	钻井分级	套管钢级	套管外径/mm	套管壁厚/mm	备 注
1	一开	J55	406.4	9.53	参照《API Spec 5CT（第九版）》标准
2	二开	N80	244.48	10.03	
3	三开	N80	168.28	10.59	

三开套管的透气钻孔采用图6-26所示尺寸规格进行焊切割加工；基于钻井套管、水泥环、岩壁"三域"耦合作用的规律和已经设计的钻井套管选型等，地面井的钻完井结构如图6-40所示。为了提高地面井的抗破坏能力，设计采用局部固井和悬挂完井的结构模式，局部固井深度采用80 m，悬挂完井套管底端距离煤层5 m。

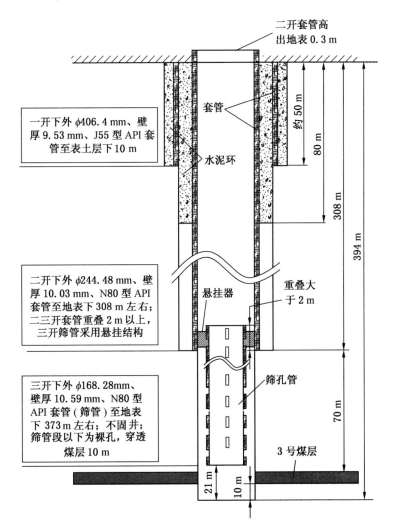

图6-40 YCCD-02地面井钻完井结构

6.2.4.3 地面井应用效果

1. 抽采效果分析

岳城矿 YCCD-02 地面井在 1303 综采工作面上分层回采前完成施工，上分层工作面回采过程中由于设备安装原因未能进行抽采。2014 年 6 月 1 日，下分层工作面进入回采阶段后该井开始进行瓦斯抽采试验，平均瓦斯浓度为 55.3%，工作面推至井位处时，抽采瓦斯纯量最大为 3.79×10^4 m³/d，平均抽采瓦斯纯量为 0.73×10^4 m³/d，累计运行 700 余天，抽采瓦斯总量为 1000 余万立方米，部分抽采数据如图 6-41 所示。

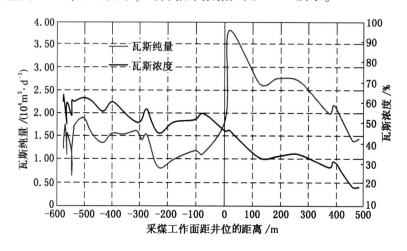

图 6-41　YCCD-02 地面井抽采数据分析

2. 瓦斯治理效果分析

YCCD-02 地面井的运行极大地缓解了 1303 工作面下分层开采时的瓦斯治理压力，与地面井未运行前相比，YCCD-02 地面井运行后工作面瓦斯浓度平均降幅达 30%，回风巷平均瓦斯浓度仅 0.33%、降幅达到 58%，平均风排瓦斯量降了 30%，见表 6-16。回采工作面上隅角和回风巷瓦斯浓度显著下降，成功消除了采空区瓦斯对工作面安全生产的制约。

表 6-16　地面井抽采前后试验工作面井下瓦斯情况对比

项目	风量/ ($m^3 \cdot min^{-1}$)	上隅角瓦斯情况/%		回风巷瓦斯情况/%		工作面瓦斯涌出量/ ($m^3 \cdot min^{-1}$)	
		变化范围	平均值	变化范围	平均值	变化范围	平均值
未启用采动井抽采	1030	0.35~0.65	0.50	0.65~1.25	0.80	6.695~12.875	8.24
启用采动井抽采后	1030	0.15~0.35	0.22	0.25~0.42	0.33	2.575~4.326	3.399

6.3　淮南矿业集团典型矿井应用案例

6.3.1　矿区基本情况

淮南矿区位于华东腹地，地理位置优越，交通便利，国家一级干线阜阳—淮南铁路从矿区穿过，矿区内公路四通八达，淮河流经矿区，可常年通航。淮南矿区资源丰富，煤质好，全矿区 -1500 m 以浅共有煤炭储量 285×10^8 t。煤种以气煤和 1/3 焦煤为主，深部已探明有肥煤、焦煤、瘦煤。煤质特点是特低硫，低~特低磷，低~中灰，是优质的动力煤和炼焦配煤；矿区瓦斯资源丰富，瓦斯赋存总量高达 5928×10^8 m^3。

淮南矿区煤田划分为淮南老区、潘谢新区两个区。淮南老区位于淮河南岸，东起九龙岗，西至凤台县，南以舜耕山、八公山为界，北以阜凤断层为界，东西长约 40 km，南北宽约 10 km，面积约 400 km^2。该区东部舜耕山北麓有大通井田和九龙岗井田，已于 1979 年和 1981 年先后采完。中部李咀孜（赖山）及八公山东北麓，自东至西有李咀孜一、二井田，谢家集一、二、三井田，新庄孜井田，李咀孜井田和孔集井田，表 6-17 为淮南老区主要可采煤层特征情况。潘谢新区位于淮河北岸，东起高皇寺，西至阜阳断层，北以上窑、明龙山断层为界，南以阜凤断层为界与淮南老区相接。地跨阜阳、利辛、颍上、凤台、淮南等县市。东西长约 100 km，南北宽约 24 km，面积约 2400 km^2。该区东部为潘集背斜，有潘集一、二、三、四井田及丁集井田，中部有顾桥~桂集井田、张集井田、谢桥井田、朱集和驻马店井田，表 6-18 为潘谢新区主要可采煤层特征情况。

表 6-17 淮南老区主要可采煤层特征情况

地层名称	煤层名称	煤层厚度/m		与下煤层间距/m		稳定性及可采性
		最小~最大	平均	最小~最大	平均	
上石盒子组	C_{15}	0~3.15	0.80	6.30~23.00	15.31	局部不可采
	C_{13}	1.41~9.57	6.17	0~3.40	0.29	稳定，可采
	C_{12}	0~1.23	0.38	51.20~95.20	65.76	不稳定，不可采
下石盒子组	B_{11b}	1.60~9.31	4.05	0.20~10.00	1.64	稳定，可采
	B_{11a}	0~1.63	0.9	15.00~40.00	30.83	局部不可采
	B_{10}	0~1.87	0.92	21.60~64.60	41.91	局部不可采
	B_{9b}	0.82~3.11	2.02	0.45~8.88	3.32	稳定，可采
	B_{9a}	0~2.63	0.79	0.30~9.40	6.29	局部不可采
	B_{8b}	0.47~7.89	2.52	0.20~6.10	1.59	稳定，可采
	B_{8a}	0.57~4.89	1.56	0.70~22.10	8.87	稳定，可采
	B_7	0~5.66	3.01	2.30~9.00	5.76	稳定，可采
	B_6	0~3.67	0.5	13.70~39.20	24.19	局部可采
	B_{5b}	0~1.55	0.76	0.30~5.02	1.89	局部可采
	B_{5a}	0~1.56	0.68	1.00~7.50	4.20	局部可采
	B_{4b}	0~5.41	1.69	0.20~2.30	0.87	局部不可采
	B_{4a}	0~6.24	1.76	48.3~86.0	69.71	局部不可采
山西组	A_3	0~5.65	1.92	2.0~6.5	4.26	稳定，可采
	A_2	0~0.52	1.25	1.6~11.45	3.51	稳定，可采
	A_1	0.6~4.62	2.05			稳定，可采

表6-18 潘谢新区主要可采煤层特征情况

地层名称	煤层名称	煤层厚度/m		与下煤层间距/m		稳定性及可采性
		最小~最大	平均	最小~最大	平均	
上石盒子组	16-2	0~5.41	0.52	1.00~13.30	5.20	不稳定，局部可采
	16-1	0~3.96	0.69	80.00~111.00	91.00	不稳定，局部可采
	13-1	0.83~7.45	4.40	0.55~9.00	3.40	稳定，可采
	12	0~2.16	0.60	41.60~87.00	63.00	不稳定，局部可采
下石盒子组	11-2	0~7.58	2.62	45.00~86.00	69.00	较稳定，局部不可采
	9-2	0~3.05	0.63	0.21~11.20	4.30	较稳定，局部可采
	9-1	0~2.82	0.53	2.40~30.60	14.00	不稳定，局部可采
	8	0.74~7.15	3.05	1.00~19.20	7.30	稳定，可采
	7-2	0~2.67	0.92	1.00~34.40	6.00	较稳定，局部不可采
	7-1	0~4.56	1.44	0.70~29.00	11.00	较稳定，局部不可采
	6-2	0~5.95	1.18	0~5.00	2.00	不稳定，局部可采
	6-1	0~4.75	1.62	6.00~24.90	14.70	较稳定，大部可采
	5-2	0~6.03	1.50	1.00~7.00	3.50	不稳定，局部可采
	5-1	0~5.13	1.64	3.00~29.30	8.50	较稳定，大部可采
	4-2	0~4.80	1.58	0~10.00	3.90	较稳定，大部可采
	4-1	0~7.95	2.50	71~85	80.00	稳定，可采
山西组	3	0~8.35	4.56	0~3.00	2.00	稳定，可采
	1	0~11.19	4.60			稳定，可采

淮南矿区新区的表土层厚度一般在400 m左右，属于典型的厚表土层矿区，煤系岩层的地质特点决定了淮南矿区采场上覆岩层中存在一定数量的厚硬关键层，而且矿区内断层广泛分布。矿区覆岩内具有一定的含水层，地下水随回采不断下泄；煤层顶板岩层以泥岩为主，裂隙发育较差，在水、空气的作用下容易崩解垮塌，降低裂隙透水性。淮南矿区为典型的多煤层条件矿区，现阶段煤层埋藏深度一般在500 m以深，采用煤层群保护层卸压开采的回采工艺。矿区倾斜、急倾斜煤层的赋存条件也使得矿区内的岩层运动受煤岩倾角的影响严重。由于各厚度的煤层、煤线较多，大采高综合放顶煤的采煤工艺也使得采空区落煤较多，导致煤层回采过程中瓦斯涌出量普遍较高。

淮南矿区煤层瓦斯含量高（12~26 m³/t），煤体极松软（坚固性系数 f 为0.2~0.8），煤层透气性低（渗透率为0.001 mD），煤层瓦斯压力大（高达5 MPa）。

6.3.2 地面井布井位置及井型结构

淮南矿业集团地面井应用主要集中在下保护层开采条件下被保护层采动影响区卸压瓦斯抽采，主要应用矿井有顾桥矿、张北矿、丁集矿、谢桥矿、谢一矿、潘一矿、潘三矿等矿井。2005—2010年，中煤科工集团重庆研究院与淮南矿业集团合作攻关地面井抽采技术，在潘一矿进行了三种井型结构适用性试验和不同布井位置抽采效果考察，提出"厚表土层与基岩界面为高危险破断区域、较大口径地面井结构安全性较高"的试验结论。"十二五"期间，淮南矿业集团进一步将三种井型结构改进完善，形成了"大口径通井厚壁套管"井型结构,获得了良好的抽采效果。

6.3.2.1 地面井布井

淮南矿业集团地面井主要用来抽采在保护层 11 − 2 煤层开采条件下被保护层 13 − 1 煤层的卸压瓦斯,为了防止地下水的灌井影响,当 13 − 1 煤层开采时地面井已经被水泥封堵废弃。被保护层卸压瓦斯抽采的特点决定了该条件下的地面井布井位置选择具有较大的灵活性,在满足"单井控制范围广""井身结构较安全"和"抽采总量高"的原则下可以在采场空间灵活选择地面井布井位置。淮南矿区地面井的布井方式主要有两种:一种是布置于采场中心位置,另一种是布置在回风巷偏采场中线位置,如图 6 − 42 所示。其主要特点是:抽采采动初期瓦斯的地面井,应该布置在采场中线,瓦斯日抽采量大,但该布置方式抽采周期短且对采高及日产有一定限制;抽采采动后期卸压瓦斯的地面井,应该布置在工作面靠近回风巷四周,早期抽采量小,但抽采时间长,抽采总量大,抽采效果好。以潘一、潘三为代表的矿井(薄松散层厚度为 0 ~ 410 m,下保护层采高 2.2 m 以下,推进速度较慢,一般为 2 ~ 4 m/d),地面井布置在工作面回风巷附近区域抽采效果较好,但在采场中部区域布井也有较多抽采效果好的;以顾桥、丁集、谢桥为代表的矿井(厚松散层厚度为 410 ~ 520 m,下保护层采高 2.4 ~ 3.1 m,推进速度较快,一般为 5 ~ 6 m/d),地面井布置在工作面回风巷附近区域抽采效果好于布置在采场中部区域。

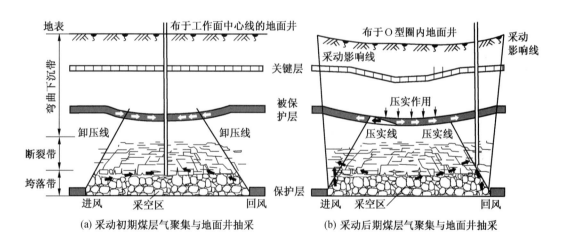

(a) 采动初期煤层气聚集与地面井抽采 (b) 采动后期煤层气聚集与地面井抽采

图 6 − 42 地面井布井示意图

2005—2010 年,淮南矿业集团在开采 11 − 2 煤层时,采用地面井抽采上覆的 13 − 1 煤层松动区域的瓦斯,地面井抽采半径达 210 m 左右,在正常抽采条件下抽采瓦斯浓度在 95% 左右。由多口地面井的抽采效果分析可知,淮南矿业集团在位于矿井回风巷侧 55 m 附近区域的地面井平均产能为 138.4×10^4 m³/井,位于靠近回风巷 40 m 附近区域的地面井平均产能为 117.49×10^4 m³/井,位于回风巷 25 m 附近区域的地面井平均产能为 58.16×10^4 m³/井,但地面井迅速发生了堵塞。因此,在满足抽采覆盖范围要求的前提下宜优选回风巷侧偏向采场中部 60 m 区域附近进行地面井布井。

6.3.2.2 地面井井型结构

淮南矿区属于典型的深埋、厚表土层条件下的矿区,复杂的矿区地层及构造使得施工于地层中的地面井承受着巨大的拉剪破坏作用，表土层与基岩层界面位置成了淮南矿区地面井变形破坏的高危破坏位置；同时，由于矿区为典型的煤层群条件，厚度不一的煤线众多，在采动影响下这些煤线、煤层位置将发生严重的岩层拉剪作用，因此淮南矿区的地面井井型结构既要保证抽采采动卸压瓦斯的要求，又要充分考虑采动影响下钻井高破坏率的难题。

在煤层群卸压瓦斯抽采工程实践中，淮南矿业集团发展完善了 3 种型号的地面井井身结构，以适应淮南矿区厚表土层、覆岩含水层、覆岩大扰动、煤泥混合物堵塞花管等矿区显著的技术特点。

1. Ⅰ型地面井结构

该井型为四开钻进结构，一开钻进至表土层与基岩层界面下 50 m，孔径 350 mm，下入 ϕ273 mm×10.16 mm 标准 API 石油套管并固井；二开钻进至 13 - 1 煤层顶板 15 m 左右，孔径 245 mm，下入 ϕ177.8 mm×9.19 mm 标准 API 石油套管并固井；三开钻进至 11 - 2 煤层顶板 5 m，孔径 152 mm，下入 ϕ127 mm×9.19 mm 标准 API 石油套管；四开钻进至 11 - 2 煤层底板 10 m，裸孔孔径 118 mm，井身结构如图 6 - 43 所示。该型井身结构在丁集矿 1131（1）工作面试验获得成功，累计抽采量接近 $100×10^4$ m³；但在顾桥矿仅抽采几天，工作面过地面井 70 m 左右抽采量即迅速衰减至约 1 m³/min。钻孔录像显示，在孔深 462 m 深度处发生了严重的套管变形，ϕ177.8 mm×9.19 mm 的 API 套管内环由圆形变成了"脚掌"形；与矿区地层对比后发现，该破坏位置恰好处于厚表土层与基岩界面位置附近，是矿区的高危险位置之一。

2. Ⅱ型地面井结构

该井型为三开钻进结构，一开钻进至 13 - 1 煤层顶板 15 m 左右，孔径 350 mm，下入 ϕ273 mm×10.16 mm 标准 API 石油套管并固井；二开钻进至 11 - 2 煤层顶板 5 m 左右，孔径 245 mm，下入 ϕ177.8 mm×9.19 mm 标准 API 石油套管并固井；三开钻进至 11 - 2 煤层底板 10 m，裸孔孔径 118 mm，井身结构如图 6 - 44 所示。该型井身结构在丁集矿 1422（1）工作面和顾桥矿 1122（1）工作面进行了试验，丁集矿试验井的累计抽采量逾 $200×10^4$ m³，但在顾桥矿当工作面推过地面井位置 45 m 时，抽采量骤然衰减。钻孔录像显示，孔深 500～610 m 段有多处井身变形，608 m 深处套管破坏严重，说明该井存在多处变形破坏位置，且该型井身结构不能满足表土层下高危破坏面的剪切作用。

3. Ⅲ型地面井结构

该井型为四开钻进结构，一开钻进至 13 - 1 煤层顶板，孔径 350 mm，下入 ϕ273 mm×10.16 mm 标准 API 石油套管并固井；二开 0～499 m 下入 ϕ177.8 mm×9.19 mm 标准 API 石油套管，499～654 m 下入 ϕ177.8 mm×19.05 mm 标准 API 石油套管并固井；三开 663～740 m 钻孔段，孔径 420 mm，下入 ϕ177.8 mm×19.05 mm 标准 API 石油花管，花管上口接长约 8 m、ϕ177.8 mm×19.05 mm 标准 API 石油套管；四开 740～760 m 钻孔段采用裸孔，孔径 133 mm，井身结构如图 6 - 45 所示。该型井身结构在顾桥矿 1121（1）工作面试验 3 口井，实现了连续抽采，效果良好。

通过对顾桥矿 1122（1）工作面的覆岩地质柱状图进行分析可知，采场覆岩 500～600 m 深位置为地面井高危破坏位置，600 m 以深存在 3～4 个较严重的破坏位置，因岩层移动而产生的层间剪切位移为 195～240 mm；对地面井套管进行安全系数极限分析可知，

ϕ177.8 mm$\times$9.19 mm 标准 API 石油套管和 ϕ177.8 mm$\times$19.05 mm 标准 API 石油套管在此条件下的安全系数分别为 0.6 和 1.7，因此可以判断出 Ⅱ 型地面井结构在顾桥矿失效的主要原因是套管安全性不足。

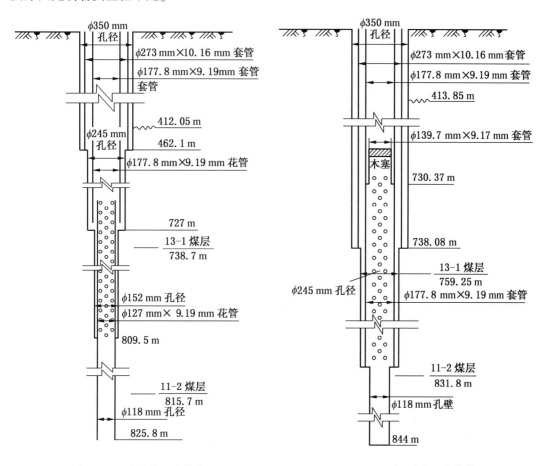

图 6-43　Ⅰ型地面井结构　　　　　　图 6-44　Ⅱ型地面井结构

6.3.3　地面井应用效果

淮南矿业集团在"十二五"期间施工地面井 124 口（其中，Ⅰ 型钻井 62 口，Ⅱ 型钻井 31 口，Ⅲ 型钻井 31 口），平均单井抽采纯量 131×10^4 m^3，最大单井抽采量为 721×10^4 m^3，抽采浓度为 60%，累计抽采瓦斯总量为 1.62×10^8 m^3。

顾桥矿 1121（1）工作面抽采瓦斯地面井主要采用Ⅲ型地面井结构，布置在回风巷侧偏向采场中部区域。

1. W1121-1 地面井

工作面推过 W1121-1 地面井 27.3 m 时开始稳定抽采瓦斯，抽采浓度为 17.4% ~ 58.6%，混合量为 10.37 ~ 23.64 m^3/min，纯量为 2.28 ~ 12.62 m^3/min。在工作面距离 1 号地面井 14.2 m 时，抽采量为 2.38 m^3/min，随着工作面与地面井距离的减小抽采量逐步下降为 0.7 m^3/min，工作面推过地面井 19 m 后抽采量上升至 1.45 m^3/min，工作面回采期间抽采量平均为 6.5 m^3/min，工作面推过地面井 413 m 后抽采量降为 3.27 m^3/min。工作面距离 W1121-1 地面井 14.2 m 时地面井抽采瓦斯浓度为 60%，随着工作面向地面井位

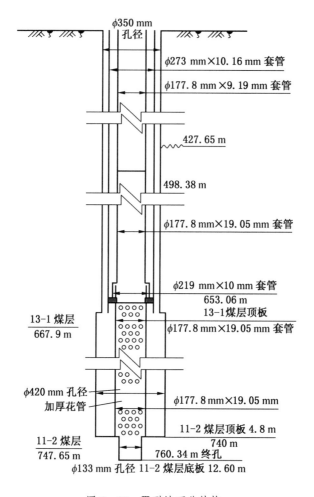

图 6-45　Ⅲ型地面井结构

置靠近抽采浓度逐步下降为 4%，当工作面推过地面井位置 27.3 m 后抽采浓度又逐渐上升至 17.4%，工作面回采期间地面井抽采浓度为 17.4% ~ 58.6%、平均为 40%，当工作面推过地面井位置 378.7 m 后地面井抽采浓度逐渐下降至 19%，抽采瓦斯纯量、浓度变化曲线如图 6-46 和图 6-47 所示。

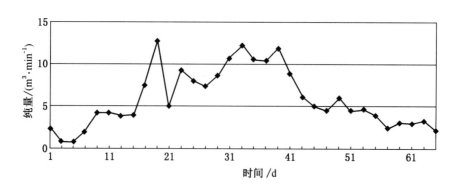

图 6-46　W1121-1 地面井抽采瓦斯纯量变化曲线

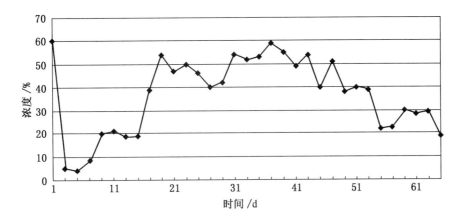

图 6-47　W1121-1 地面井抽采瓦斯浓度变化曲线

2. W1121-2 地面井

工作面距离 2 号地面井 13.1 m 时地面井开始抽采瓦斯，纯量为 4.62 m³/min，随着工作面与地面井距离的减小，抽采量逐步下降至 2.05 m³/min，工作面推过地面井后抽采量逐步上升至15.56 m³/min，工作面回采期间抽采量平均为 14.2 m³/min，抽采瓦斯纯量变化曲线如图 6-48 所示；工作面距离 2 号地面井 23.7 m 时，抽采瓦斯浓度为 95%，随着工作面与地面井距离的减小抽采浓度逐渐下降至 16.6%，工作面距离 2 号地面井 2.5 m 时抽采浓度上升至 56%，工作面回采期间抽采浓度为 41% ~ 93%、平均为 71%，抽采瓦斯浓度变化曲线如图 6-49 所示。

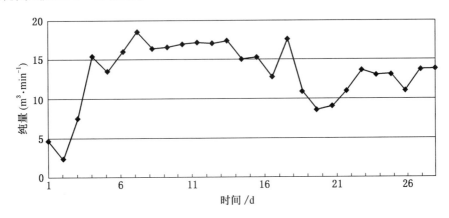

图 6-48　W1121-2 地面井抽采瓦斯纯量变化曲线

6.4　松藻煤电集团石壕煤矿应用案例

6.4.1　矿区基本情况及参数测试

重庆松藻煤电有限责任公司石壕煤矿位于重庆市南部，临渝黔两省交界处，行政区划属綦江县石壕镇天池村境内。

石壕煤矿含煤地层由一套海陆交替相的泥岩、粉砂岩、砂质页岩、铝土岩及煤层组成。含煤 6 ~ 11 层，可采和局部可采煤层 3 ~ 5 层，其中中厚较稳定煤层仅有一层，其他

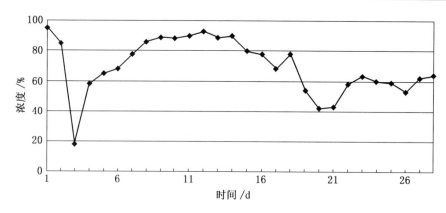

图 6-49 W1121-2 地面井抽采瓦斯浓度变化曲线

都是局部可采的薄煤层。矿井确定可采煤层 3 层，自上而下为 6 号、7 号、8 号煤层。其主采煤层为 8 号煤层，保护层一般根据煤层赋存选择 6 号或 7 号煤层。石壕煤矿煤层群空间赋存状态如图 6-50 所示。

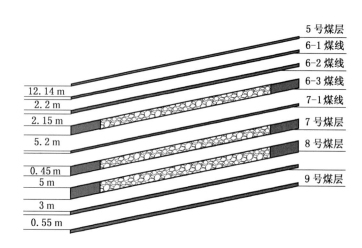

图 6-50 石壕煤矿煤层群空间赋存状态示意图

地面抽采井对应于井下的 N1815 工作面和 N1714 工作面采动稳定区，两个工作面的具体情况描述如下。

1. N1815 工作面

N1815 工作面地面平均标高约 735 m，工作面平均标高 390 m。工作面西邻 1813 工作面采空区，东以北皮带上山保安煤柱为界，北部为实体未采煤，南部为实体未采煤。工作面走向长 120 m，倾斜长 730 m，开采 8 号煤层，煤层位于煤系中部，煤层平均厚度为 2.6 m，属中厚煤层，上距长兴含水层约 40 m，下距茅口灰岩 30 m。开采煤层倾角为 3°~5°，原始瓦斯含量为 14.7 m³/t，煤体容重为 1.5 t/m³，工业煤炭储量约 41×10⁴ t。

工作面自 1998 年开始回采，于 2000 年回采完毕，参考邻近同时期工作面，取工作回采率 95%，采区回采率 85%。

2. N1714 工作面

N1714 工作面走向长约 420 m，倾斜长约 260 m，煤岩平均倾角为 6°，对应地面标高 735 m，工作面平均标高 395 m。南翼留设 100 m 北一石门保安煤柱，西邻 N1712 工作面采空区，东邻 N1716 工作面采空区，北邻 N1725 工作面采空区。

工作面自 1990 年开始回采，于 1992 年回采完毕，局部区域由于地质断层密集等原因未开采，取工作面回采率 90%，采区回采率 83%。

6.4.2 瓦斯资源量评估

由于目标矿区开采时间久远，井下资料收集困难，选用直接加法评估模型完成瓦斯资源量评估。矿区先后开采 6 号、7 号、8 号等煤层，为煤层群多煤层开采条件，使用煤层群多煤层开采条件瓦斯资源量评估模型。

1. 瓦斯资源估算区域

石壕煤矿为多煤层开采条件，需要进行瓦斯资源量评估区域划定。CK-02 井抽采影响范围对应 N1714 工作面采空区、N1815 工作面采空区、N1716 工作面采空区、N1813 工作面采空区、N1811 工作面采空区和 N1812 工作面采空区。试验点瓦斯储量评估范围如图 6-51 所示。

2. 各工作面采空区内遗留煤炭总量

（1）各工作面采空区内遗留煤炭总量。由于煤层薄化等原因，6 号煤层及 7 号煤层的工作面仅局部回采，试验点各工作面实际回采参数等信息见表 6-19。

表 6-19　试验点对应井下各工作面实际回采信息

工作面名称	倾斜长/m	走向长/m	煤层均厚/m	平均倾角/(°)	容重/(t·m⁻³)	工作面回采率/%	采区回采率/%	备注
N1714	260	420	0.9	6	1.51	90	83	形状不规则
N1716	250	450	2.6	6	1.51	90	83	
N1811	755	125	2.6	5	1.5	95	85	
N1812	800	130	2.6	5	1.5	95	85	
S1813	730	120	2.6	5	1.5	95	85	
N1815	730	120	2.6	5	1.5	95	85	

算得试验点对应井下各工作面对应采区内的遗留煤炭约为 290539 t。

（2）各工作面卸压煤炭总量。由于 7 号煤层工作面和 8 号煤层的工作面存在重叠区域，在计算卸压煤量时需要扣除其重叠煤量。

11 号煤层开采的走向卸压角约为 105°，由于开采煤层近水平，认为其倾向卸压角与走向卸压角相同，根据各工作面顶底板围岩层的赋存特征及岩性参数，估算出工作面卸压煤炭量约为 144.95×10^4 t。

（3）采动稳定区内遗煤残余瓦斯含量。采用经验评估数值，抽采点对应的采动稳定区内没有进行埋管抽采，且未采用顺层钻孔预抽措施，估计其内部遗煤瓦斯含量较高。结合邻近层抽采瓦斯排放率经验曲线，开采煤层及邻近煤层的排放率及残余瓦斯含量见表 6-20。

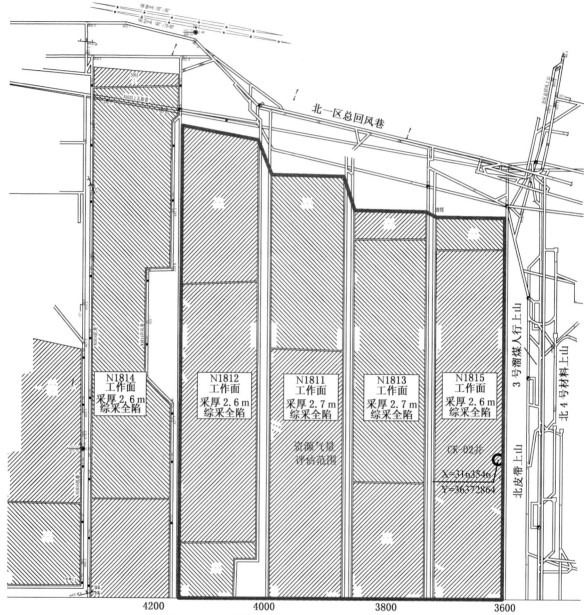

图 6-51 石壕煤矿试验点瓦斯储量评估范围示意图

表 6-20 开采煤层及邻近煤层的排放率及残余瓦斯含量

各邻近煤层	原始瓦斯含量/ ($m^3 \cdot t^{-1}$)	不可解吸瓦斯量/ ($m^3 \cdot t^{-1}$)	排放率/%	残余瓦斯量/ ($m^3 \cdot t^{-1}$)	残余可解吸瓦 斯量/($m^3 \cdot t^{-1}$)
M5 煤线	10.43	2.56	70	4.92	2.36
6-1 煤线	10.43	2.56	80	4.13	1.57
6-2 煤线	10.43	2.56	90	3.35	0.79
6-3 煤层	10.43	2.56	90	3.35	0.79

表6-20（续）

各邻近煤层	原始瓦斯含量/(m³·t⁻¹)	不可解吸瓦斯量/(m³·t⁻¹)	排放率/%	残余瓦斯量/(m³·t⁻¹)	残余可解吸瓦斯量/(m³·t⁻¹)
7-1煤线	10.97	1.46	90	2.41	0.95
7号煤层	10.97	1.46	90	2.41	0.95
8号煤层	14.70	2.22	90	3.47	1.25
煤线	14.70	2.22	80	4.72	2.5
9号煤层	14.70	2.22	80	4.72	2.5

（4）采动稳定区内瓦斯体积分数。参考邻近煤矿采空区密闭埋管抽采瓦斯数据，将采动稳定区内瓦斯体积分数 n 取40%。

（5）采动稳定区内孔隙体积。利用3.2节孔隙体积计算公式，算得采动稳定区内岩层的孔隙体积为 321.29×10^4 m³。

（6）资源储量的计算及修正。由于抽采点对应工作面完成采掘工作时间较长，采动稳定区内瓦斯会沿顶板岩层裂隙带内与地表贯通的裂缝缓慢向大气中逸散，需要对估算的资源储量进行适当的修正与处理，修正方法为对估算的可解吸瓦斯储量乘以50%的逸散系数。

修正后的抽采点瓦斯储量：保留瓦斯地质储量 541.66×10^4 m³，最大可抽采瓦斯储量 164.81×10^4 m³。

6.4.3　地面井布井位置优化

根据采空区瓦斯储集分布规律，基于交通及抽采效果考虑，地面井井口坐标定位（36372864，3163546），紧靠农村公路，位于N1714工作面及N1815工作面回风巷附近，距离N1815工作面回风巷内侧15 m。地面井对应N1815工作面采空区井下位置如图6-52所示。

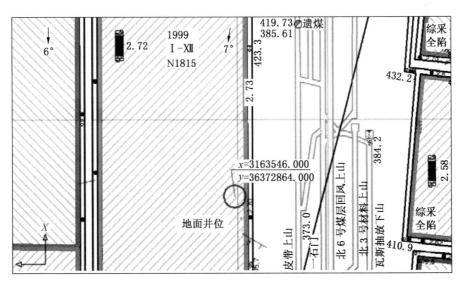

图6-52　地面井对应N1815工作面采空区井下位置

6.4.4 地面井典型井型结构

1. 井身结构设计

地面井各级井身钻进深度应满足以下要求：一开结构的钻进深度应该穿过工作面表土覆盖层及风化带岩层，并进入基岩下10 m；二开结构的钻进深度应该达到6号煤层顶板上方50 m，二开止深在地下200 m；三开结构的钻进深度应该深入8号煤层底板10 m；三开止深应在地下275 m。地面井结构如图6-53所示。

2. 地面井施工设计

地面井优先选用空气钻进工艺，如果现场条件不具备，则考虑清水钻进工艺。

（1）一开结构使用外径ϕ311.15 mm的钻头无芯钻进到距离表土层下方10 m处，下入J55、D244.48 mm×10.03 mm表层套管，之后对井壁及套管壁之间的环形空间使用42.5级硅酸盐高强水泥进行封固，直至井口返出纯水泥浆。

（2）二开结构使用外径ϕ215.9 mm的钻头无芯钻进至开采煤层顶板裂隙带上方，止深在地下200 m，下入J55、D177.8 mm×9.19 mm石油套管，套管高出地表0.5 m，之后对井壁及套管壁之间的环形空间使用42.5级硅酸盐高强水泥进行封固，直至井口返出纯水泥浆。

（3）三开结构使用外径ϕ149.2 mm的钻头钻进至275 m以下，下入80 m长的J55、D139.70×7.72 mm筛管，自然放置。

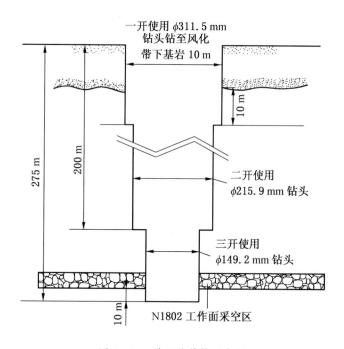

图6-53　地面井结构示意图

地面井施工结构图如图6-54所示。

地面井的三开尾管选择为筛孔管结构，即在普通套管上人为焊切割加工透气孔，透气孔采用图6-55所示尺寸规格进行焊切割加工。地面井参数见表6-21。

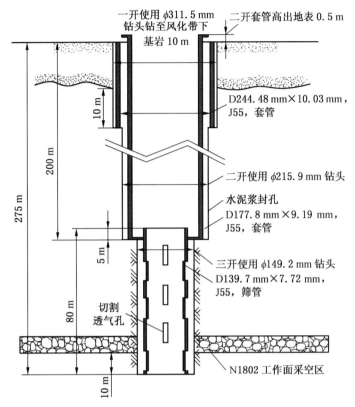

图 6-54 地面井施工结构图

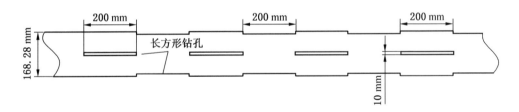

图 6-55 三开筛孔管透气钻孔加工尺寸规格

表 6-21 地面抽采钻井参数

钻井分级	钻头尺寸/mm	钻进止深/m	套管外径/mm	套管壁厚/mm	套管钢级	固井方式	水泥返高
一开	311.5	基岩下 10	244.48	10.03	J55	水泥封孔	地面
二开	215.9	200	177.8	9.19	J55	水泥封孔	地面
三开	149.2	275	139.7	7.72	J55	自然放置	—

注：钻进止深数据为依据原始高程计算数据，井场平整后，需要另行标定。

6.4.5 地面井应用效果

石壕煤矿地面井抽采系统于 2014 年 9 月 2 日试运行 3 h，采出气浓度达 30%，纯流量约 1 m³/min，抽采负压约 30 kPa。2014 年 9 月 18 日正常抽采运行，平均日运行 22 h，截至 2015 年 5 月 17 日，已经持续运行 206 天，累计抽采瓦斯纯量约 45.8×10⁴ m³。地面井井场抽采系统如图6-56所示，部分运行数据见表6-22，运行数据变化曲线如图6-57所示。

图6-56 地面井井场现场照片

表6-22 地面井部分运行数据（2014年）

日期	采出气浓度/%	混合量/（m³·min⁻¹）	纯流量/（m³·min⁻¹）	温度/℃	负压/kPa
10月27日	31	4.8	1.488	25	46
10月28日	33	4.85	1.6005	21	45
10月29日	36	4.8	1.728	24	46
10月30日	33	5.02	1.6566	22	46
10月31日	32	5.27	1.6864	24	46
11月1日	29	5.24	1.5196	23	46
11月2日	32	5.42	1.7344	23	44
11月3日	36	5.36	1.9296	16	45
11月4日	32	5.37	1.7184	17	41
11月5日	28	5.31	1.4868	17	44
11月6日	32	5.2	1.664	20	45
11月7日	28	5.3	1.484	17	44
11月8日	31	5.23	1.6213	19	44
11月9日	30	5.42	1.626	18	44
11月10日	32	5.57	1.7824	17	44
11月11日	32	5.04	1.6128	18	43
11月12日	30	5.51	1.653	18	43
11月13日	26	5.68	1.5904	18	45
11月14日	32	5.03	1.6096	21	47
11月15日	28	5.25	1.47	16	46

分析表6-22及图6-57可知，地面井正常运行期间，瓦斯抽采数据基本稳定，采出气浓度约为30%，混合气量约为3.3 m³/min，纯流量约为1.2 m³/min，抽采负压约为

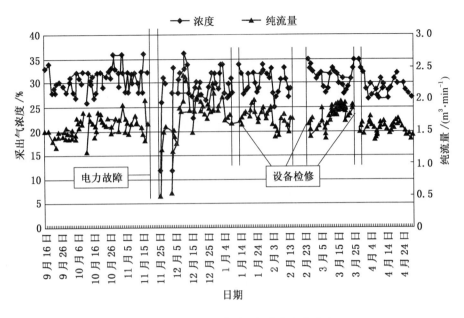

图 6-57　地面井抽采运行数据变化曲线

46 kPa。但是期间由于电力故障及井场设备检修等原因停抽 4 次，停抽间隔1～7天不等，停抽后重新抽采时采出气浓度和流量等参数均明显下降，且下降幅度与停抽时间长短成正比，然后逐渐升高恢复至正常水平，表明采动稳定区地面井运行状态对抽采效果影响较大，应该尽量保持稳定连续运行状态。

地面井运行期间使用钻孔成像仪对井筒内部进行探视，探头下放至 245 m 左右无法继续下放，考虑到三开套管顶部焊有钢筋，判断三开套管顶部就在 245 m；下放过程中摄像头外壁始终有雾气，由此判断井筒内不存在积水，但采空区内部气体湿度较大，不排除有部分积水的可能。

根据地面井运行数据可以获得如下基本认识：①抽采井连续运行 7 个月数据未发生大幅度变化，说明井内瓦斯抽采通道基本畅通；②抽采井采出气浓度基本稳定在 25%～30% 之间，表明抽采点附近采空区瓦斯浓度在 25%～30% 之间；③抽采井日均抽采量只有约 2100 m³，抽采负压接近 50 kPa，抽采泵运行负荷较大，分析原因为三开井斜控制较差，导致套管内可能聚集有大量泥沙，大量管壁筛孔被堵塞，套管内有效出气通径缩小，影响采气；④抽采井连续运行时参数基本稳定，停抽一段时间后再次启动各参数有显著变化，且变化幅度与停抽时间长短成正比，表明采动稳定区地面井运行状态对抽采效果影响较大。

附录 A　直接加法评估模型上下采区卸压围岩重叠体积计算分析

运用直接加法评估模型进行多开采煤层采动稳定区瓦斯资源量评估时，可能存在上下采区卸压围岩重叠体积重复计算的问题。

假设煤层为水平，且已知如下条件：上下煤层间距为 h，上、下煤层厚度分别为 m_1、m_2，上、下煤层采动稳定区顶板高度分别为 T_1、T_2，底板深度分别为 B_1、B_2，上煤层的顶板走向、倾向导气裂隙角分别为 α_1、β_1，上煤层的底板走向、倾向导气裂隙角分别为 γ_1、δ_1，下煤层的顶板走向、倾向导气裂隙角分别为 α_2、β_2，下煤层的底板走向、倾向导气裂隙角分别为 γ_2、δ_2。

根据开采煤层采区之间的大小关系和开采煤层卸压边界角的大小关系，可以分为以下两种情况：①上煤层开采卸压角大于下煤层开采卸压角；②上煤层开采卸压角小于下煤层开采卸压角。

1. 上煤层开采卸压角大于下煤层开采卸压角

根据上下煤层的采区边界关系及采动卸压高度不同，可以细分为以下八种情况：①上煤层采区边界包含下采区边界，上采动稳定区的顶部边界高于下采动稳定区上边界，底部边界低于下采动稳定区下边界，完全包含下采动稳定区；②上煤层采区边界包含下采区边界，上采动稳定区的顶部、底部边界分别低于下采动稳定区顶部、底部边界；③上煤层采区边界包含下采区边界，上采动稳定区的顶部、底部边界分别高于下采动稳定区顶部、底部边界；④上煤层采区边界包含下采区边界，上采动稳定区的顶部边界低于下采动稳定区顶部边界，底部边界高于下采动稳定区底部边界；⑤上煤层采区边界被下采区边界包含，上采动稳定区的顶部边界高于下采动稳定区上边界，底部边界低于下采动稳定区下边界；⑥上煤层采区边界被下煤层采区边界包含，上采动稳定区的顶部边界低于下采动稳定区上边界，底部边界高于下采动稳定区下边界；⑦上煤层采区边界被下煤层采区边界包含，上采动稳定区的顶部边界高于下采动稳定区上边界，底部边界高于下采动稳定区下边界；⑧上煤层采区边界被下采区边界包含，上采动稳定区的顶部边界低于下采动稳定区上边界，底部边界低于下采动稳定区下边界。

在上下采区重叠边界内取任一剖面，则可得如图 A-1 所示的上述八种情况下的重叠体积示意图。

假设此时，上下煤层采区在走向上重叠长度为 L，在倾向上重叠长度为 W，则图 A-1 中各情况的围岩重叠体积计算公式如下。

（1）上煤层采区边界包含下采区边界，上采动稳定区的顶部边界高于下采动稳定区上边界，底部边界低于下采动稳定区下边界。

图 A-1a 下采动稳定区被上采动稳定区完全包含，下采动稳定区第 i 层顶（底）板岩

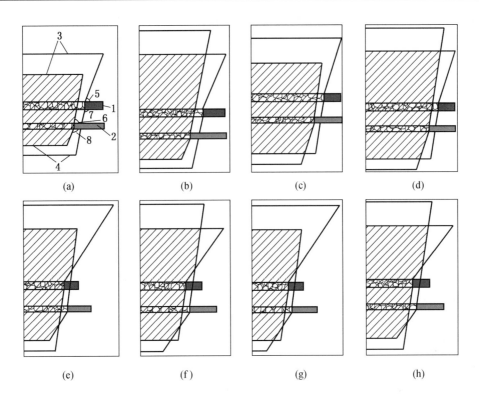

1—上开采煤层；2—下开采煤层；3—采动稳定区顶部边界；4—采动稳定区底部边界；
5—上煤层顶板走向导气裂隙角 α_1（倾向 β_1）；6—下煤层顶板走向导气裂隙角 α_2（倾向 β_2）；
7—上煤层底板走向导气裂隙角 γ_1（倾向 δ_1）；8—下煤层底板走向导气裂隙角 γ_2（倾向 δ_2）

图 A-1　上煤层卸压角大于下煤层卸压角

层的体积全部为重叠体积，即

$$V_{re_i} = \begin{cases} m_i \cdot (L + h_{ti}\cot\alpha_2) \cdot (W + h_{ti}\cot\beta_2) & (h_{ti} \leqslant T_2，顶板) \\ m_i \cdot (L + h_{bi}\cot\gamma_2) \cdot (W + h_{bi}\cot\delta_2) & (h_{bi} \leqslant B_2，底板) \end{cases} \qquad (A-1)$$

式中　V_{re_i}——第 i 层岩层的重叠体积，m^3；

　　　m_i——第 i 层岩层的厚度，m；

　　　h_{ti}——第 i 层顶板岩层的厚度中心线到下煤层顶板的垂直距离，m；

　　　h_{bi}——第 i 层底板岩层的厚度中心线到下煤层底板的垂直距离，m。

（2）上煤层采区边界包含下采区边界，上采动稳定区的顶部、底部边界分别低于下采动稳定区顶部、底部边界。

此时（图 A-1b）下采动稳定区底板卸压岩层的体积全部为重叠体积，部分顶板岩层体积存在重叠问题，即下采动稳定区第 i 层顶（底）板岩层的重叠体积为

$$V_{re_i} = \begin{cases} m_i \cdot (L + h_{ti}\cot\alpha_2) \cdot (W + h_{ti}\cot\beta_2) & (h_{ti} - h \leqslant T_1，顶板) \\ m_i \cdot (L + h_{bi}\cot\gamma_2) \cdot (W + h_{bi}\cot\delta_2) & (h_{bi} \leqslant B_2，底板) \end{cases} \qquad (A-2)$$

（3）上煤层采区边界包含下采区边界，上采动稳定区的顶部、底部边界分别高于下采动稳定区顶部、底部边界。

此时（图 A-1c）下采动稳定区顶板卸压岩层的体积全部为重叠体积，部分底板岩层体积存在重叠问题，即下采动稳定区第 i 层顶（底）板岩层的重叠体积为

$$V_{re_i} = \begin{cases} m_i \cdot (L + h_{ti}\cot\alpha_2) \cdot (W + h_{ti}\cot\beta_2) & (h_{ti} \leqslant T_2, 顶板) \\ m_i \cdot (L + h_{bi}\cot\gamma_2) \cdot (W + h_{bi}\cot\delta_2) & (h_{bi} + h \leqslant B_1, 底板) \end{cases} \quad (A-3)$$

（4）上煤层采区边界包含下采区边界，上采动稳定区的顶部边界低于下采动稳定区顶部边界，底部边界高于下采动稳定区底部边界。

此时（图 A-1d）下采动稳定区的顶板和底板卸压岩层都存在部分重叠体积，即下采动稳定区第 i 层顶（底）板岩层的重叠体积为

$$V_{re_i} = \begin{cases} m_i \cdot (L + h_{ti}\cot\alpha_2) \cdot (W + h_{ti}\cot\beta_2) & (h_{ti} - h \leqslant T_1, 顶板) \\ m_i \cdot (L + h_{bi}\cot\gamma_2) \cdot (W + h_{bi}\cot\delta_2) & (h_{bi} + h \leqslant B_1, 底板) \end{cases} \quad (A-4)$$

（5）上煤层采区边界被下采区边界包含，上采动稳定区的顶部边界高于下采动稳定区上边界，底部边界低于下采动稳定区下边界。

此时（图 A-1e）上下采动稳定区的顶板和底板卸压岩层重叠区域呈不规则形状，需要划区域分别计算。

读图 A-1e 发现，此条件下上下采动稳定区的顶板卸压边界会在某一处相交，假设此相交点至上采动稳定区煤层顶板距离为 t，且下采区在走向上比上采区长 ΔL，在倾向上长 ΔW（图 A-2）。

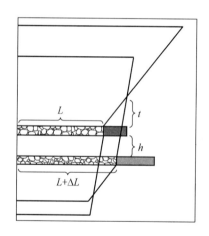

图 A-2　上下采区卸压边界关系示意图

根据空间几何关系，可得到下列等式：

$$L + t \cdot \cot\alpha_1 = L + \Delta L + (t + h + m_1) \cdot \cot\alpha_2$$

整理得 $t = \dfrac{\Delta L + (h + m_1)\cot\alpha_2}{\cot\alpha_1 - \cot\alpha_2}$，即上下采动稳定区的顶板卸压边界会在至上采动稳定区煤层顶板 $t = \dfrac{\Delta L + (h + m_1)\cot\alpha_2}{\cot\alpha_1 - \cot\alpha_2}$ 处相交。

同理，可得上下采动稳定区的底板卸压边界会在至下采动稳定区煤层底板 $b = \dfrac{\Delta L - (h + m_2)\cot\gamma_1}{\cot\gamma_1 - \cot\gamma_2}$ 处相交。

则上采动稳定区第 i 层顶（底）板岩层的重叠体积为

$$V_{re_i} = \begin{cases} m_i \cdot (L + h_{ti}\cot\alpha_1) \cdot (W + h_{ti}\cot\beta_1) & (h_{ti} \leq t) \\ m_i \cdot [L + \Delta L + (h_{ti} + m_1 + h)\cot\alpha_2] \cdot [W + \Delta W + (h_{ti} + m_1 + h)\cot\beta_2] \\ \qquad (t < h_{ti} \leq T_2 - m_1 - h) \\ m_i \cdot (L + h_{bi}\cot\gamma_1) \cdot (W + h_{bi}\cot\delta_1) & (h_{bi} \leq b + m_2 + h) \\ m_i \cdot [L + \Delta L + (h_{bi} - m_2 - h)\cot\gamma_2] \cdot [W + \Delta W + (h_{bi} - m_2 - h)\cot\delta_2] \\ \qquad (b < h_{bi} - m_2 - h \leq B_2) \end{cases} \quad (A-5)$$

式中　m_i——第 i 层岩层厚度，m；

　　　h_{ti}——第 i 层顶板岩层的厚度中心线到上煤层顶板的垂直距离，m；

　　　h_{bi}——第 i 层底板岩层的厚度中心线到上煤层底板的垂直距离，m。

（6）上煤层采区边界被下采区边界包含，上采动稳定区的顶部边界低于下采动稳定区上边界，底部边界高于下采动稳定区下边界。

同理，可得到图 A-1f 中上采动稳定区第 i 层顶（底）板岩层的重叠体积为

$$V_{re_i} = \begin{cases} m_i \cdot (L + h_{ti}\cot\alpha_1) \cdot (W + h_{ti}\cot\beta_1) & (h_{ti} \leq t) \\ m_i \cdot [L + \Delta L + (h_{ti} + m_1 + h)\cot\alpha_2] \cdot [W + \Delta W + (h_{ti} + m_1 + h)\cot\beta_2] \\ \qquad (t < h_{ti} \leq T_1) \\ m_i \cdot (L + h_{bi}\cot\gamma_1) \cdot (W + h_{bi}\cot\delta_1) & (h_{bi} \leq b + m_2 + h) \\ m_i \cdot [L + \Delta L + (h_{bi} - m_2 - h)\cot\gamma_2] \cdot [W + \Delta W + (h_{bi} - m_2 - h)\cot\delta_2] \\ \qquad (b + m_2 + h < h_{bi} \leq B_1) \end{cases} \quad (A-6)$$

（7）上煤层采区边界被下采区边界包含，上采动稳定区的顶部边界高于下采动稳定区上边界，底部边界高于下采动稳定区下边界。

同理，可得到图 A-1g 中上采动稳定区第 i 层顶（底）板岩层的重叠体积为

$$V_{re_i} = \begin{cases} m_i \cdot (L + h_{ti}\cot\alpha_1) \cdot (W + h_{ti}\cot\beta_1) & (h_{ti} \leq t) \\ m_i \cdot [L + \Delta L + (h_{ti} + m_1 + h)\cot\alpha_2] \cdot [W + \Delta W + (h_{ti} + m_1 + h)\cot\beta_2] \\ \qquad (t < h_{ti} \leq T_2 - m_1 - h) \\ m_i \cdot (L + h_{bi}\cot\gamma_1) \cdot (W + h_{bi}\cot\delta_1) & (h_{bi} \leq b + m_2 + h) \\ m_i \cdot [L + \Delta L + (h_{bi} - m_2 - h)\cot\gamma_2] \cdot [W + \Delta W + (h_{bi} - m_2 - h)\cot\delta_2] \\ \qquad (b + m_2 + h < h_{bi} \leq B_1) \end{cases} \quad (A-7)$$

（8）上煤层采区边界被下采区边界包含，上采动稳定区的顶部边界低于下采动稳定区上边界，底部边界低于下采动稳定区下边界。

同理，可得到图 A-1h 中上采动稳定区第 i 层顶（底）板岩层的重叠体积为

$$V_{re_i} = \begin{cases} m_i \cdot (L + h_{ti}\cot\alpha_1) \cdot (W + h_{ti}\cot\beta_1) & (h_{ti} \leq t) \\ m_i \cdot [L + \Delta L + (h_{ti} + m_1 + h)\cot\alpha_2] \cdot [W + \Delta W + (h_{ti} + m_1 + h)\cot\beta_2] \\ \qquad (t < h_{ti} \leq T_1) \\ m_i \cdot (L + h_{bi}\cot\gamma_1) \cdot (W + h_{bi}\cot\delta_1) & (h_{bi} \leq b + m_2 + h) \\ m_i \cdot [L + \Delta L + (h_{bi} - m_2 - h)\cot\gamma_2] \cdot [W + \Delta W + (h_{bi} - m_2 - h)\cot\delta_2] \\ \qquad (b < h_{bi} - m_2 - h \leq B_2) \end{cases} \quad (A-8)$$

2. 上煤层开采卸压角小于下煤层开采卸压角

根据上下煤层的采区边界关系及采动卸压高度不同，可以细分为以下八种情况：①上煤层采区边界被下采区边界包含，上采动稳定区的顶部边界低于下采动稳定区上边界，底部边界高于下采动稳定区下边界；②上煤层采区边界被下采区边界包含，上采动稳定区的顶部边界高于下采动稳定区上边界，底部边界低于下采动稳定区下边界；③上煤层采区边界被下采区边界包含，上采动稳定区的顶部、底部边界分别高于下采动稳定区顶部、底部边界；④上煤层采区边界被下采区边界包含，上采动稳定区的顶部、底部边界分别低于下采动稳定区顶部、底部边界；⑤上煤层采区边界包含下采区边界，上采动稳定区的顶部边界低于下采动稳定区上边界，底部边界高于下采动稳定区下边界；⑥上煤层采区边界包含下采区边界，上采动稳定区的顶部边界高于下采动稳定区上边界，底部边界低于下采动稳定区下边界；⑦上煤层采区边界包含下采区边界，上采动稳定区的顶部、底部边界分别低于下采动稳定区上、下边界；⑧上煤层采区边界包含下采区边界，上采动稳定区的顶部、底部边界分别高于下采动稳定区顶部、底部边界。

在上下采区重叠边界内取任一剖面，则可得如图 A-3 所示的上述八种情况下的重叠体积示意图。

假设此时，上下煤层采区在走向上重叠长度为 L，在倾向上重叠长度为 W，则图 A-3

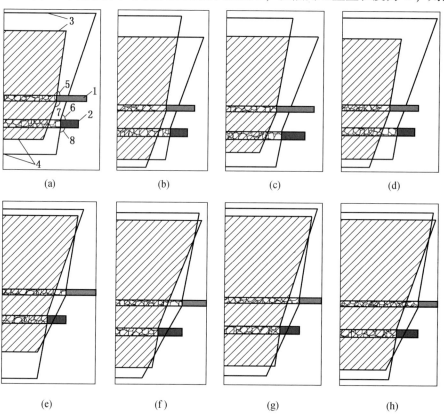

| (a) | (b) | (c) | (d) |
| (e) | (f) | (g) | (h) |

1—上开采煤层；2—下开采煤层；3—采动稳定区顶部边界；4—采动稳定区底部边界；

5—上煤层顶板走向导气裂隙角 α_1（倾向 β_1）；6—下煤层顶板走向导气裂隙角 α_2（倾向 β_2）；

7—上煤层底板走向导气裂隙角 γ_1（倾向 δ_1）；8—下煤层底板走向导气裂隙角 γ_2（倾向 δ_2）

图 A-3　上煤层卸压角小于下煤层卸压角

中各情况的围岩重叠体积计算公式如下。

(1) 上煤层采区边界被下采区边界包含，上采动稳定区的顶部边界低于下采动稳定区上边界，底部边界高于下采动稳定区下边界。

图 A−3a 上采动稳定区被下采动稳定区完全包含，上采动稳定区第 i 层顶（底）板岩层的体积全部为重叠体积，即

$$V_{re_i} = \begin{cases} m_i \cdot (L + h_{ti}\cot\alpha_1) \cdot (W + h_{ti}\cot\beta_1) & (h_{ti} \leq T_1,\text{顶板}) \\ m_i \cdot (L + h_{bi}\cot\gamma_1) \cdot (W + h_{bi}\cot\delta_1) & (h_{bi} \leq B_1,\text{底板}) \end{cases} \quad (A-9)$$

式中 V_{re_i}——第 i 层岩层的重叠体积，m^3；

m_i——第 i 层岩层的厚度，m；

h_{ti}——第 i 层顶板岩层的厚度中心线到上煤层顶板的垂直距离，m；

h_{bi}——第 i 层底板岩层的厚度中心线到上煤层底板的垂直距离，m。

(2) 上煤层采区边界被下采区边界包含，上采动稳定区的顶部边界高于下采动稳定区上边界，底部边界低于下采动稳定区下边界。

此时（图 A−3b）上采动稳定区的顶板和底板卸压岩层都存在部分重叠体积，即上采动稳定区第 i 层顶（底）板岩层的重叠体积为

$$V_{re_i} = \begin{cases} m_i \cdot (L + h_{ti}\cot\alpha_1) \cdot (W + h_{ti}\cot\beta_1) & (h_{ti} \leq T_2 - h - m_1,\text{顶板}) \\ m_i \cdot (L + h_{bi}\cot\gamma_1) \cdot (W + h_{bi}\cot\delta_1) & (h_{bi} \leq B_2 + h + m_2,\text{底板}) \end{cases} \quad (A-10)$$

(3) 上煤层采区边界被下采区边界包含，上采动稳定区的顶部、底部边界分别高于下采动稳定区顶部、底部边界。

此时（图 A−3c）上采动稳定区底板卸压岩层的体积全部为重叠体积，部分顶板岩层体积存在重叠问题，即上采动稳定区第 i 层顶（底）板岩层的重叠体积为

$$V_{re_i} = \begin{cases} m_i \cdot (L + h_{ti}\cot\alpha_1) \cdot (W + h_{ti}\cot\beta_1) & (h_{ti} \leq T_2 - h - m_1,\text{顶板}) \\ m_i \cdot (L + h_{bi}\cot\gamma_1) \cdot (W + h_{bi}\cot\delta_1) & (h_{bi} \leq B_1,\text{底板}) \end{cases} \quad (A-11)$$

(4) 上煤层采区边界被下采区边界包含，上采动稳定区的顶部、底部边界分别低于下采动稳定区顶部、底部边界。

此时（图 A−3d）上采动稳定区顶板卸压岩层的体积全部为重叠体积，部分底板岩层体积存在重叠问题，即上采动稳定区第 i 层顶（底）板岩层的重叠体积为

$$V_{re_i} = \begin{cases} m_i \cdot (L + h_{ti}\cot\alpha_1) \cdot (W + h_{ti}\cot\beta_1) & (h_{ti} \leq T_1,\text{顶板}) \\ m_i \cdot (L + h_{bi}\cot\gamma_1) \cdot (W + h_{bi}\cot\delta_1) & (h_{bi} \leq B_2 + h + m_2,\text{底板}) \end{cases} \quad (A-12)$$

(5) 上煤层采区边界包含下采区边界，上采动稳定区的顶部边界低于下采动稳定区上边界，底部边界高于下采动稳定区下边界。

此时（图 A−3e）上下采动稳定区的顶板和底板卸压岩层重叠区域呈不规则形状，需要划区域分别计算。

读图 A−3e 发现，此条件下上下采动稳定区的顶板卸压边界会在某一处相交，假设此相交点至上采动稳定区煤层顶板距离为 t，且上采区在走向上比下采区长 ΔL，在倾向上长 ΔW（图 A−4）。

根据空间几何关系，可得到下列等式：

$$L + (t + h + m_1) \cdot \cot\alpha_2 = L + \Delta L + t \cdot \cot\alpha_1$$

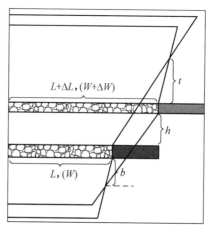

图 A - 4　上下采区卸压边界关系示意图 (2)

整理得 $t = \dfrac{\Delta L - (h + m_1)\cot\alpha_2}{\cot\alpha_2 - \cot\alpha_1}$，即上下采动稳定区的顶板卸压边界会在至上采动稳

定区煤层顶板 $t = \dfrac{\Delta L - (h + m_1)\cot\alpha_2}{\cot\alpha_2 - \cot\alpha_1}$ 处相交。

同理，可得上下采动稳定区的底板卸压边界会在至下采动稳定区煤层底板 $b = \dfrac{\Delta L + (h + m_2)\cot\gamma_1}{\cot\gamma_2 - \cot\gamma_1}$ 处相交。

则下采动稳定区第 i 层顶（底）板岩层的重叠体积为

$$V_{re_i} = \begin{cases} m_i \cdot (L + h_{ti}\cot\alpha_2) \cdot (W + h_{ti}\cot\beta_2) \quad (h_{ti} \leqslant t + m_1 + h) \\ m_i \cdot [L + \Delta L + (h_{ti} - m_1 - h)\cot\alpha_1] \cdot [W + \Delta W + (h_{ti} - m_1 - h)\cot\beta_1] \\ \qquad\qquad (t < h_{ti} - m_1 - h \leqslant T_1) \\ m_i \cdot (L + h_{bi}\cot\gamma_2) \cdot (W + h_{ti}\cot\delta_2) \quad (h_{bi} \leqslant b) \\ m_i \cdot [L + \Delta L + (h_{bi} + m_2 + h)\cot\gamma_1] \cdot [W + \Delta W + (h_{bi} + m_2 + h)\cot\delta_1] \\ \qquad\qquad (b < h_{bi} \leqslant B_1 - m_2 - h) \end{cases} \quad (\text{A} - 13)$$

式中　m_i——第 i 层岩层厚度，m；

　　　h_{ti}——第 i 层顶板岩层的厚度中心线到下煤层顶板的垂直距离，m；

　　　h_{bi}——第 i 层底板岩层的厚度中心线到下煤层底板的垂直距离，m。

（6）上煤层采区边界包含下采区边界，上采动稳定区的顶部边界高于下采动稳定区上边界，底部边界低于下采动稳定区下边界。

同理，可得到图 A - 3f 中下采动稳定区第 i 层顶（底）板岩层的重叠体积为

$$V_{re_i} = \begin{cases} m_i \cdot (L + h_{ti}\cot\alpha_2) \cdot (W + h_{ti}\cot\beta_2) \quad (h_{ti} \leqslant t + m_1 + h) \\ m_i \cdot [L + \Delta L + (h_{ti} - m_1 - h)\cot\alpha_1] \cdot [W + \Delta W + (h_{ti} - m_1 - h)\cot\beta_1] \\ \qquad\qquad (t + m_1 + h < h_{ti} \leqslant T_2) \\ m_i \cdot (L + h_{bi}\cot\gamma_2) \cdot (W + h_{ti}\cot\delta_2) \quad (h_{bi} \leqslant b) \\ m_i \cdot [L + \Delta L + (h_{bi} + m_2 + h)\cot\gamma_1] \cdot [W + \Delta W + (h_{bi} + m_2 + h)\cot\delta_1] \\ \qquad\qquad (b < h_{bi} \leqslant B_2) \end{cases} \quad (\text{A} - 14)$$

（7）上煤层采区边界包含下采区边界，上采动稳定区的顶部、底部边界分别低于下采动稳定区顶部、底部边界。

同理，可得到图 A-3g 中下采动稳定区第 i 层顶（底）板岩层的重叠体积为

$$
V_{re_i} = \begin{cases}
m_i \cdot (L + h_{ti}\cot\alpha_2) \cdot (W + h_{ti}\cot\beta_2) \quad (h_{ti} \leq t + m_1 + h) \\
m_i \cdot [L + \Delta L + (h_{ti} - m_1 - h)\cot\alpha_1] \cdot [W + \Delta W + (h_{ti} - m_1 - h)\cot\beta_1] \\
\qquad (t < h_{ti} - m_1 - h \leq T_1) \\
m_i \cdot (L + h_{bi}\cot\gamma_2) \cdot (W + h_{ti}\cot\delta_2) \quad (h_{bi} \leq b) \\
m_i \cdot [L + \Delta L + (h_{bi} + m_2 + h)\cot\gamma_1] \cdot [W + \Delta W + (h_{bi} + m_2 + h)\cot\delta_1] \\
\qquad (b < h_{bi} \leq B_2)
\end{cases} \tag{A-15}
$$

（8）上煤层采区边界包含下采区边界，上采动稳定区的顶部、底部边界分别高于下采动稳定区顶部、底部边界。

同理，可得到图 A-3h 中下采动稳定区第 i 层顶（底）板岩层的重叠体积为

$$
V_{re_i} = \begin{cases}
m_i \cdot (L + h_{ti}\cot\alpha_2) \cdot (W + h_{ti}\cot\beta_2) \quad (h_{ti} \leq t + m_1 + h) \\
m_i \cdot [L + \Delta L + (h_{ti} - m_1 - h)\cot\alpha_1] \cdot [W + \Delta W + (h_{ti} - m_1 - h)\cot\beta_1] \\
\qquad (t + m_1 + h < h_{ti} \leq T_2) \\
m_i \cdot (L + h_{bi}\cot\gamma_2) \cdot (W + h_{ti}\cot\delta_2) \quad (h_{bi} \leq b) \\
m_i \cdot [L + \Delta L + (h_{bi} + m_2 + h)\cot\gamma_1] \cdot [W + \Delta W + (h_{bi} + m_2 + h)\cot\delta_1] \\
\qquad (b < h_{bi} \leq B_1 - m_2 - h)
\end{cases} \tag{A-16}
$$

附录 B 主要符号索引表

$u(y)$——y 点套管的垂直位移，m；

y——剪切区域内沿套管的长度坐标，m；

A_0——位移函数的振幅，m；

a——位移函数的波长，为剪切区域宽度的 2 倍，与岩层物理力学性质和应力环境有关，m；

第 63 页

$u_{r\max}$——套管最大径向位移值，m；

$[\varepsilon_{轴}]$——抽采效能最大允许轴向拉伸应变，其由地面井抽采有效率决定，m/m；

第 64 页

r_p——变形前套管的内径，m；

r_a——变形后椭圆内径短边的长度，m；

$[\zeta]$——抽采效能最大允许径向变形率，其由地面井抽采有效率决定，m/m；

ξ'——离层拉伸变形，m/m；

第 65 页

J_2——偏应力张量的第二不变量，Pa^2；

第 66 页

η_s——材料常数，代表纯剪试验中的屈服应力，Pa；

I_1——主应力第一不变量，N；

α'、η'——材料常数；

c——黏聚力，kPa；

φ——内摩擦角，rad；

第 67 页

η^*——考虑套管周围岩体塑性变形产生的对套管变形的缓解作用系数；

d——地面井套管发生拉伸变形的长度，m；

第 68 页

$\Delta w(x,z)$——两组合岩层间任意点的离层位移，m；

第 69 页

E_{well}——地面井套管的弹性模量，Pa；

第 71 页

I——横截面对中性轴的惯性矩，m^4；

第 72 页

S^*_{zx}——截面上距中性轴为 x 的横线以外部分面积对中性轴的静距，m^3；

第 73 页

b_t——环形梁壁厚的 2 倍，m；

r_{in}、r_{ou}——环形梁内、外径，m。

t_p——套管的壁厚，m；

第 74 页

$\varepsilon(y)$——因岩层剪切滑移而发生的套管微观拉伸变形，m/m；

Δw——套管横截面处岩层的最大离层位移，m；

第 80 页

k_c——套管刚度，N/m；

k_s——地层刚度，N/m；

σ——均布地应力，Pa；

ξ^*——材料差异系数；

ψ——增益项；

第 82 页

r_σ——载荷图形半径，Pa；

r'_a、r'_b——非均布应力条件下的最大和最小主应力，Pa；

第 85 页

R_P——塑性区半径，m，

R_0——地面井外径，m；

P_0——原岩应力，Pa；

P_1——套管变形中对钻井壁的反力，Pa；

K——体积模量，Pa；

μ——泊松比；

第 86 页

$H_{垮}$——垮落带高度，m；

$\Delta m'$——垮落前覆岩下沉量，m；

第 87 页

m'——采高，m；

K'——垮落岩块的碎胀系数；

$H_{裂}$——导水裂隙带高度（包括垮落带高度），m；

n_0——煤分层层数；

第 90 页

c'、$\tan\varphi'$——等效系数；

dl——滑移面单位长度

F_{s1}——强度储备安全系数；

F_{s2}——超载储备安全系数；

第 91 页

τ_{lim}——套管材料的极限承载剪应力，Pa；

τ_{in}——套管在岩层移动过程中的实际剪应力，Pa；

f_s——套管剪切破坏安全系数；

σ_{t-lim}——套管材料的极限承载拉伸应力，Pa；

σ_{t-in}——套管在岩层移动过程中的实际拉伸应力，Pa；

f_t——套管拉伸破坏安全系数；

第 109 页

V^*——采动影响在采场走向的移动速度，m/d；

v^*——回采工作面的推进速度，m/d；

a^*——与开采速度、采场上覆岩层物性参数、采矿方法等有关的无因次参数，$a^*>1$；

C——时间系数；

t_c——回采工作面以推进速度 v^* 推过 2 倍采动影响半径（$2r$）所用的时间，d；

T^*——采场某点达到沉降最大值所用的时间，d；

第 113 页

ρ——密度，kg/m³；

V_0——渗流速度，m/s；

μ_0——流体的动力黏性系数，Pa·s；

v——流体运动黏性系数，m²/s；

第 114 页

e——渗流场的当地渗透系数，m²；

D_m——离层断裂带内破断岩块的平均粒度，m；

$\overline{\varphi}$——当地平均孔隙率，%；

$\sum h_j$——第 j 关键层到煤层顶板的距离，m；

h_j——第 j 层关键层岩层厚度，m；

K_j——$\sum h_j$ 内岩层的残余碎胀系数；

x——走向的距离，m；

L_j——第 j 层关键层的破断距离，m；

P'——绝对压力，Pa；

V'——混合气体体积，m³；

m_0——混合气体质量，kg；

M_0——混合气体摩尔质量，kg/mol；

R_0'——普适气体常数，$R_0=8.31$J/(mol·K)；

T_0——绝对温度，K；

t——时间，s；

U——速度矢量，m/s；

u_x、v_y、w_z——流速在 x、y、z 方向上的速度分量；

第 115 页

$\boldsymbol{u}_{ns}$——巷道中流体的速度矢量，m/s；

p_{ns}——巷道流体压力，Pa；

ε'——孔隙率，%；

k_{br}——采空区渗透率，m²；

$\boldsymbol{u}_{br}$——采空区流体的速度矢量，m/s；

p_{br}——采空区流体压力，Pa；

D_m——采空区破断岩块的平均粒径，m；

$\overline{\varepsilon}$——采空区裂隙空间平均孔隙率，%；

K_p——采空区岩石垮落的平均碎胀系数；

θ_s——流体体积率，%；

c^*——溶解浓度，kg/m³；

D_L——压力扩散张量，m²/d；

S_c——每单位时间单位体积多孔介质中溶质的增加量，即瓦斯的相对涌出速度，mol/(m³·d)；

第 116 页

r_ρ——极坐标半径，m；

D^*——扩散系数，m²/s；

第 125 页

δ——卸压角，(°)；

第 127 页

M_2^*——上层煤的开采厚度，m；

M_1^*——下层煤的开采厚度，m；

h_{1-2}——上、下两层煤之间的法线距离，m；

y^*——下层煤的垮落带高度与采厚之比；

积，m^3；

M_1——采场内遗留煤炭总量，t；

q_1——采场内遗煤残余瓦斯含量，m^3/t；

n——采动稳定区内瓦斯体积分数，%；

V——采动稳定区孔隙体积，m^3；

第 167 页

Q_{gs}——单一开采煤层采动稳定区瓦斯资源量，m^3；

Q_{adj}——邻近卸压煤层残余储存瓦斯量，m^3；

$\eta_{(j)i}$——开采煤层第 i 邻近层瓦斯排放率，%；

$M_{(j)i0}$——开采煤层第 i 邻近层原始煤炭总量，t；

$q_{(j)i0}$——开采煤层第 i 邻近层原始瓦斯含量，m^3/t；

$q_{(j)ic}$——开采煤层第 i 邻近层残存瓦斯含量，m^3/t；

Q_{gp}——多开采煤层采动稳定区瓦斯资源量，m^3；

Q_{re}——因邻近煤层卸压范围重叠引起的瓦斯资源重复计算量，m^3；

$Q_{sg,j}$——第 j 层开采煤层采动稳定区瓦斯资源量，m^3；

$Q_{adj,j}$——第 j 层开采煤层邻近卸压煤层残余瓦斯资源量，m^3；

$\eta_{(j)i,j}$——第 j 层开采煤层的不同层间距邻近层瓦斯排放率，%；

$M_{(j)i0,j}$——第 j 层开采煤层的第 i 邻近层原始煤炭总量，t；

$q_{(j)i0,j}$——第 j 层开采煤层的第 i 邻近层原始瓦斯含量，m^3/t；

$q_{(j)ic,j}$——第 j 层开采煤层的第 i 邻近层残余瓦斯含量，m^3/t；

第 168 页

$M_{1,j}$——第 j 层开采煤层采场内遗留煤炭总量，t；

$q_{1,j}$——第 j 层开采煤层采场内遗煤残余瓦

斯含量，m^3/t；

V_j——第 j 层开采煤层采动稳定区孔隙体积，m^3；

G_{sg}——单一煤层采动稳定区可采瓦斯资源量，m^3；

R_{fa}——开采煤层吸附气量采收率，%；

R_{fg}——孔隙游离气量采收率，%；

G_{gs}——煤层群单一开采煤层采动稳定区可采瓦斯资源量，m^3；

$R_{(j)fai}$——开采煤层第 i 卸压邻近煤层吸附气量采收率，%；

$R_{fa,j}$——第 j 层开采煤层吸附气量采收率，%；

$R_{(j)fai,j}$——第 j 层开采煤层的第 i 邻近煤层吸附气量采收率，%；

G_{gp}——煤层群多开采煤层采动稳定区可采瓦斯资源量，m^3；

$R_{fg,j}$——第 j 层开采煤层采动稳定区游离瓦斯量采收率，%；

R_{fre}——重复计算的瓦斯资源量采收率，%；

第 169 页

$Q_{(c)0}$——采区开采煤层原有气量，m^3；

$M_{(c)0}$——采区开采煤炭资源总量，t；

$q_{(c)0}$——开采煤层原始瓦斯含量，m^3/t；

$L_{(c)0}$——采区走向长度，m；

$W_{(c)0}$——采区倾斜长度，m；

$H_{(c)0}$——开采煤层真厚度，m；

$\gamma_{(c)}$——开采煤层容重，t/m^3；

$Q_{(j)0}$——采区卸压邻近煤层原始气量，m^3；

$Q_{(j)i0}$——采区第 i 卸压邻近煤层原始气量，m^3；

$V_{(j)i}$——采区第 i 卸压邻近煤层体积，m^3；

$\gamma_{(j)i}$——采区第 i 卸压邻近煤层容重，t/m^3；

$q_{(j)i0}$——采区第 i 卸压邻近煤层原始瓦斯含量，m^3/t；

第 170 页

l_i——第 i 层岩层的走向长度，m；

w_i——第 i 层岩层的倾向宽度，m；

m_i——第 i 层岩层的厚度，m；

h_i——第 i 层岩层的中心线到开采煤层的垂直距离，m；

Z——采区工作面实际推进走向长度，m；

W——工作面实际推进倾斜宽度，m；

β'、$\beta'_{\text{上}}$、$\beta'_{\text{下}}$——走向、倾斜上山方向及倾斜下山方向的导气裂隙角，(°)；

α——开采煤层倾角对应的弧度；

$Q_{r(c)0}$——开采煤层顶底板围岩原有气量，m^3；

ζ——顶底板围岩内瓦斯量计算系数，一般取 0.05~0.2；

$Q_{s(c)0}$——采区卸压含气岩层气量，m^3；

Λ_i——含气浓度，一般取 1%；

ε'_i——含气岩层孔隙率，%；

$V'_{(j)i}$——采区卸压含气岩层体积，m^3；

第 171 页

$\overline{Q}_{sc}$——采出地表的煤炭残存气量，m^3；

M^*——采区的煤炭采出量（包括采区巷道的采掘煤量），t；

k——采区的煤炭回采率，%；

$q_{(c)c}$——采出地表的煤炭残存瓦斯含量，m^3/t；

q_0——煤炭原始瓦斯含量，m^3/t；

$\overline{Q}_u$——井下排采出的瓦斯量，m^3；

$\overline{Q}_{ut}$——井下抽采工程采出的瓦斯量，m^3；

$\overline{Q}_{uv}$——井下通风系统排出的瓦斯量，m^3；

$\overline{Q}_{tut}$——准备阶段采出的瓦斯量，m^3；

第 172 页

$\overline{Q}_{mut}$——生产阶段采出的瓦斯量，m^3；

U_{ti}——采区第 i 条巷道掘进前采出的瓦斯量，m^3；

U_{mi}——生产阶段第 i 个月采区井下工程采出的瓦斯量，m^3；

$\overline{Q}_P$——采区准备阶段的风排瓦斯量，m^3；

$\overline{Q}_W$——采区生产阶段的风排瓦斯量，m^3；

U_{pij}——第 i 条准备巷道开挖第 j 天的排风量，m^3；

C_{pij}——第 i 条准备巷道开挖第 j 天的平均风排瓦斯浓度，%；

U_{wij}——生产阶段第 i 条回风巷第 j 天的排风量，m^3；

C_{wij}——生产阶段第 i 条回风巷第 j 天的平均风排瓦斯浓度，%；

$\overline{Q}'_{uv}$——采区封闭后井下涌出气量，m^3；

K''——采区封闭后瓦斯井下涌出系数；

第 173 页

C_1——盖层与煤储层的接触面处烃浓度，%；

C_2——盖层紧邻上覆渗透层的界面处烃浓度，%；

$\overline{Q}_d$——盖层烃浓度差引起的逸散气量；

A^*——盖层面积，m^2；

L_r——盖层厚度，m；

H_{t1}、H_{t2}——盖层在 t_1 和 t_2 时的深度，m；

$\overline{Q}_{bl}$——采区封闭后地表涌出气量，m^3；

$\overline{Q}_{per}$——游离气通过盖层毛细管的逸散气量，m^3；

$\overline{Q}_{wl}$——被外界渗水带走的散失气量，m^3；

K_t——覆岩盖层岩石的渗透率，m^2；

ΔP——覆岩盖层顶底部压力差，Pa；

f——瓦斯驱动力，Pa；

T'——采动稳定区形成时间，近似自采区封闭时开始计算，d；

S_t——采动稳定区有效卸压盖层面积，m^2；

第 174 页

ζ_g——瓦斯在水中的溶解度，%；

Q'_w——外界渗入流出采动稳定区的水量，m^3；

K_b——采动稳定区底板岩层渗透率，m^2；

J_b——底板岩层水力梯度，Pa/m；

S_b——底板岩层面积，m^2；

μ_w——地下水流动黏度，Pa·s；

第 175 页

$\overline{Q}_s$——采出地表的煤炭原始含气量，m^3；

P^*——煤层中 x 位置处的瓦斯压力平方，MPa^2；

a_c——压力传导系数，m/d；

λ——煤层透气性系数，$m^2/(MPa \cdot d)$；

α^*——瓦斯含量系数，$m^3/(m^3 \cdot MPa^{0.5})$；

p_1——煤层原始瓦斯压力，MPa；

W_m——煤柱宽度，m；

第 176 页

x_c——至煤壁表面垂直距离，m；

p_2——巷道内大气压力，MPa；

第 177 页

v'——瓦斯渗流速度，m/d；

$\overline{K}$——煤层渗透率，m^2；

p——压力，MPa；

p_n——标准大气压力，MPa；

第 178 页

L_m——巷道长度，m；

H_m——煤柱高度，m；

v'^*_t——较窄煤柱暴露 t 时刻后的单位面积煤壁瓦斯涌出速度，$m^3/(m^2 \cdot d)$；

v'_0——较窄煤柱单位面积煤壁的瓦斯涌出初速度，$m^3/(m^2 \cdot d)$；

β_2——较窄煤柱煤壁瓦斯涌出衰减系数，d^{-1}；

l^*——巷道已掘进长度，m；

第 179 页

T——巷道从开始掘进到采区封闭所经历的时间，d；

v——巷道掘进速度，m/d；

W_{lm}——煤壁瓦斯极限排放宽度，m；

第 180 页

v'_t——足够宽煤柱暴露 t 时刻后单位面积煤壁瓦斯涌出速度，$m^3/(m^2 \cdot d)$；

v'_1——足够宽煤柱单位面积煤壁的瓦斯涌出初速度，$m^3/(m^2 \cdot d)$；

β_1——足够宽煤柱煤壁瓦斯涌出衰减系数，d^{-1}；

v_t——经过 $1+t$ 时间后，采落煤块的瓦斯解吸强度，$m^3/(t \cdot min)$；

v_0——落煤在 $t=0$ 时的瓦斯解吸强度，$m^3/(t \cdot min)$；

t^*——落煤的暴露时间，min；

β''——落煤解吸强度衰减系数，min^{-1}；

M_f——采区工作面开采煤炭资源总量，t；

$\overline{k}$——工作面回采率，%；

l_1——工作面煤壁到支架的距离，m；

l_2——采空区沿工作面推进方向上的瓦斯浓度非稳定区域宽度，m；

v_f——工作面推进速度，m/min；

$q_{(j)0}$——邻近层煤层原始瓦斯含量，m^3/t；

$q_{(j)c}$——邻近层煤层残存瓦斯含量，m^3/t；

第 181 页

$\eta_{(j)}$——邻近层瓦斯排放率，%；

$q_{(j)i0}$——采区第 i 卸压邻近煤层的原始含气量，m^3/t；

$q_{(j)ic}$——采区第 i 卸压邻近煤层的残存含气量，m^3/t；

$V_{(j)i}$——采区第 i 卸压邻近煤层的卸压体积，m^3；

$H_{(j)i}$——采区第 i 卸压邻近煤层的厚度，m；

$\gamma_{(j)i}$——采区第 i 卸压邻近煤层的容重，t/m^3；

M_t——抽采工程控制的煤炭量，t；

q'——煤层始突深度的瓦斯含量，m^3/t；

第 182 页

T_1——较窄煤柱瓦斯极限排放时间，d；

第 183 页

G_c——采动稳定区瓦斯可采资源量，m^3；

第 185 页

H_a^*——封闭层校正泥岩厚度，m；

Θ——岩层封闭能力调整系数；

H_0——岩层（盖层）原始厚度，m；

第 186 页

H_f^*——盖层实际封盖厚度，m；

h_s——断层在盖层内的断距，m；

θ_f——断层倾角对应的弧度；

H_t——累计校正泥岩盖层厚度，m；

i——储层空间与含水层之间的第 i 层盖层；

第 187 页

V_1——采出煤体体积，m^3；

V_2——采动稳定区内围岩原有孔隙体积，m^3；

V_3——地表下沉盆地体积，m^3；

第 188 页

L_i——工作面周围第 i 条巷道的长度，m；

D_i——工作面周围第 i 条巷道的宽度，m；

H_i——工作面周围第 i 条巷道的高度，m；

H_f——工作面实际回采高度，m；

$\sum m_{ia}$、$\sum m_{ib}$——顶板、底板岩层的累积厚度，m；

H_a、H_b——采动稳定区的顶板、底板卸压高度，m；

V_{ia}、V_{ib}——采动稳定区顶、底板有效卸压范围内第 i 层非煤岩层体积，m^3；

n_{ia}、n_{ib}——顶板、底板的第 i 层非煤岩层内的原始孔隙率，%；

δ_5、δ_1、δ_2——下保护层在走向、倾斜下山方向及倾斜上山方向的卸压角，(°)；

δ_3、δ_4——上保护层在倾斜下山方向及倾斜上山方向的卸压角，(°)；

第 189 页

V_R——岩石体积，m^3；

V_n——岩石孔隙总体积，m^3；

ρ_d——岩石试件干密度，kg/m^3；

ρ_s——岩石试件饱和密度，kg/m^3；

第 190 页

Δx——沿开采方向采出增量，m；

ΔW——沿开采方向采出长，由此产生的下沉量，m；

第 191 页

r_1、r_2、r_3——走向、上山及下山方向的主要影响半径，m；

$\tan\beta$——主要影响角正切；

H_1、H_2、H_3——工作面走向、上山和下山边界采深，m；

b^*——水平移动系数，无因次；

U_{max}——地表最大水平移动值，m；

W_{max}——地表最大竖直下沉值，m；

$i_{(x)}$——沿 x 方向的地表斜率；

第 194 页

ϖ——活化系数，无因次；

η_i——第 $i-1$ 次重复采动下沉系数，无因次；

H_0^*——首采煤层埋深，m；

H_1^*——复采煤层埋深，m；

m_0^*——首采煤层采厚，m；

m_1^*——复采煤层采厚，m；

δ^*——表土层厚度，m；

η_0——首层煤开采后地表下沉系数，无因次；

b_i——第 $i-1$ 次重复采动水平移动系数，无因次；

b_0——初次采动水平移动系数，无因次；

第 195 页

$\tan\beta_1$、$\tan\beta_0$——重复采动和初次采动主要影响角正切；

M_0——采区煤炭资源总量，t；

M_{ia0}——围岩内第 i 层顶板煤层的被卸压煤炭储量，t；

V'_{ia}——卸压围岩内的第 i 层顶板煤层体积，m^3；

γ_{ia}——卸压围岩内的第 i 层顶板煤层容重，t/m^3；

M_{ib0}——围岩内第 i 层底板煤层的被卸压煤炭储量，t；

V'_{ib}——卸压围岩内的第 i 层底板煤层体积，m^3；

γ_{ib}——卸压围岩内的第 i 层底板煤层容重，t/m^3；

第 196 页

$q_{(j)i0}$——第 i 邻近层原始瓦斯含量，m^3/t；

$q_{(j)ic}$——第 i 邻近层残存瓦斯含量，m^3/t；

$\eta_{(j)i}$——第 i 邻近煤层瓦斯排放率，%；

h_p——受采动影响顶底板岩层形成贯穿裂

隙，邻近层向工作面释放卸压瓦斯的岩层破坏范围，m；

第 199 页

C_i——采动稳定区煤层或遗煤的当前含气量，m^3/t；

C_a——极限或废弃压力下的含气量，m^3/t；

Q_j——瓦斯解吸实验中的实测含气量，m^3/t；

Q_s——瓦斯解吸实验中的损失含气量，m^3/t；

第 200 页

$\overline{Q}_\Delta$——废弃游离态瓦斯量，m^3；

N——气体的物质的量，mol；

R——比例系数，不同状况下数值有所不同，$J/(mol \cdot K)$；

T_o——气体绝对温度，K；

C^*——常数；

P_w——采动稳定区气藏废弃压力，Pa；

P_{s0}——采动稳定区气藏初始储层压力，Pa。

$\overline{P}$——地面井抽采系统压损，Pa；

$\overline{P}_地$——抽采系统地面压损，Pa；

$\overline{P}_井$——抽采系统井内压损，Pa。

第 201 页

λ_g——地面管道摩擦阻力系数，无因次；

L_g——地面管道长度，m；

D——地面管道内径，m；

v_g——地面管道内气流的平均速度，m/s；

$\overline{P}_设$——管道系统中设备固有压损，Pa；

μ_{0i}——多元组分气体中 i 组分的动力黏度，$Pa \cdot s$；

X_i——i 组分的分子浓度，%；

第 202 页

P_i——i 断面处的气体绝对静压，Pa；

ρ_i——i 断面处气体的密度，kg/m^3；

v_i——i 断面处气体的流速，m/s；

Z_i——i 断面相对于基准面的高程，m；

g——重力加速度，m/s^2；

H_R——单位体积风流克服管道阻力消耗的能量，J/m^3；

第 203 页

$H_井$——地面井生产套管的总长度，m；

h_{fri}——第 i 开套管沿程摩擦阻力损失，Pa；

h_{er2-3}——钻井三开与二开结构交界面处局部变径阻力损失，Pa；

d_1——细管道直径，m；

d_2——粗管道直径，m；

v_1^*——细管道内的气体流动速度，m/s；

第 204 页

D_1——三开套管内径，m；

D_2——二开套管内径，m；

v_1——三开套管内的气体流动速度，m/s；

H_{P1}——地面井三开套管长度，m；

H_{P2}——地面井二开套管长度，m；

v_2——二开套管内的气体流动速度，m/s；

λ_1——三开套管摩擦阻力系数；

λ_2——二开套管摩擦阻力系数；

P_{la}——当地外界大气压，Pa；

P_{max}——地面抽采泵的最大抽采负压，Pa；

第 215 页

Y_P——管子内壁产生的最小屈服应力，Pa；

D_P——套管公称外径，m。

P_Y——外压力，Pa；

P_P——塑性范围挤毁的最小挤毁压力，Pa；

P_T——塑性到弹性过渡区的最小挤毁压力，Pa；

第 216 页

P_E——弹性范围挤毁的最小挤毁压力，Pa。

参 考 文 献

[1] 贺佑国. 2016 中国煤炭发展报告 [M]. 北京：煤炭工业出版社，2016.

[2] 国家煤矿安全监察局. 防治煤与瓦斯突出规定读本 [M]. 北京：煤炭工业出版社，2009.

[3] 何生厚. 油气开采工程师手册 [M]. 北京：中国石化出版社，2010.

[4] 袁亮. 低透高瓦斯煤层群安全开采关键技术研究 [J]. 岩石力学与工程学报，2008，27 (7)：1370 – 1379.

[5] 胡千庭，梁运培，林府进. 采空区瓦斯地面井抽采技术试验研究 [J]. 中国煤层气，2006，3 (2)：3 – 6.

[6] 钱鸣高，许家林. 覆岩采动裂隙分布的 "O" 形圈特征研究 [J]. 煤炭学报，1998，23 (5)：466 – 469.

[7] 刘天泉. 矿山岩体采动影响与控制工程学及其应用 [J]. 煤炭学报，1995，20 (1)：1 – 5.

[8] 李日富，梁运培，张军. 地面钻孔抽采采空区瓦斯效率影响因素研究 [J]. 煤炭学报，2009，34 (7)：942 – 946.

[9] 孙海涛，郑颖人，胡千庭，等. 地面钻井套管耦合变形作用机理 [J]. 煤炭学报，2011，36 (5)：823 – 829.

[10] 孙海涛，张艳. 地面瓦斯抽采钻孔变形破坏影响因素及防治措施分析 [J]. 矿业安全与环保，2010，37 (2)：79 – 85.

[11] 孙东玲，李日富. 煤矿采动稳定区煤层气地面井抽采技术及现场试验 [J]. 煤炭科学技术，44 (5)：34 – 37.

[12] 中国矿业学院，阜新矿业学院，焦作矿业学院. 煤矿岩层与地表移动 [M]. 煤炭工业出版社，1981.

[13] 何国清，杨伦，凌赓娣，等. 矿山开采沉陷学 [M]. 徐州：中国矿业大学出版社，1991.

[14] Shirif, Ezeddin E. How new horizontal wells affect the performance of existing vertical wells [C]. SPE/AAPG Western Regional Meetings, 2000：357 – 368.

[15] 钱鸣高，刘听成. 矿山压力与岩层控制 [M]. 徐州：中国矿业大学出版社，2003.

[16] 许家林，钱鸣高，金宏伟. 基于岩层移动的 "煤与煤层气共采" 技术研究 [J]. 煤炭学报，2004，29 (2)：120 – 132.

[17] 孙海涛，胡千庭，郑颖人，等. 采场上覆岩层离层位移确定方法及其应用 [J]. 煤炭科学技术，2011，39 (1)：16 – 19.

[18] 刘东燕，孙海涛，张艳. 采动影响下采区上覆岩层层间剪切滑移模型分析 [J]. 岩土力学，2010，31 (2)：609 – 614.

[19] 孙海涛，林府进，张军. 地面钻井剪切变形破坏模型及其空间规律分析 [J]. 采矿与安全工程学报，2011，28 (1)：72 – 76.

[20] 李鸿昌. 矿山压力的相似模拟试验 [M]. 徐州：中国矿业大学出版社，1988.

[21] D. N. Whittles, I. S. Lowndes, S. W. Kingman, et al. The stability of methane capture boreholes around a long wall coal panel [J]. International Journal of Coal Geology, 2007 (71)：313 – 328.

[22] 金宏伟. 岩层移动对瓦斯抽放钻井破坏的机理研究 [D]. 徐州：中国矿业大学，2005.

[23] 徐立雄. 泥岩段套管损坏机理及有限元分析计 [D]. 成都：西南石油学院，2005.

[24] 刘扬，何秀清，王彦兴. 井下套管弯曲变形的数值模拟 [J]. 大庆石油学院学报，2005，29 (5)：35 – 37.

[25] 练章华，刘干，唐波，等. 塑性流动地层套管破坏的有限元分析 [J]. 天然气工业，2002，22 (6)：56 – 58.

[26] 刘绘新, 严仁俊, 王子平. 非均布载荷下套管强度问题研究 [J]. 钻采工艺, 2001, 24 (4): 47-48.

[27] 韩建增, 张先普. 非均匀载荷作用下套管抗挤强度初探 [J]. 钻采工艺, 2001, 24 (3): 48-50.

[28] 屈春艳. 高压注水井套管缩径变形机理及防治技术 [J]. 海洋石油, 2007, 27 (1): 97-100.

[29] 李卫忠. 曙光油田超稠油井套管损坏的机理和防治 [J]. 钻采工艺, 2003, 26 (2): 55-56.

[30] 韩建增, 李中华, 张毅, 等. 特厚壁套管抗挤强度计算及现场应用 [J]. 天然气工业, 2003, 23 (6): 77-79.

[31] 李清玲, 徐晟. 注水井套管损坏原因及防治措施 [J]. 江汉石油职工大学学报, 2008, 21 (4): 77-79.

[32] 练章华. 地应力与套管损坏机理 [M]. 北京: 石油工业出版社, 2009.

[33] 许家林, 钱鸣高. 关键层运动对覆岩及地表移动影响的研究 [J]. 煤炭学报, 2000, 25 (2): 122-126.

[34] 蔡美峰, 何满潮, 刘东燕. 岩石力学与工程 [M]. 北京: 科学出版社, 2002.

[35] 郑颖人, 赵尚毅. 有限元强度折减法在土坡与岩坡中的应用 [J]. 岩石力学与工程学报, 2004, 23 (19): 3381-3388.

[36] 郑颖人, 赵尚毅, 邓楚键, 等. 有限元极限分析法发展及其在岩土工程中的应用 [J]. 中国工程科学, 2006, 8 (12): 39-61.

[37] 刘见中. 采动影响下地面瓦斯抽采井变形破坏时空规律及应用 [D]. 北京: 煤炭科学研究总院, 2012.

[38] 石军太, 李相方, 徐兵祥, 等. 煤层气解吸扩散渗流模型研究进展 [J]. 中国科学: 物理学　力学　天文学, 2013, 43: 1548-1557.

[39] 孔祥言. 高等渗流力学 [M]. 合肥: 中国科学技术大学出版社, 1999.

[40] Brinkman H C. A calculation of the viscous force exerted by flowing fluid on a dense swam of particles [J]. Applied Science Research, 1947 (A1): 27-34.

[41] 于不凡, 王佑安. 煤矿瓦斯灾害防治及利用技术手册 [M]. 北京: 煤炭工业出版社, 2000.

[42] 闫宝珍, 王延斌, 倪小明. 地层条件下基于纳米级孔隙的煤层气扩散特征 [J]. 煤炭学报, 2008, 33 (6): 657-660.

[43] 李文璞. 采动影响下煤岩力学特性及瓦斯运移规律研究 [D]. 重庆: 重庆大学, 2014.

[44] 国家安全生产监督管理总局, 国家煤矿安全监察局. 建筑物、水体、铁路及主要井巷煤柱留设与压煤开采规程 [M]. 北京: 煤炭工业出版社, 2017.

[45] 刘士阳. 济阳坳陷深层天然气保存条件研究 [D]. 北京: 中国石油大学, 2008.

[46] 韩保山. 废弃矿井煤层气储层描述 [J]. 煤田地质与勘探, 2005 (2): 32-34.

[47] 煤炭科学研究院北京开采研究所. 煤矿地表移动与覆岩破坏规律及其应用 [M]. 北京: 煤炭工业出版社, 1981.

[48] 国家安全生产监督管理总局, 国家煤矿安全监察局. 防治煤与瓦斯突出规定 [M]. 北京: 煤炭工业出版社, 2009.

[49] 韩保山, 张新民, 张群. 废弃矿井煤层气资源量计算范围研究 [J]. 煤田地质与勘探, 2004, 32 (1): 29-31.

[50] 钱鸣高, 缪协兴, 等. 岩层控制中的关键层理论研究 [J]. 煤炭学报, 1996, 21 (3): 225-230.

[51] 许家林, 钱鸣高. 覆岩关键层位置的判断方法 [J]. 中国矿业大学学报, 2000, 30 (5): 463-467.

[52] 茅献彪, 缪协兴, 等. 采动覆岩中关键层的破断规律研究 [J]. 中国矿业大学学报, 1997, 27 (1): 39-42.

［53］钱鸣高，茅献彪，等．采场覆岩中关键层上载荷的变化规律［J］．煤炭学报，1998，23（2）：135－150．

［54］林海飞．综放开采覆岩裂隙演化与卸压瓦斯运移规律及工程应用［D］．西安：西安科技大学，2009．

［55］侯忠杰．断裂带老顶的判别准则及在浅埋煤层中的应用［J］．煤炭学报．2003（1）：8－11．

［56］尹会永．潘西煤矿煤层底板突水机理及预测预报研究［D］．青岛：山东科技大学，2005．

［57］李东印，刑奇生，等．深部复合顶板巷道变形破坏机理研究［J］．河南理工大学学报，2006.25（6）：457－460．

［58］张培森．采动条件下底板应力场及变形破坏特征的研究［D］．青岛：山东科技大学，2005．

［59］赵启峰，孟祥瑞，等．采动过程中底板岩层变形破坏与损伤机理分析［J］．煤矿安全，2008，39（4）：12－16．

［60］C. Ö. Karacan, G. S. Esterhuizen et al. Reservoir simulation－based modeling for characterizing longwall methane emissions and gob gas venthole production［J］．International Journal of Coal Geology，2007，71：225－245．

［61］傅雪海，秦勇，等．甲烷在煤层水中溶解度的实验研究［J］．天然气地球科学，2004，15（4）：345－347．

［62］国家安全生产监督管理总局．矿井瓦斯涌出量预测方法［M］．北京：煤炭工业出版社，2006．

［63］郝石生，陈明章，高耀斌．天然气藏的形成和保存［M］．北京：石油工业出版社，1995．

［64］宋岩，张新民，等．煤层气成藏机制及经济开采理论基础［M］．北京：科学出版社，2005．

［65］吕延防，王振平．油气藏破坏机理研究［J］．大庆石油学院学报．2001，25（3）：5－10．

［66］郝石生，张振英．天然气在地层水中的溶解度变化特征及地质意义［J］．石油学报，1993，14（2）：18－20．

［67］吕延防，张绍臣，王亚明．盖层封闭能力与盖层厚度的定量关系［J］．石油学报，2000，21（2）：27－30．

［68］宋岩，王震亮，王毅，等．准噶尔盆地天然气成藏条件［M］．北京：科学出版社，2000．

［69］叶建平，武强，王子和．水文地质条件对煤层气赋存的控制作用［J］．煤炭学报，2001，26（5）：459－462．

［70］周世宁，林柏泉．煤层瓦斯赋存与流动理论［M］．北京：煤炭工业出版社，1999．

［71］孙锐，王兆丰．双巷掘进工作面中间煤柱瓦斯流动理论分析［J］．煤炭科学技术，2010，38（5）：58－61．

［72］郭晓华，蔡卫，马尚权，等．基于稳态渗流的煤巷掘进瓦斯涌出连续性预测［J］，煤炭学报，2010，35（6）：932－936．

［73］何学秋．煤巷瓦斯涌出规律及其连续性积分模型［J］．煤炭工程师，1994（1）：23－27．

［74］叶青，林柏泉，姜文忠．回采工作面瓦斯涌出规律研究［J］．中国矿业，2006，15（5）：38－41．

［75］仇海生．掘进落煤瓦斯涌出规律研究［J］．煤炭技术，2008，27（8）：73－75．

［76］秦伟，许家林，胡国忠，等．老采空区瓦斯储量预测方法研究［J］．煤炭学报．2013，38（6）：948－953．

［77］陈大力，秦永洋，赵俊峰，等．综采工作面瓦斯涌出规律及影响因素分析［J］．煤矿安全，2003，34（12）：7－10．

［78］国家安全生产监督管理总局．煤矿瓦斯抽采基本指标［M］．北京：煤炭工业出版社，2006．

［79］张新民，等．中国的煤层甲烷［M］．西安：陕西科学技术出版社，1991．

［80］李国平，郑德文，欧阳永林，等．天然气封盖层研究与评价［M］．北京：石油工业出版社，1996．

［81］李明诚，等．油气成藏保存条件的综合研究［J］．石油学报，1997，18（2）：41－48.

［82］桑树勋，范炳恒，秦勇．煤层气的封存与富集条件［J］．石油与天然气地质，1999，20（2）：104－107.

［83］陈荣书．天然气地质学［M］．武汉：中国地质大学出版社，1989.

［84］苏现波，林晓英．煤层气地质学［M］．北京：煤炭工业出版社，2007.

［85］李金海，苏现波，等．封闭层对煤层气含量控制作用研究［J］．中国煤层气，2008，5（2）：28－31.

［86］吕延防，万军，等．被断裂破坏的盖层封闭能力评价方法及其应用［J］．地质科学，2008，43（1）：162－174.

［87］吕延防，张绍臣，王亚明．盖层封闭能力与盖层厚度的定量关系［J］．石油学报，2000，21（2）：27－30.

［88］张玉卓．煤层与地表移动计算原理及程序［M］．北京：煤炭工业出版社，1992.

［89］胡广韬，杨文远．工程地质学［M］．北京：地质出版社，1987.

［90］克诺特．采矿影响下的地面移动计算［M］．北京：煤炭工业出版社，1959.

［91］仲惟林，杨秀英，等．地表移动盆地任意剖面移动变形的计算［J］，煤炭学报，1980（1）：26－35.

［92］Rai，Rajesh. Prediction of maximum safe charge per delay in surface mining［J］. Mining Technology，2005，114（4）：227－231.

［93］王悦汉，邓喀中，等．重复采动条件下覆岩下沉特性的研究［J］．煤炭学报，1998，23（5）：470－475.

［94］张培河．废弃矿井瓦斯资源量计算主要参数确定方法［J］，中国煤层气，2007（3）：15－17.

［95］李明宅．沁水盆地枣园井网区煤层气采出程度［J］．石油学报，2005，26（1）：91－95.

［96］孙茂远，黄盛初，等．煤层气开发利用手册［M］．北京：煤炭工业出版社，1998.

［97］贺天才，秦勇．煤层气勘探与开发利用技术［M］．徐州：中国矿业大学出版社，2007.

［98］徐文娟，韩建勇．工程流体力学［M］．哈尔滨：哈尔滨工程大学出版社，2002.

［99］张玉军，张华兴，等．覆岩及采动岩体裂隙场分布特征的可视化探测［J］．煤炭学报，2008，33（11）：1216－1219.

［100］靳钟铭，徐林生．煤矿坚硬顶板控制［M］．北京：煤炭工业出版社，1994.

［101］张永波，等．老采空区建筑地基稳定性评价理论与方法［M］．北京：中国建筑工业出版社，2006.

［102］翟成．近距离煤层群采动裂隙场与瓦斯流动场耦合规律及防治技术研究［D］．徐州：中国矿业大学，2008.

［103］胡千庭，孙海涛．煤矿采动区地面井逐级优化设计方法［J］．煤炭学报，2014，39（9）：1907－1913.

图书在版编目（CIP）数据

煤矿采动区瓦斯地面井抽采技术/孙海涛，文光才，孙东玲
著 . – – 北京：煤炭工业出版社，2017

（煤矿灾害防控新技术丛书）

ISBN 978 – 7 – 5020 – 5670 – 4

Ⅰ.①煤… Ⅱ.①孙… ②文… ③孙… Ⅲ.①煤矿—瓦斯
抽放—研究 Ⅳ.①TD712

中国版本图书馆 CIP 数据核字（2016）第 323475 号

煤矿采动区瓦斯地面井抽采技术（煤矿灾害防控新技术丛书）

著　　者	孙海涛　文光才　孙东玲
责任编辑	闫　非　张　成　郭玉娟
责任校对	姜惠萍
封面设计	王　滨

出版发行　煤炭工业出版社（北京市朝阳区芍药居 35 号　100029）
电　　话　010 – 84657898（总编室）
　　　　　010 – 64018321（发行部）　010 – 84657880（读者服务部）
电子信箱　cciph612@126.com
网　　址　www.cciph.com.cn
印　　刷　北京玥实印刷有限公司
经　　销　全国新华书店

开　　本　787mm×1092mm$\frac{1}{16}$　印张　19$\frac{1}{4}$　字数　468 千字
版　　次　2017 年 10 月第 1 版　2017 年 10 月第 1 次印刷
社内编号　8533　　　　　　定价　138.00 元
